高 等 院 校 程 序 设 计 新 形 态 精 品 系 列

U0733459

C Programming Language

C 语言
程序设计基础

|微课版|

张宁 ◉ 编著

人 民 邮 电 出 版 社

北 京

图书在版编目（CIP）数据

C 语言程序设计基础：微课版 / 张宁编著. -- 北京：
人民邮电出版社，2025. 1. --（高等院校程序设计新形
态精品系列）. -- ISBN 978-7-115-64567-8

Ⅰ. TP312.8

中国国家版本馆 CIP 数据核字第 2024RP4087 号

内 容 提 要

本书是程序设计基础类教材，旨在面向程序设计初学者（特别是非计算机相关专业的读者）讲解 C
语言程序设计相关知识。本书主要内容包括程序设计和 C 语言概述，数据类型、运算符和表达式，顺序
结构，选择结构，循环结构，数组，函数，指针，字符串，变量的作用域、存储类别和编译预处理，自
定义类型，文件，公共基础知识等。本书用通俗易懂的方式讲解 C 语言的基本概念和基本编程方法，使
用幽默、生动和符合当代大学生思维习惯的讲授方式。本书案例贴近生活，并引入大量游戏化的案例，
使读者能轻松、高效地掌握 C 语言程序设计方法。本书还介绍大量针对典型问题的独特编程方法，帮助
初学者快速使用 C 语言解决实际问题，提升编程实战能力。

本书可用作各类大、中专院校"C 语言程序设计"课程的教材。本书兼顾全国计算机等级考试二级
C 语言程序设计考试大纲的相关要求，也可作为全国计算机等级考试的辅导教材和培训教材。

◆ 编　著　张　宁

　　责任编辑　刘　博

　　责任印制　陈　犇

◆ 人民邮电出版社出版发行　　北京市丰台区成寿寺路 11 号

　　邮编　100164　电子邮件　315@ptpress.com.cn

　　网址　https://www.ptpress.com.cn

　　固安县铭成印刷有限公司印刷

◆ 开本：787×1092　1/16

　　印张：22.5　　　　　　　　　2025 年 1 月第 1 版

　　字数：649 千字　　　　　　　2025 年 8 月河北第 2 次印刷

定价：79.80 元

读者服务热线：（010）81055256　印装质量热线：（010）81055316
反盗版热线：（010）81055315

本书是一本简单明了、生动有趣的 C 语言教材。

C 语言功能强大，内容繁多，非常容易让初学者摸不着"门儿"。无论是在校学习 C 语言的学生，还是自学 C 语言的初学者，一开始往往会觉得学习 C 语言"有点枯燥""有点难"……但学习本书后，读者将放弃这些念头！

本书旨在让非计算机相关专业的读者在轻松的环境中花费很少的时间掌握 C 语言！

计算机已是当今时代不可或缺的工具，是"大数据时代"的"纸和笔"。掌握一门编程语言至关重要，这已是当今时代必不可少的技能。但"00 后"学生的思维方式、学习方式已发生重大转变，相应地高等院校的老师对教学资源的需求日益强烈。在此情况下，传统的"程序设计基础"教学模式已经很难满足新需求。

本书为适应新时代"C语言程序设计"课程教学和自学需求而编写，适应各类大、中专院校各专业的教学和自学需求。本书面向程序设计初学者，内容不仅通俗易懂，可以大大减轻读者的学习压力，而且注重相关概念的准确性、程序设计的规范性，并强调动手能力和程序设计思维的培养，适应当代"新工科"建设的要求。读者学习完本书后可具备一定的程序设计能力，同时达到全国计算机等级考试二级C语言程序设计的水平，由"菜鸟"摇身变为"小高手"。

笔者在高等院校从事一线教学工作多年，对高等院校程序设计类课程的教学进行了充分调研，针对老师们和学生们普遍反馈的问题和学习过程中难以理解、存在误区的知识点，进行了针对性教学调整。本书对大量知识点进行分析、解读，以帮助读者厘清头绪、明晰概念，将学习中普遍遇到的问题消弭于无形，不仅大大节省学习时间，还使读者掌握的知识更为准确。

本书引入漫画、口诀、顺口溜，使用贴近生活、针对性强的趣味性案例等，同时将难以理解的抽象算法或程序运行过程，绘制为可表明其内存空间和变量值动态变化的插图，使读者能清晰地了解程序的运行过程，在"运动"中掌握程序，而不是只能看到运行结果。同时，本书还配有相关的动画演示，使读者对程序运行过程能有更具体、更深刻的认识。此外，本书配备源代码、教学PPT课件、习题和实验案例、讲解视频、题库软件等丰富的配套资源。

本书抛砖引玉地介绍计算机系统、数据结构与算法等的基础知识，便于读者在学习C语言后向更高层次迈进。这些知识兼顾全国计算机等级考试二级公共基础知识的相关考点，因此本书也可作为参加全国计算机等级考试二级公共基础知识考试的复习参考资料。

本书配有索引，"索引在手，遗忘不愁"。纵使有些知识遗忘了，也可通过索引很快地查阅，并复习巩固。通过本书的索引，读者既可对 C 语言的基本概念进行速查，也可对 C 语言的语句、关键字、运算符等进行速查，还可对基本的程序设计方法进行速查。

本书的独特栏目

本书正文穿插有以下栏目。

脚下留心：对初学者非常容易犯的错误，或是在学习过程中、在编程实践时应引起注意的地方进行强调。程序设计初学者牢牢掌握"脚下留心"中的内容，就能在学习和实践中减少或避免很多麻烦，为学习节省大量的时间！准备参加考试的读者更要注意这些内容，它们往往是高频考点。

⚠️ **脚下留心**

注意区分==和=：==用于表示数值相等，而=用于赋值。如表示变量 a 与 b 的值相等，要写为 a==b；不能写为 a=b。a=b 的写法不但无助于判断变量 a 与 b 的值是否相等，还会导致变量 a 被赋值为 b 的值而使 a 的原值丢失。

==和=是两种运算符，要把它们看作两个完全不同的符号（==整体要看作一个符号），二者也没有什么关系（不能认为==是赋值 2 次或等于 2 次）。

高手进阶：给出一些用于进一步提高水平的知识，一般比较深入或有难度。读者可根据兴趣选择阅读，跳过"高手进阶"中的内容对后续章节知识体系的连贯性和 C 语言的整个学习过程都不会有影响。

🏃 **高手进阶**

如不引入临时变量，通过加、减运算也可实现两个变量值的交换，即依次执行语句 a=b-a; b=b-a; a=b+a; ，但这种方法不易理解，会使程序可读性降低，不是我们提倡的方法。

窍门秘笈：或是学习方法的汇总，或是对相关概念的总结，或是小技巧、小窍门，或是能用于轻松记忆知识点的顺口溜、口诀，或是编程套路。初学者掌握"窍门秘笈"中的内容，就能找到快速掌握 C 语言的捷径。

💡 **窍门秘笈**　将 printf 函数的用法总结为如下口诀。

格式字串控全体，
数据替换百分比。
字符 c 整数 d，
小数 f 指数 e，
欧（o）八叉（x）六 u 无号，
字串 s 要牢记。
间数全宽点小数，
负号表示左对齐。

这是说"格式控制字符串"是整个要输出的内容，其中%部分要以后面的数据替换，其他原样输出。中间 4 句为具体格式控制规则（%s 将在第 9 章讨论）；最后两句的含义稍后介绍。

小游戏：本书正文还穿插了一些小游戏，映衬相关知识点，让读者在游戏中掌握编程方法。这使学习充满乐趣，寓学于乐、寓"编"于乐。

🎲 **小游戏**　永不停止的"1"。

将以上程序的循环体中的{ }去掉，上机运行，体验其运行结果如何。

答案：运行结果是满屏飞快地输出 1，永不停止！

例题和习题

【程序例】：在突出知识点的基础上，本书【程序例】或者让趣味指数在三星（★★★）以上，旨在提高读者的编程兴趣；或者让难度在一星（★）以下，旨在简单明了、一针见血地说明问题。

【随学随练】：本书习题大多是针对 C 语言程序设计考试的高频考点精心设计的，其中一部分为全国计算机等级考试二级 C 语言程序设计的历年考试真题。本书习题的特色是"随学随练"，每道习题都安排在讲解相应知识点的正文之后，并在习题后直接给出了答案。这避免了在章末统一安排习题所带来的向前查阅知识、向后查看答案的弊端，减少了读者反复翻书的时间浪费。读者只要一气呵成，通读本书，就能有学有练。

【小试牛刀】：不作为正式习题，而主要作为思考题，穿插在相应知识点的讲解中。读者利用刚刚所学知识可以马上试一试身手，或是巩固所学知识，或是举一反三。

致谢

感谢天津大学医学院和精密仪器与光电子工程学院的领导和老师们对本书写作的大力支持，尤其是"软件技术基础"课程教研组老师们的指导和帮助。感谢同学们和广大网友对笔者多年的课程教学和教材编著提出的宝贵意见与建议，很多学习重难点或有针对性的问题，源自他们的学习实践；没有他们的反馈和支持，笔者就不可能积累更多的素材和写出本书。

由于笔者水平有限，书中难免存在疏漏之处，恳请专家和广大读者不吝赐教、批评指正。笔者的 E-mail 地址是 zhni2011@163.com，QQ 号码是 1307573198。

配套资源

本书配有习题与实验指导教材，以及教学课件、教学大纲、源代码、微课视频（可扫描书中二维码观看）。另外，本书还附赠题库和模拟考场软件，方便备考全国计算机等级考试二级 C 语言的读者使用。配套电子资源可在人邮教育社区（www.ryjiaoyu.com）下载，题库和模拟考场软件激活码，刮开封底刮刮卡即可获得。

目录
Contents

第1章 从这里爱上编程——程序设计和 C 语言概述

想当初，在 19 世纪，人们的生活恐怕是"购物基本靠走，统计基本靠手。少量数据挨个算，太多基本说 No"。当年购物不走几千米很难货比三家，想花最少的钱买最好的东西是很难的。想搞个投票、竞选个班长，班里都要叫上好几位同学，边唱票边画"正"字，忙活好一阵……现如今有了计算机，确实给人们帮了大忙，以前那个落后的时代，已经一去不复返喽！

计算机（俗称电脑）缘何能给人们帮这么大忙？归根结底还是人类指挥有方。计算机是需要人类的指挥才能工作的，人类要把一件事怎么做的过程，以程序的形式详细"告诉"计算机来指挥它工作。计算机只会"傻傻"地按照程序中的指令执行，它自己是没有任何智能的。所以程序是很重要的，它是计算机的"灵魂"。就算是现如今的"人工智能"，不也得冠个"人工"的帽子，归根结底还是人赋予它"智能"的，它本质上只是一段程序而已。那么什么是程序呢？让我们现在开始学习吧！

1.1 做计算机的小主——计算机程序和计算机语言

在如今这个时代，大家对"程序"这个词儿并不陌生："微信小程序"是程序，手机 App 是程序，上网时使用的网页是程序，判断哪个词儿要上热搜的大数据分析程序是程序；此外，豆浆机、电饭煲的预约程序，全自动洗衣机的洗涤程序……统统都是程序。

那么什么是程序呢？简而言之，程序就是一系列的操作步骤。例如早上起床后的穿衣、刷牙、洗脸、吃早饭是程序，做菜时的洗菜、切菜、炒菜、出锅也是程序。计算机要实现某个功能必须遵照一定的程序，即人类事先把要做什么、怎么做的一系列步骤安排好，用计算机能"听懂"的语言告诉它，这就是程序。程序由一条条指令组成，每条指令即命令它工作的一个步骤；而计算机只会傻傻乎乎、老老实实地按照指令执行，它本身没有任何智能。从本质上讲，计算机就是一台能自动运行程序的机器；虽然外表"精明能干"，本性却是"唯命是从"。计算机的任何功能（包括人工智能）都是通过程序实现的；如果没有程序，计算机将是一堆废铜烂铁，不能做一点儿工作，如图 1-1 所示。

C 语言概述

没有程序喂个饱，不如整天睡大觉……

你给我这样做：……

明白！马上就好！

图 1-1 计算机必须有程序的指挥才能工作

显然，如果我们自己不会编写程序，计算机就只有依照别人编写的程序工作，而我们则只能在别人编写的程序的控制下使用计算机：别人怎么安排的计算机就得怎么做，别人没有安排的事想让计算机做就门儿也没有……这未免也太不爽了吧！我们要做驾驭计算机的"小主"，要让它按照我们的想法、我们的安排做事情，就必须学习编程、自己亲手编程。

自己亲手编程，会很难吗？非也！我们每个人都会编程，不信来试一试：要编写一个能自动在微信群里帮我们抢红包的程序，该如何做呢？我们人类怎么做，就让计算机怎么做！只需把这一过程"告诉"计算机，如图 1-2（a）所示。其中 if 表示"如果"，else 表示"否则"，这样"教"会计算机遇到不同情况分别怎样处理就可以了。外出常用的"地图导航程序"也是类似的，如图 1-2（b）所示，其中用了多个 if，表示出现各种情况时该如何处理……犹如事先安排好的"锦囊妙计"，计算机将会照此忠实地执行。这就是编写程序。因为计算机不会做，我们需要教会它如何做；这可比教会小朋友算术题容易得多，因为计算机不会忘，只要说一遍，它一学就会。

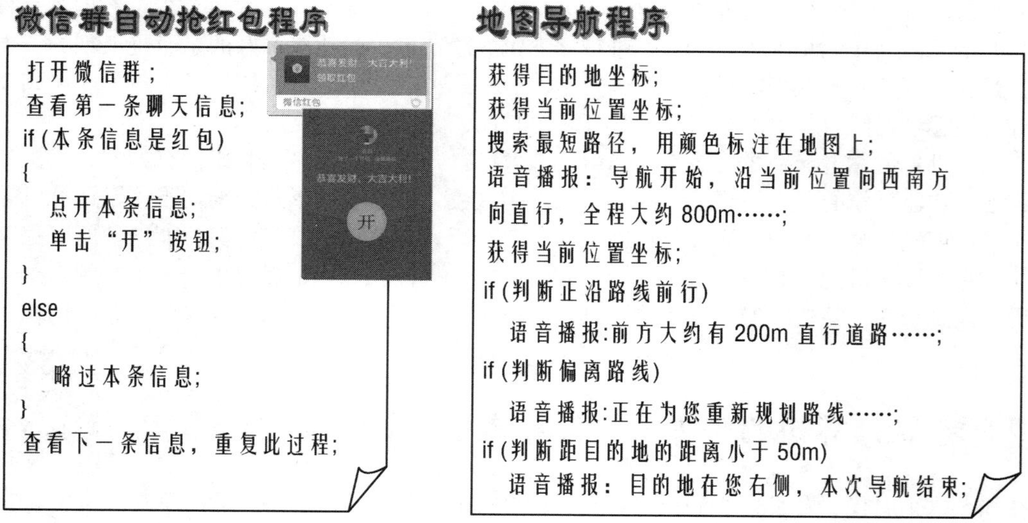

微信群自动抢红包程序

```
打开微信群；
查看第一条聊天信息；
if(本条信息是红包)
{
    点开本条信息；
    单击"开"按钮；
}
else
{
    略过本条信息；
}
查看下一条信息，重复此过程；
```

（a）

地图导航程序

```
获得目的地坐标；
获得当前位置坐标；
搜索最短路径，用颜色标注在地图上；
语音播报：导航开始，沿当前位置向西南方
向直行，全程大约800m……；
获得当前位置坐标；
if(判断正沿路线前行)
    语音播报:前方大约有200m直行道路……；
if(判断偏离路线)
    语音播报:正在为您重新规划路线……；
if(判断距目的地的距离小于50m)
    语音播报：目的地在您右侧，本次导航结束；
```

（b）

图 1-2　计算机程序简单编程示例

然而上面这两个程序是用"中文"编写的，编写过程没有问题，只是计算机听不懂。所以编写程序还要使用某种**计算机语言**，也就是使用计算机能听懂的语言。计算机能听懂的语言有很多种，概括起来可分为三大类：机器语言、汇编语言、高级语言。

机器语言仅由 0 和 1 组成，其中指挥计算机工作的每条指令都用由 0 和 1 组成的二进制代码表示，称之为**机器指令**。用这种语言编写的程序，就是一个用 0 和 1 组成的串，甚至连标点符号都没有。显然，这种语言只有计算机能看懂，而对人类来说则与"天书"无异，很难看懂！

汇编语言使用英文助记符代替二进制代码。虽然不是 0 和 1，然而其指令必须与机器语言相对应，与人类思维习惯相距甚远，学习难度也很大。

高级语言使用人类熟悉的英文单词、十进制数字、数学公式等编写程序，符合人类的思维习惯。例如要指挥计算机计算一个算式，用高级语言只需编写下面的语句：

$$x = a + b - 24;$$

这与数学上的写法几乎一模一样。因此学习高级语言非常容易，甚至很多内容无须学习，一看便会。我们要学习的 C 语言，就是高级语言。高级语言实际上有很多种，除 C 语言外，Python 语言、Visual Basic 语言、Java 语言、C#语言等都是高级语言。C 语言是当代最优秀的程序设计语言之一，也是 C++语言的基础，我们熟知的许多软件，包括 Word、Excel、Photoshop 甚至 Windows 系统等，都主要是用 C/C++ 语言编写的。所以，我们选择学习 C 语言，是不是很时髦？

还要说明的是，计算机只能直接读懂由 0 和 1 两种数符组成的二进制代码，也就是用机器语言编写的程序，如图 1-3 所示。

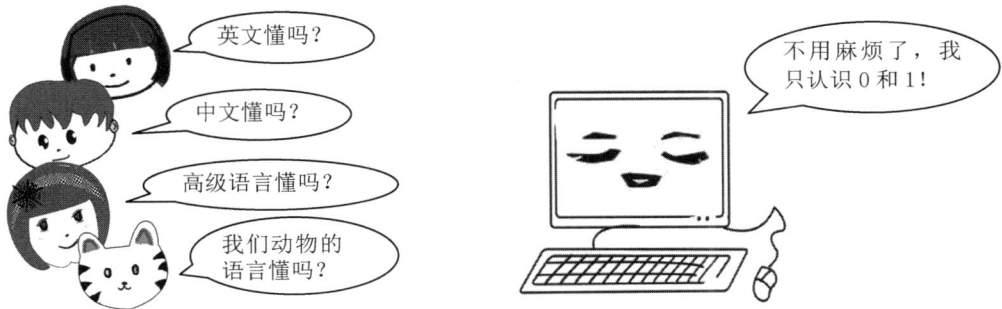

图 1-3　计算机只能直接读懂由 0 和 1 两种数符组成的二进制代码

由于高级语言程序和汇编语言程序都不是由 0 和 1 两种数符组成的二进制代码，计算机都不能直接读懂，因此用这两种语言编写的程序，还要翻译成对应的二进制的机器语言程序，计算机才能读懂并执行。就像要将一篇中文文章翻译为英文文章，"老外"才能读懂。这一翻译过程被称为**编译**。将中文文章翻译为英文文章时，中文文章是翻译的来源，英文文章是翻译的目标。类似地，将高级语言程序和汇编语言程序翻译为机器语言程序时，高级语言程序和汇编语言程序被称为**源程序**，翻译后对应的机器语言程序被称为**目标程序**。

这一翻译过程会由专门的计算机软件替我们完成，这类软件称为**编译程序**（或**编译器**、**编译系统**），如 Visual Studio、Dev-C++ 等。它们相当于请来的"翻译人员"，帮助我们与老外交流。C 语言源程序要经过**编译**和**链接**两个步骤，如图 1-4 所示。

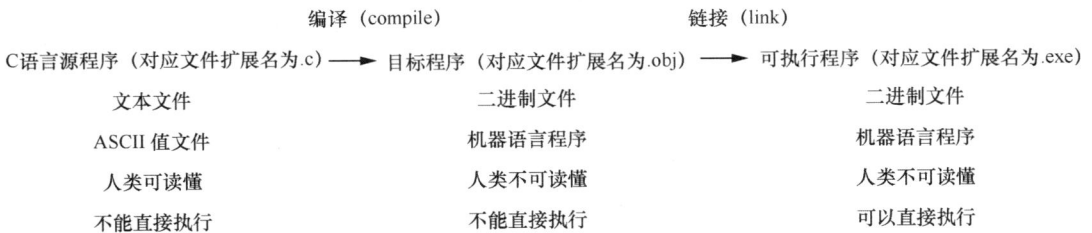

图 1-4　C 语言源程序的编译和链接

用 C 语言编写的源程序要被保存到一个文件中，文件扩展名为 .c。这种文件是纯文本文件，由人类可以直接读懂的字符组成，也称 ASCII 值（ASCII 值将在第 2 章详细介绍）文件。编译系统首先将它翻译为目标程序（对应文件扩展名为 .obj），但目标程序还不能直接执行，因为其中尚缺少内容（如缺少函数库、其他目标程序、资源等）。这些缺少的内容也是二进制形式的，需把它们与目标程序"组合"，这一过程称为**链接**。经过链接后，就生成了可以直接执行的可执行程序，对应文件扩展名为 .exe。

【随学随练 1.1】C 语言源程序对应文件的扩展名是（　　　）。

A）.exe　　　　　B）.c　　　　　C）.obj　　　　　D）.cp

【答案】B

【随学随练 1.2】以下叙述中错误的是（　　　）。

A）　C 语言的可执行程序是由一系列机器指令构成的

B）　用 C 语言编写的源程序不能直接在计算机上运行

C） 通过编译得到的二进制目标程序需要链接才可以运行

D） 在没有安装 C 语言编译系统的机器上不能运行 C 语言源程序生成的.exe 文件

🏃 高手进阶

将高级语言代码翻译为机器语言代码，有"编译"和"解释"两种方式。C 语言采用"编译"的方式，能够生成独立的可执行程序（对应文件扩展名为.exe），即使在没有安装 C 语言编译系统的计算机上，可执行程序也可直接运行。类似于中文文章已被翻译为英文文章，老外可直接读懂，不再需要翻译人员一直在场了。

而另外一些高级语言采用"解释"的方式，类似于"同声传译"，要将源程序一边翻译一边执行、翻译一句执行一句，它不能生成独立的可执行程序，因此这类高级语言程序的执行不能脱离其解释器。

1.2 第一次亲密接触——纵览 C 语言

C 语言程序的结构

1.2.1 一窥程序之美——C 语言程序的结构

用 C 语言编写程序类似用中文写文章，也要分段落、分句子。C 语言程序中的段落称为**函数**，函数中又包含**语句**，如图 1-5 所示。C 语言程序的基本组成单位是函数而不是语句。

每个函数类似一个自然段，但有特定的书写格式。函数由函数名加( )开始，( )内为**参数**（参数的含义将在第 7 章详细介绍）。( )内可以有多个参数，也可以没有参数；无参数时，( )不能省略。然后紧随一对花括号{ }，其中包含组成该函数的语句。注意( )和 { 之间没有分号。

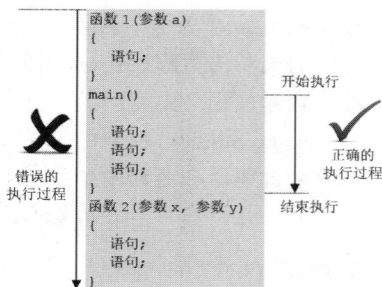

图 1-5　C 语言程序的基本结构和执行过程

💡 窍门秘笈　函数的含义。

C 语言程序中的函数与数学中的函数有很多不同，这里不需要以任何数学思维来学习 C 语言，只把函数当作"段落"，改个称呼，不称"段落"而称"函数"就可以了。这样学习 C 语言与学习数学似乎没有太大关系，反倒更像学习语文，容易多了。第 7 章还会详细介绍函数。

一个 C 语言程序可包含多个函数，但其中一个函数必须名为 main，该函数没有参数（或有 2 个参数，第 9 章将介绍），被称为**主函数**。顾名思义，主函数是最重要的函数，是函数中的"皇帝"。main 函数有且只有一个，如国不能一日无君，但一个国家又不能同时有两个皇帝。主函数可位于程序函数间的任意位置，如图 1-5 所示，它位于第 2 个函数的位置。

主函数规定了程序执行的开始点和结束点。注意，程序的执行过程与阅读文章的过程不同。如图 1-5 所示，程序的执行总是由 main 函数开始，在 main 函数中结束（无论 main 函数位于什么位置）；而不是由第一个函数开始、在最后一个函数中结束。程序从 main 函数的第一条语句开始执行，这称为程序的入口；当 main 函数的最后一条语句执行完，整个程序也就结束了，这称为程序的出口。

个别情况下，程序会有在其他函数中异常结束而没有在 main 函数中结束的可能。

对于图 1-5 所示的这篇"文章"来说，它似乎只阅读了 main 函数这一个自然段。那么其他函数好像没有执行，不是形同虚设吗？没有形同虚设！其他函数是在 main 函数执行期间，由 main 函数**调用**执行的。其他函数与 main 函数的关系如同随从与皇帝的关系，当皇帝差遣随从去办事时随从才会行动，差遣就是调用。函数被调用一次就被执行一次；函数也可以被反复调用多次，即函数可以被多次执行。但如果所有的事皇帝都自己做，并不差遣随从去做，那么这时其他函数都不会执行，就真的形同虚设了。关于函数如何调用，我们将在第 7 章详细讨论。现在，读者只需了解程序的执行过程：main 中开始、main 中结束。

关于 main 函数还要注意如下几点。

（1）main 必须全部小写，才是主函数名。在 C 语言中，大写字母和小写字母的含义是完全不同的，如 Main、MAIN 函数就都是普通函数，不是"皇帝"。

（2）在上机练习时，有些初学者在编写完第 1 个程序后，要编写第 2 个程序时，就顺手把第 2 个程序写在第 1 个程序的后面，这是不可以的。因为每个程序都有 main 函数，若把第 2 个程序写在第 1 个程序的后面，就形成了"包含两个 main 函数"的程序，致使程序无法运行。正确的做法是：应新建一个项目再编写第 2 个程序。

1.2.2 虽说万事开头难，但有时也未必——第 1 个 C 语言程序

下面给出一个简单的 C 语言程序实例，该程序只由一个 main 函数组成。

【**程序例 1.1**】简单的 C 语言程序实例。

```
main()
{
    int a,b,c;
    a=10;
    b=20;
    c=a+b;
    printf("%d",c);
}
```

【**小试牛刀 1.1**】在学习 C 语言之前，你能看出该程序的输出结果是多少吗？

【**答案**】30。

想必多数读者即使未学习过 C 语言也能猜个八九不离十（即使有部分语句不是很明白）。a 和 b 分别为 10 和 20，c=a+b 自然为 30。最后 printf 输出 c 的值到屏幕上。这是因为 C 语言是高级语言，符合人类的思维习惯。关于该程序的细节（如 int、printf、%d 等），读者可以随着后面的学习再逐步深入理解，现在不必心急。本小节先讨论程序中的语句。

① 每条语句"告诉"计算机要执行一个操作（命令）。

程序是一系列的操作步骤，以上程序的 5 条语句分别命令计算机执行 5 个操作。这些操作具有严格的先后顺序：先做 a=10;，再做 b=20;，然后做 c=a+b;……顺序不能错乱。如同早上起床后的穿衣、洗脸、外出，这个顺序也不能错乱：先外出然后穿衣是不行的。

② 每条语句结尾必须有一个英文分号（;）表示本条语句结束。

忘记分号是初学者非常容易犯的错误之一，每条语句后的分号千万别忘掉！

另外，注意必须用英文分号（看上去较窄），而不是中文分号（看上去较宽）。中文分号是不被编译系统理解的。如果错输入了中文分号，还会被计算机提示：缺少分号！在上机编程时，要留意输入法状态，切莫在中文状态下输入分号。

③ 多条语句可写在一行中，一条语句也可写在多行中。

C 语言没有一行只写一条语句的规定。分号表示语句结束，应以分号作为语句结束的标志，与换行或不换行没有关系。例如，下面的写法也是正确的：

```
a=10; b=20;
```

虽然写在一行，但仍是两条语句。C 语言还允许将一条语句写在多行中，例如：

```
a=
10;
```

虽然占了两行，但仍是一条语句，因为只在第 2 行最后才有一个分号。

④ 任何变量，在使用之前必须先定义。

程序中的 a、b、c 称作**变量**，表示保存数据的空间。变量中所保存的值可以变化，就像手机内存卡中保存的照片可以变化。变量在使用之前，必须先定义。程序的第一条语句：

```
int a,b,c;
```

就是在定义变量，定义变量如同使用变量前的准备工作。要用整理箱整理物品，需先去超市把整理箱买回来；定义变量，就类似于"先去超市购买"环节，是必不可少的。本程序中这条定义变量的语句说明本程序即将要用到 a、b、c 这 3 个变量，且只能用这 3 个变量；如果以后本程序还要用变量 d 是不允许的，因为 d 没有被事先定义。

【随学随练 1.3】 以下叙述中正确的是（　　　）。

A）C 语言程序的基本组成单位是语句

B）C 语言程序中的每一行只能写一条语句

C）简单 C 语句必须以分号结束

D）C 语句必须在一行内写完

【答案】 C

⑤ C 语言格式自由，对程序中的空格、分行没有过分讲究。

从③可以了解到，语句分行与否不会影响程序运行。实际上，绝大多数情况下空格的有无及空格的多少也不会影响程序运行。【程序例 1.1】中每条语句的开头似乎都有空格，这称为**缩进**。缩进可使程序结构清晰、便于阅读，但并不是必需的。如果没有缩进，每条语句都顶格写也完全可以。甚至下面程序的写法也是正确的（虽然有点夸张，但旨在说明问题）：

```
    main  ( ) {
int  a,b,  c ;
    a=   10  ;
    b =
20    ;
    c =a + b;   printf( "%d" , c);       }
```

这种写法虽然正确，但显得杂乱无章，不如之前整齐。因此，虽然空格、分行不会影响程序运行，但合理的缩进、分行，会使程序条理清楚、可读性强。

用空格缩进无可厚非，但用 Tab 符而不用一连串的空格，是更简便的做法。Tab 符（又称跳格符、水平制表符）和空格是两种不同的字符，但对于在程序中进行"空白间隔"的作用是相同的。按"Enter"

键产生的换行，实际上也是一种空白间隔。我们可以随意使用换行、空格或 Tab 符来作为程序元素间的"空白间隔"，但不可以把换行、空格或 Tab 符放在元素名称的中间（如 main 的 a 和 i 之间），否则会将元素名称拆分为两个单词。此外引号之内也不能随意添加空白间隔，如 printf 的"%d"内。

【随学随练 1.4】以下叙述中错误的是（   ）。

A） 一个 C 语言程序中可以包含多个不同名的函数

B） 一个 C 语言程序中只能有一个主函数

C） C 语言程序在书写时，有严格的缩进要求，否则不能编译通过

D） C 语言程序的主函数必须用 main 作为函数名

【答案】C

高手进阶

main 函数的头部还可以写为：

$$int \quad main(\ )$$

或者

$$void \quad main(\ )$$

如果使用前一种写法，在 main 函数的最后还常使用 return 0;语句。这几种写法都是正确的，对于它们的含义和区别，我们将在第 7 章专门介绍函数时再详细讨论。

1.2.3 程序里的说明书——注释

在 C 语言程序中还可以添加程序元素之外的任意说明文字，如：

```
main()
{
    int a,b,c;
    a=10;         /* 小明有 10 支铅笔 */
    b=20;         /* 小红有 20 支铅笔 */
    c=a+b;        /* 求小明和小红共有几支铅笔 */
    printf("%d",c);
}
```

注释、标识符、
常量和变量

这将使程序用意一目了然、便于理解。由 /* 与 */ 标识的内容称为**注释**，即说明文字一定要用 /* 与 */ 标识，否则将被编译系统误认为是程序的执行部分，从而引发错误。我们在编程时应在程序中添加合理适当的注释，这是编程规范所提倡的。

注释的目的是帮助人类理解程序，注释并非程序的组成部分，所以它们对程序的运行没有丝毫影响。在编译时，计算机会将注释全部忽略掉，而只编译去除注释之后的剩余部分。下面所有的注释都是正确的，因为去除注释之后剩余的内容是完整、正确的程序。

```
/*注释①*/
main(/*注释②*/)
{
    /*注释③*/
    int /*注释④*/ a, b, c;
    a=10;
    b=20;
    /*注释⑤的第一行
      注释⑤的第二行*/
    c=a+b;                    /* 注释⑥*/
    /* 注释⑦*/  printf("%d", /* 注释⑧*/ c);
```

```
    }
```

注释既可以出现在函数外（注释①），也可以出现在函数内（注释③）；既可以与其他语句共占一行（注释②④⑥⑦⑧），也可以单独占一行（注释①③），还可以占多行（注释⑤）；一行之内也可以出现多个注释（注释⑦⑧）。可见，C语言程序中的注释非常灵活，几乎在程序中的任意位置都可以写注释，只要不影响程序元素名称的整体性。但在一个元素名称中间（如 main 的 a 与 i 之间）写注释是不可以的。

应如何分析带有注释的程序呢？忽略掉所有注释，仅分析剩余部分即可。例如：

```
/*第1个注释*/ main(/*第2个注释*/)  /*第3个注释*/
```

忽略注释之后变为：

```
main()
```

这就是一个 main 函数的头部。

窍门秘笈　带注释程序的分析方法：

当发现一个 /*，就去后面找 */，然后忽略掉其间所有的内容（包括 /* 和 */）。

【小试牛刀 1.2】请思考以下程序运行后的输出结果是什么？

```
main()
{
    int a,b,c;
    /* a=10;
    b=20; */
    c=a+b;
    printf("%d",c);
}
```

【答案】随机数或不确定。因为 a=10;和 b=20;两条语句在/*和*/之间，它们是注释，将被忽略。因此，在执行 c=a+b;之前，变量 a、b 都没有被赋值，值是随机数。在某些编译系统中，c 也将是随机数；在另一些系统（如 Visual Studio 2010）中，c=a+b;使用了值为随机数的变量（a、b），这将产生错误，会弹出图 1-6 所示的错误提示。

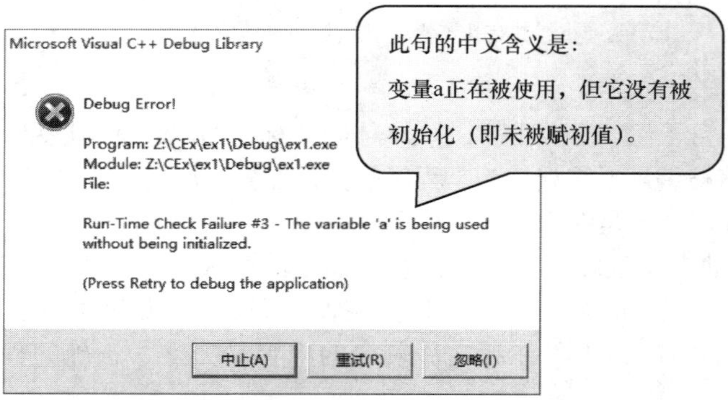

图 1-6　在 Visual Studio 2010 中使用未赋值的变量将产生错误

【小试牛刀 1.3】请思考下列程序段中的注释写法是否正确？

```
    c=a+b;      /* 注释⑨（位于"/*"和"*/"之间的内容为注释）*/
```

【答案】不正确。括号内的 */ 将作为注释结束符与第一个 /* 匹配，忽略注释后为：

```
    c=a+b;      "之间的内容为注释）*/
```

这显然是一条错误的语句。因此我们知道，C语言程序中的注释**不允许嵌套**。

读者应可以感受到，计算机处理问题的方式是机械的、严格的和不智能的，它只会傻乎乎地遵照规则执行，这就是计算机的"憨厚"本性，这就是计算机的世界。

1.2.4 标识符、常量和变量

在【程序例 1.1】中，a、b、c 称为**变量**，它们保存的内容可以改变；相对地，10、20 称为**常量**，其值不会改变。下面先来学习如何为变量起名字，再详细讨论常量和变量。

1．给我起个名字吧——标识符

变量名就是一种**标识符**。除变量名外，程序中很多元素的名字都是标识符，如函数名、符号常量名，以及以后要学习的数组名、指针名、结构体类型名、枚举类型名等，都是标识符；甚至还可以为变量或类型起"绰号"，绰号也是标识符。

如何指定标识符呢？我们知道，已经注册过的商标就不能重复注册了。在 C 语言里也有一些词已被"注册"了"商标"，它们被称为**关键字**（也称**保留字**），如定义变量时用的 int 就是一个关键字。属于关键字的词已被系统注册了商标，不能再用作标识符，如试图为一个变量起名为 int 是错误的。除 int 外，C 语言的关键字还有：

auto	break	case	char	const	continue
default	do	double	else	enum	extern
float	for	goto	if	int	long
register	return	short	signed	sizeof	static
struct	switch	typedef	union	unsigned	void
volatile	while				

读者对这些词暂时可能比较陌生，但不必担心，随着以后的学习会逐步熟悉并掌握，目前只要了解 int 是关键字即可。关键字不可用作标识符，但可用作标识符的一部分，如 int_2、myint 是可以的。如果改变了关键字的大小写，它就不是关键字了：如变量名可以是 Int、INT。

C 语言中，还有一些系统函数的函数名，如求正弦值的函数名 sin、求算术平方根的函数名 sqrt、用于输出的函数名 printf 等，它们不属于关键字，但有特定的含义，被称为**预定义标识符**。可以用预定义标识符为变量命名吗？语法上允许，但我们尽量不要那样做。如果为一个变量起名为 sin，显然是在制造混乱，sin 究竟是指变量还是指系统函数呢？

除关键字、预定义标识符外，我们自己所起的其他名字（如 a、b、c 等）称为**用户标识符**。用户标识符不能随意被指定，而且其有特定的命名规则。

💡 **窍门秘笈**　用户标识符的命名规则。

> 标识符名很简单，
> 字母数字下画线。
> 字母区分大小写，
> 非数打头非关键。

这是说用户标识符只能由英文字母、数字、下画线（_）3 种符号组成，其他符号（如+、-、/、?、*、汉字、希腊字母等）都是不允许使用的。其中，英文字母区分大小写，大小写不同含义不同。标识符的第 1 个字符不能是数字（第 1 个字符只能是英文字母或下画线），且整个标识符不能是关键字。

例如，以下都是合法的标识符（合法就是符合语法规则，是正确的）：
```
a  xy1  sum  program  _to  fe_5  _2  _  Int  _int  B3  b3
```
_to、_2 看似奇怪，但也是正确的；单独一个下画线（_）也是正确的标识符；Int 和 _int 都不是关键字（与 int 不同）；由于字母区分大小写，B3 和 b3 是两个不同的标识符，可分别用作两个不同变量的名字。

以下都是非法的标识符（非法就是不符合语法规则，是错误的）：

ok?	有 ？，不属于英文字母、数字或下画线
123a	第 1 个字符不能是数字
yes/no	有 /，不属于英文字母、数字或下画线
w.a	有 .，不属于英文字母、数字或下画线
x-y	有 -，不属于英文字母、数字或下画线
π	π是希腊字母，不属于英文字母、数字或下画线
β	β是希腊字母，不属于英文字母、数字或下画线
int	int 是关键字，不能使用关键字
x₁	x₁不能使用角标，但是 x1 是正确的（x 与 1 高度相同是正确的）

标识符应尽量"见名知意"，如保存长度的变量名用 length、保存圆半径的变量名用 radius、保存面积的变量名用 area；还可以用两个或更多单词组成一个名称，用下画线分隔（如 my_onions），或从第 2 个单词开始每个单词首字母大写（如 studentScore、fangChengXiShu）；即使不用英文，用汉语拼音也是可以的。尽量不要不分青红皂白，全都用 a、b、c 命名。这样做的好处是只看到变量的名字，就能知道它的用途，增强了程序的可读性。但见名知意并不是强制要求，不见名知意也无语法错误；故在命名规则的口诀中不包含此要求。

C 语言标识符的长度在不同编译系统中有不同限制，一般长度不超过 31 个字符。

【随学随练 1.5】以下说法错误的是（   ）。

A） C 语言标识符必须以字母开头

B） C 语言标识符中下画线字符可以出现在任意位置

C） C 语言标识符不能全部由数字组成

D）"_"是合法的标识符

【答案】A

【随学随练 1.6】以下可用作 C 语言程序变量名的是（   ）。

A） 2030-   B） -2030   C） _2030   D） 2030_

【答案】C

2．有一说一——常量

简单来说，**常量**就是直接写在程序里的数据值，如语句 a=10;中的 10 就是常量，语句 b=2+3;中，2、3 也都是常量，而 a、b 不是常量，是变量。

现代计算机除能计算数值之外，还能处理文字，例如用微信收发好友消息就是一种文字处理。因此常量应不只限于数值型，直接写在程序中的文字型的数据也是常量，例如'b'、"Hello"等。为区别于变量，文字型常量要用引号引起来，用英文单引号（' '）和英文双引号（" "）引起来的常量分别称为**字符常量**和**字符串常量**（将在第 2 章详细讨论）。

还有一种常量是用符号代替的，称**符号常量**。符号常量需用#define 命令事先定义：

```
#define  M  100
```

表示定义 M 为 100 的代替符号。这如同打进敌人内部的潜伏卧底张三代号叫"老鹰"，老鹰就是张三，两者是同一个人。这里的 M 和 100 是等同的（不是变量 M 的值是 100）。因为 100 是常量，所以 M 也是常量。

#define 命令一般写在程序开头，前有#，后无分号（;），因它是命令而非语句。注意，必须事先有#define 的定义，M 才是常量；否则 M 仍是变量。例如 N、a、b、c 等现在都没有#define 的定义，它们都是变量。

【程序例 1.2】使用符号常量。

```
#define  M  100
main()
{
    int width, height;
    width = M + 8;
```

```
        height = 2*M + 1;
        printf("%d %d", width, height);  /*输出 2 个变量值则需 2 个%d*/
}
```

程序的运行结果为：

```
108 201
```

main 函数中的第 2 条和第 3 条语句中都有 M，它们将被视为：

```
width = 100 + 8;
height = 2*100 + 1;
```

即程序中的所有 M 都将被替换为 100 再参与计算，这是符号的替换（如同在 Word 文字处理软件中的文本查找、替换），而非变量值的代入。

为什么不直接在语句中写 100 呢？虽然效果相同，但不便于以后的维护、修改。如以后希望用 200 进行计算，要逐一修改每条语句中的 100 为 200，十分麻烦；如有某处遗漏修改，还会引发错误。而使用符号常量，只需修改#define 定义的一处：

```
#define M 200
```

则使整个程序中的所有 M 同时被改变，方便许多。这是符号常量的优势。

🏃 高手进阶

还可用关键字 const 定义常量，即在定义变量的形式前加 const，如：

```
const int m=200;
```

则 m 是常量。这种常量拥有内存空间（类似于变量的存储空间），但其值不能被改变，也称常变量。在定义语句中必须用=...为它赋值，且一旦赋值不能再改变。

综上所述，常量就是直接写在程序里的数据值，它们可以是数值型的，也可以是字符或字符串型的，还可以是以符号代替的。在程序运行过程中常量的值不会变化。

3．程序里的盒子——变量

程序通常需要保存信息，如原始数据、中间结果、最终结果等，可以把它们放到变量中保存。在【程序例 1.1】中，a、b、c 都是**变量**。变量类似于存放物品的盒子，盒子的名称就是变量名，盒子里面的内容就是变量的值，是可以变化的，如图 1-7（a）所示。在程序中，变量实际代表了计算机内存中的一块存储空间，存储空间的名称就是变量名，其中存储的内容就是变量的值，变量的值可以变化，如图 1-7（b）所示。例如：

```
int a;
a=10;
```

表示定义了一个变量 a，然后将 10 放入变量中保存起来。

（a）变量类似于盒子，用于保存数据　　　　（b）变量的本质是计算机内存中的一块存储空间

图 1-7　变量的意义和本质

变量在使用前必须先定义，变量的定义类似于准备盒子。如 int a;是定义变量，它表示让计算机先在内存中分配好变量 a 的存储空间，这样后续才可以使用这个存储空间。

当使用变量保存新值时，原有的值同时被覆盖、不复存在，即一个变量在某一时刻只能保存一个值（这与盒子可同时存放多件物品不同）。例如，若对前述变量 a 再执行语句 a=50;则 50 将存到变量 a 中，a 中原来的 10 被覆盖、不复存在。现在 a 的值是 50 不是 10 了。

　　首先准备好草稿纸和笔，然后按照程序的执行过程，一条一条地阅读语句并在草稿纸上用笔模拟执行。当遇到变量定义语句时，就在纸上画出变量的存储空间并写上变量名。当遇到改变变量值的语句时，一定要在纸上将变量值的变化记录下来（在存储空间中将原来的变量值划掉，并在旁边写上新值即可），如图1-8所示。然后继续阅读下一条语句，每一步都要如此记录……

图 1-8　在草稿纸上画图记录变量值的变化

　　初学者万不可为图"省事"，试图用大脑记住变量的值。认为自己用脑子能记住就不动笔，这是很多初学者阅读程序失败的原因。请一定勤用草稿纸和笔，即使变量很简单，也一定要在草稿纸上画图记录。请初学者切记：阅读程序时草稿纸非常重要！

　　在定义变量后、为它赋值前，变量的值不是"空白"，而是**随机数**。这与新买的盒子是空白的不同。随机数表示变量是有值的，它的值可能是 123、可能是–824，也可能是 30000……只不过不确定而已。例如：

```
int sum;
```

　　现在 sum 的值为随机数，值不确定，不是没有值。直到执行为 sum 赋值的语句 sum=0;后，以 0 覆盖随机数，sum 才有了确定的值 0。

　　为了避免出现这种随机数状态，可在定义变量的同时为变量赋一个初值，在定义时为变量赋初值也称变量的**初始化**，例如：

```
int sum=0;         /* 在定义的同时，变量 sum 就有了确定的值 0 */
int row, col;      /* 一次定义多个变量，变量的值都不确定 */
int price, num=3;  /* 仅 num 的值为 3，price 的值不确定 */
int size=num+4;    /* size 的值为 7，可用表达式为变量赋初值 */
```

　　但在定义中不允许连续赋初值，如下面的语句是错误的：

```
int x=y=z=5;
```

　　而只能写为：

```
int x=5, y=5, z=5;
```

脚下留心

　　变量名是不带引号的。如 a 是变量，而'a'和"a"都是常量（分别是字符常量和字符串常量）。可以用 a=10; ，而不可以用'a'=10; 或 "a"=10;。类似于人名是变量，可以变，如可以是张三、李四……但如果某个人的名字叫"王人名"，那它就是常量，不可以变：不能说今天他叫"王张三"，明天他叫"王李四"……

【小试牛刀 1.4】下面变量定义的方式是否正确？

```
int a, int b;
```

　　【答案】不正确。如果用逗号（,），表示同一语句中定义多个变量，逗号后面要直接写变量名，不能再写 int，即应改为 int a, b; 。如果希望再次出现 int，则必须用分号（;），写为 int a; int b; ，这实际是一行内写两条语句的情况。

高手进阶

　　在 C 语言中，函数内的所有变量必须先集中定义再使用；不能边使用边定义。例如，以下程序段是错误的：

```
int a;
a=3;
int b;    /* 错误：执行语句 a=3;后不能再出现任何变量的定义 */
b=4;
```

而必须写为：

```
int a;
int b;     /* 变量定义必须集中出现在所有执行语句之前 */
a=3;
b=4;
```

带赋初值的变量定义仍属变量定义，不属执行语句，之后仍可定义其他变量。

1.3 先利其器——上机指导

上机指导（1）　上机指导（2）

上机操作对学习一门计算机语言非常重要，它不仅可以提高实际操作能力，更能反过来促进对理论知识的掌握。很多读者常抱怨学过的知识记不住、没过多久就忘了；其实多数是只看书而很少上机操作造成的。只要多上机、多动手，就能在很大程度上加深印象、避免遗忘。因此这里有必要介绍如何上机操作，请读者重视上机、将上机贯穿学习的始终。

编写好的 C 语言程序称源程序，它需要被**编译系统**翻译为二进制的机器语言程序才能执行。很多编译系统不仅提供了"翻译"的功能，还提供强大的编写、修改、调试和运行程序等功能，集成为一个软件，称为**集成开发环境**。C 语言的集成开发环境有很多种，如 Visual C++、Dev-C++等。本节主要介绍 Visual C++，其他集成开发环境的用法与此大同小异。

Visual C++（简称 VC 或 VC++）是微软公司开发的集成开发环境，既可用于编写 C++程序，也可用于编写 C 语言程序。它是 Visual Studio 的组件之一，只要安装了 Visual Studio 即默认安装了 VC。Visual Studio 版本很多，2003 以上的版本大同小异，这里以 Visual Studio 2010 为例进行介绍。

⚠ 脚下留心

本书介绍的是通用 C 语言编程技术，而非某一软件的使用方法，更不是主要介绍 Visual C++。本节只是选择 Visual C++作为众多集成开发环境的代表，以介绍基本的上机操作方法。当然读者也可选用其他集成开发环境上机，并不妨碍学习。

1.3.1 环境设置

在首次启动 Visual Studio 2010 时，会弹出图 1-9 （a）所示的设置界面，应选择"Visual C++开发设置"。以后再次启动 Visual Studio 2010 则沿用之前的设置，不再弹出此界面。如希望重新设置环境，可在 Visual Studio 主界面中单击"工具"菜单中的"导入和导出设置"命令，在弹出的"导入和导出设置向导"中选择"重置所有设置"，如图 1-9 （b）所示，单击"下一步"按钮即可。

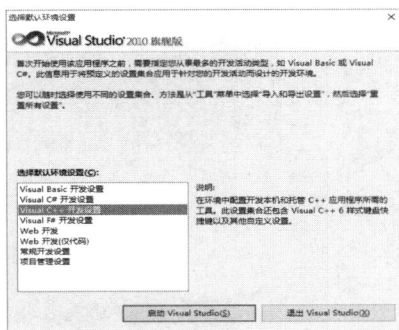

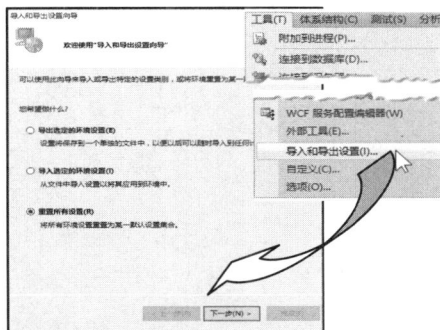

(a) 环境设置　　　　　　　　　　　　(b) 重新设置环境

图 1-9　Visual Studio 2010 环境设置

1.3.2 新建程序

项目（或称工程、程序）是编写一个程序所需的所有文件的集合，编写程序首先要新建项目。单击"文件"菜单中的"新建"-"项目"命令，弹出"新建项目"对话框，如图 1-10 所示。在左侧选择"Visual C++"以列出其中的模板，在右侧选择"Win32 控制台应用程序"。在下方"位置"框中指定新建程序的保存位置，不建议使用默认位置。若事先已在 Z 盘新建了一个名为 CEx 的文件夹，并希望将练习程序都保存到此文件夹中，则应单击"位置"框右侧的"浏览"按钮，选择文件夹"Z:\CEx\"。在"名称"框中输入程序的名称，如"ex1"。单击"确定"按钮，弹出"Win32 应用程序向导"对话框，如图 1-11 所示。

图 1-10　新建项目——"新建项目"对话框

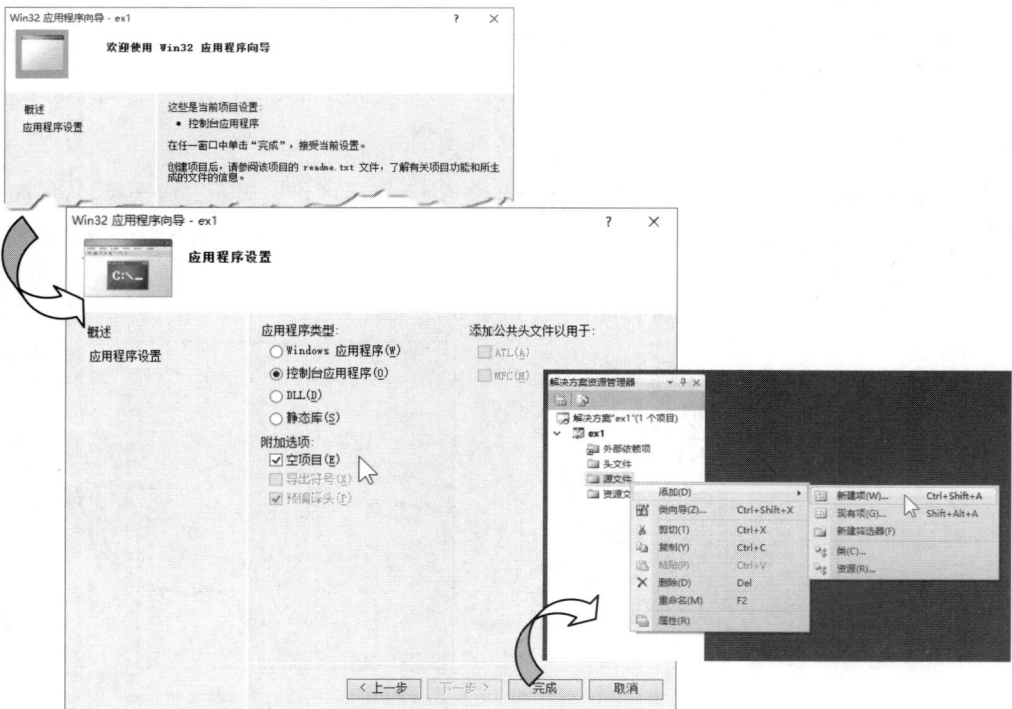

图 1-11　新建项目——"Win32 应用程序向导"对话框

脚下留心

很多读者在上机操作时无法进行后续操作，或在运行程序时出现奇怪现象，往往是新建项目时的错误或不当操作导致的，因此在新建项目时应注意以下事项。

（1）应选择"Win32 控制台应用程序"，不要错选为"Win32 项目"或"空项目"。

（2）不要在桌面创建文件夹，试图将程序保存到桌面。桌面路径的特殊性可能导致程序运行时出现奇怪现象。应在 D 盘、E 盘等创建自己的文件夹来保存程序，在桌面可粘贴该文件夹的快捷方式，而不要直接把程序内容存到桌面。

（3）注意程序命名规范，虽然不强制，但尽量按照标识符的规则命名（如 ex1），若读者将程序命名为纯数字1、22或含特殊符号等，后续往往会产生错误。

在"Win32 应用程序向导"对话框的初始界面中直接单击"下一步"按钮进入第 2 步。务必勾选"空项目"，单击"完成"按钮，则项目创建完成。VC 会为该项目自动创建一个**解决方案**，在屏幕左侧出现"解决方案资源管理器"，如图 1-11 所示。解决方案是一个框架（对应磁盘文件中扩展名为.sln 的文件，如 ex1.sln），其中可以包含若干个项目（这里只包含一个项目 ex1；项目对应磁盘文件中扩展名为.vcxproj 的文件，如 ex1.vcxproj），一个项目对应一个程序。

复杂程序可包含若干个源程序文件、头文件、资源文件等，这里在项目ex1下面显示的多个文件夹（外部依赖项、头文件、源文件、资源文件等），即为此预留的框架，如图1-11所示。这里我们在项目中只新建一个源程序文件：右击"源文件"文件夹，从弹出的快捷菜单中单击"添加"-"新建项"命令，弹出"添加新项"对话框，如图1-12所示。

图 1-12　新建 C 语言源程序文件

虽然要新建 C 语言源程序文件，而不是 C++语言源程序文件，但在"添加新项"对话框中，仍选择"C++文件(.cpp)"，输入源程序文件名（必须加扩展名.c），单击"添加"按钮。

脚下留心

新建 C 语言源程序文件时，在"名称"框中输入文件名时一定要加扩展名".c"，这是区别创建 C 语言源程序文件还是 C++语言源程序文件的标志。如果此处不加扩展名".c"，源程序文件将被系统自动添加扩展名".cpp"，就变成了 C++语言源程序文件，将编写的是 C++语言程序而不是 C 语言程序了（程序的语法规则将适用于 C++而不是 C 语言）。

第1章

1.3.3　输入程序

C 语言源程序文件会被自动添加到"解决方案资源管理器"中（如图 1-13 中的 📄 ex1.c），并会自动在编辑窗口中打开（如果没有打开可双击 📄 ex1.c 打开）。

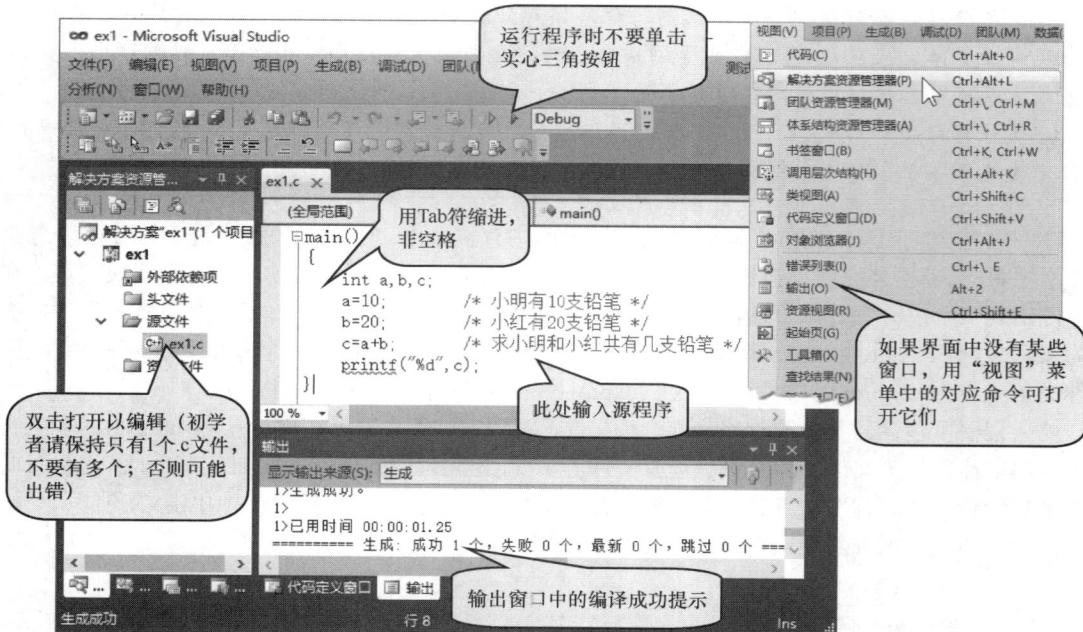

图 1-13　在编辑窗口中输入源程序和在输出窗口中显示的编译成功提示

然后在编辑窗口中即可输入 C 语言源程序，如图 1-13 所示。语句的行首缩进，一般应使用 Tab 符而非连续多个空格。代码特定文字会自动变为不同颜色，如关键字会变为蓝色、注释会变为绿色（与文字处理软件不同，代码的字体颜色是自动变化的，不可自行任意设置字体颜色）。输入程序后，单击"文件"菜单中的"保存"命令或工具栏的保存按钮 💾 存盘。

🚶 脚下留心

在输入程序时，还应注意插入/改写这两种输入状态。插入状态是通常状态，所输入的内容将被插入光标所在位置，光标后的内容顺次后移，插入点光标显示为竖线形状（|）。而在改写状态时，插入点光标变为方块形状（▉），其后原有内容将被删除并被新输入的内容替换。按"Insert"键 可在这两种输入状态之间来回切换。注意，如有误触碰键盘"Insert"键造成输入状态改变，再次按"Insert"键即可恢复。

1.3.4　运行程序

运行程序的方法不是单击工具栏的实心三角按钮 ▶，而是单击"调试"菜单中的"开始执行(不调试)"命令，或单击此命令对应的工具栏按钮——空心三角按钮 ▷。然而空心三角按钮 ▷ 在系统默认界面中并没有被自动添加到工具栏，需由我们自行添加到工具栏，添加方法如图 1-14 所示。

一般地，应在第一次使用 VC 时将空心三角按钮 ▷ 添加到工具栏（如添加到实心三角按钮 ▶ 的旁边），这样同时具有空心三角、实心三角两个按钮以便使用。常规运行程序时应单击空心三角按钮 ▷，调试程序时应单击实心三角按钮 ▶（后文介绍）。

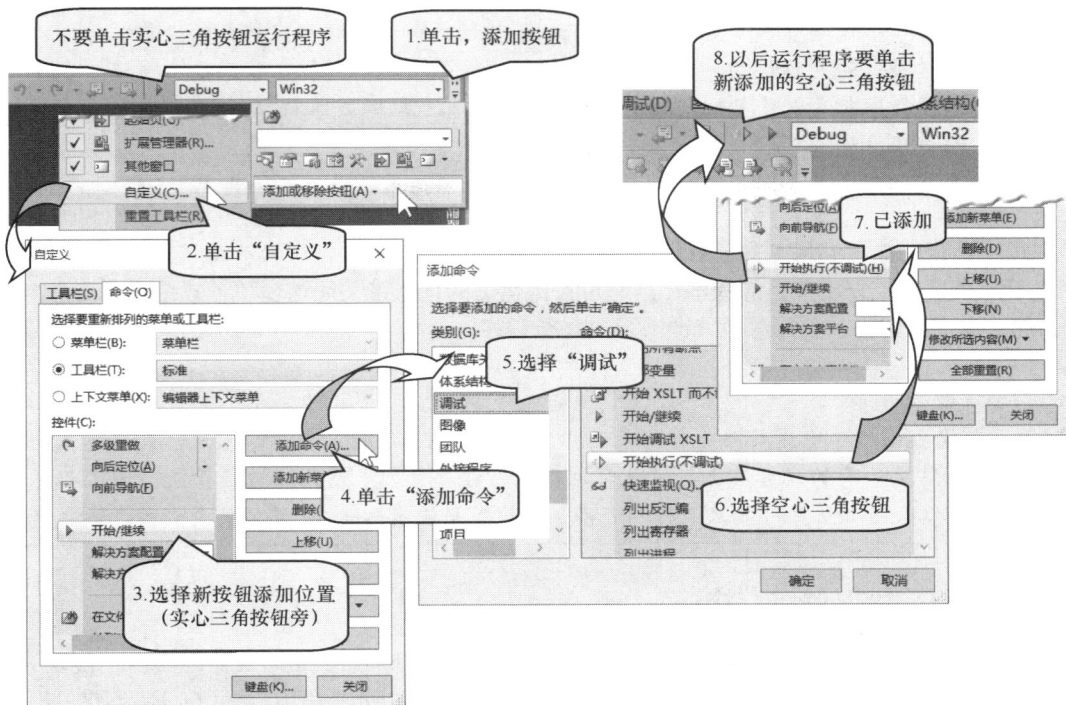

图 1-14 将运行程序用的空心三角按钮添加到工具栏

单击空心三角按钮 ▷，VC 将首先编译程序，在输出窗口中显示编译结果（见图 1-13）。如果编译成功，VC 会自动链接和运行程序。程序运行后的输出结果会显示到一个黑色窗口中，如图 1-15（a）所示，该黑色窗口称**控制台窗口**。如果程序运行时还需用户输入数据（用户就是运行程序的人），也在此黑色窗口中输入，而不是在编辑窗口中输入。

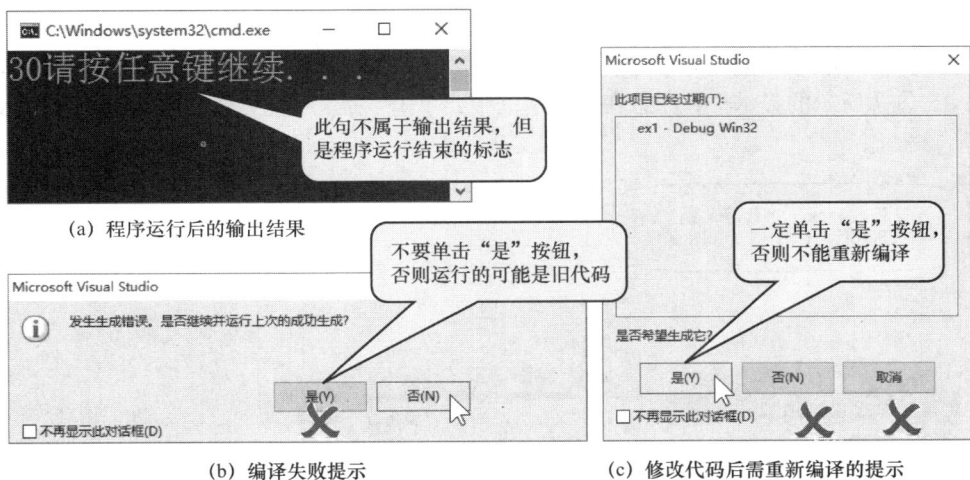

(a) 程序运行后的输出结果

(b) 编译失败提示   (c) 修改代码后需重新编译的提示

图 1-15   程序运行结果和运行程序时可能遇到的提示

⚠️ **脚下留心**

运行程序时不要单击工具栏的实心三角按钮 ▷，因为它是用于调试程序的，而非常规运行程序，程序的运行结果会一闪而过，来不及查看。

有人因此在程序代码中添加类似 system("pause");的语句来让程序在执行结束前暂停，以便查看运行结果，这种做法是错误的。因为它增加了"暂停"功能，可能在程序退出前还要在键盘按一个键，而这在程序本意中并无此需求。试想若任何计算机软件或手机 App 在运行结束后都无法自行退出，而要用户按一下键才能退出——显然不太合理。事实上，这是由于有人不明白实心三角按钮 ▶ 的真实作用，并企图通过添加 system("pause");语句来弥补，实为错上加错。

在程序运行的输出结果"30"后还有"请按任意键继续"字样，后者不属于输出结果，它是在程序运行结束后系统自动给出的提示，这时可按键盘上的任意键关闭该窗口（或单击窗口右上角的 ×），然后返回编辑窗口，可继续修改或再次运行程序。

⚠ **脚下留心**

"请按任意键继续"也是程序运行结束的标志，如我们在运行某程序后未发现此标志，则表示程序运行尚未结束。有的读者在上机考试时也需运行程序，但未看到这句提示就关闭了程序，这使程序未运行结果（如程序可能只运行到一半，最终结果没有输出），显然就会影响考试成绩了。

1.3.5　语法错误调试方法

如果单击空心三角按钮 ▷ 后编译失败，则程序无法链接和运行。这时在输出窗口中会显示编译失败提示，并弹出如图 1-15（b）所示的提示框。这时在提示框中务必单击"否"按钮。不要单击"是"按钮，否则运行的可能是旧代码，导致当前代码与运行结果对不上。

当程序出错时，应避免粗暴地用眼排查，而应借助系统提示，方法如下。如图 1-16 所示，首先适当增加下方输出窗口的高度以显示更多内容，然后向上拖动垂直滚动条，以查看输出窗口中前面的提示文字，从上向下找到第 1 个 error 提示行。双击该行的任意位置，则该行全行被高亮，且系统自动定位到该错误对应的代码位置——在对应代码行前面出现一条短横线 ━。检查本行代码和前面行的代码，并结合输出窗口的 error 提示（如缺少"；"）找出错误，如本例错在短横线 ━ 所指行的前一行语句末尾缺少分号（；）。

修改程序，在 a=10 后添加分号（；），再次单击空心三角按钮 ▷ 重新编译运行程序。这时系统会弹出图 1-15（c）所示的提示框，注意在该提示框中要单击"是"按钮，否则不能重新编译修改后的新程序。

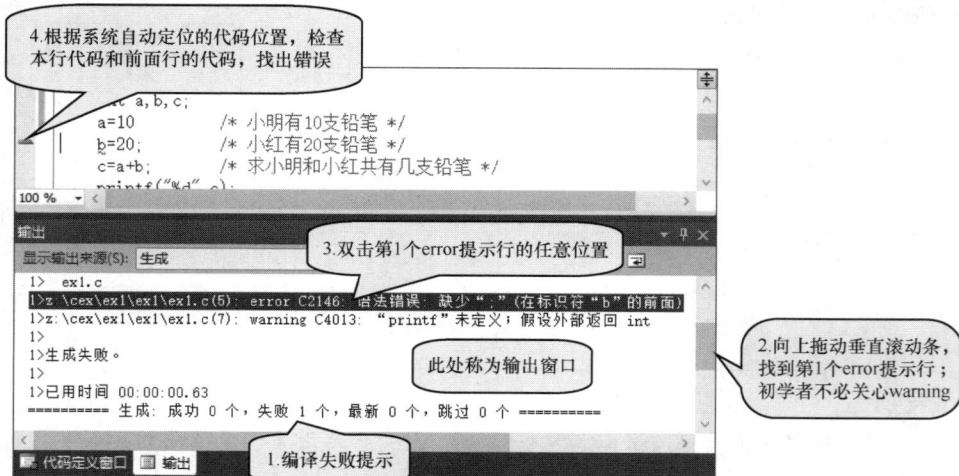

图 1-16　语法错误调试方法

有时输出窗口给出的 error 提示较多，但这并不一定代表程序错误就多，因为其他错误可能是由前面的错误引起的；当把前面的错误改正后，后面一连串的错误可能都会自动消失。因此应注意无论出现多少个错误，总要先找第 1 个、先修改第 1 个，修改后再次运行程序；如果还有错误仍先修改第 1 个……

【小试牛刀 1.5】将 a=10 语句后面的分号改为中文分号（；），然后运行程序，根据输出窗口给出的 error 提示修改程序。

【答案】输出窗口会连续给出 3 个 error 提示，但仍只关注第 1 个。双击第 1 个 error 提示行的任意位置，第 1 个 error 提示是缺少分号，而实际似乎有分号，这就联想到分号是否为中文的，导致未被系统识别。将中文分号改为英文分号后，重新运行，其他错误无须修改自动消失。

如果程序只有在第一次运行时正常，以后输出窗口均有类似下面的 error 提示：

LINK: fatal error LNK1168: 无法打开 Z:\CEx\ex1\Debug\ex1.exe 进行写入

这可能是由于上次运行的程序未关闭，使.exe 文件被占用，无法生成新.exe 文件覆盖它。可把之前所有运行的黑色窗口关闭，也可通过任务管理器强制结束进程（ex1）或重启电脑。

1.3.6　逻辑错误调试方法

输出窗口不能提示程序的所有错误，一般如果没有语法错误，输出窗口就会提示"成功"，这时程序可以运行。但可以运行并不代表程序就没有错误，因为其运行结果可能不正确（如欲求最大值却输出了最小值、算出的平均成绩为负数、屏幕无输出等），此类错误不属语法错误而属**逻辑错误**（**语义错误**）。出现逻辑错误时，系统不会给出提示，调试排错的难度更高。调试逻辑错误仍然要尽量避免粗暴地用眼排查，而应借助系统提供的调试工具：断点、单步运行、观察运行中途变量值等。

在程序中设置**断点**，可使程序运行到该行语句时暂停运行，这使我们有机会在程序运行中途检查各变量的值。这样调试逻辑错误，比粗暴地用眼排查代码要容易许多。

在编辑窗口左侧区域（灰色条）单击，可设置一个断点，此时会出现一个红色圆形●，表示程序运行到该行语句会暂停（即将运行本行语句、但尚未运行本行语句），如图 1-17（a）所示。再次单击可取消断点，程序将不会在此处暂停，而会很快地将本行代码执行完。在一个程序中可同时设置多个断点，也可通过"调试"菜单中的相应命令设置/取消断点。

应在哪些语句处设置断点呢？应根据错误现象，大致推断代码可能出错的位置，在哪些位置设置断点。当不易估计准确位置时，可保守地在更靠前的代码位置处设置断点。设置断点的位置并无固定规律，以有利于调试和找出错误为准，并可在实践中不断摸索和不断调整断点位置；不同人设置断点的位置和具体调试过程也不一定完全相同。

在设置断点后，应单击实心三角按钮 ▶ 运行程序，如图 1-17（b）所示。此时不应再单击空心三角按钮 ▷ 运行程序，否则所有断点都不会起作用。当单击实心三角按钮 ▶ 运行程序后，程序会快速地运行完前面无断点的语句，然后在第一个断点处暂停运行。此时屏幕画面如图 1-17（c）所示。在代码编辑窗口左侧将出现黄色箭头 ⇨，表示程序已在此处暂停（即将运行此行语句，但尚未运行此行语句）。

这使用户有机会观察目前状态下（程序运行中途）各变量的值。如图 1-17（c）所示，在下方**自动窗口**中可见变量 a、b 的值分别为 10、20，而变量 c 的值为随机数（尚未执行 c=a+b;）。这时可根据错误现象和代码功能，判断目前变量值是否正确，综合分析找出错误原因。

还可进行单步运行调试，即让程序一行语句一行语句地运行，每运行一行暂停一次（这使得不必为每行语句都分别设置一个断点）。当程序暂停时，可通过工具栏的 3 个按钮 ▣◖▣ 实现这一目的。一般使用其中第 2 个按钮即可。单击该按钮一次，则运行一行语句、中断，此时观察变量值；再单击该按钮一次，则运行一行语句、中断，再观察变量值……在本例中，单击该按钮一次，使运行完 c=a+b;后，在 printf 语句前中断。这时在自动窗口中可见变量 c 的值由随机数变为 30。

(a) 在语句前单击以设置断点   (b) 调试运行程序（单击实心三角按钮）

(c) 程序运行中途暂停（断点生效）   (d) 单步运行和常用的 3 个工具栏按钮

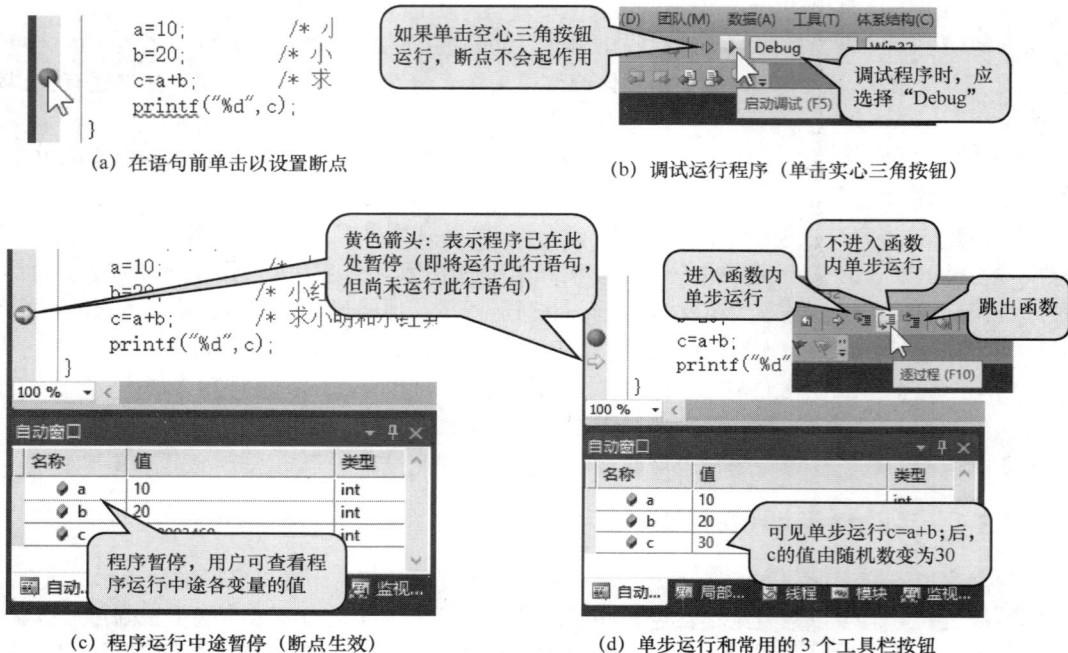

图 1-17 逻辑错误调试方法——断点+单步运行

通过单步运行，不仅可观察每一步变量值的变化，还可掌握程序的执行过程。通过每步运行时的黄色箭头 ⇨ 所指位置，可知下一步要运行的语句是哪一条语句，是应该执行这条语句，还是应该跳过这条语句。对于顺序结构的程序，下一步要执行的都是下一行的语句，但对于将来要学习的分支结构和循环结构的程序，语句就不再是按顺序一条条执行的了，而可能有选择地执行，或某些语句反复地多次执行。那么根据 ⇨ 就可以检查语句的实际执行情况（实际上是否有选择地执行或反复地多次执行），从而发现错误。

👟 高手进阶

当下一行要执行的语句是函数调用（第 7 章介绍）语句时，单击 📷📷📷 中的第 1 个按钮会进入函数内一步步执行，单击其中的第 2 个按钮则会将函数调用语句视为整体一步执行完。如果单击第 1 个按钮进入了函数内，则又可单击第 3 个按钮跳出函数，即第 1 个按钮结合第 3 个按钮的作用近似等于第 2 个按钮的作用。

当下一行要执行的语句不属函数调用语句（如 c=a+b; 语句）时，则第 1 个按钮和第 2 个按钮作用相同。

当程序中断后，除单击 📷📷📷 按钮单步运行外，还可再次单击实心三角按钮 ▶ ，这时它的作用是继续运行程序，直到遇到下一处断点再暂停。这在同一程序中设置了多处不同的断点时十分有用，可使程序的运行由一处暂停位置一步跳转到下一处需暂停的位置，而中间可以间隔很多语句。

在图 1-17 中是通过**自动窗口**查看变量值的。自动窗口中会自动列出一些变量，但有时有些变量可能没有被列出或不符合我们的需要。这时可单击底部窗格的"监视 1"切换到**监视窗口**。在监视窗口表格的第 1 列内，可任意输入变量名或表达式，输入完成后将在第 2 列立即显示它们的值，如图 1-18 所示。应综合运用**自动窗口**和**监视窗口**检查变量的值，帮助查找错误。

要停止调试，单击工具栏的"停止调试"按钮 ■ ，如图 1-19 所示，即退回到代码编辑状态，可修改代码，然后重新运行或重新启动调试。调试工具栏在程序运行时会自动出现。如没有，可通过"视图"菜单中的"工具栏"命令，或右击工具栏空白处弹出的快捷菜单打开调试工具栏。

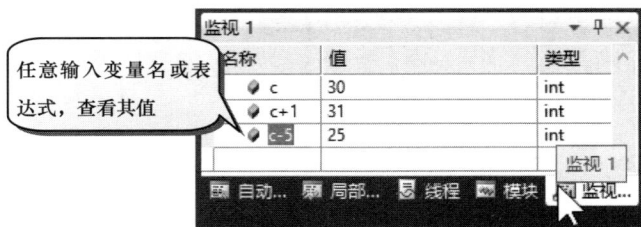

图 1-18　通过监视窗口查看变量或表达式的值　　　　图 1-19　停止调试

　　程序逻辑错误的调试需要勤加练习，并依靠经验，针对不同问题做不同的综合分析。以上介绍的只是调试工具的使用方法。读者应在今后的学习中，不断上机练习，综合运用这些方法调试不同的程序，只有通过实践才能更深入地理解调试过程、积累经验。同时，这些方法也可以帮助我们更好地学习程序，因为它可以随时为我们非常详细地指出：程序第一步运行的是哪条语句，运行后各变量的值是多少；下一步运行的是哪条语句，运行后各变量的值是多少……读者应善于利用这些方法学习，并将它贯穿到学习 C 语言的始终。

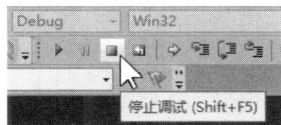

高手进阶

　　一般在调试程序时，应选 Debug 版，即在工具栏"解决方案配置"下拉列表中选择"Debug"，如图 1-17（b）所示。因 Debug 版的程序编译后会包含调试信息，更便于调试。但这也会增加可执行文件的体积和减慢运行速度。在调试通过后，正式使用程序时，应选择 release 版的程序交付给用户使用。

1.3.7　项目的打开和关闭

　　在编写完一个程序后，必须首先关闭整个解决方案，然后才能编写下一个程序，而不能直接在目前的解决方案中又添加一个源文件来编写下一个程序，否则两个程序都可能无法运行。关闭解决方案的方法是单击"文件"菜单中的"关闭解决方案"命令，或关闭 VC，然后重启 VC。

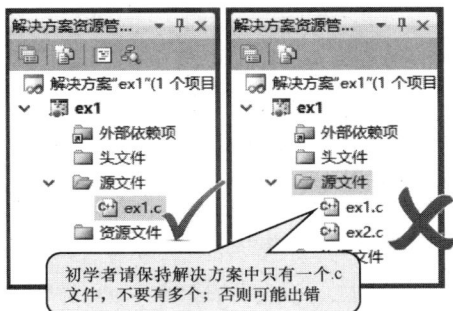

窍门秘笈　　上机时请认准"解决方案资源管理器"的正确画面。

　　有些初学者在上机练习时，没有关闭解决方案，而只关闭了.c 文件的编辑窗口，在屏幕上见不到程序代码就认为已经关闭了解决方案；然后继续添加新的.c 文件编写第 2 个程序……造成两个程序均无法运行，或运行时出现奇怪现象。

　　由于初学者特别容易犯这个错误，本书建议初学者记住目前情况下，在解决方案中只能有一个.c 文件，不要有多个，如图 1-20 所示。尽管一个程序可包含多个.c文件，且在复杂程序中应包含多个，然而那是深入学习的内容。目前为避免出错，请初学者认准图 1-20 左边的正确画面和右边的错误画面；在上机练习时，如出现右边的多文件情况，应及时关闭和重新创建程序。

图 1-20　不要在同一程序中添加多个.c 文件

在关闭解决方案后，如想再次打开之前保存的程序，应进入磁盘文件夹，双击其中的.sln 文件，如图 1-21 所示。这时 VC 会自动打开整个程序和其中包含的相关文件。

图 1-21　打开磁盘上之前保存的程序

1.4　天平游戏——进制转换

1.4.1　我从哪里来——二进制、八进制、十六进制

计算机只能直接识别**二进制数**，二进制数仅由 0 和 1 两种数符组成，如 1011 就是一个 4 位的二进制数。二进制数的位也称为**比特**（bit，简记为 b），但不称个位、十位、百位……1011 有 4 位，即 4 比特。每个位上只能是 0 或 1。二进制数做加法时"逢二进一"，做减法时"借一当二"。1011 与 0010 的加法运算如图 1-22 所示。

二进制数一般位数较多，如十进制数 1234 表示为二进制数就是 10011010010，这使书写、记忆都很不方便。计算机可将一个二进制数的每 8 位分一组进行处理，每组称为 1 **字节**（Byte，简记为 B），即 1Byte=8bit。

若将二进制数每 3 位或 4 位分一组（从小数点开始分组），就形成了八进制数或十六进制数：

- 每 3 位分一组时，每组有 3 比特，有 2^3=8 种不同情况。将每个组的二进制数分别用 0,1,2,…,7 中的一种数符表示，就构成了**八进制数**。八进制数由 0,1,2,…,7 这 8 种数符组成，逢八进一。**注意：八进制数中不会出现 8 和 9**。
- 每 4 位分一组时，每组有 4 比特，有 2^4=16 种不同情况。将每个组的二进制数用 0~9 和 A~F（或小写）这 16 种数符中的一种数符表示，就构成了**十六进制数**。其中 A、B、C、D、E、F（或小写）分别对应于 10、11、12、13、14、15。十六进制数逢十六进一。

例如二进制数 1100 1000 1011 0010 表示为八进制数是 144262，表示为十六进制数是 C8B2；二进制数 1101 0001 1010 0101 表示为八进制数是 150645，表示为十六进制数是 D1A5。

1.4.2　不同进制数之间的转换

现在有二进制、八进制、十六进制，再加上我们熟知的十进制就有 4 种进制了。如何进行这 4 种进制数之间的转换呢？

1．十进制数转换为二进制数

在讲解进制转换之前，先来做一个小游戏。

进制转换

$$
\begin{array}{r}
1011 \\
+\quad 0010 \\
\hline
1101
\end{array}
$$

图 1-22　两个二进制数的加法运算

小游戏　天平游戏。

现有一架天平和 4 种重量的砝码，重量分别为 8g、4g、2g、1g，每种重量的砝码只有一个。现要用此天平称 13g 的物体，物体放在左盘上，如图 1-23 所示。请问在右盘上应怎样选放 4 种砝码，才能使天平左右两盘重量相同、天平平衡呢？

图 1-23　用天平称量重物

答案：显然在右盘上应选放 8g、4g、1g 这 3 种砝码，使右盘总重量也为 13g。将选放的砝码用 1 表示，未选放的砝码用 0 表示（只有 2g 的砝码未选放），按 8、4、2、1 的顺序依次写出 1101，则 1101 就是十进制数 13 的二进制形式。

无形中我们已经完成了十进制数 13 到二进制数的转换。这种转换方法归纳起来就是：用 8、4、2、1 这 4 个数"凑"一个十进制数，选用的数用 1 表示，未选用的数用 0 表示，按 8、4、2、1 由高到低的顺序依次写出 1、1、0、1 的序列就是对应的二进制数。而 8、4、2、1 这 4 个数是由 1 开始，依次向左乘 2 得到的，也称二进制数对应位的**权值**。

又如，十进制数$(8)_{10}$（角标表示进制，下同）转换为二进制数是$(1000)_2$。因为重物重 8g，而恰好有一个 8g 的砝码，只选放它即可，仅它的对应位为 1，其他 3 位都为 0。

【**小试牛刀 1.6**】试立即写出十进制数$(10)_{10}$对应的二进制数：$(\underline{1010})_2$。

【**分析**】应选放 8g、2g 两种砝码，按照 8、4、2、1 的顺序依次写出就是 1010。

对于 0～15 的十进制数，都可以用 8、4、2、1 凑出，直接写出对应的二进制数。对于更大的十进制数，应继续将权值乘 2，使用更大的权值 16、32、64……一起"凑"十进制数。

例如，将十进制数$(117)_{10}$转换为二进制数，需使用 64g、32g、16g、8g、4g、2g、1g 这 7 种砝码来凑 117g 的重物。如不易直接看出"凑法"，应由高到低考虑砝码，如果某个砝码重量不大于目前左盘多出的重量，就在右盘选放该砝码；否则不选放。具体分析过程如下。

- 64g：64<117，应选放 64g 的砝码，选放后左盘比右盘还多出重量 117-64=53g。
- 32g：32<53（注意要与左盘"目前"多出的重量比，不要再与 117 比），应选放 32g 的砝码，选放后"目前"左盘还多出重量 53-32=21g。
- 16g：16<21，应选放 16g 的砝码，左盘多出重量 21-16=5g。
- 8g：8>5，不选放 8g 的砝码。左盘多出重量仍为 5g。
- 4g：4<5，应选放 4g 的砝码，左盘多出重量 5-4=1g。
- 2g：2>1，不选放 2g 的砝码，左盘多出重量仍为 1g。
- 1g：1=1，应选放 1g 的砝码，恰好天平平衡。

将选放的砝码用 1 表示，未选放的用 0 表示，按 64、32、16、8、4、2、1 顺序对应写出，则$(117)_{10}$的二进制形式为$(1110101)_2$。在实际换算时，可画出图 1-24 所示的过程：先依次写出第二行的"砝码重"，然后在第一行最左边写出 117，从左到右递推。

目前左盘（多出）重量	117	53	21	5	5	1	1	0
砝码重	64	32	16	8	4	2	1	
二进制数	1	1	1	0	1	0	1	

图 1-24　用降幂法将十进制数 117 转换为二进制数

（灰色线条表示减法计算的减号和等号，例如 117-64=53）

这种十进制数转换为二进制数的方法叫作**降幂法**。它是用所有小于十进制数的各位二进制**权值**，"凑"出十进制数。这种方法比使用"除以 2 求余数"的转换方法要简便很多：对于 0～15 的十进制

第 1 章

数，可用 8、4、2、1 直接得出；对于更大的十进制数，也只需画出类似图 1-24 所示的过程，且全程只算加减，无须任何乘除运算。

2．二进制数转换为十进制数

二进制数转换为十进制数，仍可归于上述天平游戏问题，只是逆过程而已。已知二进制数 1010…… 的序列，就是已知天平右盘砝码的状况：位为 1 的对应砝码被选放，位为 0 的对应砝码未被选放。然后求重物重量就非常简单了，只要将所有已选放砝码的重量相加即可。

例如二进制数 $(1101)_2$ 转换为十进制数 $(13)_{10}$。因为已知 1101，就相当于已知右盘已选放了重量为 8g、4g、1g 的 3 种砝码，于是重物重量就是 8+4+1=13g，13 即为对应的十进制数。

💡 **窍门秘笈　二进制数转换为十进制数的心诀：**

把二进制数的各位从左至右依次读作 8、4、2、1（对应位为 0 的数不读），再将读数相加即可。例如通过观察 1101，同时读数 8、4、空、1，即写出 8+4+1=13，如图 1-25 所示。

读数	8	4	2	1
选放否	选放 ✓	选放 ✓	未选放 ✗	选放 ✓
二进制数	1	1	0	1

8 + 4 + 1 = 13

图 1-25　二进制数 1101 转换为十进制数的递推过程

又如 $(1010)_2=(10)_{10}$、$(1110101)_2=(117)_{10}$、$(101)_2=(5)_{10}$，换算 $(1110101)_2$ 时，可从右向左依次写出对应各位的砝码重 1、2、4、8、16……一直写到最左边的 1 即了解其所对应的砝码重为 64，计算 64+32+16+4+1=117。$(101)_2$ 最左边的 1 对应的砝码重为 4 而不是 8，也可在前面补 0 为 $(0101)_2$ 以便观察。

🏃 **高手进阶**

对于小数形式的二进制数与十进制数的转换，方法不变，只要使小数点右侧的"砝码重"依次除以 2 即可：0.5、0.25、0.125……

① $(8.75)_{10} = (1000.11)_2$。

用砝码凑出 8.75，小数点后的两个 1 分别表示选放了 0.5 和 0.25 这两种砝码。注意，有时十进制小数转换为二进制小数可能会损失精度，也就是无论如何也无法用小数砝码恰好凑足十进制小数，这时只要转换到所需精度的二进制小数位就可以了。

② $(1001.10111)_2 = (9.71875)_{10}$。

将对应为 1 的砝码重相加：8+1+0.5+0.125+0.0625+0.03125=9.71875。

在 C 语言的学习中，一般遇到的是整数的转换，而很少有小数的转换。

3．其他进制数之间的转换

其他几种进制数之间的转换均以"二进制—十进制"转换为基础，按以下规则"拆位"或"并位"，即可将问题转为"二进制—十进制"的转换问题。

- 二进制—八进制的转换：3 位并 1 位、1 位拆 3 位。
- 二进制—十六进制的转换：4 位并 1 位、1 位拆 4 位，其中 10 ~ 15 写作 A ~ F（或 a ~ f）。
- 十进制—八/十六进制、八进制—十六进制的转换：均先转换为二进制数，以二进制数为"中介"进行转换即可，如图 1-26 所示。

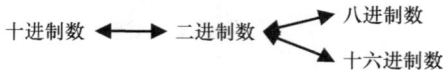

十进制数 ⟷ 二进制数 ⟶ 八进制数、十六进制数

图 1-26　几种进制数之间的转换路径

注意"拆位"和"并位"时小数点要对齐，不够位数的前面补 0。举例如下。

① $(1101)_2 = (001\ 101)_2 = (\underline{\ 15\ })_8$。

把 1101 每 3 位并 1 位（即合并为一组），注意小数点对齐（方向是从右到左，而不是从左到右）。

后 3 位 101 并 1 位；1 之前补两个 0 为 001，001 并 1 位。再将这两个二进制数（001、101）分别转换为十进制数 $(001)_2 = (1)_{10}$、$(101)_2 = (5)_{10}$，于是写出八进制数为 15。

② $(100\ 011)_2 = (\underline{\quad 43 \quad})_8$。

011 并 1 位、100 并 1 位，将这两个二进制数（100、011）分别转换为十进制数 $(100)_2 = (4)_{10}$、$(011)_2 = (3)_{10}$，于是写出八进制数为 43。

③ $(1101)_2 = (\underline{\quad D \quad})_{16}$。

4 位并 1 位，而刚好只有 4 位，只需分一组。将这组的二进制数 1101 转换为十进制数 $(13)_{10}$，13 要写为 D（或 d）（以 10 写为 A、11 写为 B 递推）。

④ $(1110\ 0011)_2 = (\underline{\quad E3 \quad})_{16}$。

0011 并 1 位、1110 并 1 位，将这两个二进制数（1110、0011）分别转换为十进制数 $(1110)_2 = (14)_{10}$、$(0011)_2 = (3)_{10}$，其中 14 写为 E（或 e），于是写出十六进制数为 E3。

⑤ $(32677)_8 = \underline{(011\ 010\ 110\ 111\ 111)_2}$。

将 5 位数符 7、7、6、2、3 每位拆为 3 位，即把每位数都分别"当作十进制数"，转换为 3 位的二进制数。第 1 位 $(7)_{10} = (111)_2$、第 2 位 7 同理、第 3 位 $(6)_{10} = (110)_2$、第 4 位 $(2)_{10} = (010)_2$、第 5 位 $(3)_{10} = (011)_2$（结果都要满 3 位，不够在前面补 0），再连起来即可，如图 1-27 所示。

⑥ $(A19C)_{16} = \underline{(1010\ 0001\ 1001\ 1100)_2}$。

A19C 包含字母，但也是数字，它是十六进制数。（注意，初学者可能不太习惯。）这个数由 4 位数符组成：C、9、1、A（A~F 分别表示 10~15）。将这 4 位数符每位拆为 4 位，即把每位数都分别"当作十进制数"，转换为 4 位的二进制数。第 1 位（C 为 12）$(12)_{10} = (1100)_2$、第 2 位 $(9)_{10} = (1001)_2$、第 3 位 $(1)_{10} = (0001)_2$、第 4 位（A 为 10）$(10)_{10} = (1010)_2$（结果都要满 4 位，不够在前面补 0），再连起来即可，如图 1-28 所示。

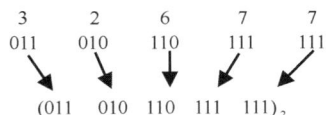

图 1-27 八进制数 32677 转换为二进制数的过程

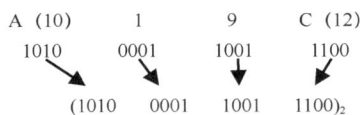

图 1-28 十六进制数 A19C 转换为二进制数的过程

⑦ $(117)_{10} = (\underline{\quad 165 \quad})_8 = (\underline{\quad 75 \quad})_{16}$。

先转换为二进制数 $(117)_{10} = (111\ 0101)_2$。将二进制数从小数点开始每 3 位并 1 位，即将 3 个二进制数（001、110、101）分别转换为十进制数 1、6、5，得到八进制数 $(165)_8$。转换为十六进制数时，仍从二进制数出发，从小数点开始每 4 位并 1 位，即将两个二进制数（0111、0101）分别转换为十进制数，分别为 7、5，得到十六进制数 $(75)_{16}$。

⑧ $(32677)_8 = (\underline{\quad 35BF \quad})_{16}$。

先转换为二进制数 $(32677)_8 = (0011\ 0101\ 1011\ 1111)_2$。将二进制数从小数点开始每 4 位并 1 位，分别转换每组的 4 位二进制数为十进制数，得到 35BF（或 35bf）。

⑨ $(317)_8 = (\underline{\quad 207 \quad})_{10}$。

317 先通过 1 位拆 3 位转换为二进制数 $(317)_8 = (11\ 001\ 111)_2$，再将此二进制数转换为十进制数，将二进制位为 1 的对应砝码重相加即可：128+64+8+4+2+1=207。

⑩ $(23E)_{16} = (\underline{\quad 574 \quad})_{10}$。

23E 先通过 1 位拆 4 位转换为二进制数 $(23E)_{16} = (10\ 0011\ 1110)_2$，再将此二进制数转换为十进制数，将二进制位为 1 的对应砝码重相加即可：512 + 32+16 + 8+4+2=574。

第2章 数海寻源——数据类型、运算符和表达式

计算机的首要功能自然是计算，想必这也是"计算机"这个名字的由来吧。如何指挥计算机帮助我们计算呢？用 C 语言把要算什么写出来，是用 C 语言命令它计算首先要做的事。本章就先学习各种数据类型和运算符用 C 语言怎样说、怎样写，然后学习表达式用 C 语言怎样说、怎样写。它们相当于学习任何一门语言时都要学习的单词和短语。不过不必担心，C 语言里没有那么多要背的单词，不会像学习外语那样辛苦。我们很快就能学会，并编出自己的程序！

2.1 细说数据类型

数据分为多种类型，本节就分门别类地介绍整型、实型、字符型和字符串型这 4 种类型的数据用 C 语言分别怎样说、怎样写。数值型数据分为整数和实数，整数是不带小数点的，而实数必须带有小数点。在 C 语言中，整数和实数是截然不同的，请读者尤其注意。

整型和实型
变量（1）

整型和实型
变量（2）

2.1.1 整型数据

1．整型常量

整型常量，就是直接写在程序里的整数，如 a=10;中的 10，注意其中一定没有小数点。整型常量的写法与数学上的相同，在 C 语言中这种直接写出的整数是**十进制**形式的。除此之外，在 C 语言中还允许将整数写为**八进制**或**十六进制**形式（但不允许写为二进制形式）。

- 在整数前加 0，表示整数是八进制形式的。
- 在整数前加 0x 或 0X，表示整数是十六进制形式的。

由于$(12)_8=(A)_{16}=(10)_{10}$，以下 3 条语句等价，都是将变量 a 赋值为十进制的 10：

```
a=012;   a=0xA;   a=10;
```

在数学上，整数前加 0 数值大小不变；但在 C 语言中，整数前加 0 有特殊含义，它表示八进制数，应尤其注意。如 012 是八进制的 12，与十进制的 12 完全不同。又如由于$(175)_8=(7D)_{16}=(125)_{10}$，以下 3 条语句等价，都是将变量 a 赋值为十进制的 125：

```
a=0175;  a=0X7D;  a=125;
```

💡 **窍门秘笈**　整型常量在 C 语言中的写法可以使用如下顺口溜记忆。

整型常量表示法，

十进制数直接打，

数前添零进制八，

十六进制再加叉（x 或 X）。

即直接输入的整数都是十进制数，整数前加 0 则是八进制数，加 0X/0x 则是十六进制数。

将整数写为八/十六进制形式，实际是为表示其二进制数的简写形式，因为八/十六进制数的每位与二进制数的 3/4 位一一对应（见 1.4.1 小节）。

⚠️ 脚下留心

在 C 语言中，由于八进制数的特殊表示法，绝对不能随便在数字前加 0，这与生活中的习惯是不同的。另外，无论数字有多大，绝对不要在数字中使用逗号。

【小试牛刀 2.1】在 C 语言中整型常量 018 表示的数是多少？它的写法正确吗？

【答案】不正确，数前的 0 标志着这是一个八进制数，而八进制数是由 0~7 组成的，不可能出现 8；同理 019 也是错误的。而 017 是正确的，它表示十进制的 15。

【随学随练 2.1】以下程序段运行后的输出结果是（   ）。

```
int x = 072;   printf("%d", x+1);
```

A）59   B）73   C）142   D）073

【答案】A

【分析】要把八进制数 72 转换为十进制数，先转换为二进制数（1 位拆 3 位）111 010；再转换为十进制数（为 1 的位对应权值相加）32+16+8+2=58。最终输出 x+1 的值为 59。

2．整型变量

变量在使用前必须先定义。对于要保存的值为整数的变量，应将之定义为整型变量，其方法是用关键字 int 与变量名进行定义。例如：

```
int a;        /* 定义整型变量 a */
a=1;          /* 将变量 a 赋值为 1 */
a=20000;      /* 将变量 a 赋值为 20000，原来的值 1 已被覆盖 */
a=3.8;        /* a 将被赋值为 3（无四舍五入），原来的值 20000 已被覆盖*/
```

整型变量是专门用于保存整数的变量，且只能保存整数，不能保存实数。如上例中语句 a=3.8;只能将 3 存入变量 a。要特别注意在 C 语言中，整数和带小数点的实数截然不同。

这种由 int 定义的变量称基本整型变量，在内存中一般占 4 字节（在某些编译系统中也有占 2 字节的情况，在 VC 中占 4 字节）。其所占用的字节数是预先由编译系统规定的，与变量值无关。上例中，无论 a 的值是 1 还是 20000，在 VC 中均占 4 字节。这很容易理解，无论一个包里是放了 1kg 苹果，还是只放了一张纸，包的规格都不会因此改变。

爱逛街的女士用"小挎包"、旅行者用"旅行包"。在"包"的前面加"小挎"和"旅行"这样的修饰词，即可限定包的规格。在 C 语言中定义整型变量时，也可在 int 前增加以下修饰词，限定整型变量的规格。

- short：表示整型变量为短整型，即确定变量占 2 字节。
- long：表示整型变量为长整型，即确定变量占 4 字节。
- signed：表示整型变量为有符号型，可以保存负数。
- unsigned：表示整型变量为无符号型，可以保存正数和 0，但不能保存负数。

在定义整型变量时以上修饰词可选用 0 个、1 个或多个，但 short 和 long 不能同时选用，signed 和 unsigned 不能同时选用。当既不用 short 也不用 long 时，将变量视为基本整型，其所占用的字节数由编译系统决定；当既不用 signed 也不用 unsigned 时，视同 signed，即将变量视为有符号型。如果使用了修饰词，int 可以省略。表 2-1 列出了不同规格的整型变量的定义及相关说明。

第 2 章

表 2-1 不同规格的整型变量的定义及相关说明

变量定义	变量类型	占用字节数	取值范围	变量定义的省略写法
signed short int a;	有符号短整型	2 字节	$-32768 \sim 32767$	short int a; / short a;
signed int b;	有符号基本整型	4 字节*	$-2^{31} \sim 2^{31}-1$	signed b; / int b;
signed long int c;	有符号长整型	4 字节	$-2^{31} \sim 2^{31}-1$	signed long c; / long c;
unsigned short int d;	无符号短整型	2 字节	$0 \sim 65535$	unsigned short d;
unsigned int e;	无符号基本整型	4 字节*	$0 \sim 2^{32}-1$	unsigned e;
unsigned long int f;	无符号长整型	4 字节	$0 \sim 2^{32}-1$	unsigned long f;

注：*在 VC 系统中占 4 字节，在某些编译系统中可能占 2 字节。

在 VC 中长整型（long int）与不加修饰词的基本整型（int）是完全相同的。

正如不同规格的包是为了在不同场合使用：逛街选小挎包，旅游选旅行包。在编程时，也应根据需要选用不同类型的变量。例如要保存学号、年龄、货品个数、一篇文章的字数等数据时，无符号型变量就是上上之选。而保存有可能为负的数据，如某景点旅游人次增长或降低的数量时，则只能将变量定义为有符号型（如 int 或 long int）；但又不能用 short int，否则旅游人次增长或降低的数量将会被限制在 32767 以内，就无法表示了。在实际问题中选用何种类型的变量并无一定的规律，够用就好。如一定要用能表示负数的有符号型变量保存年龄、一定要用 int 或 long int 型变量保存身高，虽 "大材小用"，但也没有什么过错；就像背旅行包逛街也未尝不可，能逛街并把东西买回来就可以了。

🏃 高手进阶

如果数据值超过变量能表示的范围，将会发生溢出。溢出时，编译系统不会报错，但可能会使一个变量值在达到极大值后变为极小值，或在达到极小值后突然变为极大值，使程序运行结果不可预知或得到奇怪的错误结果。

如一个 short int 型变量在已保存极大值 32767 的基础上再加 1，变量值不会变为 32768 而直接变为 0，之后若再加 1 则变为 1、再加 1 则变为 2……（类似钟表当达到最大值 12 时，再加 1 即回到极小值 1）。又如，unsigned int 型变量不能保存负数，在它值为 0 时若再减 1，其值会直接变为极大值（约 43 亿）。

3. 整型数据在计算机中的存储

计算机只能存储 0 或 1，整数在计算机中要被转换为二进制形式存储，占 2 或 4 字节。所占的字节数越多，可以表示的整数范围就越大。

🏃 高手进阶

整数在计算机中以二进制形式存储时，还要转换为补码。整数的二进制形式为原码。正数的补码和原码相同；负数的补码为该数绝对值的二进制形式按位取反（1 变 0、0 变 1）后再加 1。采用补码可将减法运算变作加法实现，符号位（二进制数的最左边一位，负数为 1、正数为 0）也当作一位二进制数一起参与运算。一个数补码的补码还是原码本身。无论正数、负数，其补码的符号位取反则为偏移码。

2.1.2 实型数据

实型也称**浮点型**，可表示带有小数点的数值型数据。再次提醒读者，在 C 语言中，整数和实数虽然都是数值，但是两种截然不同的数据，不能等同对待。

1．实型常量

实型常量也称**实数**或**浮点数**，在 C 语言中只能写为十进制形式，不能写为其他进制形式。但十进制的实型常量又可写为 2 种形式：**小数形式**、**指数形式**。

在 C 语言程序中小数形式的写法与数学中的写法很类似，例如：

```
3.14159    0.158    0.0    -18.0    12.    .36
```

其整数部分为 0 时 0 可以省略，如 0.36 可写为.36；小数末尾的 0 也可省略，如 12.0 可写作 12.。但是，小数点是万万不能省略的，如写作 12 是不行的，因为 12 是整数不是实数。

指数形式针对以科学记数法表示的实数，如 2.1×10^5，在程序中无法写出角标 5（只能写出与 10 "一样高的" 5，这就与 105 混淆了）。为此，C 语言规定用 E（或 e）表示 "$\times 10$"，则 2.1×10^5 在程序中写作 2.1E5 或 2.1e5。其中 5 称指数，2.1 称尾数。又如：

```
3.45E6         /*表示 3.45×10⁶*/
-0.8E-2        /*表示 -0.8×10⁻²*/
1E5            /*表示 1×10⁵*/
23.026e-1      /*表示 23.026×10⁻¹*/
.23026E1       /*表示 0.23026 × 10¹*/
2.3026e0       /*表示 2.3026 × 10⁰*/
```

这种 E（或 e）表示法比数学上的科学记数法更灵活，它不要求尾数必须在 1~10 的范围内，而可以是任意值（如上述后 3 例均表示同一个数）。E（或 e）表示法的数据都是实型的，即使其中没有小数点（如 1E5 是实型的不是整型的），E（或 e）本身有小数点的作用。

窍门秘笈　实型常量在 C 语言中的写法可以使用如下顺口溜记忆。

> 浮点小数莫忘点。
> 指数 E 挑两边全，
> E 后必须是整数，
> 前后两边紧相连。

这是说，以小数形式表示的实数绝对不能省略小数点，否则就变成整数了。

以指数形式表示时，由 E（或 e）似扁担一样挑起尾数和指数，E（或 e）左右两部分都不能省略，否则扁担就不平衡了；且要求 E（或 e）后的内容必须是整数不能是小数，而对 E（或 e）前的内容没有要求。aEn（或 aen）是一个整体，相当于一个单词，中间不能加空格。

例如，以下写法均错误：

```
e5       /*e 前没有内容*/
1.25E    /*E 后没有内容*/
2.0E1.3  /*E 后不是整数*/
2.1 E5   /*数据中间有空格*/
53.-E3   /*负号位置不对，-53.E3 或 53.E-3 才是正确的*/
.e+6     /*e 前只有一个点是不行的，仍属 e 前没有内容*/
345      /*无小数点，345 是整数，不是实数*/
```

【随学随练 2.2】以下选项中可用作 C 语言程序合法实数的是（　　　　）。

A）1e0　　　　　　　　B）3.0e0.2　　　　　　C）E9　　　　　　　D）9.12E

【答案】A

2．实型变量

若要在程序中保存实数，需使用实型变量，而用整型变量保存是不行的。因此保存实数不能使用以 int 定义的变量。

如何定义实型变量呢？实型变量有两种规格：**单精度实型和双精度实型**。就像两种不同规格的实型"书包"，双精度实型能表示的数值范围相对更大、精度更高。

- 单精度实型：用float定义，占4字节，有效数字为7位，表示范围约为$-3.4\times10^{-38} \sim 3.4\times10^{38}$。
- 双精度实型：用double定义，占8字节，有效数字为15位，表示范围约为$-1.7\times10^{-308} \sim 1.7\times10^{308}$。

其中 float、double 均为关键字，与 int 是同类事物。注意，有效数字是指从第一个不是 0 的数字起的数据位数，不一定表示小数位数。例如：

```
float f;                      /* 定义 f 为单精度实型变量，值为随机数 */
float x=1.0,y=2.0,z=3.0;      /* 定义 3 个单精度实型变量，并赋初值 */
double a,m,em,nnn;            /* 定义 4 个双精度实型变量，值都为随机数 */
f=0.001234567;                /* 为 f 赋值 */
x=0.00123456789;              /* 有效数字过多将被截断，x 为 0.001234568 */
a=0.00123456789;              /* 为 a 赋值 */
m=9.11E-31;                   /* 以 m 保存电子质量近似值 */
em=1.495978707e11;            /* 以 em 保存地球到太阳的平均距离 */
nnn=1e80;                     /* 以 nnn 保存宇宙中所有基本粒子的估计总数 */
```

我们在编程时，是选用整型变量还是实型变量取决于实际需要。如年龄、货物数量等属于整数，应使用整型变量保存；而如天气温度、商品价格、银行存款利率、图形面积等带有小数的数据则应使用实型变量保存。另外，如需保存的数据过大（超过 21 亿或 43 亿），而对精度的要求不高，一般也使用实型变量（如宇宙中所有基本粒子的估计总数），因为整型变量无法保存过大的数据，数据已经超出整型变量的表示范围。

使用实型变量时该用单精度（float）的还是双精度（double）的呢？满足精度要求是前提，但尽量避免大材小用。例如要计算平均成绩，用 float 就足够了；但一定要用 double 也无可厚非。俗话说"杀鸡焉用宰牛刀"，但一定要用"宰牛刀"，也是能够杀死鸡的，并没有什么错误。但对于像卫星发射轨道长度等精度要求很高的数据，就必须要用 double 了。

🏃 高手进阶

计算机进行实数的运算是有精度误差的。

如有定义 float f; ，然后将变量 f 赋值为 f=11.17+50.25;，f 的实际值为 61.419998，这是 float 计算产生的误差。这里如需更高精度，应使用 double。

又如有定义 double b=2.34E22, c; ，然后执行 c=b+1.0;，则 c 的值仍为 2.34E22。如果计算 c-b 则值为 0。这是由于精度误差，+1.0 并不会影响 2.34E22 的大小。

3．实型数据在计算机中的存储

在计算机中，实型数据也要转换为二进制形式存储，但要先转换为"尾数$\times 2^{指数}$"的形式，再将尾数和指数分别转换为二进制形式存储。例如对于 34.1245 和 34124.5，它们除了小数点的位置不同外，其他都是相同的。第 1 个数表示为 0.341245×10^2，可存储为 0.341245 和 2；第 2 个数表示为 0.341245×10^5，可存储为 0.341245 和 5。二者的存储内容只有指数部分不同，指数表示了小数点移动的位置，术语"浮点"因此得名（即小数点可以移动）。这里用 10 的次幂是为了叙述方便，计算机存储数据时用 2 的次幂而不是 10 的次幂。

对于存储细节无须过多关心，我们需要了解的是实数与整数的存储方式截然不同，这也是反复强调的实数和整数是截然不同的两种数据的原因所在。

4．类型的转换

在整理东西时，要将不同的东西分门别类地放进不同类型的盒子，如把衣服放进饼干盒里显然是不合适的。在程序中也应把不同类型的数据放进对应类型的变量中保存。

在 C 语言中数据类型是很严格的，整型变量只能保存整数，不能保存实数；实型变量只能保存实数，不能保存整数。虽然实型似乎是精度更高的类型，但连整数都不能保存，因为它们不属于同一类型。如果硬要将数据存入不同类型的变量，系统会**以变量的类型为准，自动将数据的类型转换为与变量的类型一致**。这种转换是由系统自动进行的，称**自动类型转换**。例如：

```
int a;
a = 2.8;
```

则变量 a 中只会保存整数 2（没有四舍五入），不会保存 2.8，也不会保存 3，如图 2-1 所示。又如：

```
double y;
y = 3;
```

则变量 y 中保存的数据是双精度实数 3.0 而不是整数 3。

整型和实型的转换

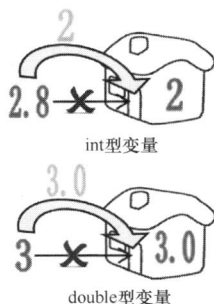
int型变量

double型变量

图 2-1　自动类型转换

💡 **窍门秘笈**　以变量类型为基准的自动类型转换规则如下。

变量定空间，塑身再搬迁。

若为空间窄，舍点也情愿。

这是说在赋值时，必须以"盒子"——变量的类型为准，大件物品要先瘦身、小件物品要先拉宽（"塑身"包含瘦身、拉宽两种情况）后再放入。前者直接舍弃小数，不四舍五入，可能会损失精度。

写在程序中的数值常量，如果不带小数点都默认为整型（基本整型），带小数点或以 E/e 指数形式表示的都默认为双精度实型。如 10 为 int 型，10.5、1e5 都为 double 型。注意，类型不取决于数值，如 3.0、3.都为 double 型而不是 int 型（因为有小数点）。若要改变常量的默认类型，可在常量后加字母后缀。

- L 或 l（字母，不是数字）。在整数后加 L 或 l 表示常量为长整型（long）的，如 0l、-125L、100000L。若不加 L 或 l 则为基本整型的。在 VC 中加或不加此后缀的效果相同，因长整型与基本整型相同，都占 4 字节（此后缀主要用于其他编译系统）。在实数后加 L 或 l 表示常量为长双精度实型（long double）的，如 1.234567L，这种类型在 VC 中与双精度实型相同，一般很少使用。

如需表示常量是短整型的，无须用相应字母后缀，可用强制类型转换（如(short)5）。我们将在 2.2 节介绍强制类型转换。

- U 或 u。只能加在整型常量后表示常量为无符号型的。无符号即非负，不能为负数，如 0U、6U、65535u。不加 U 或 u 则表示常量为有符号型的，可以为负数。在整数后可同时加 L 和 U，如 0LU、6LU、65535lu 等，表示整数是**无符号长整型**的。

- F 或 f。表示常量为单精度实型（float 型）的，如 8.24 默认为 double 型的，8.24f 则表示为 float 型的。

【小试牛刀 2.2】以下整型常量的写法正确吗？

$$-65、-65L、-65U$$

【答案】-65 和-65L 都是正确的，它们在 VC 中相同，都表示十进制的-65，占 4 字节。-65U 不正确，因为 U 已表示无符号数（不能为负），而-65 又表示负数，自相矛盾了。

【随学随练 2.3】以下选项中，能用作数据常量的是（　　　）。

A）o115　　　　　B）0118　　　　　C）1.5e1.5　　　　　D）115L

【答案】D

【分析】o115 以字母 o（不是数字 0）开头，不是常量，可作为变量名。0118 以 0 开头，是八进制数，但不应含8。1.5e1.5 错误，e 后必须是整数。

2.1.3　字符型数据

计算机不但能计算数值，还能处理文字；用微信收发消息就是一种对文字的处理。如果要编写一个类似微信的程序，该如何做呢？用 C 语言表示要发送的文字是必须要做的，本小节先介绍**字符**（单个文字），2.1.4 小节再介绍**字符串**（多个字符的文字）。

1．字符常量

先来考虑字符，如果要将字符 a 发给好友，是不能在程序中直接写作 a 的，否则它就是一个变量，发给好友的将是变量 a 的值（如 10）而不是字符 a 本身了。

因此字符内容需用英文单引号引起来，如'a'（**不能用中文单引号**，左右单引号是同一符号），以表示要发送的内容是字符 a 本身而不是变量 a 的值，这种字符称**字符常量**。单引号是定界符，不属于字符内容。单引号内只能含有 1 个字符，如'ab'是错误的；两个连续的单引号''（单引号内无内容）也是错误的。每个字符常量占 1 字节（8 个二进制位）。

字符常量不仅限于字母字符（如'a'、'b'、'c'），还包括能从键盘上输入的各种字符，如数字字符'1'、'5'、'0'，符号字符','、'!'、'='、'+'、'#'、'$'，甚至空格字符'　'。

2．字符型数据在计算机中的存储

计算机只能存储 0 和 1，整数和实数是数值型数据，可直接被转换为二进制形式存储。但字符型数据不然，它不是数值，又该如何存储呢？学校的每位在校生都有学号、公司的每位职工也有工号；与之类似，人们给计算机要处理的每个字符也都安排一个整数的数值编号，这种字符的编号称 **ASCII**（American Standard Code for Information Interchange，美国信息交换标准码）值。ASCII 值（又称 ASCII 码）是整数，可被转换为二进制数。这样要存储一个字符，只需存储这个字符的 ASCII 值的二进制数。例如字符'A'的 ASCII 值为 65，要存储字符'A'就存储 65 的二进制数；字符'a'的 ASCII 值为 97，要存储字符'a'就存储 97 的二进制数。常用字符 ASCII 值对照表可参见附录一。

字符占 1 字节（8 比特），ASCII 值范围为 0～255（2^8-1）。ASCII 值为 0～31 及为 127 的字符是不可显示的字符，它们主要起控制作用，称**控制字符**。例如 ASCII 值为 7 的字符（称响铃符）可以控制计算机发出"嘀"的一声，ASCII 值为 10 的字符（称换行符）可控制输出换行，ASCII 值为 9 的字符（称水平制表符、Tab 符或跳格符）可控制水平制表。

ASCII 值为 32 的字符是空格，注意空格也是一个字符，它被存为 32 的二进制形式。

数字字符的 ASCII 值按'0'～'9'的顺序递增 1，大小写字母字符的 ASCII 值按字母表的顺序递增 1。例如'0'的 ASCII 值是 48、'1'的 ASCII 值是 49、'2'的 ASCII 值是 50；'A'的 ASCII 值是 65、'B'的 ASCII 值是 66、'C'的 ASCII 值是 67。如果已知'0'的 ASCII 值，就能递推出'1'、'2'、'3'……的 ASCII 值；如果已知'A'的 ASCII 值，也能递推出'B'、'C'、'D'……的 ASCII 值。

⚠ **脚下留心**

请注意数字字符'0'的 ASCII 值不是 0，数字字符'1'的 ASCII 值也不是 1。

各字符的 ASCII 值我们无须记住，但须了解每类字符 ASCII 值的大小顺序：

控制字符（除 127 外）< 空格 < 数字字符 < 大写字母 < 小写字母

注意，小写字母的 ASCII 值反而大，对应大写、小写字母的 ASCII 值差为 32，如'A'的 ASCII 值为 65、'a'的 ASCII 值为 97；'B'的 ASCII 值为 66、'b'的 ASCII 值为 98。可利用这一规律换算大小写字母字符的 ASCII 值：

大写字母字符 + 32 → 对应小写字母字符

小写字母字符 - 32 → 对应大写字母字符

字符和整数的混用

下面再考虑一个已经介绍过的问题：字符'a'的 ASCII 值是 97，在内存中存作 97 的二进制形式，那么整数 97 是如何存储的呢？对！也存作 97 的二进制形式。试问，如果在计算机中存储了一个 97 的二进制形式，如何区分它表示的是字符'a'还是整数 97 呢？这是无法区分的！于是在计算机中就有这样一种情况——**整数和字符是混用的**。

字符与整数可做加、减、乘、除的运算，甚至字符可以与整数比大小。其做法并不难：只要把**字符替换为对应的 ASCII 值**与整数进行运算即可，例如：

- 'C' + 1 的值为'D'，或值为 68；
- 'D' - 'A'的值为 3，看作 68-65；
- '7' + '1'的值为 55+49=104 或字符'h'，不是'8'；
- 'a' > 'A'看作 97>65，或按小写字母的 ASCII 值>大写字母的 ASCII 值的规则判断；
- ' ' < 'a'看作 32<97，或按可显示字符中空格的 ASCII 值最小的规则判断；
- '1' < 'A'看作 49<65，或按数字字符的 ASCII 值<大写字母的 ASCII 值的规则判断；
- 'a' > 65 看作 97>65，或看作'a'>'A'。

高手进阶

字符和整数占用的字节数不同，字符占 1 字节，整数一般占 4 字节。将整数看作字符时，4 字节中只使用最右端（低位端）的 1 字节，而舍弃其他 3 字节；将字符看作整数时，会先在它 ASCII 值对应的二进制数左边（高位端）补 3 个值为 0 的字节凑足 4 字节。由于 ASCII 值范围为 0～255，一般与之进行运算的整数也是 0～255。

【小试牛刀 2.3】设变量 c='F'，请写出语句，将 c 中的'F'变为小写字母并存入变量 d 中。

【答案】d=c+32; ，因为'F'+32=70+32=102。102 是'f'的 ASCII 值，也可看作字符'f'。

【小试牛刀 2.4】'1'和 1 有什么区别？

【答案】'1' 为字符'1'，在内存中存作 49 的二进制形式，占 1 字节；

1 为整数 1，在内存中存作 1 的二进制形式，占 4 字节（二进制形式左边补 0）。

请再次注意字符'1'和数字 1 的区别：字符'1'等同于整数 49，与整数 1 截然不同。可称整数 1 是字符'1'的面值。

窍门秘笈 **数字字符与对应面值的一位整数的互换方法：**

数字字符 - '0'（或– 48） → 整数面值

一位整数 + '0'（或+ 48） → 数字字符

字符'0'的 ASCII 值为 48，'0'与 48 混用。上式中凡写'0'处都可等价写为 48，反之亦然。

【随学随练 2.4】设已定义 int sum;，以下程序欲求两个数字字符'2'和'3'的面值之和，将结果存入变量 sum，即 sum 最终的值应为 5。请填空。

```
sum = ('2' - ___[1]___ ) + ('3' - ___[2]___ );
```

第2章

🏃 高手进阶

为什么字符'0'的 ASCII 值是 48，字符'5'的 ASCII 值是 53 呢？如以二进制数考虑则答案立显。数字字符与对应面值整数的二进制数只有 2 位之差，如字符'5'（即 53）的二进制数为 0011 0101，整数 5 的二进制数为 0000 0101。两者只有第 4、5 位不同（最右端为第 0 位）；而右端 4 位是相同的 0101，它表示十进制数的 5。

'A'的 ASCII 值是 65，'a'的 ASCII 值是 97。作为字母表的第一个字母，为何 ASCII 值个位从 5 或 7 开始，而不从 1 开始呢？仍以二进制数考虑：65 的二进制数是 0100 0001，97 的二进制数是 0110 0001，右端 5 位 0 0001 都表示十进制数 1，说明'A'或'a'是第 1 个字母；试着把'B'或'b'的 ASCII 值转换为二进制数，会发现右端 5 位都表示十进制数 2。

---

3. 神奇的魔术棒——转义字符

在众多字符中，\（不是 /）是唯一的特例，它不表示字符 \ 本身，而有特殊功能，即改变其后字符原有的意义，称**转义字符**。例如，'\n'表示 1 个"换行符"（控制字符），它不表示 n，也不是 \ 和 n 两个字符。\ 类似一根"魔术棒"，将后面的 n 转变为"换行符"。转变后的含义是人为规定的，除可转变 n 外，\ 还可转变其他一些字符，常用转义字符见表 2-2。

转义字符

⚠️ 脚下留心

键盘上 \ 字符对应的键为 ⌨，一般在"Enter"键附近；注意它与 / 字符对应的键 ⌨ 不同，后者用于表示除法运算符 /、网址的 http://... 等。而 \ 一般只用于转义和表示文件夹路径（如 C:\MyFolder\file1.c）。在包含小数字键盘区的键盘中，小数字键盘区只有"/"键 ⌨ 而无"\"键，建议通过小数字键盘区 ⌨ 输入 /、大键盘区 ⌨ 输入 \ 以区分两种斜线。

表 2-2　常用转义字符

转义字符	含义	ASCII 值
'\a'	响铃符，可使计算机发出"嘀"的一声（有些系统不支持）	7
'\b'	退格符	8
'\t'	跳格符（或称水平制表符、Tab 符）；横向跳到下一制表位置	9
'\n'	换行符*；本义是移到下行相同位置，但一般移到下行行首	10
'\v'	竖向跳格符（移到下行相同位置）	11
'\f'	换页符	12
'\r'	回车符*；本义是回到行首，但实际多数系统也同时换行	13
'\"'	双引号符（不能用 '"' 表示双引号符）	34
'\''	单引号符（不能用 ''' 表示单引号符）	39
'\\'	反斜线符（不能用 '\' 表示反斜线符）	92
'\八进制数'	表示一个字符，字符的 ASCII 值的八进制形式为后面的数。八进制数为 1~3 位（最多 3 位），不必写前缀 0	\ 后数的十进制数
'\x 十六进制数'	表示一个字符，字符的 ASCII 值的十六进制形式为后面的数。x 必须小写，十六进制数为 1~2 位（最多 2 位），不写前缀 0x	\x 后数的十进制数

注：*不同系统采用的换行方式不同。有些系统用'\n'换行，有些系统用'\r'换行，还有些系统连用'\r'+'\n'两个字符换行。在 Windows 下的 C 语言控制台窗口中，一般用'\n'换行即可。

如果转义字符没有特别定义，则\后面的字符仍保持原貌。例如并未定义'\c'这种转义字符，在程序中写'\c'仍表示 c 字符本身，它与'c'的写法等价。

转义字符虽看上去像单引号内有多个字符，但仍表示 1 个字符：\ 要与它后面的内容作为一个整体看待。注意，转义字符一定要写在引号内，如在程序中直接写 \n，则有"半个算式"之嫌（似乎是什么除以变量 n，但 \ 又不表示除法），显然是错误的。

反斜线（\）、单引号（'）、双引号（"）3 种字符有特殊含义，如要在程序中表示它们本身，必须用转义的形式分别写作：'\\'、'\''和'\"'。

使用转义字符，使许多不可输出的控制字符也能在程序中表示出来。还可通过 ASCII 值把任意一个字符表示出来。但 ASCII 值必须写为八进制或十六进制形式，不能写为十进制形式。

```
'\61'    /*表示字符 '1', (61)₈=(110 001)₂=32+16+1=(49)₁₀*/
'\101'   /*表示字符 'A', (101)₈=(001 000 001)₂=64+1=(65)₁₀*/
'\102'   /*表示字符 'B', (102)₈=(001 000 010)₂=64+2=(66)₁₀*/
'\x41'   /*表示字符 'A', (41)₁₆=(0100 0001)₂=64+1=(65)₁₀*/
'\x6e'   /*表示字符 'n', (6e)₁₆=(0110 1110)₂=64+32+8+4+2=(110)₁₀*/
'\x5c'   /*表示字符 '\', (5c)₁₆=(0101 1100)₂=64+16+8+4=(92)₁₀*/
'\x0A'   /*表示换行符'\n', (0A)₁₆=(0000 1010)₂=8+2=(10)₁₀*/
'\18'    /*错误! 因为八进制数不能有8*/
```

'\x41'、'\101'、'A'等价，都表示字符'A'；'\n'、'\012'、'\12'、'\x0A'、'\xA'等价，都表示换行符（ASCII 值为 10）。可见，通过转义字符，同一个字符可有多种表示法。

4．字符型变量

用关键字 char 定义字符型变量，如：

```
char c;
c='A';  /* 也可写作: c=65; */
```

则定义了一个字符型变量 c，然后将字符'A'保存其中。一个字符型变量只能保存**一个字符**。让字符型变量保存整数或参与整数运算也是可以的，如 c=65;。因为字符和整数混用，甚至可以将 char 类型看作另一种整型。

char 在默认情况下有无符号由编译系统决定，也可在 char 前加 signed 或 unsigned 限定其有无符号（但不可加 short 和 long）。如 signed char d; 限定 d 中保存的整数范围为-128～127。unsigned char e; 限定 e 中不能保存负数，整数范围为 0～255。但无论如何字符型变量均占 1 字节。

【小试牛刀 2.5】下列变量定义是否正确？

```
Int a, b;
Float c;
Double d;
CHAR e;
```

【答案】都不正确。定义变量的类型关键字都必须小写。

字符数据是占 1 字节的，只限于英文字符；一个中文汉字要占 2 字节，不能作为一个字符数据。一个汉字一般要存储为 unsigned short int 型的数据。

【随学随练 2.5】已定义 c 为字符型变量，则下列语句中正确的是（　　　）。

　A）c='97';　　　　B）c="97";　　　　C）c=97;　　　　D）c="a";

【答案】C

【分析】c 只能保存 1 个字符，'97'内含 2 个字符，不正确；"97"、"a"内是字符串常量，不能赋值给 c。

【随学随练 2.6】有以下定义语句，编译时会出现错误的是（　　）。

A）char a='a';　　　B）char a='\n';　　　C）char a='aa';　　　D）char a='\x2d';

【答案】C

【分析】'aa'含 2 个字符，不正确；'\x2d'表示 ASCII 值为 45 的字符'-'，因 $(2d)_{16}=(45)_{10}$。

2.1.4　字符串常量

1．字符串常量的表示与区分

程序中要处理的多个字符组成的一串文字称字符串。表示**字符串常量**时，必须用**双引号**（不能是单引号）引起来，如"CHINA"、"I love you!"、"$12.5"、"a"、""、"line1\nline2"等。双引号是定界符，不属字符串内容；双引号必须为英文状态且左右相同。注意有无双引号的区别：如"3.14"是字符串、是文字，不能参与数值运算，而 3.14 是实数，可以参与数值运算；"c=a+b;"也是字符串、是文字，是不能执行的；而 c=a+b;（无引号）才是语句，可以执行。

如果把字符比作一块块的"羊肉"，则字符串就是"羊肉串"，如图 2-2 所示。字符串中可以含有空格，就像羊肉串中可以含有肥肉。肥肉算一块肉，那么空格也算一个字符。如"I love you!"中就有 2 块"肥肉"。字符串中还可以含有转义字符，如"line1\nline2"中的\n 表示一块肉，它是换行符（\n 不是两个字符）。字符串都要在它所有字符之后再额外加上一个字符'\0'（后文详细讨论）。

图 2-2　字符串类似于羊肉串，末尾的'\0'类似于羊肉串的"把儿"

区分常量是字符常量还是字符串常量的标志在于引号：用单引号引起的是字符常量；用双引号引起的是字符串常量（无论其中有多少个字符）。字符常量的单引号内必须有 1 个字符（不允许没有内容）。与之不同，字符串常量的双引号内可包含 0 个、1 个或多个字符，两个连续的双引号""也是正确的，它表示含 0 个字符的字符串，相当于一根尚未串肉的"空签子"，称**空串**。例如'a'是字符，"a"是字符串（含 1 个字符的字符串）；"ab"是字符串，而'ab'是错误的，因单引号内只能含 1 个字符。

字符串包含的字符个数称**字符串长度**，也就是羊肉串上"肉的块数"（注意空格也算一块肉），转义字符形式上为多个字符但实际只算 1 个字符。"CHINA"、"I love you!"、"$12.5"、"a"、""、"line1\nline2"的长度分别是 5、11、5、1、0、11。

在分析包含转义字符的字符串时，应从左到右逐个进行分析，遇到第一个 \ 则视为转义字符，它后面内容的含义被改变（如果它后面仍为 \，则第二个 \ 就失去了转义的功能），将 \ 和它后面的内容当作一组，共同看作一个字符。处理完一组后，再遇到 \ 则仍视为转义字符。

```
"hello\"world!"     /*长度为 12，\" 表示 1 个字符，即 1 个普通的双引号*/
"m\n"               /*长度为 2，即 m 和换行符*/
"m\\n"              /*长度为 3，即 m、普通反斜线、n*/
"abc\\\n"           /*长度为 5，即 a、b、c、普通反斜线、换行符*/
```

🏃 高手进阶

在字符串中，当用转义字符以 ASCII 值的八进制数或十六进制数形式表示一个字符时，应转义到最多的合法位数，以后的内容再作为字符串中的后续字符。示例如下。

"abc\619\\"含 6 个字符：a、b、c、\61、9、普通反斜线。\61 整体表示字符'1'；9 是字符串中的下一个字符，因八进制数不能含 9，不能将\619 作为一个整体视为 1 个字符。同理，"\18"含 2 个字

符\1（控制字符）、8，因八进制数不能含 8。

前面提到'\18'写法是错误的，原因除可解释为八进制数不能含 8 外，也可解释为它含有 2 个字符，即\1 和 8，而单引号引起的字符常量只能含 1 个字符，不能含 2 个字符。而"\18"是正确的，因为它是双引号引起的字符串，可以含 2 个字符。

C 语言中无字符串变量，**不能企图将字符串赋值给 char 型变量**，下面的程序错误：

```
char c;
c="abcde";          /* 错误 */
```

要保存字符串一般要使用数组（第 9 章介绍）。

2．字符串在计算机中的存储

字符串包含多个字符，每个字符用 1 字节存储，存储的是字符的 ASCII 值的二进制形式。除此之外，字符串还要在所有字符的最后再**多用 1 字节存字符'\0'**，字符'\0'是 ASCII 值为 0 的字符（八进制数为 0，十进制数也为 0），它表示字符串的结束。结束符'\0'是必须要有的，没有'\0'就不是字符串。好比每根羊肉串上都有一个签子的"把儿"，我们吃羊肉串时用手抓住签子的"把儿"来吃，"把儿"就是字符串的结束符'\0'。如果羊肉串签子上串满了肉，但没有"把儿"，就只能抓着吃，俨然成了手抓肉，而不是羊肉串了！

字符串的长度相当于羊肉串上"肉的块数"，显然是不包含"把儿"'\0'的。但在求字符串所占内存空间的大小（字节数）时，是一定要算上'\0'的，因为那是在求"连肉带签子"的总长度，即字符串所占字节数总比它的长度多 1。

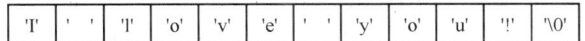

| 'I' | ' ' | 'l' | 'o' | 'v' | 'e' | ' ' | 'y' | 'o' | 'u' | '!' | '\0' |

例如字符串"I love you!"在内存中的存储形式如图 2-3 所示，其长度为 11，但占 12 字节。

图 2-3　字符串"I love you!"在内存中的存储形式

""空串长度为 0，但在内存中也占 1 字节（用于存'\0'），这相当于一根空签子也有个"把儿"。

【小试牛刀 2.6】在程序中写 a、'a'、"a"有什么区别呢？

【答案】a 是变量名，在程序中一般取变量所保存的值做运算；'a'是字符常量，内存中存作 `'a'`，占 1 字节；"a"是字符串常量，内存中存作 `'a' '\0'`，占 2 字节。'a'和"a"虽都只有 1 个字符，但存储情况是不同的，关键区别就是字符串有"把儿"。

在 C 语言中，整数和实数有天壤之别，字符和字符串也有天壤之别。而整数与字符却混用。现将字符常量和字符串常量的区别总结于表 2-3。

表 2-3　字符常量和字符串常量的区别

区别项目	字符常量	字符串常量
引号	单引号	双引号
字符个数	必须含 1 个字符（转义字符形式上是多个字符但实际上仍为 1 个字符）	可含 0 个、1 个或多个字符
能否赋值给 char 型变量	可以	不可以
有无对应变量	有字符型（char 型）变量	无字符串型变量
占用内存空间的大小（字节数）	一律为 1	字符串中字符数（长度）+1

3．字符串常量的简单输出

用 printf 函数可以直接输出字符串常量。例如：

```
printf("nihao!");        /* 在屏幕上原样输出 nihao! */
printf("\101");          /* 在屏幕上输出 A，即仅包含 1 个字符 A 的字符串 */
```

【程序例 2.1】用 printf 输出字符串的功能，输出图 2-4 所示的"穿心"图形。

```
main()
```

图 2-4　用多个字符串组成的穿心图形

```
{   printf("              *   *   *   *\n");
    printf("            *      *  *     *\n");
    printf("          *   *   ★   *   ★\n");
    printf("           *          ★       \n");
    printf("  >>>------ I love you! ------>\n");
    printf("     *                   *\n");
    printf("       *      ★  *\n");
    printf("          *     *\n");
    printf("            *  *\n");
    printf("              *\n");
}
```

　　穿心图形是由若干行字符串组成的，用 printf 逐行原样输出这些字符串即可。每行字符串都包含空格，这些空格一定要写在引号内且个数正确。因为尽管程序没有对空格和缩进的严格要求，但引号内的空格不属于元素间隔；如果引号内的空格不正确，输出的内容就不同了。还要在每行字符串的最后加入换行符\n，否则每行输出后不会自动换行。

2.2　诸算达人——运算符和表达式

算术运算（1） 算术运算（2）

　　2.1 节介绍了各种类型的数据"用 C 语言怎样说、怎样写"，下面学习各种运算"用 C 语言怎样说、怎样写"。C 语言的运算非常多，加、减、乘、除在其中不过是"九牛一毛"。

2.2.1　再谈加、减、乘、除——算术运算

1．算术运算符

　　加、减、乘、除运算叫作**算术运算**，其运算符在 C 语言中的写法分别为：+（加法或正号运算符）、−（减法或负号运算符）、*（乘法运算符）、/（除法运算符）、%（求余或模运算符）。

　　乘法运算符不能写为×、•，除法运算符不能写为÷，除法运算符是 / 不是 \（后者为转义字符）。

　　求余也是除法，但结果不为商而为余数。例如 17%5 得 2，3%10 得 3，10%5 得 0，0%10 得 0。% 要求参与运算的两个量必须是**整型或字符型**的，实数（float、double 型数）不能做%运算。例如 50.82 % 9 写法错误。如定义了 double d=1.0; ，则 d % 10 写法也错误（d 是 double 型的，这是变量定义决定的，不取决于其中保存的数据"整不整"）。稍后我们将把这一规则总结为口诀**"求余%严，整符才能算。"**

　　我们熟知的"有括号先算括号内的，无括号先乘除、后加减"，这称为运算符的**优先级**。求余（%）与乘、除（*、/）的优先级相同，高于加、减（+、−）的优先级；加、减（+、−）的优先级相同。同优先级的算术运算从左向右进行，例如 120/4*5 得 150 而非 6。

⛰ 高手进阶

　　运算符从左到右结合时，编译系统会从左到右依次查看各运算符：如果下一个运算符优先级和目前的运算符优先级一致或更低，就先执行目前的运算；如果下一个运算符优先级更高，就先记录目前的运算而不计算，而继续查看再下一个运算符，后两者继续比较……例如 a+b+c*(d+e)会先计算 a+b 得 r1，再计算(d+e)得 r2，再计算 c*r2 得 r3，最后计算 r1+r3。又如 2+3*4+7/3 会先计算 3*4 得 12，再计算 2+12 得 14，再计算 7/3 得 2，最后计算 14+2 得 16。

2．算术表达式

　　算术运算符和数据组成运算的式子，称算术**表达式**。例如：

```
10+20      (a*2)/b   (x+r)*8-(a+b)/10  sin(x)+sin(y) 5
```

单个的常量、变量、函数也可看作表达式的特例，如最后一例 5 仅有一个数，也是表达式。C 语言表达式中的乘法运算符（*）是不能省略的；C 语言中没有±运算；也不能写角标（如 a^2）、根号、分式等。下面都是错误的表达式：

```
2ab       a×b       a•b       a÷b        a±b

a²         √a        a+b       c * [ a / (b+c) ]
                     ———
                      2
```

在 C 语言的表达式中，要表示数学上的大、中、小括号（花、方、圆括号）一律都要用圆括号（），如上面最后一例应写为 c * (a / (b+c))。又如：

```
(1 + ((2 + 3) * 4 - 8) /2 + 5) * 2
```

上式值为 24。其中最内层的（ ）表示小括号，向外一层的（ ）表示中括号，最外层的（ ）表示大括号；当然还可继续在外层嵌套更多层的( )，( )的层数理论上没有限制。

用单引号或双引号引起来的内容就不是运算符或表达式了，例如，'+'、'-'不是运算符，它们是字符型常量；"10+20"也不是表达式，它是包含 5 个字符的字符串常量。

高手进阶

表达式后是没有分号的，如果在表达式后添加了分号，就构成**表达式语句**，后者可被计算机执行。例如 x + y * 2 为表达式，但除非它是某语句的一部分，否则不能被计算；而 x + y * 2;为表达式语句，语句执行时表达式将被计算。但由于没有输出或赋值，计算后的结果不能保存也不能输出。但表达式的确会被计算，这主要用于某些可改变变量值的运算（后文介绍）。

表达式都有**值**和**类型**。例如表达式 1+1 的运算结果是 2，2 就是表达式的值。表达式的类型就是结果的类型，上例结果 2 是 int 型的，所以该表达式的类型是 int 型。

2.1.2 小节曾提到，直接写在程序中的数值型数据，有小数点的都默认为 double 型，无小数点的都默认为 int 型[除非加字母后缀 L、U、F（或小写）改变类型]。

表达式中参与运算的两个数的类型可能一致，也可能不一致。如果两个数的类型一致，运算结果的类型就与这两个数的类型一致；如果两个数的类型不一致，运算结果的类型以这两个数中的**高类型**为准，结果的类型与高类型一致。高类型是指占字节数较多、精度较高的类型。几种主要的数据类型由低到高的顺序为：char → int → float → double。例如：

```
2.4 + 1.6
```

2.4 和 1.6 都是 double 型的，运算结果也是 double 型的 4.0，而不是 int 型的 4。又如：

```
2.4 + 3
```

2.4 是 double 型的，3 是 int 型的；double 为高类型，int 为低类型，运算结果应为 double 型的 5.4 而不能为 int 型的 5。由于 2.4 和 3 的类型不一致，计算机是先将 3 临时转换为 double 型的 3.0，再将其与 2.4 进行加法运算的。这也是一种**自动类型转换**。稍后我们将把这一规则总结为口诀"**类型不怕乱，结果向高看。**"又如：

```
int v=2;
double t=2.8;
int s;
s=v*t;
```

程序段运行后 s 的值为 5。在计算 v*t 时，v 是 int 型的，t 是 double 型的，二者类型不一致，运算结果的类型以高类型为准，结果应为 double 型的 5.6。然而在将 double 型的 5.6 保存到 s 中时，发生了问题。由于 s 是 int 型的，只能保存整数，不能保存实数，因此 5.6 先被转换为整数 5，再赋值到 s 中，s 最终的值为整数 5。最后这一步即在 2.1.2 小节介绍过的"**变量定空间，塑身再搬迁。若为空间窄，舍点也情愿。**"

总结一下，自动类型转换有两种。2.1.2 小节介绍的是第一种，它发生在变量赋值过程中，以变量的类型为准。本小节介绍的"类型不怕乱，结果向高看。"是第二种，它发生在算术运算的过程（没有为变量赋值）中，这时以高类型为准。在 s = v * t; 语句中，先后发生了这两种自动类型转换。

🏃 高手进阶

自动类型转换中还有一种必然的转换：float 型变量都必然先被转换为 double 型再运算；即浮点数的运算都是以 double 型进行的，即使是两个 float 型变量的运算。另外 char、short int 型变量也都必然先被转换为 int 型再运算。

【程序例 2.2】数据类型的自动转换。

```
main()
{    double pai=3.14;
     int s, r=2;
     s=r*r*pai;
     printf("%d\n", s);
}
```

程序的运行结果为：

```
12
```

先计算 r*r，两个 r 的类型一致，都为 int 型，结果也为 int 型的 4。再计算 4*pai，pai 为 double 型，与 4 的类型不一致，结果以 double 型为准，为 double 型的 12.56。最后将 12.56 赋值给 s 时，以变量 s 的类型 int 为准"塑身"——直接舍去小数，仅将 12 赋给 s。

3. 整数除法

请思考：除法运算 5/2 结果为多少？5 和 2 都不带小数点，均为 int 型，这决定运算结果的类型为 int 型。那么显然结果不能为 2.5，需将 2.5 直接舍去小数变为 2。因此 5/2 的结果为 2，并非 2.5 和 3。

如果是 5.0/2、5/2.0 或 5.0/2.0，则都能得到 2.5，也就是说，做除法的两个数中只要有一个有小数点（为 double 型），由于"结果向高看"，结果就会为 double 型，可以得到 2.5。

这是 C 语言特有的**整数除法**，即**整数相除，结果必为整数，不能是小数**。只有做除法的两个数至少有一个是小数，结果才能为小数。又如 20/7 得 2，−20/7 得 −2；1/2 得 0 不是 0.5；1.0/2、1/2.0、1.0/2.0 或 1. /2（1.0 可写为省略小数部分的 0）的结果才为 0.5。

稍后我们将把这一规则总结为口诀"**整数整除商，小数门外拦。**"

⚠️ 脚下留心

C 语言的 +、−、*、/ 运算中，我们一般不会搞错 +、−、* 运算，但一定要注意除法（/）的特殊规则。看到除法（/），就马上注意 / 两边的数的类型：如果 / 两边都是整数，则商的结果要舍去小数（不四舍五入）；只有 / 两边有一个是实数，商才为实数。

【小试牛刀 2.7】假设有变量 int x=6780;，求表达式 x/1000*1000 的值。

【答案】6000，不是 6780，x/1000 是整数除法，结果为 6。

【小试牛刀 2.8】在 C 语言中，表达式 (a+b+c)/2 是否可写作 1/2*(a+b+c)？

【答案】不可以。后者先计算 1/2，是整数除法，结果为整数 0。0 再乘 (a+b+c) 的结果必为 0。正确的等价写法是 **1.0/2*(a+b+c)**、**1/2.0*(a+b+c)** 或 **1.0/2.0*(a+b+c)**。

【程序例 2.3】将 10000 秒转换为小时、分钟、秒数。

```
main()
{    int n=10000;
     int hour, min, sec;
```

```
    hour=n/3600;              /* 整数除法结果只保留整数（整小时数）*/
    min=(n%3600) / 60;        /* 除以 3600 再取余得不足整小时的部分 */
    sec=n%60;                 /* 除以 60 再取余得不足整分钟的部分，即秒数部分 */
    printf("%d : %d : %d \n", hour, min, sec);
}
```

程序的运行结果为：

```
2 : 46 : 40
```

由于整数除法的运算规则，两个整数直接相除即得到商的整数部分（整小时数、整分钟数），再用%取余即获得整数部分外余下的部分（秒数部分）。输出 hour、min、sec 这 3 个变量的值时，printf 语句中要有 3 个%d，中间的空格和冒号（:）会原样输出。

4．强制类型转换

前面介绍了自动类型转换，C 语言还允许将数据强制转换为所需的类型，称**强制类型转换**。要进行强制类型转换，则要在被转换的数据前加用括号标注的类型说明符：

(类型说明符)表达式

其功能是把表达式的运算结果强制转换为"类型说明符"所指定的类型。例如：

```
(int)3.8;
```

得到整数3。这种转换是**临时**的，即临时开辟另外的存储空间来保存转换结果，而并不修改原数据。又如若有 double f=2.75;，则 (int)f 的值为 2，结果2是位于另一个临时存储空间中的；而变量 f 的值仍为2.75不变，变量 f 的类型（double）也不会改变。

C 语言规定强制类型转换的类型说明符必须用括号括起来，不能写为 int(3.8)、int(f)、int 3.8 等，要被转换的数据可加括号也可不加括号。又如，若有 float x=4.5,y=2.1;，则：

```
(int)(x+y)   /*其值为 6，先求和为 6.6，再将"和"临时转换为 int 型的 6 */
(int)x + y   /*其值为 6.1，先把 x 值临时转换为 int 型的 4 再求和 */
```

稍后我们将把这一规则总结为口诀"**括起类型字，临时强转换。**"

💡 **窍门秘笈**　现把算术运算的要点总结为如下口诀。

类型不怕乱，结果向高看。

整数整除商，小数门外拦。

求余 % 严，整符才能算。

括起类型字，临时强转换。

【随学随练 2.7】以下程序段运行后，a 的值是＿＿＿＿＿＿＿。

```
int a; a = (int)( (double)(3 / 2) + 0.5 + (int)1.99 * 2 );
```

【答案】3

【分析】在计算(double)(3/2)时，切忌想着进行 double 类型转换的同时算 3/2，double 类型转换是除法后的下一步操作，与 3/2 本身无关。3/2 为 1，不是 1.5，再将 1 转换为 double 类型的 1.0，要逐步进行。

类型转换中，舍去小数时没有四舍五入。如果希望实现四舍五入该如何做呢？这需要专门构造一个表达式来完成。下面给出构造这种表达式的四舍五入公式。

四舍五入公式
和取整数各位

💡 **窍门秘笈**　四舍五入公式。

把实数 x（float 型或 double 型数）四舍五入保留小数点后 d 位的计算公式是：

$$(int)(x*10^d +0.5)/ 10^d$$

10^d 需按保留小数位的要求对应转换为 100、1000 等（例如要求保留 2 位小数时转换为 100）。

　　　　　　　　　　　　　　　　　　　　　　　　第2章

/后的 10^d 要写为实数（如写为 100.0、1000.0 等，不能写为整数 100、1000 等）。

【随学随练 2.8】若有 float x=123.4567, y; ，要将 x 四舍五入保留小数点后 2 位，结果存入变量 y 中，表达式语句是：y=_____;。

【答案】(int)(x * 100 + 0.5) / 100.0

【分析】y 值为 123.46。"/ 100.0"不能写为"/ 100"，否则 y 值将为 123.0。

💡 窍门秘笈　取一个整数的个、十、百、千……各位。

（1）取个位：将一个整数除以 10 取余数（%10）即得到它的个位，如 1234%10 即得 4。

（2）取十位、百位、千位……：将原数除以 10、100、1000……后，再"取个位"。

要取十位，就将该数除以 10 得新数，再取新数的个位即可。例如 1234/10 得 123（注意整数除法），再取 123 的个位 3 即得原数的十位。要取百位，就将该数除以 100，然后取新数的个位……获得最高位时，除法后所得新数已是一位数（如 1234/1000 后得 1），此时已得最高位，然后是否再%10 取个位均可（因为一位数%10 的结果仍为该数本身，如 1%10 仍得 1）。

【程序例 2.4】取一个整数的个位、十位、百位、千位。

```
main()
{    int n=1234;
     int ge,shi,bai,qian;
     ge=n%10;
     shi=n/10%10;
     bai=n/100%10;
     qian=n/1000;              /* 或写为 qian=n/1000%10; */
     printf("%d << ",ge);
     printf("%d << ",shi);
     printf("%d << ",bai);
     printf("%d\n",qian);
}
```

程序的运行结果为：
```
4 << 3 << 2 << 1
```

赋值运算

2.2.2　命令："进去！"——赋值

1．赋值的含义

前面已经介绍过，语句 a=10; 是使 a 被赋值为 10。现在需关注一下赋值（＝）的含义。

① C 语言中的 ＝ 与数学上的 ＝ 不同，它没有相等的含义。C 语言中的 ＝ 是赋值，是将值送入变量保存的含义；它像一只从右指向左的手，发出"进去！"的命令，如图 2-5（a）所示。

在数学上，a=a+1 的式子是不成立的，但在 C 语言中成立，因为 ＝ 不是相等而是赋值；它表示让 a+1 的值进入 a 中保存。如变量 a 原为 10，a+1 计算得 11，再将 11 放回 a 中保存、覆盖原值 10，执行后变量 a 变为 11。

② ＝ 是把右边的内容赋给左边，而不是把左边的内容赋给右边。＝ 这只手总是从右指向左，而不能从左指向右。例如 a=5; 写法正确，而 5=a; 写法不正确。

③ 赋值后右边的内容不变。赋值实际是一种"复制"，就像把自己手机上的一张数码照片复制给朋友，复制后自己的照片仍然存在不会消失。若有 int x=10,y=20; ，则 x=y; 是把 y 值送入 x 中，覆盖 x 的原值，而 y 值不变；赋值后 x、y 均为 20。

④ ＝ 左边必须是变量，不能是常量或表达式。因为既然是命令右边的内容进入左边，左边就必

须是能存内容的容器（也称左值），目前我们接触到的这种容器只有变量。

【小试牛刀 2.9】 在 C 语言中可以写式子 x+1=3，以试图用程序解方程吗？

【答案】 不可以。因"x+1"不是容器，不能装东西，如图 2-5（b）所示。= 没有"相等"的含义，因而是错误的。

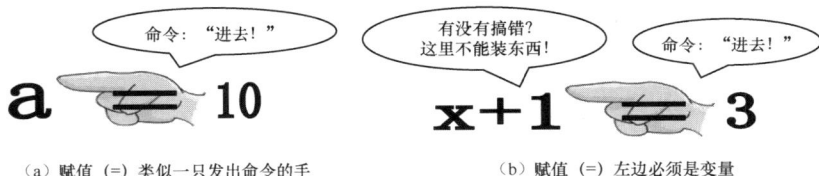

（a）赋值（=）类似一只发出命令的手　　（b）赋值（=）左边必须是变量

图 2-5　C 语言中赋值（=）的含义

2．赋值表达式

在 C 语言中 = 也被认为是运算符，称**赋值运算符**。可把赋值（=）看作一种运算，是加法（+）、减法（-）、乘法（*）、除法（/）这 4 种运算之外的第 5 种运算——赋值法（=）。注意，这一点初学者可能不太习惯。=与+、-、*、/是同类事物，既然+、-、*、/与数据可以组成表达式（如 a+10），那么 = 与数据也可以组成表达式（如a=10）。这样一来，a+10 与 a=10 就是同类事物，前者称**算术表达式**，后者称**赋值表达式**。既然 a+10 这个式子能算出一个值来，那么 a=10 这个式子也能算出一个值来。a=10 这个式子算出的值是 10。C 语言规定：**赋值表达式的值为赋值后左边变量的新值，赋值表达式的类型与左边变量的类型相同**。

又如有整型变量 a、b、c，赋值表达式 a=1 的值是 1，赋值表达式 b=10+20 的值是 30，赋值表达式 c=a+1 的值是 2，这 3 个表达式的类型都为整型。

第 5 种运算"赋值法（=）"还有"为变量赋值"的功能，这是它与+、-、*、/的区别之一：+、-、*、/只能计算，即根据表达式算出值，但不会改变变量的值；而赋值（=）除了能根据表达式算出值之外，还可同时为变量赋值，改变变量的值，即有"求值"和"改变变量值"的双重作用。可将"改变变量值"看作赋值（=）特有的"副作用"（side effect），因为表达式求值才是主要作用。例如 x+5 无副作用，而 x=5 就有副作用，因为它在求值（5）的同时还改变了变量 x 的值（x 被赋值为 5）。又如表达式 5*(b=10+20)的值是 150。先计算括号中的 b=10+20，这个式子的值为 30，在计算的同时副作用使 b 被赋值为 30；再计算 5*30，求得整个式子的值为 150。

表达式 x=(a=5)+(b=8)的值是 13，先求括号中的内容，原式相当于 x=5+8，两个赋值的副作用同时使 a 被赋值为 5、b 被赋值为 8，最后 x 被赋值为 13。

3．赋值运算的优先级和结合性

"先乘除、后加减"，是加、减、乘、除的优先级。现在 = 也是一种运算，如果在一个式子中既有+、-、*、/，又有 =，该先算谁呢？规定赋值运算符（=）的优先级很低，排在 C 语言所有运算符的倒数第二位（倒数第一位，即最低优先级的运算符是 2.2.4 小节要介绍的**逗号运算符**）。因此任何运算，只要不是逗号运算符，都比 = 优先级高，= 一定最后运算。例如：

```
x = 8 - 2 * 3
```

先算 2*3 得 6，再算 8-6 得 2，最后算 x=2 的值为 2，副作用使 x 被赋值为 2。

+、-、*、/这些同一优先级的运算从左到右进行，如 1+2-3+4-5，应先算 1+2，再算-3，然后算+4，最后算-5，这称为从左至右的**结合性**。但赋值运算符（=）比较特殊，它的结合性是**从右至左**的，即如果表达式中有多个 =，应先算最右边的 =，然后依次算左边的 =。

```
x=y=25
```

先算最右边的 =，相当于 x=(y=25)。y=25 的值是 25，在计算此表达式的同时副作用使 y 被赋值为 25。将式子的值 25 代入下一步，即 x=25，表达式的值是 25，同时副作用使 x 被赋值为 25。这使最终 x、y 都变为 25。

脚下留心

在执行语句中写连等的形式（如 x=y=25; ）是正确的；但在 1.2.4 小节学习变量定义时，赋初值不允许写连等的形式，如写为 int x=y=25; 是错误的。也就是说，前有 int、float、double、char 等类型说明符时不允许写连等的形式，没有这些类型说明符就允许写连等的形式。

由于赋值（＝）的结合性是从右至左的，故表达式 a=3+2=b 是错误的。因为它相当于 a=(3+2=b)，而计算"3+2=b"时会出现错误，因为 ＝ 左边必须是变量，3+2 是表达式不能"装东西"。

高手进阶

如已定义变量 a，语句 a=1+1;与语句 1+1;有什么区别呢？

对于前者，计算机会计算 1+1 得 2，然后把 2 保存到变量 a 中。对于后者，计算机也会计算 1+1 得 2，然后无处保存 2，于是在算出 2 后的一瞬间，2 就被丢弃了；它先计算再丢弃结果似乎做了无用功，但计算机不会因为是无用功就免于计算。

计算机这种"傻乎乎"的工作模式对加、减、乘、除是无用功，但对于有"副作用"的运算（如赋值）就不同了；与 1+1;类似，对于 x=25;，计算机也会算出式子的值是 25，但式子值 25 无处保存被丢弃。尽管被丢弃，但在此过程中会产生副作用，即 x 被赋值为 25。即对于语句 x=25;，我们实际只关心它的副作用。

4．复合赋值运算

C 语言的运算符非常多，下面再介绍几个。

+=、-=、*=、/=、%=这 5 个运算符都是由两个符号组成的，两个符号组成一个整体表示一个运算，不能拆开，更不能在两个符号中间加空格。

那么这些运算符是什么意思呢？我们只要关注它们的等价形式就可以了，例如：

```
a += 5          /* 等价于 a=a+5 */
r %= p          /* 等价于 r=r%p */
x *= y+7        /* 等价于 x=x*(y+7) */
```

这几个运算符同时含有括号( )的作用，如上例 x=x*(y+7)。这与数学中的分数线类似，如将 $\frac{x}{y+7}$ 写作等价的除法算式时，分母也要加( )，即 x/(y+7)。

窍门秘笈　带复合赋值运算的等价形式写法。

它们都等价于"… ＝ …"的形式，等价形式的 ＝ 左边与原式左边相同，等价形式的 ＝ 右边为除去原式的 ＝ 后的剩余部分（如 += 除去 =后为 +），适当再加( )就可以了。

等价形式均有赋值，但又不完全是赋值，还有加、减、乘、除的运算，因此+=、-=、*=、/=、%=称为**复合赋值运算**。显然这些运算会改变变量的值，也属于赋值。+=、-=、*=、/=、%=分别称为加后赋值、减后赋值、乘后赋值、除后赋值、取余（模）后赋值。

复合赋值运算优先级与赋值（＝）的优先级相同，均为**倒数第二**（仅高于具有最低优先级的**逗号运算符**），结合性为**从右至左**。注意*=、/=和+=、-=优先级相同，*=、/=的优先级并不高于+=、-=的优先级。

【随学随练 2.9】已知整型变量 n 的值为 8，求表达式 n+=n*=n-2 的值为_____，表达式求值后 n 的值为_____。

【答案】96，96

【分析】式中有 3 个运算+=、*=、-。+=和*=的优先级都很低（倒数第二），故先计算 n-2 为 6，原式变为 n+=n*=6。+=和*=的优先级相同，由于结合性为**从右至左**，先计算右边的 n*=6。n*=6 ⇔ n=n*6，n=n*6 表达式的值为 48，同时副作用使 n 被赋值为 48，注意此时 n 值已为 48 不再为 8 了（在草稿纸上务必要记录 n 的变化，如图 2-6 所示）。将表达式的值 48 代入原式 n+=(n*=6)得 n+=48，即 n=n+48，表达式的值为 96（即原式的值为 96），同时副作用使 n 又被赋值为 96（在草稿纸上记录）。此题的关键是在草稿纸上画出变量 n 的空间并记录 n 的变化，即按照 1.2.4 小节介绍的分析程序的模拟法。切忌用"大脑"来记变量的值，否则很容易将 n 值错记为 8，计算 n=n+48 时错得 56。

图 2-6　在草稿纸上记录变量 n 的变化

【**随学随练 2.10**】若有定义 int x=10;，则表达式 x-=x+x 的值为（　　　）。

A）　-20　　　　　　　B）-10　　　　　　　C）0　　　　　　　D）10

【答案】B

【分析】原式 ⇔ x-=20 ⇔ x=x-20 ⇔ x=-10，x=-10 表达式的值为-10，x 也被赋值为-10。

【**随学随练 2.11**】设 a、b、c 是整型变量且已正确赋初值，以下赋值语句错误的是（　　　）。

A）　a = 3 = (b = 2) = 1;　　　　　　　B）　a = (b = 1) * (c + 0);

C）　a = b = c * 2;　　　　　　　　　　D）　b += a+10;

【答案】A

【分析】按照"= 左边必须是变量"（复合赋值运算同理）这一规则很容易判断。

2.2.3　程序计数器——自增、自减

生活中常见的计数器如图 2-7 所示，每按一次按钮，计数就会加 1。在 C 语言中如何实现计数器的功能呢？设变量 i 是保存当前计数的变量，要使 i 值增 1，应执行语句：

自增与自减运算

```
i=i+1;
```

这表示先计算 i+1 然后将结果放回 i 的空间，如果 i 原本为 5，执行此语句后 i 变为 6。这种操作在程序中非常常用，为此 C 语言还提供了++运算符，使上述操作可简写为：

```
i++;
```

或

```
++i;
```

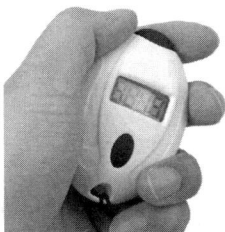

图 2-7　计数器

如变量 i 的值为 5，执行上述任意一条语句后，i 变为 6。

有增就有减，使变量值自减 1 的操作 i=i-1;也可简记为：

```
i--;
```

或

```
--i;
```

如变量 i 的值为 5，执行上述任意一条语句后，i 变为 4。

同+、-、*、/，++、--也是运算符，它们的含义分别是使变量的值自增 1、自减 1，称**自增运算符、自减运算符**。++、--也是由两个符号整体组成的运算符，不能拆开，更不能理解为连加、连减。++、--的优先级很高，仅次于括号()；没括号()时它们就算"老大"啦。

++、--与数据同样可以组成表达式，但与+、-、*、/不同：++、--只需在其一边有数据，而不是两边都有数据。如写为 i++或++i 均可，而写为 i++j 是不正确的，这种运算符称为**单目运算符**。实际上负号（-）也是单目运算符，如-5、-8，因为它也只能在其一边有数据。但负号（-）只能在其右边有数据，而++、--在其左、右两边中的任一边有数据均可。对应地，+、-、*、/需在运算符左、右两边都有数据，这种运算符称**双目运算符**，如 i*j、i-5 等。

第 2 章

数据位于++、--的左边、右边又有什么区别呢？单独作为一个语句时，i++;和++i;是一样的，都是使 i 自增 1；i--;和--i;也是一样的，都是使 i 自减 1，没有什么区别。但在表达式中，数据位于左边、右边就有区别了。在讲二者的区别之前，先看一个简单的例子。

设 i=5；j=10；，则 i+j 表达式的值为 15，计算表达式后，i、j 的值自然不会变化。请读者注意"表达式的值"与"变量的值"的区别，这里 i+j 这个表达式的值为 15，i、j 变量的值仍为 5、10，"表达式的值"与"变量的值"二者的含义是截然不同的。

对比来看，i++ 与 i+j 是同类事物，都是表达式（++只有一边有数据，初学者可能不太习惯）。既然它们都是表达式，就都能算出一个来：表达式 i+j 的值为 15，那么表达式 i++ 的值又为多少呢？规定**表达式 i++ 的值为 i 被自增 1 之前的值**：故表达式 i++ 的值为 5。但在计算表达式后，变量 i 的值要变为 6，这是++的本意。请读者注意"表达式的值"与"变量的值"的区别，i++ 这个表达式的值为 5，但在计算后变量 i 的值为 6。

++i 与 i+j 也是同类事物，也都是表达式，也都能算出一个值来。规定**表达式 ++i 的值为 i 被自增 1 之后的值**，即 6。也就是说，++i 这个表达式的值为 6，在计算后变量 i 的值也为 6。

-- 与++类似。现把表达式的这几种情况列于表 2-4。

表 2-4　++、--运算中表达式的值及表达式运算后变量的值（设 i=5；j=10；）

	表达式				
	i+j	i++	++i	j--	--j
表达式的值	15	5	6	10	9
表达式运算后变量的值	i 仍为 5、j 仍为 10	i 变为 6	i 变为 6	j 变为 9	j 变为 9

现在可以总结 i++ 和 ++i 的不同之处在于："表达式的值"不同（请注意"表达式的值"与"变量的值"的区别），i++ 表达式的值是 i 被自增 1 **之前**的值，++i 表达式的值是 i 被自增 1 **之后**的值。但二者最终都要使变量 i 的值自增 1，"变量的值"是相同的。

💡 **窍门秘笈**　++、--分别写在变量左边、右边的区别。

++ 在先，先加后用；++ 在后，后加先用。

-- 在先，先减后用；-- 在后，后减先用。

这是说，++先写就先自增 1，后写就后自增 1，--与之类似。"用"的含义就是"用变量现在的值"来"求表达式的值"。

【随学随练 2.12】若有定义 int a=5;，　则表达式 a++的值是_____。
【答案】5
请区别下面两段程序：

```
int a=1,b;
b=5-a++;
```
执行后，b 值为 4，a 值为 2。
5 减去的是 a++这个表达式的值 1，减去的不是被自增 1 后变量 a 的值 2。相当于：
```
b=5-a; /*b=5-1*/
a=a+1; /*a 后变为 2*/
```

```
int a=1,b;
b=5-++a;
```
执行后，b 值为 3，a 值为 2。
5 减去的是++a 这个表达式的值 2，变量 a 的值也变为 2。相当于：
```
a=a+1; /*a 先变为 2*/
b=5-a; /*b=5-2*/
```

以上两段程序对于变量 a 来说没有什么区别，最终都由 1 变为 2；它们的区别仅在于是后变的还是先变的，这导致 a++和++a 这两个**表达式的值**不同，最终导致 b 的值不同。

```
int i=3, j=4, n;
n=i++*j;
```

以上程序段执行后，n 值为 12，i 值为 4。应该用 i++ 这个表达式的值 3 乘 j，而不应该用变量 i 的值乘 j，乘 j 后 i 的值才变为 4。相当于依次执行了两条语句：

```
n=i*j;
i=i+1;
```

与赋值（＝）类似，++、-- 也是有"副作用"的运算符，使变量值自增 1、自减 1 分别是它们的副作用。因此 ++、-- 也不能用于常量和表达式，而只能用于变量。如 ++5、(a+2)-- 都是错误的，因为 5、a+2 都无法被赋值，也无法自增 1、自减 1。

【程序例 2.5】 自增运算符。

```
main()
{   int  a=3,  b=4;
    int  x,  y;
    x=a++ + b++;
    y=a++ +(++b);
    printf("%d,%d\n", x, y);
}
```

程序的运行结果为：

```
7,10
```

分析程序时，应一边逐条阅读语句，一边在草稿纸上记录每一步变量的变化（1.2.4 小节介绍的模拟法），如图 2-8 所示。在 x=a++ + b++;中，a++ 表达式的值为 3，b++ 表达式的值为 4，x=3+4;，然后 a 变为 4、b 变为 5。在 y=a++ +(++b);中，注意此时 a 为 4（不再是 3），在此基础上，a++ 表达式的值为 4，++b 表达式的值为 6，y=4+6;，然后 a 变为 5、b 变为 6。

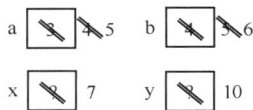

图 2-8 在草稿纸上记录【程序例 2.5】中变量的变化

🏃 **高手进阶**

不要在同一语句中对同一个变量递增或递减多次，如以下语句在不同编译系统中结果不同：x = x * x++ * (3 - ++x); 。在程序中应避免类似的写法。

2.2.4 倒数第一花絮——逗号运算

在 C 语言中逗号（,）也是一种运算符，称**逗号运算符**，它可把多个表达式连接起来：

```
表达式1, 表达式2, 表达式3
```

逗号运算

其作用是：从左到右依次分别计算各个表达式的值；以最后一个表达式（上例为表达式 3）的值作为整个"逗号表达式"的值。相当于执行一小段程序：

```
表达式1;
表达式2;
表达式3;
取表达式 3 的值，作为整个逗号表达式的值；
```

逗号表达式的值虽然是"最后一部分"表达式 3 的值，但前提是必须先把前面的表达式 1、表达式 2 依顺序全部计算完，再计算表达式 3，这是程序的步骤。不能说反正要表达式 3 的值，干脆直接计算表达式 3；这好比早上起床后要穿好衣服再出门，这是起床后的步骤；不能说反正要出门，干脆不穿衣服直接跑出去，那是不行的！

逗号运算符的**优先级最低**（倒数第一），结合性为**从左至右**。例如：

```
1+1, 2+3           /*依次计算 1+1、2+3，整体表达式的值为 2+3 的值 5 */
x=5, 5+2, x-3      /*依次计算 x=5、5+2、x-3(必须按顺序依次计算)，整体表达式的值为 x-3 的值 2;
```

第 2 章

x 被赋值为 5 */

　　用逗号表达式，有时是要借此依次执行其中的各个部分，而并不一定关心整个逗号表达式的值。例如，3 条语句 a=1; b=2; c=3; 也可写为逗号表达式语句的形式：

　　a=1, b=2, c=3;

　　作用完全相同。这里是借此分别执行 3 个赋值，并没有使用整个逗号表达式的值 3。

　　【小试牛刀 2.10】如有 int a=2, b=4, c=6, x, y;：

　　1）若执行 y=((x=a+b), (b+c)); 后，x 值为＿＿6＿＿，y 值为＿＿10＿＿；

　　2）若执行 y=(x=a+b), (b+c); 后，x 值为＿＿6＿＿，y 值为＿＿6＿＿。

　　【分析】逗号的优先级最低，第 2）题应先计算 =。y=(x=a+b)表达式的值为 6（x、y 均被赋值为 6）；再计算(b+c)为 10；原式变为 "6, 10" 整体表达式的值为 10。

　　【随学随练 2.13】设变量已正确定义为整型，则表达式 n=i=2, ++i, i++ 的值为＿＿＿＿＿。

　　【答案】3

　　【分析】应将此题的逗号表达式看作下面一小段程序：

```
n=i=2;     /*n 与 i 均被赋值为 2 */
++i;       /*i 变为 3，++i 表达式的值为 3 */
i++;       /*i 现为 3，i++ 表达式的值为 3，然后 i 变为 4 */
取刚才表达式 i++ 的值 3 作为整个逗号表达式的值；
```

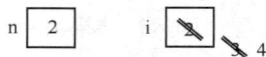

图 2-9　在草稿纸上记录【随学随练 2.13】中变量的变化

　　在分析此类题目时，仍需在草稿纸上画出变量 n 和 i 的空间，并记录变量值，如图 2-9 所示。在执行++i 后，i 的值已变为 3，要记录这个变化；执行 i++ 时如误认为 i 的值仍为 2 就出错了。

　🐾 脚下留心

　　并不是在所有出现逗号（,）的地方都有逗号表达式，如变量定义 int a=1, b=2, c;就不是逗号表达式，此时逗号不过是各变量的分隔符。这是同一符号在 C 语言中多用的现象，在不同场合有不同含义。

2.2.5　一把尺子——求字节数运算符 sizeof

　　在 C 语言中，还有一个求数据或类型所占字节数的运算符 sizeof。其用法是：

$$sizeof(数据或类型说明符)$$

　　sizeof 是关键字，它的用法很像函数的用法，但 sizeof 不是函数而是运算符。例如：

```
sizeof(int)        /*值为 4（在 Visual Studio 2010 环境下，int 型数据占 4 字节）*/
sizeof(double)     /*值为 8 */
char c; sizeof(c)  /*值为 1 */
sizeof(1/2)        /*值为 4，整数除法结果为 0，结果为 int 型 */
sizeof(1.0/2)      /*值为 8，除法结果为 0.5，结果为 double 型，占 8 字节 */
sizeof("abc")      /*值为 4，字符串占 4 字节（含最后的'\0'字符）*/
sizeof("")         /*值为 1，空串占 1 字节（存'\0'）*/
sizeof("汉字 abc") /*值为 8，每个汉字占 2 字节 */
```

　　注意 sizeof 的括号中不仅能写一个具体的数据或表达式，还能写一个类型说明符，用于直接求那种类型数据所占的字节数。

2.3　位在我心中——位运算

位运算

　　数据在计算机内部是以二进制形式表示的，二进制数仅由 0、1 组成，每个二进制位（比特，bit）只能有 0 或 1 两种状态，8 个二进制位组成 1 字节。在这种 0、1 二进制位的层次上进行的一些特有的运算称**位运算**。C 语言中有 6 种位运算，如表 2-5 所示。其中"按位取反运算符（~）"为单目运算符，其他均为双目运算符。

表 2-5　C 语言中的位运算

运算符	含义	运算规则	实例
&	按位与	两数对应二进制位都为 1 时结果位为 1，有一个为 0 时结果位为 0	9&5 得 1
|	按位或	两数对应二进制位都为 0 时结果位为 0，有一个为 1 时结果位为 1	9|5 得 13
^	按位异或	两数对应二进制位不同时结果位为 1，相同时结果位为 0	9^5 得 12
~	按位取反	单目运算，将一个数的各二进制位由 0 变为 1、1 变为 0	~9 得 -10
<<	按位左移	把左边数的各二进制位整体左移右数指定的位数，移出的位（高位）被丢弃*，移进的位（低位）补 0；一个数左移 i 位，相当于乘 2 的 i 次方	3<<4 得 48 （$\Leftrightarrow 3 \times 2^4$）
>>	按位右移	把左边数的各二进制位整体右移右边数指定的位数，移出的位（低位）被丢弃，移进的位（高位）补 0**；一个数右移 i 位，相当于除以 2 的 i 次方（整数除法）	15>>2 得 3 （$\Leftrightarrow 15 / 2^2$）

注：①*由于补码和最高位为符号位的运算规则，一般移出的位无 1 时才直接被丢弃，本书只讨论此种情况。

②**在右移时，有些编译系统对移进的位（高位）正数补 0、负数补 1，有些编译系统一律补 0。

注意，首先要将数据转换为二进制数才能进行位运算，如对于表 2-5 中的实例，只有将数据转换为二进制数才能理解结果（而用十进制数是无法理解的），实例的计算过程如图 2-10 所示。另需注意，只能对整型或字符型数据进行位运算，对实数不能进行位运算。前面学习的%（求余）也只能用于整型或字符型数据。

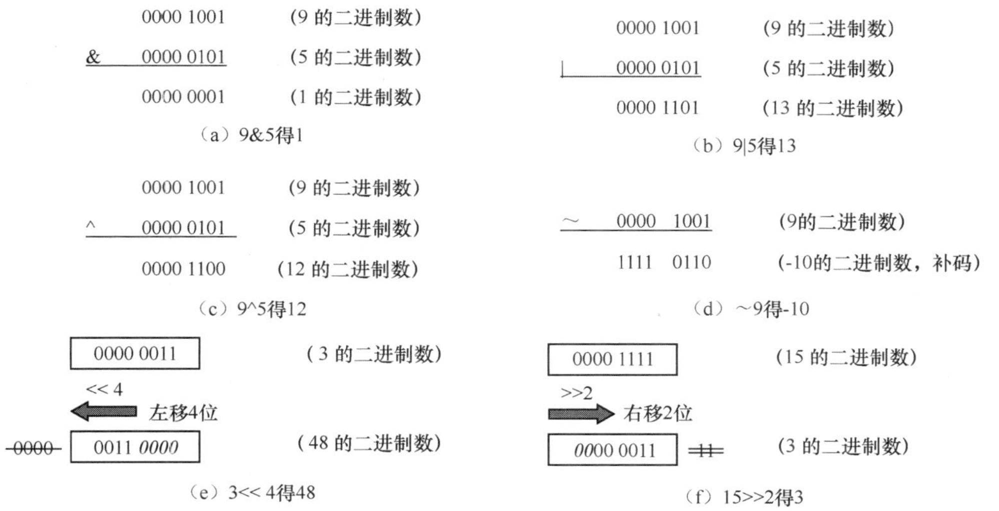

图 2-10　位运算实例的计算过程

高手进阶

计算机中的数据是转换为二进制数后再转换为补码存储的，所有的位运算（包括~）都是以补码的形式进行的（关于补码见 2.1.1 小节中"高手进阶"的介绍）。因此上述~9 的结果是负数。该内容已超出本书范围，对于~运算，读者只需了解 0 变 1、1 变 0 的运算规则即可，不必深究运算结果的十进制数是多少。

💡 **窍门秘笈　巧记"按位异或（^）"的运算规则。**

　　"按位异或（^）"的运算结果与"没有进位的加法"的运算结果是相同的：0+1、1+0 结果为 1；0+0 结果为 0；注意 1+1 结果也为 0（没有进位）。通过这种加法即可记住"按位异或（^）"的运算规则。

【随学随练 2.14】 以下程序段执行后，c、d、e 的值分别为_____。

```
unsigned char a=1, b=2, c, d, e;
c=a^(b<<2);  d=7^3;  e= ~4 & 3;
```

【答案】 9、4、3

⚠️ **脚下留心**

　　^ 是"按位异或"运算符，不是乘方运算符！不能认为 3^2 表示 3^2，结果为 9，它的正确含义是 3 的二进制数与 2 的二进制数进行按位异或运算，结果为 1。

【随学随练 2.15】 执行程序段 unsigned char a=8, c; c=a>>3; 后 c 的值是（　　　）。

A）32　　　　　　　B）16　　　　　　　C）1　　　　　　　D）0

【答案】 C

🏃 **高手进阶**

　　"按位与（&）"常用来将一个数的二进制数的某些位清 0 或保留某些位。将数据与另一个数做按位与运算，对于要保留的位，这个数中对应位取 1，对于要清 0 的位，这个数中对应位取 0。例如有 a=58（二进制数 00111010），要把 a 的 8 个二进制位中高 4 位清 0，低 4 位不变，可将 a 与 15（二进制数 00001111）做按位与运算；a&15 得 10（二进制数 00001010），可见高 4 位已清 0，低 4 位未变。

　　"按位或（|）"常用来将一个数的二进制数的某些位强制设为 1。要将哪些位设为 1，就与那些位为 1 的一个数做按位或运算，结果只将这些位设为 1，其他位不会改变。例如有 a=58（二进制数 00111010），要将 a 的第 2 位、第 3 位置 1，其他位不变（最右端为第 0 位），可将 a 与 12（二进制数 00001100）做按位或运算，a | 12 得 62（二进制数 00111110），可见两位已置 1（原来第 3 位已为 1，置 1 后仍为 1）。

　　除按位取反（~）外，其他 5 种位运算也有对应的**复合赋值运算**：&=（按位与后赋值）、|=（按位或后赋值）、^=（按位异或后赋值）、<<=（左移后赋值）、>>=（右移后赋值）。

　　同样关注它们的等价形式就可以了，例如：

```
a &= b   ⇔   a = a & b
a <<= b  ⇔   a = a << b
```

🏃 **高手进阶**

　　"按位异或（^）"的趣味应用如下。

　　（1）任何数与它本身"按位异或"，结果为 0。

　　（2）任何数与一个数"按位异或"，将得到的结果再与同一个数 "按位异或"，则第二次"按位异或"的结果与原数相同，即 a^k^k 又得到 a。根据这个性质可对数据加密，a 为原文，a^k 是加密过程，可得到密文，密文^k 是解密过程，可得到原文 a；k 称为密钥。

（3）大小写字母的 ASCII 值差 32。大小写字母的转换，除可通过加 32、减 32 实现外，还可用通式 c=c^32;进行，无论 c 为大写还是小写字母，执行此通式都能转换为对应的小写或大写字母。这是因为大小写字母的 ASCII 值的二进制数实际只有第 5 位不同（最右端为第 0 位）：大写字母该位为 0，小写字母该位为 1；该位对应的权值为 32。例如若 c 的值为'A'（65），则执行 c=c^32;后 c 变为'a'（97）；如果 c 的值为'a'（97），执行同样的 c=c^32; 后 c 变为'A'（65）。

（4）使用按位异或还可交换两个变量的值。如有 int m=33, n=66;，则执行语句 m=m^n; n=n^m; m=m^n; 后，m 的值变为 66、n 的值变为 33。33 和 66 的二进制形式分别是 00100001（32+1）和 01000010（64+2），二者按位异或的运算结果为 01100011。该值与 n 再按位异或，结果变为 m；该值与 m 再按位异或，结果变为 n。

【随学随练 2.16】若变量已正确定义为整型，则以下程序段的输出结果是_____。

```
s=32; s^=32; printf("%d",s);
```

【答案】0

第3章 一战到底——顺序结构

无论是上网查一种商品的价格，还是在线看一场球赛；无论是打开 QQ 与在线好友聊几句，还是打开播放器听喜爱歌手的最新专辑；从利用教学软件学习的"学霸"到上网冲浪的"网虫"，从办公室的白领到擅长各色游戏的玩家……只要使用计算机，就必然在不停地做两件事：输入和输出。键盘、鼠标的输入，显示器的输出，用一句流行话说，"那是必须的"。如果没有键盘、鼠标和显示器，一台只有主机的计算机是谁也没法儿用的。

本章就重点讨论键盘的输入和显示器的输出，在 C 语言程序中，只要"输入输出不离手"，基本就可以"干活儿"啦。学习本章后我们就能编写一些简单的程序了，虽然比不上专业软件，但我们的程序一样能"跑得很欢"。

3.1 整装待发——C 语言中的语句

第 1 章、第 2 章是学习 C 语言的"铺路石"，下面在正式用 C 语言"干活儿"之前，我们先来讨论语句。我们知道，每条语句的末尾必须有英文分号（;）表示语句结束；注意，英文分号（;）是语句结束的标志，是语句的一部分，不能说分号是语句间的分隔符。

在生活中有人会用"占座牌"占座位，如图 3-1 所示。在 C 语言中也有"占座牌"，这就是**空语句**。空语句就是只有一个英文分号（;）的语句：

```
;
```

它不进行任何操作，但占据一个语句的位置，也就是起"占座位"的作用；比如说，它可抢占"独生子女"的位置（何谓"独生子女"4.2 节将会介绍）。

在生活中还可以用一只塑料袋把多件物品一起打包，打包后多件物品整体可当作一件东西对待，以便于携带，如图 3-2 所示。在 C 语言中也有打包用的塑料袋，即 { }。将若干条语句用 { } 括起来就可以将它们整体看作一条语句，称**复合语句**。例如：

```
{ a=1; b=2; c=3; }
```

注意 } 外无分号（;），因为塑料袋只是"皮儿"，它本身不是语句。

复合语句作为一条语句又可以出现在其他复合语句的内部，就像已经用塑料袋包好的物品又可作为整体再与其他物品共同被放进另一个更大的塑料袋中，例如：

```
{                          /* 大塑料袋：复合语句 */
    { a=1; b=2; c=3; }     /* 小塑料袋：嵌套在内层的复合语句，必须用{ }，不能用[ ] */
    a++;
    b++;
}
```

以上程序段整体应看作一条语句（一个"大塑料袋"），这条语句由 3 条语句组成；其中第一条语句又是由 3 条语句组成的。执行时，依顺序执行，与没有 { } 的效果一样。复合语句将在以后介绍的 if、for 等语句中发挥作用，其关键是整体上看作一条语句。

注意，C 语言中存在同一符号多用的现象，同一符号在不同场合的含义完全不同。并不是所有的{ }都用于标识复合语句。例如函数体开始和结束的{ }就只是函数体的开始和结束标志；又如后面要介绍的 switch 语句也有{ }，但它不是复合语句，{ }只是 switch 语句的固定搭配。

在程序中，这种按照语句出现的先后顺序一句一句地执行，每条语句执行一次的结构，就是**顺序结构**，如图 3-3 所示。截至目前，我们接触的 C 语言程序都是顺序结构的程序。

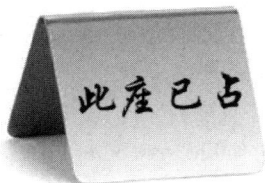

图 3-1　空语句起占座位作用　　图 3-2　复合语句类似塑料袋　　图 3-3　顺序结构的程序

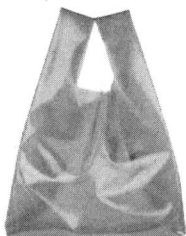

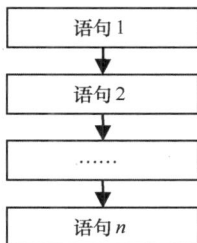

3.2　一个一个来——单个字符的输出与输入

3.2.1　拿好钥匙进仓库——输出与输入概述

计算机将程序运行结果显示到屏幕上，这属于**输出**。如果还能像 Excel 那样，使要计算的原始数据不在程序中固定，而是可以在程序运行后由用户（用户就是运行程序的人）通过键盘输入，输入什么数据就计算什么数据，就显得更有技术含量了，这属于**输入**。

"输出"和"输入"是从计算机主机的角度界定的，有内容从主机里出来则为**输出**，有内容进入主机则为**输入**，如图 3-4 所示。实现输出、输入的方式有很多，我们首先关注在显示器上的字符形式的输出和键盘输入。

输出与输入概述、
putchar 函数

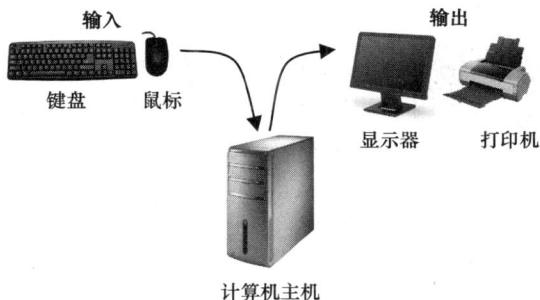

图 3-4　输入与输出的含义

如何实现输入/输出？C 语言没有输入/输出语句，C 语言的输入/输出都是通过调用**库函数**实现的。库函数，就是"仓库"里的函数，即系统提供的函数。

从仓库里取东西首先要拿到仓库的钥匙。在 C 语言里取用库函数首先要拿到**头文件**，头文件的扩展名一般为.h。使用库函数前要用#include 命令将一些头文件包含到程序中来。例如要使用输入/输出的库函数，需包含头文件 stdio.h，即在程序开头应有以下命令：

```
#include <stdio.h>
```

或

```
#include "stdio.h"
```

这相当于在程序开头就拿到了 stdio 库的钥匙，在接下来的程序中可以随意使用其中的库函数。stdio 是 standard input / output 的缩写，即标准输入/输出。

不要把头文件看得过于神秘，它们都是文本文件，可用任意文字处理软件（如记事本程序、Word等）打开并查看其中的内容。头文件中含有库函数的信息，如 stdio.h 中含有输入/输出库函数的信息（如函数的声明等），编译系统需要这些信息才能正确地执行库函数。注意，库函数的执行代码不包含在头文件中，而位于库文件（二进制文件）中。

🏃 **高手进阶**

在#include 命令中，头文件名既可用< >括起，也可用" "引起。< >使编译系统只到系统文件夹中查找该头文件；" "使编译系统先到用户文件夹（一般为源程序文件夹）中查找该头文件，如没找到，再到系统文件夹中找。一般用户自己编写的头文件位于用户文件夹中，需使用" "引起；而系统头文件用<>括起或用" "引起均可。初学者接触的头文件一般都是系统头文件。

printf 和 scanf 是实现输出和输入的两个常用函数，系统允许在使用这两个函数前不包含 stdio.h 头文件，但仅此特例；当然包含才是规范的。因此我们可见一些简单的 C 语言程序并没有#include 命令，而直接使用 scanf 和 printf，这也是正确的。

某些编译器会对使用 printf、scanf 等函数报错"This function or variable may be unsafe."。这时，我们只需在程序开头（如在#include 之前）增加如下#pragma 命令：

```
#pragma warning(disable:4996)
#include <stdio.h>
```

增加如下#define 命令也可避免编译器报错：

```
#define _CRT_SECURE_NO_WARNINGS
#include <stdio.h>
```

3.2.2　向屏幕开火——单个字符的输出

要将单个字符输出到屏幕上，可使用库函数 putchar。在括号中（也就是该函数参数的位置）写上要输出的字符即可，例如：

```
putchar('A');
```

执行后则会在屏幕上输出一个 A。

如果把向屏幕输出字符比作向屏幕开火，那么 putchar 就类似一支枪，在( )内上膛什么子弹就会打出什么内容，如图 3-5 所示。要注意的是，putchar 是一支很原始的枪，一次只能上膛 1 发子弹、向屏幕打出 1 个字符。又如：

putchar 函数上机演练

```
putchar('=');         /* 输出 = */
putchar('a'+1);       /* 输出 b */
putchar('\101');      /* 输出 A（A 的 ASCII 值为 65，(101)₈=(65)₁₀）*/
putchar('\n');        /* 输出换行符：无内容显示，只是光标移到下一行行首 */
putchar(x);           /* 输出变量 x 的值而非 x 本身，如果 x='B'则输出 B */
```

图 3-5　putchar 每次向屏幕输出一个字符

⚠ **脚下留心**

"程序运行后在屏幕上的输出/输入"和"程序源代码"是截然不同的两种场合，不要混淆。在程序源代码中，要严格遵守 C 语言的语法规则编写程序（如字符常量要加单引号' '），但程序运行后在屏幕上的输出/输入就没有这个要求了。例如输出到屏幕上的字符不会带引号，后面要学习的在屏幕上通过键盘输入字符时也不输入引号。就像我们在 Excel 中输入数据时不带引号、使用微信给好友发送文字消息时也不加引号，因为这些都是程序运行后的输出/输入状态，而非源代码状态。然而，专业开发人员在编写 Excel 软件和编写微信程序时，在源代码中是一定要遵守语法规则的（在那些场合字符是要加引号的）。

【程序例 3.1】输出单个字符。

```
#include <stdio.h>
main()
{   char a='V', b='C';
    putchar(a); putchar(b);
    putchar(a); putchar(b-1);
    putchar('\n');
    putchar(a); putchar(b);
}
```

程序的运行结果为：

```
VCVB
VC
```

putchar 是 stdio 库中的库函数，在程序开头要包含头文件 stdio.h。屏幕上输出的内容是"一枪一枪"打出来的，包括 B 后的换行也是由于打了一枪'\n'。注意，putchar 输出一个字符后不会自动加空格或自动换行，要输出空格或换行需自行用 putchar(' ');或 putchar('\n');。

3.2.3 饭要一口一口地吃——单个字符的输入

stdio 库中还有 getchar 函数，它可在程序运行后，读入用户从键盘输入的 1 个字符。注意 getchar 一次只能读入 1 个字符。该函数的函数值就是所读入的那个字符，可把它赋值给一个 char 型或 int 型的变量保存起来。

getchar 函数和
上机演练

【程序例 3.2】输入单个字符。

```
#include <stdio.h>
main()
{   char c;
    c=getchar(); /* 系统会要求用户从键盘输入 1 个字符并赋值给变量 c */
    putchar(c);
}
```

getchar 没有参数，( )内为空，但( )不能省略。在运行到语句 c=getchar(); 时程序将暂停，同时屏幕上出现一个闪烁的光标等待用户输入。如用户输入如下内容（为与输出的内容相区别，在本书中，从键盘输入的内容加下画线，并以✓表示按"Enter"键，下同）：

<u>a</u>✓

则将字符'a'存入变量 c 中（这实际是为变量赋值的另一种方式，即在程序运行后通过键盘输入给变量赋值），之后程序继续运行，再执行 putchar(c); 输出变量 c 的值，即输出 a。在上机操作时，输入和输出是在同一窗口（运行程序后弹出的黑色窗口，又叫控制台窗口）中进行的，即该窗口中的完整内容应为（注意输入/输出的字符都不带引号）：

<u>a</u>✓
a

🏃 高手进阶

本程序最后两行也可合并为一行，写为：

```
putchar( getchar() );
```

即将一个函数值作为另一个函数的参数，类似数学上的 lg(sin(30))，它是求 30° 的正弦值后对正弦值求以 10 为底的对数。

上例是将键盘输入的字符存入 char 型变量，也可存入 int 型变量：

```
int a;
a=getchar();          /* 系统会要求用户从键盘输入 1 个字符并赋值给变量 a */
putchar(a);
```

用户输入字符后，必须按"Enter"键表示结束，不按"Enter"键则不会结束（在按"Enter"键之前可任意修改）。如果输入多个字符后再按"Enter"键会如何呢？如果再次运行程序：

```
xyz↙
x
```

这次输入了 xyz，但仅输出了一个 x，说明只有第一个字符'x'被存入变量 c，因为 getchar 一次只能读入 1 个字符，变量 c 也只能保存 1 个字符。如果再次运行程序：

```
123↙
1
```

也只有第一个字符'1'被读入。这个例子说明输入数字时，每位数字也被作为一个字符处理，因为 getchar 只能读入字符，不能读入一个整数。

我们可能会有疑问：输入多个字符时，getchar 只能读入一个，那么所输入的其他字符跑到哪里去了呢？这些字符并没有消失，而是由计算机暂时保存起来以备后用；就像将剩下的食物保存到冰箱里一样。在计算机中，这个"冰箱"被称为**缓冲区**，如图 3-6 所示。

图 3-6 键盘输入的"冰箱"——
缓冲区

【程序例 3.3】多次调用 getchar 输入多个字符。

```
#include <stdio.h>
main()
{    char c1, c2, c3, c4, c5;
     c1=getchar(); c2=getchar(); c3=getchar();
     c4=getchar(); c5=getchar();
     putchar(c1); putchar(c2); putchar(c3);
     putchar(c4); putchar(c5);
}
```

程序的运行结果为：

```
abc↙
d↙
abc
d
```

输入 abc↙后，光标在下一行继续闪烁，等待继续输入；在输入 d↙后程序才输出结果并结束。这是因为第一次输入的 abc↙中含 4 个字符（换行符'\n'也是 1 个字符）：

当执行 c1=getchar();时，只吃掉了第一个字符'a'并存入 c1，剩下的 bc↙被放入冰箱；

当执行 c2=getchar();时，从冰箱拿出剩饭，再吃掉'b'并存入 c2，剩下的 c↙被放回冰箱；

当执行 c3=getchar();时，从冰箱拿出剩饭，再吃掉'c'并存入 c3，剩下的↙被放回冰箱；

当执行 c4=getchar();时，从冰箱拿出剩饭，再吃掉↙（即'\n'）并存入 c4，剩饭全部吃光；

当执行 c5=getchar();时，没有剩饭可吃了，需输入新内容，这就是光标在下一行继续闪烁等待输入的原因。输入 d↙后，吃掉'd'并存入 c5，剩下的↙又被放入冰箱（对于剩下的↙，本程序不吃了，因为后续再无输入语句；冰箱的剩余内容将在程序结束后被清空，不能在下次程序运行时使用。即每次程序开始运行时，缓冲区一定是空的）。

最后通过连续的 5 个 putchar 一枪一枪地打出这 5 个变量的值，就是以上输出结果。

如果再次运行程序，像下面这样输入：

```
abcd↙
abcd
```

发现仅输入一次程序就可以结束，因为所输入的 abcd↙中包含 5 个字符，剩饭足够 5 个 getchar

吃了，c1、c2、c3、c4、c5分别被赋值为'a'、'b'、'c'、'd'、'\n'。

【小试牛刀3.1】该程序运行后，你能设法输入3次再让程序结束吗？

【答案】能，第一次输入a↙，则'a'、'\n'分别被存入c1、c2；当执行c3=getchar();时，无剩饭可吃，系统必要求第二次输入，输入b↙，则'b'、'\n'分别被存入c3、c4；当执行c5=getchar();时，又无剩饭可吃，系统必要求第三次输入，输入c↙，则'c'被存入c5。

3.3 批量送货——格式输出与输入

用putchar和getchar函数只能一个字符一个字符地输出和输入，putchar这把"枪"太原始了，有没有可以连发的枪呢？有的！它们就是printf函数和scanf函数，称**格式输出与输入函数**，f即格式（format）。它们可以按照格式，一次性批量地输出和输入任意多的数据；数据也不限于字符，整数、实数乃至字符串都是可以的。

3.3.1 交警指挥交通——格式输出函数printf

直接在printf函数的( )内写出一个" "引起的字符串，屏幕上就会原样输出该字符串，例如：

```
printf("C语言");
```

则屏幕原样输出字符串。

printf函数和上 printf函数和上
机演练（1） 机演练（2）

```
C语言
```

我们在2.1.4小节曾用它输出过一个穿心图形。这其实是printf函数非常简单的用法，printf还有更丰富的功能，它的完整使用形式是：

```
printf("格式控制字符串", 数据1, 数据2, 数据3, ...);
```

所以前面只是使用了其中"格式控制字符串"这部分的内容，用于在屏幕上原样输出。它后面用逗号（,）隔开的数据如何使用、如何输出呢？

1.交警的指挥——格式控制字符串

在马路上行驶的车辆需要交警的指挥，在printf函数中要输出的数据也需要"指挥"。在printf的"格式控制字符串"中，有一种特殊的内容，是以%开头的，它就是指挥输出的"交警"，用于指定后面数据的输出格式。假设有变量：

```
int a=65;          /* a的值为十进制整数65、八进制整数101、十六进制整数41 */
```

执行下面语句可以输出变量a的值：

```
printf("%d", a); /* 输出：65，%d表示以十进制整数的格式输出 */
```

之所以输出65而不原样输出%d，是因为以%开头的内容是"交警"，它是指挥其他车辆行驶的，本身不随车辆一起走（这里它指定后面数据a的输出格式）。d相当于交警的一个手势，C语言的"交规"规定，d表示十进制整数的格式，于是屏幕上以十进制整数的格式显示a的值65。

⚠️ **脚下留心**

printf中的%与"求百分数"没有丝毫关系，更不是"除法求余数"；printf中的%只是一个标志符号而已，用于控制数据的输出格式。这是C语言中很常见的同一符号多用的现象，同一符号在不同场合的含义完全不同，一定不要混淆。

如果交警的手势不同，a这辆车的行驶方式会变化，输出的内容就不同了，又如：

```
printf("%c", a);              /*输出：A，%c表示以字符的格式输出*/
```

这次交警的手势为c，C语言的"交规"规定，c表示字符的格式，屏幕上将显示65所对应的字符，即 ASCII 值为 65 的字符 A。交警的手势还有很多，又如：

```
printf("%o", a);          /* 输出：101，%o 表示以八进制整数的格式输出*/
printf("%#o", a);         /* 输出：0101，#表示要输出前缀 0 */
printf("%x", a);          /* 输出：41，%x 表示以十六进制整数的格式输出*/
printf("%#x", a);         /* 输出：0x41，#表示要输出前缀 0x */
```

通过上面的例子可以看出，变量 a 的值是 65，这是一直没有改变的。但输出的结果迥异，有的输出 65、有的输出 A、有的输出 41……这就是通过"交警"指挥的结果。注意，"交警"改变的只是变量 a 的输出格式，并没有改变 a 的值。

2. 车水马龙——printf 的输出方式

马路上有车辆和交警。printf 的"格式控制字符串"内有**非格式字符串**和**格式字符串**。非%开头的任意内容叫**非格式字符串**，只有以%开头的内容才是**格式字符串**。前者似车辆，将原样输出；后者似交警，指挥后面数据的输出而本身不输出。

```
printf("a");              /* 输出：a，直接原样输出字符串的内容*/
```

这是仅包含**非格式字符串**的例子。如果同时包含非格式字符串、格式字符串，例如：

```
printf("我现有%d元", a);
```

则屏幕输出结果如下。

我现有 65 元

"我现有"和"元"均是普通车辆，原样输出；%d 是交警，指挥 a 的输出格式，%d 本身不输出，输出的还是 a；换句话说，以 a 的值 65 替换%d 输出，如图 3-7（a）所示。

也就是说，在分析 printf 函数的输出结果时，只要把"格式控制字符串"中的内容原封不动地"抄"在屏幕上，再把其中以%开头的内容用后面对应数据替换即可，在替换时要注意"交警"的手势，按照其所指挥的格式替换。除%d、%c 外，printf 函数的常用格式字符串如表 3-1 所示。

表 3-1　printf 函数的常用格式字符串

格式字符串	含义
%d	以十进制整数的格式输出（正数不输出 ＋ ）
%o （字母，不是 0）	以八进制整数的格式输出（不输出前缀 0）
%x 或 %X	以十六进制整数的格式输出（不输出前缀 0x）
%u	以无符号十进制整数的格式输出
%ld	以长整型十进制整数的格式输出
%f	以小数格式输出单、双精度实数，如 1.234567
%e 或 %E	以指数格式输出单、双精度实数，如 1.234567e ± 123
%g 或 %G	自动以%f 或%e 中较短的格式输出单、双精度实数（不输出无意义的 0）
%c	以字符的格式输出单个字符（一次只能输出 1 个字符）
%s	输出字符串（后面数据应写地址而非普通数据，第 9 章讨论）

马路上常常是一位交警指挥所有车辆；而 printf 比较奢侈，是一位交警仅指挥一辆车，类似"专属交警"。后面有多少个数据要输出，"格式控制字符串"中就应有多少个%部分，输出时按顺序用后面的每个数据一一替换对应的%部分。例如：

```
char a='C';
char b='V';
printf("%c%c++", b, a);       /* 输出 VC++ */
```

这里有两个%c，后面对应有两个数据，应以 b、a 的值分别替换两个%c，如图 3-7（b）所示。注意%c 表示以字符的格式输出，b、a 分别输出为 V、C。请对比如下语句：

```
printf("%c%d++", b, a);          /* 输出 V67++, 'C'的 ASCII 值为 67 */
```

以 b 的值替换%c 仍输出 V，而以 a 的值替换%d 就不能输出 C 了，而应输出对应的 ASCII 值 67，因为%d 表示以十进制整数的格式输出，而不是字符格式，如图 3-7（b）所示。

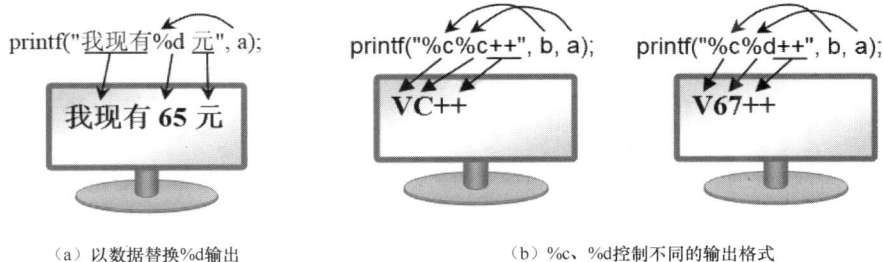

（a）以数据替换%d输出

（b）%c、%d控制不同的输出格式

图 3-7　printf 函数的工作原理

💡 **窍门秘笈**　将 printf 函数的用法总结为如下口诀。

> 格式字串控全体，
> 数据替换百分比。
> 字符 c 整数 d，
> 小数 f 指数 e，
> 欧（o）八叉（x）六 u 无号，
> 字串 s 要牢记。
> 间数全宽点小数，
> 负号表示左对齐。

这是说"格式控制字符串"是整个要输出的内容，其中%部分要以后面的数据替换，其他原样输出。中间四句为具体格式控制规则（%s 将在第 9 章讨论）；最后两句的含义稍后介绍。

【随学随练 3.1】 有以下程序

```
#include <stdio.h>
main()
{   char c1, c2;
    c1 = 'A' + '8' - '4';
    c2 = 'A' + '8' - '5';
    printf("%c, %d\n", c1, c2);
}
```

已知字母 A 的 ASCII 值为 65，程序运行后的输出结果是（　　　）。

A）E, 68　　　　　B）D, 69　　　　　C）E, D　　　　　D）输出无定值

【答案】 A

【分析】 字符与整数混用，只要将字符转换为对应的 ASCII 值再进行运算即可。本题不必了解'8'、'4'、'5'的 ASCII 值，根据数字字符的 ASCII 值顺次排列的规律，可知'8'与'4'的 ASCII 值之差为 4，'8'与'5'的 ASCII 值之差为 3。因此 c1=65+4=69='E'，c2=65+3=68='D'。在输出时"E, 68"间的逗号（,）是从 pritnf 的" "中原样"抄"在屏幕上的。

用 printf 还可输出表达式的值，即兼有计算功能，这时应以表达式的值替换%：

```
printf("a*10=%d", a*10);          /* 输出 a*10=650 */
printf("a+10=%d", a*10);          /* 输出 a+10=650 */
```

后者输出的"a+10=650"等式根本不成立！这说明 printf 函数只会遵照规则"机械地"输出，它并不关心在屏幕上究竟输出的是什么，也没有检验屏幕上所输出内容的功能。

第 3 章

```
printf("%d", a=5);
```

输出"a=5"这个表达式的值5，同时赋值表达式的副作用使a也被赋值为5。

【随学随练3.2】若变量x、y已定义为int型且x值为99，y值为9，请将输出语句 printf(_____, x/y);补充完整，使其输出的结果形式为：x/y=11。

【答案】"x/y=%d"

【随学随练3.3】 int x=011; printf("%d\n", x++); 运行后的输出结果是（   ）。

A）12   B）11   C）10   D）9

【答案】D

【分析】011为八进制数，转换为十进制数是9。x++表达式的值是加1前x的值9，x变为10。输出的是表达式的值而不是变量的值。如改为 printf("%d\n", ++x);，则输出10。

【随学随练3.4】以下程序运行后的输出结果是（   ）。

```
#include <stdio.h>
main()
{   int a=1,b=0;
    printf ( "%d,", b = a + b);
    printf ( "%d", a = 2 * b);
}
```

A）0,0   B）1,0   C）3,2   D）1,2

【答案】D

【分析】先后输出两个赋值表达式的值。在计算第1个赋值表达式b=a+b时，赋值的副作用使b变为1而不再是0；在计算a=2*b时应计算a=2*1，赋值的副作用又使a变为2。

🏃 高手进阶

当同一printf中包含多个表达式时，这些表达式的求值顺序在不同编译系统中不同，可能最左边的表达式先计算，也可能最右边的表达式先计算。例如 printf("%d %d", i++, i); 在不同编译系统中运行结果是不同的，应避免类似写法。

printf函数还有一个函数值（称返回值），为所输出字符的个数（正数或0）。如同数学上sin(30)可以得到0.5，0.5是sin(30)的返回值；执行语句 k=printf("OK\n"); 后，k的值为3，因为printf输出了O、K、换行符3个字符，其返回值为3，3被赋值到k中。如果printf输出出错，将返回一个负数值。

3．让输出更漂亮——格式控制字符串的高级控制

现在讨论"间数全宽点小数，负号表示左对齐。"这两句口诀。

（1）在%和表示格式的字符之间，可添加一个十进制整数表示输出宽度，即划定几个"格子"来输出（1个英文字符占1个格子）。这个划定可能与实际所需输出宽度不完全吻合：如果实际所需输出宽度较大，则冲破限制，原样输出。如果实际所需输出宽度较小、格子较多时，将补空格凑够划定的输出宽度。默认在数据之前补空格（数据右对齐）；要在数据之后补空格（数据左对齐），需在表示宽度的整数之前加一个负号（－）。

```
main()
{   int a=123;
    printf("%d\n",a);        /*输出 123 */
    printf("%2d\n",a);       /*输出 123(划定 2 格，不够，冲破限制，原样输出)*/
    printf("%4d,\n",a);      /*输出  123,(划定 4 格，前补 1 空格)*/
    printf("%-4d,\n",a);     /*输出 123 ,(划定 4 格，后补 1 空格)*/
}
```

（2）输出实型数时，应指定为%f（小数格式）或%e（%E，指数格式），但 printf 遇到%f或%e

（%E）时会"疯狂"：对于任何小数，都要输出 6 位小数；对于任何指数，都要输出 3 位指数，且即使指数是正数，也要输出它前面的+。例如：

```
float b=123.45;
printf("%f\n",b);                /* 输出 123.450000 */
printf("%e %E\n",b,b);           /* 输出 1.234500e+002 1.234500E+002 */
```

如何避免这种"疯狂"行为呢？在%和 f（e）之间可添加一个小数以强制 printf 四舍五入，小数点后的数字是要保留的小数位数。如%6.2f 表示四舍五入保留 2 位小数；6 仍表示输出宽度，是包含整数部分、小数点、小数部分的总宽度（小数点也占一格）：

```
main()
{    float b=1.238;
     printf("%f\n",b);           /* 输出 1.238000 */
     printf("%2f\n",b);          /* 输出 1.238000，冲破 2 格限制 */
     printf("%5.2f,\n",b);       /* 输出  1.24，前补 2 空格，共占 6 格 */
     printf("%-6.2f,\n",b);      /* 输出 1.24  ，后补 2 空格，共占 6 格 */
     printf("%6.0f,\n",b);       /* 输出      1，前补 5 空格 */
     printf("%.2f\n", b);        /* 输出 1.24，只限小数不限总格 */
}
```

如果希望当格子较多时用 0 占位而不用空格占位，可在表示总宽度的数字之前加 0。如 printf("%+06d%+06.2f", a, b); 输出+00123+01.24。其中+表示对于正数也显示符号+，但对于负数仍显示−不显示+。如 printf("%+04d%+04d", −1, 2); 输出−001+002。

 高手进阶

因%有特殊含义，要在屏幕上输出%本身，不能用 print("%");，而应使用%%（连续的两个%）表示输出一个普通的%，例如：

```
printf("我喝 100%%的苹果汁");      /* 输出：我喝 100%的苹果汁 */
```

这和转义字符中用'\\'来表示一个普通的反斜线（\）字符的方式类似。

每个数据都必须有一个私人交警，即%的个数应与数据的个数一致。如不一致，将以%的个数为准，例如有定义 int a=6, b=8; 则以下语句输出情况是：

```
printf("%d\n", a, b);            /*只输出 6。缺少%d，b 被忽略*/
printf("%d,%d", a);              /*输出 6,−1。多输出了无意义的−1*/
printf("%%d", a);                /*输出%d，%%表示普通%，a 被忽略*/
```

3.3.2　多功能快递员——格式输入函数 scanf

在程序运行后，通过键盘的输入来给变量赋值，是很有用处的。例如在计算圆面积时，如果圆的半径在程序运行后由用户通过键盘输入来确定，那么程序就可计算任意圆的面积。

如果把变量比作网上购物者的家，则程序运行后用户从键盘输入的数据就是各种商品，要把用户输入的数据赋值给变量，就还需要一位快递员将商品打包后送到购物者家中，scanf 函数就是这样一位快递员。相比 getchar，scanf 函数功能更为丰富，它允许从键盘输入各种类型的数据，而不仅限于字符。scanf 的使用形式是：

```
scanf("格式控制字符串", 变量 1 的地址, 变量 2 的地址, 变量 3 的地址, ...);
```

与 printf 类似，scanf 的"格式控制字符串"也用"%+字符"的形式，scanf 函数的常用格式字符串如表 3-2 所示。但它与 printf 有着本质的不同：它不控制数据的显示，而是控制将数据送入变量的方式（打包方式）。scanf 是用于输入的，从来不负责输出，万不可将 scanf 误认为与屏幕显示有关。

表 3-2　scanf 函数的常用格式字符串

格式字符串	含义
%d	以十进制整数格式输入
%hd、%ld	分别表示以十进制短整数、长整数格式输入
%o（o 为字母，不是零）	以八进制整数格式输入，输入时可以带前缀 0，也可以不带
%x	以十六进制整数格式输入，输入时可以带前缀 0x 或 0X，也可以不带
%i	可以十进制、带前缀 0 的八进制、带前缀 0x 或 0X 的十六进制整数格式输入
%u	以十进制无符号整数格式输入
%f、　%e	分别表示以小数、指数格式输入单精度实数（十进制）
%lf、　%le	分别表示以小数、指数格式输入双精度实数（十进制）
%c	输入单个字符
%s	输入字符串

scanf 与 printf 的另一重要区别是，在 scanf 后面给出的必须是变量的"地址"，而不能直接是变量或普通数据。快递员在寄件时获取的是购物者的住宅地址，而不是住宅本身；同样地，在 scanf 中写出的自然是变量的地址而不是变量本身。

要获取一个变量的地址，只需在变量名前加&，如变量 a 的地址写作&a。注意，a 是指变量本身，&a 是指变量 a 的地址。因此 scanf 语句应写为：

```
scanf("%d", &a);  /* 如写为 scanf("%d", a);则错误, 变量要取地址 */
```

请对比 printf 语句的写法（输出数据时直接写变量不写地址）：

```
printf("%d", a);  /* 不要写为&a, 否则将输出 a 的地址而不是 a 的值 */
```

🐾 脚下留心

scanf 严格区分单精度和双精度实数，对于单精度实数的输入，必须用%f 或%e；对于双精度实数的输入，必须用%lf 或%le（l 是字母，不是数字），而对双精度实数用%f 或%e 进行输入是不行的。

为短整型（short int）变量输入短整型数据时，也必须用%hd，不能用%d。

1．数值型数据的输入

【程序例 3.4】从键盘输入 3 个整数，分别存入 3 个变量 a、b、c 中。

```
#include <stdio.h>
main()
{   int a,b,c;
    printf("input a,b,c\n");
    scanf("%d%d%d", &a, &b, &c);   /* a、b、c 务必加&以取地址 */
    printf("a=%d, b=%d, c=%d", a, b, c);
}
```

程序的运行结果为：

```
input a,b,c
12 45 38↙
a=12, b=45, c=38
```

当程序运行到 scanf 语句处将暂停，等待用户输入。用户从键盘输入"12 45 38"（以空格间隔）并按"Enter"键后，scanf 将依据"%d%d%d"的打包方式，从用户输入的内容中依次打包 3 个整数 12、45、38，按照 3 个地址&a、&b、&c 投递到 3 位购物者的家中去，这样 3 位购物者就分别得到了 3 个整数，即变量 a、b、c 分别被赋值为 12、45、38，如图 3-8（a）所示。

如某些编译系统出现 error C4996 错误，在程序开头增加一行如下内容即可。

2. 数据间隔

当输入多个数据时，要在数据之间输入空白间隔。如上例输入的"12 45 38"以空格间隔。%d 是整数打包方式，将以数据间隔划分数据。如输入的 12 后有空白间隔，因此 12 要被整体打包为"12"，而不能分别被打包为字符'1'和字符'2'。若 12 和 45 之间没有间隔，而仅在 45 后才有空格，就会被错误地打包为 1245（一千二百四十五）并送到 a 中。

如果 scanf 的"格式控制字符串"中只有以%开头的内容，而没有其他内容（如"%d%d%d"），输入数据可以空格、Tab 符（跳格符，或称水平制表符）、换行符（即在输入每个数据后按"Enter"键）3 种字符间隔，但不能以其他字符（如逗号、分号等）间隔。

🏃 高手进阶

输入数值数据时，除以空格、Tab 符、换行符间隔数据外，输入非数字字符也可结束输入。如对 scanf("%d", &x); ，若输入 12A34↙，则将 12 送入变量 x；字符 A 作为整数的结束（因它不再是数字）。"A34↙"部分将被放入"冰箱"（缓冲区）以备后用（后续须以字符格式%c 才能读入 A）。因此 scanf 也不能用于计算，如运行时输入 1+1，变量 x 不会被赋值为 2，而只被赋值为 1（+是非数字字符，会结束输入）。

如果 scanf 的"格式控制字符串"中还包含非%开头的内容，要注意这些内容是不能原样被显示到屏幕上的（永远记得 scanf 没有显示功能），这些内容将成为固定的"货物间隔"，也就是用户在输入数据时，必须"老老实实、一字不落"地原样输入这些内容，若少输一点儿，快递员就找不到货物间隔了，无法正确打包货物，导致出错。例如：

```
scanf("%d,%d,%d", &a, &b, &c);
```

" "内除%d外，还有两个英文逗号（,），不要认为程序运行后屏幕上会自动出现两个逗号，然后用户可在其中"填写"数据！屏幕上只会有一个光标。用户必须将两个英文逗号老老实实、一字不落地输入。因此对该语句唯一正确的输入方式是：

```
12,45,38↙
```

这时输入空格、Tab 符或换行符间隔数据都是错误的。这无疑给用户带来了麻烦。又如：

```
scanf("a=%d,b=%d,c=%d", &a, &b, &c);
```

不要认为程序运行后屏幕上会自动给出提示"a=   ,b=   ,c=   "，然后可在其中"填写"数据！与上例一样，除了一个光标，屏幕上什么也没有。这里"a="、",b="和",c="这些内容都必须由用户老老实实、一字不落地原样输入。故以下是唯一正确的输入方式：

```
a=12,b=45,c=38↙
```

这时以空格、Tab 符、换行符、逗号、分号等间隔数据都是错误的，因为还必须输入 a=、b=、c= 这些内容，否则快递员就找不到要打包的货物了。原理如图 3-8（b）所示。

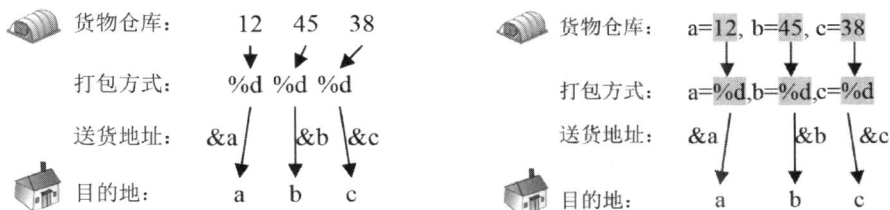

（a）用scanf通过键盘输入为变量赋值，
类似快递员的送货过程

（b）非%开头的内容不用于打包货物，
但作为必需的货物间隔

图 3-8　scanf 函数的工作原理

第3章

scanf 允许在输入的数据前加若干空格,如上例输入"a=   12, b=   45, c=   38"也是可以的。但只能在数据前加空格;不能在数据后或逗号前加空格,更不能在其他位置(如 a、=之间)加空格。

再如,下面的语句:

```
scanf("Please input a number: %d", &a);
```

也绝不会在运行时自动给出提示"Please input a number:",程序运行后仍只有一个光标。这下麻烦了吧!用户若想输入数据 5,必须首先老老实实、一字不落地原样输入"Please input a number:"这句话,然后才能在后面输入 5、换行符。

然而这种给用户"制造麻烦"的做法也不是一无是处,在限制用户以指定格式输入时就很有用了,例如将年、月、日分别存入变量 y、m、d 中的语句可以是:

```
scanf("%d/%d/%d", &y, &m, &d);
```

这样用户必须以下面固定的格式输入年、月、日:

```
2025/6/24↙
```

而不能以其他格式输入,例如以下输入方式不正确。

```
2025,6,24↙
```

【随学随练 3.5】若有定义和语句:

```
int a, b;
scanf("%d,%d,", &a, &b);
```

以下选项中的输入数据,不能把值 3 赋给变量 a、5 赋给变量 b 的是(   )。

A)3 ,5   B)3,5   C)3,5,   D)3,5,4

【答案】A

【分析】"%d,%d,"使输入第 2 个数据后还要再输入一个逗号,如不再输入一个逗号,则第 2 个数据的读入不受影响,但会影响后续其他数据的读入(若有)。当多输入数据(如"3,5,4")时 4 未被读入,但不影响"3,5"的读入。数据之前可加空格(但数据之后不能加空格)。

3.宽度限制

scanf 在%和表示格式的字符之间,也可用一个十进制整数指定宽度,但它不表示输出宽度,而是"打包"宽度,快递员将仅打包该宽度的数据。例如:

```
scanf("%5d", &a);
```

若程序运行后输入

```
12345678↙
```

则只把 12345 赋值给变量 a(一万二千三百四十五),其余部分(678)存入缓冲区以备后用,因为%5d 规定了只打包 5 个字符宽度的数据,就像购物者只订了 5kg 货物。又如:

```
scanf("%4d%4d", &a, &b);
```

若程序运行后输入

```
12345678↙
```

则把 1234 赋值给 a、5678 赋值给 b,因为两个"%4d"都规定打包 4kg 的货物。

scanf 没有精度控制,如 scanf("%5.2f", &f);是非法的,不能限制只允许输入 2 位小数。

4.字符型数据的输入

scanf 使用%c 表示输入字符型数据,这时**用户所有的输入均有效**,包括空格、换行符都算作一个字符,可被%c 打包并送入对应地址的变量;但 1 个%c 只能打包 1 个字符。例如:

```
scanf("%c%c%c", &a, &b, &c);
```

在程序运行时若输入

```
        d e f↙
```
则把字符'd'赋值给 a、 ' '（空格）赋值给 b、 字符'e'赋值给 c；后面的 "   f" 及换行符（'\n'）
本次未用，被存入缓冲区以备后用。只有当输入为：

```
        def↙
```
即字符之间无空格，也无任何其他间隔时，才能把'd'赋值给 a、'e'赋值给 b、'f'赋值给 c。最后输入的
"换行符"（'\n'）本次未用，而被存入缓冲区以备后用。

　　如果输入的是 de↙，则 a 被赋值为'd'、b 被赋值为'e'、c 被赋值为'\n'，这时输入的所有内容刚好
全部用完。不难理解，若输入 d↙，则 a 被赋值为'd'、b 被赋值为'\n'，这时 scanf 并未完成，会再次
等待为 c 继续输入数据，也就是说，这时需要输入 2 次才能结束。

　　如果输入的是数字，也会把每一位数字都当作字符处理，因为%c 只读字符。如输入

```
        123↙
```
则 a 被赋值为'1'、b 被赋值为'2'、c 被赋值为'3'，最后的 "换行符"（'\n'）本次未用。

　　如果"格式控制字符串"中有 "非%开头的内容"，用户也必须老老实实、一字不落地原样输入这
些内容。

💡 **窍门秘笈**　　将 scanf 函数的用法总结为如下口诀。

scanf，键盘输入，

后为地址，不能输出。

间数宽度，%c 全读，

非格式符，麻烦用户。

　　这是说 scanf 是用于键盘输入的，永远不会在屏幕上显示任何内容；后面要写接收数据的变量
的地址（如&a），这与 printf 后面直接写数据不同；%和格式字符之间的数字表示读入宽度；%c 可
读入任何字符(包括空格和换行符)；如含非%的内容，用户必须原样输入它们（给用户带来"麻烦"）。

　　【随学随练3.6】 若有 int a; char b; float c; scanf("%d%c%f", &a, &b, &c); ，运行时，

　　（1）若输入 1234a1230.26↙，则 a= _____，b= _____，c= _____；

　　（2）若输入 12341230↙，则 a=_____，b=_____，此时用户输入的数据已用完，系统会等
待再次输入，若再输入 1230.26↙，则 c= _____。

　　【答案】（1）1234，'a'，1230.26；（2）12341230，'\n'，1230.26

　　【分析】%和 d 之间没有整数规定宽度，将一直读到不能组成数字为止。第一次"打包"的是 1234，
第二次是 12341230。%c 一次只能读 1 个字符，且 "%c 全读"（空格、换行符都读）：第一次读入'a'，
第二次读入的是换行符'\n'。

　　【随学随练3.7】 有以下程序（字符 0 的 ASCII 值为 48）

```
#include <stdio.h>
main()
{   char c1,c2;
    scanf ("%d", &c1);
    c2=c1+9;
    printf("%c%c\n", c1, c2);
}
```

　　若程序运行后从键盘输入 48↙，则输出结果为 _____ 。

　　【答案】 09

　　【分析】 scanf 以%d 输入，48 整体将作为一个整数送入 c1（以%c 输入时才视为两个字符'4'和'8'）；
c1、c2 虽为 char 型变量但也能保存整数（分别保存 48、57）。以字符形式（%c) 输出，应输出 ASCII
值分别为 48、57 的两个字符，即'0'、'9'，\n 使输出最后换行。

高手进阶

在 scanf 中可使用*跳过一个输入项，即读取一个输入项，但不投入任何变量而直接扔掉它，再继续读取后续内容。例如 scanf("%d %*d %d", &a, &b);，若运行时输入"1 2 3✓"，将把 1 赋给 a，2 对应%*d 被扔掉，最后的%d 将 3 赋给 b。

scanf 函数也有一个函数值（返回值），为被读取和被赋值的数据项的个数，只被读取但没被赋值到变量的数据项不计数。scanf 返回 0 表示没有数据项被读取和被赋值；返回-1 表示出错，或在开始读取时就遇到了输入结尾。

以上内容介绍了在程序运行后，用户通过键盘输入数据为变量赋值；但用户无法在程序运行后，从键盘上输入 C 语言代码来执行。程序运行后用户只能输入数据，不能再输入代码。

3.4 变身专业小高手——顺序结构程序举例

现在我们已经有能力编写一些简单的程序指挥计算机工作了。来尝试一下！

【**程序例 3.5**】酒店接待处的欢迎程序：用户输入自己的房间号，然后给出欢迎信息。

```
#include <stdio.h>
main()
{   int room;
    printf("欢迎光临本酒店! \n 请输入您的房间号: ");
    scanf("%d", &room);    /* 勿忘加&取地址 */
    printf("您的房间号是%d\n", room);
    printf("您好! 房间%d 的客人! \n", room);
}
```

程序的运行结果为：

```
欢迎光临本酒店!
请输入您的房间号: 201✓
您的房间号是 201
您好! 房间 201 的客人!
```

【**程序例 3.6**】输入一个字符，转换为对应的 ASCII 值。

```
#include <stdio.h>
main()
{   char c;
    printf("请输入一个字符: ");
    scanf("%c", &c);
    printf("字符是%c, 它的 ASCII 值是%d\n", c, c);
}
```

程序的运行结果为：

```
请输入一个字符: a✓
字符是 a, 它的 ASCII 值是 97
```

C 语言并不严格区分字符和它的 ASCII 值，字符和整数是混用的，字符与其 ASCII 值之间并没有专门的转换语句或转换函数。本例由 scanf 为变量 c 输入字符'a'，变量 c 中保存的是字符'a'，也可以说变量 c 中保存的就是'a'的 ASCII 值 97。在输出时，由 printf 的%c 或%d 控制决定输出 a 还是输出 97；输出字符还是输出 ASCII 值不过是"格式"不同而已。

【**程序例 3.7**】输入小时和分钟数，输出"小时:分钟"；如输入 9 和 28，输出 9:28。

```
#include <stdio.h>
main()
{   int hour, minute;
```

```
        printf("请输入小时和分钟数(以空格、Tab 符或换行符分隔): ");
        scanf("%d%d", &hour, &minute);          /* 勿忘加&取地址 */
        printf("%d:%d\n", hour, minute);
}
```

程序的运行结果为:

```
请输入小时和分钟数(以空格、Tab 符或换行符分隔): 9 28↙
9:28
```

【**程序例 3.8**】以光年为参数,返回对应天文单位的值: 1 光年≈63240 天文单位。1 天文单位是地球到太阳的平均距离(约 150000000km)。

```
#include <stdio.h>
main()
{   double r, u;
    printf("Enter the number of light years: ");
    scanf("%lf", &r);                /* 不可用 %f */
    u = r * 63240;
    printf("%g light years = %g astronomical units.\n",r,u);
}
```

程序的运行结果为:

```
Enter the number of light years: 4.2↙
4.2 light years = 265608 astronomical units.
```

【**程序例 3.9**】输入三角形的三边长 a,b,c,由以下公式求三角形面积:

$$area = \sqrt{s(s-a)(s-b)(s-c)}, \quad 其中 \ s = (a+b+c)/2。$$

```
#include <stdio.h>
#include <math.h>
main()
{   float a,b,c,s,area;
    scanf("%f,%f,%f",&a,&b,&c);
    s = 1.0 / 2 * (a + b + c);   /* 注意表达式中的 * 不要漏写 */
    area = sqrt(s * (s - a) * (s - b) * (s - c));
    printf("a=%7.2f, b=%7.2f, c=%7.2f, s=%7.2f\n", a,b,c,s);
    printf("area=%7.2f\n", area);
}
```

程序的运行结果为:

```
3,4,5↙
a=  3.00, b=  4.00, c=  5.00, s=  6.00
area=  6.00
```

stdio 库提供了输入/输出函数,C 语言还有许多其他库,math 库提供了丰富的数学库函数,常用的数学库函数列于表 3-3。要使用这些数学库函数需包含头文件 math.h。如果程序也要输入/输出,还要同时包含 stdio.h,即包含这两个头文件(包含两个头文件的代码的先后顺序任意):

```
#include <stdio.h>
#include <math.h>
```

顺序结构程序
上机演练

表 3-3   C 语言常用的数学库函数

函数	功能	用法举例
sqrt(x)	求 x 的算术平方根 $\sqrt{x}$,$x\geqslant 0$	sqrt(2)
abs(x)	求 x(整数)的绝对值	abs(-5)
fabs(x)	求 x(实数)的绝对值	fabs(-2.5)
log(x)	求自然对数 $\ln(x)$	log(2)

第 3 章

函数	功能	用法举例
exp(x)	求 e^x 的值	exp(2)
pow(x,y)	求 x^y 的值	pow(2, 3)
sin(x)	求 x 的正弦值，x 的单位为弧度	sin(30*3.14/180)
cos(x)	求 x 的余弦值，x 的单位为弧度	cos(3.14)
tan(x)	求 x 的正切值，x 的单位为弧度	tan(1.3)
asin(x)	求 $\arcsin(x)$的值（弧度），$-1 \leqslant x \leqslant 1$	asin(1)
acos(x)	求 $\arccos(x)$的值（弧度），$-1 \leqslant x \leqslant 1$	acos(0)
atan(x)	求 $\arctan(x)$的值（弧度）	atan(−82.24)

【程序例 3.10】解一元二次方程 $ax^2+bx+c=0$，a、b、c 由键盘输入，设 $b^2-4ac>0$。

求根公式为：$x_1 = \dfrac{-b+\sqrt{b^2-4ac}}{2a}$，$x_2 = \dfrac{-b-\sqrt{b^2-4ac}}{2a}$。

令 $p = \dfrac{-b}{2a}$，$q = \dfrac{\sqrt{b^2-4ac}}{2a}$，则 $x_1 = p+q$，$x_2 = p-q$。

```
#include <stdio.h>
#include <math.h>
main()
{   float a,b,c,disc,x1,x2,p,q;
    printf("解一元二次方程，请依次输入方程系数 a,b,c 的值: ");
    scanf("%f%f%f", &a, &b, &c);
    disc=b*b-4*a*c;
    p=-b/(2*a);
    q=sqrt(disc)/(2*a);
    x1=p+q;x2=p-q;
    printf("\nx1=%5.2f\nx2=%5.2f\n", x1, x2);
}
```

程序的运行结果为：

解一元二次方程，请依次输入方程系数 a,b,c 的值：1 -3 2✓

x1= 2.00
x2= 1.00

注意本例与【程序例 3.9】在数据输入上的区别，本例输入的"1 -3 2"是以空格间隔的，而【程序例 3.9】输入的"3,4,5"是以逗号间隔的，因为前者 scanf 语句的" "内有逗号。

读者可以上机运行并实际感受一下这几个程序，是不是有点像专业级软件程序了？然而程序还不完善，例如【程序例 3.9】不能处理 3 条边不能组成三角形的情况，【程序例 3.10】也不能在 $b^2-4ac<0$ 时提示没有实数根。而且每次运行只能求一个三角形的面积或解一个方程，不能连续求解多个问题。因为这些程序都是顺序结构的，语句只能逐条顺序执行。不着急，让我们继续学习，使程序的功能更加丰富！

第4章

程序也能走捷径——选择结构

你猜，人工智能是怎么实现的？一台计算机要想实现人工智能，而不仅作为一台计算器，判断力是必须要有的。也就是说，它能根据不同情况做出不同判断，然后"自作主张"地决定下一步行动，这就是人工智能的基础。我们的 C 语言程序也可以根据数据情况（如变量的值）自动选择执行不同的语句：如果数据是这样的，就执行这样一些语句，否则不执行或执行另外一些语句。相对于第 3 章介绍的依语句出现顺序逐条执行的**顺序结构**，这种依条件有选择执行的程序结构称**选择结构**（又称**分支结构**）。学习了选择结构，我们可以使程序拥有简单的判断力，能编出许多有趣的程序！

4.1 人工智能之源——实现选择的运算

在开始介绍选择结构之前，我们先来介绍数据大小比较以及"逻辑与""逻辑或""逻辑非"在 C 语言中如何表示，这都是实现人工智能判断的基础。

关系运算和逻辑运算（1）　关系运算和逻辑运算（2）

4.1.1 较量较量排老几——关系运算和逻辑运算

1. 关系运算符和逻辑运算符

关系运算用于比较两个数的大小，共有 6 种关系运算符：<（小于）、<=（小于或等于）、>（大于）、>=（大于或等于）、==（等于，注意不是=）、!=（不等于，注意不是<>）。

⚠️ **脚下留心**

注意区分==和=：==用于表示数值相等，而=用于赋值。如表示变量 a 与 b 的值相等，要写为 a==b；不能写为 a=b。a=b 的写法不但无助于判断 a 与 b 值是否相等，还会导致变量 a 被赋值为 b 的值而使 a 的原值丢失。

==和=是两种运算符，要把它们看作两个完全不同的符号（==整体要看作一个符号），二者也没有什么关系（不能认为==是赋值 2 次或等于 2 次）。

两个字符组成的运算符中不允许有空格，如>=不能写为> =。这 6 种关系运算符的优先级不同。<、>、<=、>=的优先级相同，高于==和!=，==和!=的优先级相同。

现实生活中，我们常用"并且""或者""否定"来描述一些情况。例如，"运动会长跑和跳高都拿冠军，才能获得团体冠军"要求两个条件同时满足；"或者用微信，或者用支付宝，都能支付"表示两者之一满足即可；"他这次考试没上 90"表示"否定"，即另一情况的相反情况。这些都属逻辑运算。逻辑运算符在 C 语言中表示为如下形式。

&&（逻辑与，并且）：两个量都为真时，结果才为真；否则为假。

|| （逻辑或，或者）：两个量有一方为真，结果就为真；两个量都为假时，结果为假。

! （逻辑非，否定）：其后只有一个量，它为真时结果为假；它为假时结果为真。

⚠️ **脚下留心**

注意区分"逻辑与（&&）""逻辑或（||）"与位运算的"按位与（&）""按位或（|）"。前者是判断两个条件是否为真，运算符为两个连续的符号（&&或||）；而后者需将数据转换为二进制数再计算，运算符只有一个符号（&或|）。它们之间也没有什么关系，&&和||整体是一个符号，不能认为&&是按位与2次、||是按位或2次。

!和!=也是两种运算符，是两种完全不同的符号，它们之间也没有什么关系。

3种逻辑运算符的优先级各不相同：! 的优先级最高，&& 次之，|| 的优先级最低。注意，&& 与 || 的优先级并不相同，&& 的优先级高于 || 的。

!是单目运算符，具有自右至左的结合性：即先做右边的运算，再依次做左边的。例如 !!!x 的含义是!(!(!x))，结果等价于!x。这类似于-(- (-5))，即-5求负后再求负，结果为-5。!、-以及~（位运算的按位求反），都具有自右至左的结合性。

!的优先级仅次于括号，也就是说，如果在表达式中"老大"括号没来，!就成为老大，必定先算。此外++、--、~、-等的优先级与!的优先级都是相同的（见附录二，优先级2）。也就是在表达式没有括号时，!、++、--、~、-这些运算符必定最先被计算；而如果它们同时出现，就从右至左依次计算（自右至左的结合性）。

类似"x>a+b 且 y<10"这样的句子在数学领域很常见，其含义是：先计算 a+b 的和，然后判断 x>和，再判断 y<10，最后判断两边是否都为真（即"且"）。a+b 是算术运算，>、<是关系运算，"且"是逻辑运算。在 C 语言中这几类运算的优先级由高到低是：算术运算→关系运算→逻辑运算。而前面学习的赋值运算符的优先级相当低（倒数第二，仅高于逗号运算）。这样几类运算符的优先级可总结为图4-1。例如：

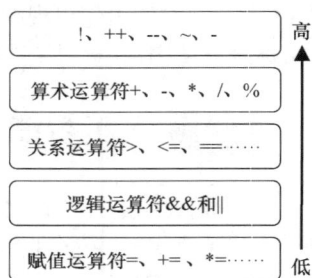

	高
!、++、--、~、-	
算术运算符+、-、*、/、%	
关系运算符>、<=、==……	
逻辑运算符&&和||	
赋值运算符=、+=、*=……	低

图 4-1　几类运算符的优先级

```
a>b && c>d              /*等价于(a>b)&&(c>d)*/
!b==c || d<a            /*等价于((!b)==c)||(d<a) */
a+b>c && x+y<b          /*等价于((a+b)>c)&&((x+y)<b) */
(a >50 || b>300) && c>100   /*括号不能去掉，否则就先进行&&运算了*/
```

2．关系表达式和逻辑表达式

数据可以与运算符组成表达式。例如5+3就是表达式，它是数据5、3和算术运算符（+）组成的表达式，称**算术表达式**。数据也可以与其他运算符（如关系运算符）组成表达式，如 5>3、5<3 等，称**关系表达式**，而 5 && 3、5 || 3 则称**逻辑表达式**。

表达式都有一个值，5+3这个表达式的值为8。那么5>3、5 && 3表达式的值又是什么呢？规定**关系表达式、逻辑表达式如成立（真），则表达式的值为1；如不成立（假），则表达式的值为0**，即关系表达式、逻辑表达式最后算出的值要么是1、要么是0，只能两种情况选其一，不可能是其他值。这是不是比其他任何运算都简单得多呢？一些关系表达式和逻辑表达式的实例如表4-1所示。

表 4-1　关系表达式和逻辑表达式的实例

(a=3,b=5,x=1)表达式	值	分析
5 > 0	1	5>0 为真，表达式的值为1
5 < 3	0	5<3 并不是错误，只是它为假，表达式的值为0

(a=3,b=5,x=1)表达式	值	分析
(a=3) > (b=5)	0	a=3、b=5 都是赋值表达式，表达式的值为赋值后变量的值，同时 a 变为 3、b 变为 5。再计算 3>5 为假，值为 0
x=(10<=20)	1	10<=20 的值为 1；x=1 的值为 1，同时 x 被赋值为 1
y=(a==30)	0	a 为 3，不等于 30，a==30 的值为 0；y 被赋值为 0
y=(a=30)	30	a=30 的值为 30，同时 a 被赋值为 30；y 被赋值为 30
b%7==0	0	%是求余，变量 b 为 5，除以 7 余 5，5==0 为假。 此为判断 b 是否能被 7 整除的方法
5>0 && 4>2	1	5>0 为真，4>2 也为真，"逻辑与"的结果为真
5>0 || 5>8	1	5>0 为真，5>8 为假，"逻辑或"的结果为真
!(3*1>0)	0	3*1 为 3，3>0 本为真，但!（逻辑非）后结果为假
!(x>5)	1	x 为 1，x>5 本为假，但!（逻辑非）后结果为真
!x > 5	0	先计算!x，x 为 1 本为真，但!x 为假，值为 0，0>5 为假

用 printf 语句可输出表达式的值。请思考下面的程序段：

```
int x=8;
printf("%d", x*10);    /* 输出 80 */
printf("%d", x==8);    /* 输出 1 */
printf("%d", x=8);     /* 输出 8 */
```

第 1 句输出的是 x*10 表达式的值，而非变量 x 的值；第 2、3 句输出的也是表达式的值，而非变量 x 的值。因为 x==8、x=8 也是表达式，与 x*10 是同类事物（只不过它们不是"乘法"，而是"判等法"和"赋值法"）。第 2 句输出的是 x==8 这个表达式的值，x==8 为真，值为 1。第 3 句输出的是 x=8 这个表达式的值，它是赋值表达式，变量 x 重新被赋值为 8（虽与原值相同，但还是被重新赋值了一次），表达式的值是赋值后 x 的值 8。

🏃 高手进阶

对浮点数应避免使用==判等，这是因为浮点数由于精度限制可能不会精确相等。对浮点数如需判等，应使用"相减后判断差的绝对值是否小于一个很小的数"，这个很小的数在所需误差范围内自行规定。例如对于 float a=1.234567, b=1.234567; ，应用 fabs(a-b) < 1e-6（即 a-b 的绝对值 <0.000001）来判断 a 与 b 是否相等；不能用 a==b。

请思考下面的程序段：

```
int a=-3, x=-1, b=0;
printf("%d", a<x<b);
```

程序的输出结果为 0，说明表达式 a<x<b 为假。为什么为假呢？如果我们计算 a+x+b，是先计算 a+x，再用 a+x 的结果值（和）加 b。同理，a<x<b 也是先判断 a<x，由于 a<x 为真，"表达式 a<x"的值为 1；再用结果值 1 与 b 比较，1<b 为假，结果为 0。

因此表示 x 在 a、b 之间，在 C 语言中不能写为 a<x<b；正确的写法是 a<x && x<b。

【小试牛刀 4.1】设变量 math、chin 分别保存了某同学数学、语文两门课程的成绩，写出以下逻辑表达式。

（1）数学成绩的范围为 70～90 分（含 70 分、不含 90 分）：

```
math>=70 && math<90
```

（2）两门课程成绩均及格：

```
math>=60 && chin>=60
```

（3）两门课程成绩均及格，并且总分在 150 分以上：

```
math>=60 && chin>=60 && (math+chin)>=150
```

（4）两门课程成绩均及格，并且有任意一门课程成绩在 90 分以上：

```
math>=60 && chin>=60 && (math>=90 || chin>=90)
```

（5）数学成绩是奇数，语文成绩是偶数：

```
math % 2 == 1  && chin % 2 ==0
```

3．火眼金睛断真假——真假判断法

孙悟空的火眼金睛可以判断对方是人还是妖怪；在进行逻辑运算时，我们也需要判断一个数为"真"还是"假"。判断任何一个数为真或假的"火眼金睛"就是：**一个数为 0 就说它是"假"的，不为 0 就说它是"真"的（不论正数、负数、整数、小数）。**

例如，1 是真的，5 是真的，0.000001 是真的，100.0 是真的……只有 0 才是假的。我们可以说"**一个数为真 ⇔ 该数非 0**"，注意，这一点初学者可能不太习惯。

如图 4-2 所示，"表达式求值"和"判断真假"均是"假"对应 0，但"真"对应数值不同，因为用途不同。前者是求结果值（只有两种情况），后者是求数据真假判断值（可判断任意值）。

逻辑表达式如表 4-2 所示。

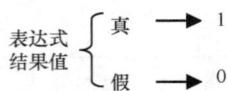

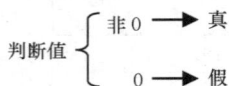

图 4-2　关系/逻辑表达式的结果值和数据真假判断值

表 4-2　逻辑表达式

表达式	值	分析
5 && 3	1	5 和 3 均非 0，均为真；"且"表达式的值为 1
5 || 0	1	5 为真，0 为假；"或"表达式的值为 1
!5	0	5 为真，!5 为假
-0.3 && 0.05	1	-0.3 和 0.05 均非 0，均为真
50 && 'A'	1	'A'等效于其 ASCII 值 65，65 非 0，为真
!40 || '\0'	0	!40 为假；'\0'等效于其 ASCII 值 0，为假

窍门秘笈　将关系运算和逻辑运算的要点总结为如下口诀。

大小等关系，

非与或逻辑。

非零判为真，

结果零或一。

"大小等关系"说明大小比较这种运算叫"关系运算"，"大小"代表<、>、<=、>=，优先级较高，"等"代表==、!=。"大小等"3 个字的顺序说明前者（"大小"代表的 4 个运算符）优先级高、后者（"等"代表的 2 个运算符）优先级低。"非与或逻辑"说明逻辑非、逻辑与、逻辑或这样的运算叫"逻辑运算"。"非与或"3 字的顺序也代表了逻辑非（!）、逻辑与（&&）、逻辑或（||）3 种运算符的优先级高低顺序。在判断值时，0 判为假，非 0 都判为真。但关系/逻辑运算的结果值只能为 0（假）或 1（真）两种。

【随学随练 4.1】以下选项中，能表示逻辑值"假"的是（　　　）。

A）1　　　　　　　B）0.000001　　　　　C）0　　　　　　D）100.0

【答案】C

4．不按套路出牌——&& 和 || 的短路操作

对于&&（且）和 ||（或）运算，计算机还会采用一种"不按套路出牌"的做法，以提高计算速度，这称**短路操作**。具体如下。

对&&：若左为假，不看右，结果为假。

对||：若左为真，不看右，结果为真。

即对&&，由于只要&&的两边有一边为假，结果必为假。计算机会先求解&&的左边，如果左边为假，则不再求解右边，整个表达式结果为假（在这种情况下，&&的右边没有被执行）。而如果左边为真，仍要正常地求解右边。

对||，由于 || 的两边有一边为真，结果必为真。计算机会先求解 || 的左边，如果左边为真，则不再求解右边，整个表达式结果为真（在这种情况下，|| 的右边没有被执行）。而如果左边为假，仍要正常地求解右边。

```
int i=1, j=2;
printf("%d\n", i==5 && (j=8));        /* 输出 0，(j=8)未被执行 */
printf("%d,%d\n", i, j);              /* 输出1,2 */
```

短路操作可使 && 或 ||右边的表达式不被执行（但左边的表达式一定会被执行）。短路操作是"不按套路出牌""抄小路绕过去"的，它不受常规运算优先级的影响，即使表达式中有括号( )，括号( )的优先级也不如短路的优先级高；在计算表达式时，首先要考虑短路。

```
int i=1,j=2,k=3;
printf("%d\n",(i++==1 && (++j==3 || k++==3)));  /* 输出 1 */
printf("%d %d %d", i, j, k);   /* 输出 2 3 3 */
```

为首先考虑短路，应先将"(++j==3 || k++==3)"看作一个【整体】，原式变作

```
( i++==1 && 【整体】 )
```

&&左边 1==1 为真（同时 i 由 1 变为 2，要用 i++这个表达式的值 1 去进行"==1"的判断而不是用 i 的值；如读者对此概念较为陌生，请参考 2.2.3 小节）；&&不能"短路"，还要进一步判断右边。现在考虑【整体】，即"(++j==3 || k++==3)"，|| 左边++j 表达式的值为 3（同时 j 由 2 变为 3），3==3 为真，故【整体】可以"短路"，不再执行右边的 k++==3，这个【整体】为真。由于"k++==3"未被执行，k 维持原来的值 3 不变。

【**小试牛刀 4.2**】请思考，当 x=0 时，下面表达式中的 y/x 会不会发生"除数为 0"的错误？

（1）x!=0 && y/x>1；（2）x!=0 || y/x>1。

【**答案**】（1）不会。因为 x!=0（x 不等于 0）为假，短路操作使&&右边的除法不会被执行。（2）会。因为 x!=0 为假，||表达式不可短路，还会计算||的右边，从而执行除法。

4.1.2　挑剔的"吗+否则"——条件运算

"?:"也是 C 语言中的一种运算符，称**条件运算符**。它是 C 语言中唯一的**三目**

条件运算

运算符，它需要 3 个运算量：

```
表达式1 ? 表达式2 : 表达式3
```

条件运算格式简洁、语法奇特、外观与众不同。我们可将 ? 读作"吗"，将 : 读作"否则"（称之为"吗+否则"运算），直接读出它的含义：表达式 1 为真**吗**？如为真选择表达式 2，**否则**选择表达式 3。具体来说：

- 表达式 1 为真时，选择执行表达式 2，并将表达式 2 的值作为整个条件表达式的值（表达式 3 不执行）；
- 表达式 1 为假时，选择执行表达式 3，并将表达式 3 的值作为整个条件表达式的值（表达式 2 不执行）。

```
y=( 5 ? 1+1 : 2+2 );
```

5 非 0 判为真，故选择执行 1+1 为 2，以 2 作为整个右边( )中的表达式的值，然后执行 y=2;，y 被赋值为 2，而 2+2 未被执行。

```
max=(a>b)?a:b;
```

若 a>b 为真，则选择 a，把 a 的值赋给 max；否则选择 b，把 b 的值赋给 max。例如若 a 为 5，b 为 3，则选择 a，max 被赋值为 5。如果 a 为 3，b 为 5，则选择 b，max 亦被赋值为 5。也就是说，无论 a、b 的值孰大孰小，均会选取较大的赋给 max。

注意，条件运算符的 ? 和 : 是一对运算符，不能分开各自独立使用。在 C 语言中，条件运算的优先级排在"倒数第三"，即 C 语言中优先级最低的 3 种运算为：

?:	条件运算	倒数第三
=、+=、/=……	赋值（复合赋值）运算	倒数第二
,	逗号运算	倒数第一

C 语言中的其他所有运算，都比这 3 种运算的优先级高。例如 max=(a>b)?a:b;还可以去掉括号写为 max=a>b?a:b;，因为在这个式子中必然是先做 a>b。

条件运算符的结合方向是"自右至左"，即如果同一式子中出现了多对 ?:，应先计算最右边的那对 ?:，再依次计算左边的各对 ?:。例如 a>b ? a : c>d ? c : d 应理解为 a>b ? a : (c>d?c:d)，若 a=3;b=4;c=2;d=1;，则表达式的值应为 2，是 c>d?c:d 的值，即 c 的值 2。

【随学随练 4.2】若有表达式(w)?(--x):(++y)，则下面与 w 等价的表达式是（　　　　）。
A）w==1　　　　B）w==0　　　　C）w!=1　　　　D）w!=0

【答案】D

【分析】表达式的含义是"w 为真吗？如果 w 为真就执行--x，否则执行++y"。前面学习"火眼金睛"时曾总结"一个数为真 ⇔ 该数非 0"，因此"w 为真吗"就与"w 非 0 吗"等效。故写 w 与写 w!=0 等效。本题也可为 w 设置任意数值来判断。如设 w=1，原式执行--x。如设 w=2，原式也执行--x。但若以 C）替换 w，会在 w=1 时执行++y。如以 A）或 B）替换 w，均会在 w=2 时执行++y。只有以 D）替换 w，在设 w=1 或 w=2 时才都执行--x。

4.2 如果——if 语句

4.2.1 教室停电不上课——if 语句的基本形式

if 语句的基本形式

稍微转换一下话题：我们先去吃饭，然后去教室上课，下课后回家玩扑克。如果把这一过程写为程序就是：

```
吃饭;
上课;
玩扑克;
```

3 件事依顺序执行，每件事只做一次，程序采用的就是顺序结构，是在本章之前介绍的程序结构。如果不是每条语句都执行，而是某些语句在一些条件下有选择地执行，程序采用的就是选择结构。例如，如果教室停电，就不能去上课，也就是"上课;"这一步只有在"教室没有停电"这一条件下才能被执行。在 C 语言中，可用 if 语句表示为：

```
吃饭;
if (教室没有停电) 上课;
玩扑克;
```

if 是 C 语言中的关键字，可将 if 读作"如果"，括号中为语句执行的条件，则第 2 行表示"如果教室没有停电，就去上课"。显然，教室停电只影响上课，不影响吃饭，更不影响回家玩扑克。在第 1 章曾提到，C 语言程序的多条语句可写在同一行中。若将程序改写为：

吃饭；
if (教室没有停电) 上课; 玩扑克;

即将第 2、3 行合并为一行，那么"教室停电"是否会同时影响上课、玩扑克两件事呢？当然不是！程序的执行结果与改写之前的完全相同，因为语句分行与否不会影响程序的执行。教室停电仍然只会影响"上课"，终究是要"玩扑克"的。

也就是说，在

if (表达式) 语句;

这种结构中，if 只能影响它后面紧邻的**一条语句**，与语句分行与否无关。"if (表达式) 语句;"整体是一条语句。其中"语句;"部分并不独立，它属于 if，是**子句**，也就是 if 的"孩子"。"只影响一条语句"是说"if(表达式)"只能有**一个**"孩子"。

💡 **窍门秘笈　独生子女规则：**

　　C 语言中的"if(表达式)"仅能影响一条语句，且必须要影响一条语句，所影响的语句是紧随其后的那一条语句（后面谁离"if(表达式)"最近，谁就是"孩子"，谁就被影响）。

将多条语句同写在一行，尽管对实际执行没有任何影响，但阅读起来多有不便，使人特别容易看错为其条件影响一整行。因此我们提倡使用"缩进"的写法，这会使程序结构清晰、可读性强。因为 C 语言的一条语句也可分写为多行，现把以上第 2 条语句分 2 行写，并在下行前面添加空白缩进（一般用 Tab 符，而非空格）：

吃饭；
if (教室没有停电)
　　上课；
玩扑克；

这更清晰地表达了"教室停电"只影响"上课"，而不影响"玩扑克"，增强了程序可读性。但无论怎样分行和添加空白，最多只影响人的阅读，而对程序执行没有任何影响。

if 语句的执行过程可用图 4-3 表示，这称**程序流程图**，其中"语句"用矩形表示，"表达式"用菱形表示。if 的执行过程是：若表达式为真，则执行"语句"；若表达式为假，则不执行"语句"（绕过该语句继续执行程序后续的部分）。请看 if 语句的一个实际例子：

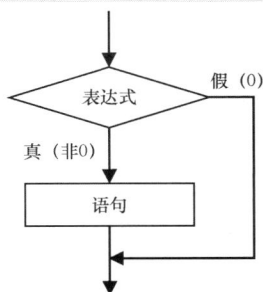

图 4-3　if 语句的执行过程

```
int a=10, b=20;
if (a<10) b=30; printf("%d",b);
```

a<10 为假，b=30;语句不被执行，而 printf 终究要被执行，输出 b 的值 20。程序也可改写如下，这使程序阅读起来更清晰，但运行结果与改写前的完全相同：

```
int a=10,b=20;
if (a<10)
    b=30;
printf("%d",b);
```

【**程序例 4.1**】if 语句。

```
#include <stdio.h>
main()
{
    int a=4,b=3,c=5,t=0;
    if (a<b) t=a;a=b;b=t; /* 不执行 t=a; , 但执行 a=b;b=t; */
    if (a<c) t=a;a=c;c=t; /* 先执行 t=a; , 再执行 a=c;c=t; */
    printf("%d %d %d\n",a,b,c);
}
```

程序的运行结果为：

```
5 0 3
```

"if(表达式)"只能影响一条语句。若希望让它影响多条语句，可通过复合语句实现。复合语句是用一对{ }括起来的多条语句，形如"{…；…；…;}"，它整体上被视为一条语句。在第3章我们称{ }为C语言中打包用的"塑料袋"。如果将上述程序的中间两行改为

```
if (a<b) { t=a;a=b;b=t;}   /* {t=a;a=b;b=t;} 整体不被执行 */
if (a<c) { t=a;a=c;c=t;}   /* {t=a;a=c;c=t;} 整体被执行 */
```

则程序的运行结果为：

```
5 3 4
```

表达式 a<b 为假时，{ }内的 3 条语句都不被执行。这并没有违反"独生子女规则"，因为{…；…；…;}整体被看作一条语句。

如将上述程序的中间两行改为

```
if (a<b); t=a;a=b;b=t; /*t=a;a=b;b=t;都要执行，不受if影响*/
if (a<c); t=a;a=c;c=t; /*t=a;a=c;c=t;都要执行，不受if影响*/
```

则程序的运行结果为：

```
5 4 3
```

与原始程序的区别是在 if (a<b)与 if (a<c)后都加了一个分号（；）。只有一个分号（；）的语句称**空语句**。在第 3 章介绍了空语句起占位作用，这里它占了"独生子女"的位置。空语句成为 if (a<b)的"孩子"；t=a;就不再是"孩子"，不再受 if(a<b)的影响。这属于多条语句位于同一行的情况，t=a;如同"玩扑克;"，终究要被执行。如用缩进格式整理是：

```
if (a<b)
    ;
t=a;
a=b;
b=t;
```

if (a<c)的情况与之类似。

⚠️ **脚下留心**

在编程时务必小心这种在 if(表达式)后紧邻有分号（；）的情况，它的结果与没有分号（；）时的结果完全不同。许多程序员在实际编程时找不出程序的错误，很多时候可能就是这个分号捣的乱。

本例还体现了程序设计的一个重要技巧：交换两个变量的值。如果变量 a 的值为4、b 的值为3，如何交换二者的值（使 a 变为 3、b 变为 4）呢？执行 a=b;b=a;是不行的，因为执行 a=b;时，a 变为 3，但同时 a 原来的 4 也被抹掉了；再执行 b=a;时，是将 a 的新值 3 赋给 b，最终导致 a、b 都为 3 了。正确的交换方法是引入另外一个临时变量 t "中转"一下。

交换两个变量的值

如同交换两瓶饮料，如一瓶可乐和一瓶雪碧，要使可乐瓶装雪碧，雪碧瓶装可乐，也要找一个瓶子中转一下。首先将可乐倒入中转瓶（首先将雪碧倒入中转瓶也可以，只要先腾出一个瓶），再将雪碧倒入刚腾出的可乐瓶中，最后将中转瓶中的可乐倒入雪碧瓶中。

可乐瓶相当于变量 a，雪碧瓶相当于变量 b，中转瓶相当于变量 t，则交换两个变量值的方法是依次执行 3 条语句：t=a; a=b; b=t; 。注意，在生活中腾出的瓶子是空的，但在程序中执行 t=a;后 a 值不变（不会被清空），等到下次为 a 赋新值时再同时将 a 的原值抹掉。

💡 **窍门秘笈**　交换两个变量值的口诀如下：

临时变量分两边，

首尾相连在中间。

　　交换两个变量值的 3 条语句 t=a; a=b; b=t;具有以下特点：临时变量位于首尾两端，即先写临时变量，最后一条语句的最后也写临时变量。中间语句变量"首尾相连"，即...=a;的下一条语句是 a=...;，...=b;的下一条语句是 b=...;。

【小试牛刀 4.3】 下面各 if 语句的写法正确的是（　　　　）。

A）if a<b　　　　B）if (a<b)　　　　C）if (a<b)　　　　D）if (a<b)
　　　　　　　　　　t=a;　　　　　　　　　　　　　　　　　　　　{ t=a; }

【答案】 A）不正确，if 后的表达式 a<b 必须用括号（ ）括起来；B）不正确，关键字 if 必须小写；C）不正确，因为没有子句，if(表达式)必须要有一个子句；D）正确，一条语句也可被放到{ }中构成复合语句。

【随学随练 4.3】 以下程序运行后若从键盘输入 12↙，输出结果为_____。

```
#include <stdio.h>
main()
{   int x;
    scanf("%d", &x);
    if (x>15) printf("%d", x-5);
    if (x>10) printf("%d", x);
    if (x>5)  printf("%d\n", x+5);
}
```

【答案】 1217

【随学随练 4.4】 以下程序运行后的输出结果是 _____。

```
#include <stdio.h>
main()
{   int x=10, y=20, t=0;
    if (x==y) t=x; x=y; y=t;
    printf("%d %d\n", x, y);
}
```

【答案】 20　0

【分析】 注意 x==y 与 x=y 的区别，前者是判断 x、y 值是否相等，后者是将 y 值赋给 x 并覆盖 x 原值，表达式的值也是 x 的新值（如果此值不为 0，就是真，就要执行后续语句；这与 x 原值是否与 y 相等无关）。由于 10 不等于 20，t=x;不被执行，直接执行 x=y; y=t;。

🏃 **高手进阶**

　　如不引入临时变量，通过加、减运算也可实现两个变量值的交换，即依次执行语句 a=b-a; b=b-a; a=b+a; ，但这种方法不易理解，会使程序可读性降低，不是我们提倡的方法。

4.2.2　一朝天子一朝臣——if 语句的完整形式

1．if - else if - else 块

　　4.2.1 小节介绍的是 if 语句最简单的形式,if 语句还有很丰富的内容，其完整形式为：

if 语句的完整形式（1）　　if 语句的完整形式（2）

```
if (表达式 1)
    语句 1;
else if (表达式 2)
    语句 2;
else if (表达式 3)
    语句 3;
…
```

```
else if (表达式 m)
    语句 m;
else
    语句 n;
```

if、else if 和 else 的顺序不能颠倒，if 永远在开头，else 永远在最后，中间可有若干 else if。if、else 均是关键字。虽然内容较多，但整个 if - else if - else 块是一条语句。其中"语句 1;""语句 2;"……"语句 n;"都不是独立的，而分别是 if、else if 和 else 的子句（孩子）。同 if 一样，else if 和 else 也遵循独生子女规则：else if 只能控制一条语句，else 也只能控制一条语句，且都必须控制一条语句，所控制的语句是紧随其后的那条语句。

【小试牛刀 4.4】下面 if 语句的写法是否正确？
```
if (表达式 1)
    语句 1;
else if(表达式 2)
    语句 2;
    语句 3;
else if(表达式 3)
else
    语句 4;
```

【答案】不正确。"else if(表达式 2)"只能控制一个子句，现同时有 2 个子句(语句 2;和语句 3;)；"else if(表达式 3)"没有子句，也不正确。

if - else if - else 块的执行过程是：依次判断表达式的值，当某个表达式为真时则执行其对应的语句，然后跳出整个 if - else if - else 块继续执行后面的程序，如图 4-4 所示。

这与封建制度下森严的等级关系类似：if 在开头，相当于皇帝；紧随 if 的 else if 是"一人之下，万人之上"的丞相；紧随丞相下面的 else if 是州官；紧随州官下面的 else if 是再下级的官员……排在最后的 else if 官最小，是"芝麻官"。所有的 else if 都带有"(表达式)"，都是官员，有判断条件

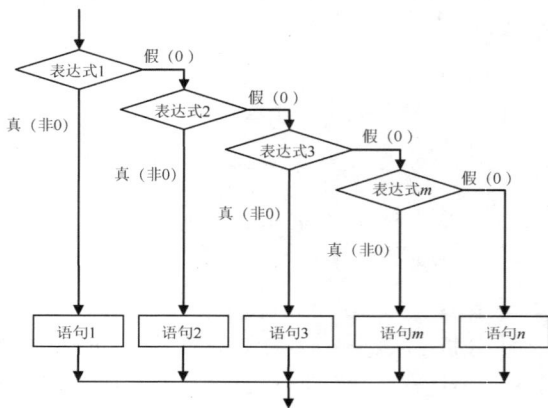

图 4-4   if - else if - else 块的执行过程

和选择执行的权利。最后一个 else 排在最后，不带"(表达式)"，它不是官员而是"士兵"；士兵不带表达式，也没有判断条件。

在 if - else if - else 块中，上级官员定论后，下级只能服从；下级不但不执行语句，连表达式也根本不会判断。例如表达式 1 为真时执行语句 1，执行后立即跳出整个 if - else if - else 块，不但语句 2、语句 3……都不执行，表达式 2、表达式 3……也都不会判断了。只有上级表达式为假，即上级下放权力时，才会轮到下级判断和执行。如表达式 1 为假，不执行语句 1 时，才轮到丞相判断表达式 2。如果所有表达式都为假（所有官员都不管），士兵就要无条件去做，即无条件执行语句 n；如果块中没有 else 部分（没有士兵），则没有语句被执行，将直接跳出整个 if - else if - else 块，继续执行后面的程序。

【小试牛刀 4.5】在上述 if - else if - else 块中，若表达式 1、表达式 2 都为真，执行哪条语句？
【答案】仅执行语句 1；表达式 2 是否为真实际无从知晓，因为根本不会判断表达式 2。

在 **if - else if - else** 块中：
- if（及其子句）有 1 个且只能有 1 个（不能省略）；
- else if（及其子句）可有 0 个、1 个或多个；

● else（及其子句）可有 0 个或 1 个（一个 if - else if - else 块最多只能有 1 个 else 部分）。

else if（及其子句）和 else（及其子句）均可省略，两者都省略时即 4.2.1 小节介绍过的"if（表达式）语句;"。

else if 和 else 都不能作为独立的语句单独使用（如程序中单独出现一条 else 语句是错误的），必须由它们的"皇帝"——if 来统领，作为整体发挥作用。

2．省略 else if 部分

如果 if - else if - else 块省略了所有的 else if 部分，成为：

```
if (表达式)
    语句1;
else
    语句2;
```

即一个皇帝带一个士兵（没有中间官员）。显然，表达式为真时执行语句 1，皇帝下旨则士兵只能服从，不能执行语句 2；而皇帝不管的事只能落到士兵头上无条件去做，即表达式为假时直接执行语句 2。总之，要么执行语句 1，要么执行语句 2，两条路必选一条。选择哪条由表达式是否为真决定，如图 4-5 所示。这种二选一的情况在编程时是很常见的。

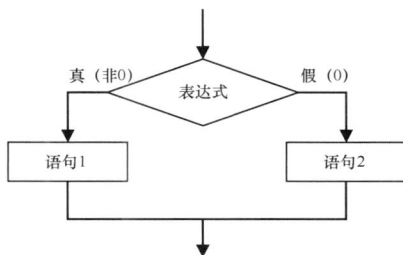

图 4-5　if-else 块的执行过程

例如，条件表达式 max = (a>b) ? a : b; 可用 if 语句写为如下等效形式：

```
if (a>b)
    max=a;
else
    max=b;
```

即取 a、b 的较大值赋给 max，要么执行 max=a; ，要么执行 max=b; ，两者必选其一。当然将 a>b 写为 a>=b 也是可以的，即将 a、b 相等的情况归结为执行 max=a;。

又如，求 x 的绝对值的程序段可以是：

```
if (x>0) y = x; else y = -x;
```

要么执行 y = x; ，要么执行 y = -x; ，两者必选其一。也可用条件表达式写为：

```
y = x>0 ? x : -x;
```

当然将 x>0 写为 x>=0 也是可以的。

再如，根据学生成绩 score 判断是否及格，并在屏幕上输出的程序段可以是：

```
if (score>=60) printf("及格\n"); else printf("不及格\n");
```

在这个例子中，就不适合用 ?: 的形式；不是所有的 if 都适合用 ?: 写出等效形式。在实际编程时用 if 还是用 ?: 应根据实际情况灵活选择；某些情况下二者均可。

【程序例 4.2】 输入一个年份，判断它是否为闰年。闰年的判断方法是：年数能被 4 整除但不能被 100 整除的是闰年；年数能被 400 整除的也是闰年。

```
#include <stdio.h>
main()
{   int year;
    printf("请输入一个年份: "); scanf("%d", &year);
    if ( (year%4==0 && year%100!=0) || (year%400==0) )
        printf("%d 年是闰年。", year);
    else
        printf("%d 年不是闰年。", year);
}
```

程序的运行结果为：

请输入一个年份：2025✓

2025 年不是闰年。

3．包含 else if 部分

用 if－else 块只能根据学生成绩输出及格或不及格。能否将成绩划分为多个等级呢？这就要在"皇帝"和"士兵"之间增加一些"中间官员"——else if 了。

【程序例 4.3】 将学生成绩 score 分为优秀、良好、及格、不及格 4 个等级。

```
#include <stdio.h>
main()
{   float score;
    scanf("%f", &score);
    if (score>=90)
        printf("优秀。你真棒! \n ");
    else if (score>=70)
        printf("良好。还不错! \n ");
    else if (score>=60)
        printf("及格。要再提高哦! \n");
    else
        printf("不及格。别灰心, 加把劲! \n");
}
```

程序运行结果为：

```
99↙
优秀。你真棒!
```

若再次运行程序：

```
70↙
良好。还不错!
```

若再次运行程序：

```
50↙
不及格。别灰心, 加把劲!
```

【小试牛刀 4.6】 在【程序例 4.3】中，如果省略 "else printf("不及格。别灰心, 加把劲! \n");" 部分，对程序的运行结果有何影响？

【答案】 运行后若输入的成绩小于 60，则不会有任何输出结果，因为所有表达式均为假，又没有 else 部分，则只能跳出 if - else if 块。但若输入的成绩大于或等于 60，则对运行结果无影响。

【程序例 4.4】 用 y/n 接收用户回答。

```
#include <stdio.h>
main()
{   char ch;
    printf("格式化硬盘吗(y/n)? ");  scanf("%c", &ch);
    if (ch=='Y' || ch=='y')
        printf("数据要丢啦, 别说我没警告过你! \n");
    else if (ch=='N' || ch=='n')
        printf("聪明的选择, 再见! \n");
    else
        printf("选择错误, 还是不帮你处理了……\n");
}
```

程序运行结果为：

```
格式化硬盘吗(y/n)? n↙
聪明的选择, 再见!
```

程序用 scanf 以%c 的格式接收用户输入的一个字符，若字符为 Y 或 y 表示用户确认，若字符为 N 或 n 表示用户取消，若为其他字符表示用户输入错误。这 3 种状态的分支判断是通过 if - else if - else 块实现的。

【程序例 4.5】 输入 3 个整数，输出最大数和最小数。

3 个数求最值

```
#include <stdio.h>
main()
{   int a,b,c,max,min;
    printf("input three numbers:  ");
    scanf("%d%d%d", &a, &b, &c);
    max=a;
    if (b>max) max=b;
    if (c>max) max=c;

    min=a;
    if (b<min) min=b;
    if (c<min) min=c;

    printf("max=%d\nmin=%d", max, min);
}
```

程序运行结果为：

```
input three numbers:  10 50 30✓
max=50
min=10
```

在 3 个数中找最大数的方法如同打擂台赛等，如图 4-6 所示，通过多场比赛最终选定擂主（最大数）。程序用变量 max 保存擂主。首先确定一个擂主，如假定第一个数 a 为擂主，即执行 max=a；，然后举行第一场比赛："下一个人" b 上场与擂主 max 比，如果 b 胜则换擂主，执行 max=b；，如果 b 败则擂主不变（不执行 max=b；）。再进行下一场比赛："下一个人" c 上场与擂主 max 比（此时 max 的值无论为 a 的值还是为 b 的值，c 只找 max 比即可），如果 c 胜则换擂主，执行 max=c；，如果 c 败则擂主不变。多场比赛结束后，最终的擂主 max 就是最大数。注意，每场比赛都是与擂主比。找最小数的过程与此类似，只不过值小者为擂主。

图 4-6　打擂台赛

4．if 或 else if 中表达式的类型

if 部分和 else if 部分的圆括号中都有"表达式"，是以"表达式"是否为真作为后面子句是否执行的"条件"的。我们需要再明确一下"表达式为真"的含义：

表达式的值为非 0，就是"真"，就是"条件成立"；

表达式的值为 0，就是"假"，就是"条件不成立"。

在前面学习了 C 语言的很多运算符和表达式，任何表达式都能算出一个"表达式的值"。因此，任何表达式都可以作为"条件"，写在 if 或 else if 的圆括号中；而不是仅能以关系表达式、逻辑表达式作为条件。

【**程序例 4.6**】if 语句中的表达式可以是任何表达式。

```
#include <stdio.h>
main()
{   int x;
    scanf("%d", &x);
    if (x)
        printf("嘻嘻嘻\n");
    else
        printf("哈哈哈\n");
}
```

"x" 是只含一个变量的表达式的特例，表达式的值就是 x 的值。程序运行后，如从键盘为 x 输入 10，10 非 0，为真，则输出"嘻嘻嘻"。如输入 0，0 为假，输出"哈哈哈"。

【**小试牛刀 4.7**】具体问题如下。

（1）如果将【程序例 4.6】中的"if (x)"改为"if (x=0)"，输出结果如何？

【答案】无论输入的 x 值为多少，永远输出"哈哈哈"。x=0 是"赋值表达式"，赋值表达式的值为赋值后变量的值。因此无论 x 被输入为多少，在判断 x=0 时，x 都被重新赋值为 0（将之前的值抹掉并改为 0），然后该表达式的值永远为 0，为假，故永远输出"哈哈哈"。

（2）如将【程序例 4.6】中的"if（x）"改为"if（x=10）"，输出结果如何？

【答案】无论输入的 x 值为多少，永远输出"嘻嘻嘻"。x=10 同样是"赋值表达式"。

（3）如将【程序例 4.6】中的"if（x）"改为"if（!x）"，输出结果如何？

【答案】!x 表示"非 x"，即如果 x 为真（非 0），表达式反而为假；如果 x 为假（0），表达式反而为真。因此与原程序输出结果相反，只有输入 0，才输出"嘻嘻嘻"；否则均输出"哈哈哈"。

if 语句的嵌套

4.2.3 大盒里套小盒——if 语句的嵌套

中秋节时，有些厂家生产的月饼礼盒大盒套小盒，即大盒包装的不是月饼，而是更小的盒子，小盒里才有月饼，这称为月饼礼盒的嵌套包装，如图 4-7 所示。

在 C 语言中，if 语句也可以嵌套。有 if 语句：

```
if（表达式）
    语句;
```

若其中"语句;"又是一个 if 语句，就形成了嵌套：

```
if（表达式）
    if（表达式 1）语句 1;
```

图 4-7　月饼礼盒的嵌套包装

在分析程序时，应先分析外层。将内层"if（表达式 1）语句 1;"看作一个整体、当作【黑匣子】，不要拆开，即将程序简化为：

```
if（表达式）
    【黑匣子】;
```

这样很容易理解：若表达式为真，执行【黑匣子】；若不为真，不执行【黑匣子】。若不执行【黑匣子】，那么里面的表达式 1 也都不必计算了。如同见外层大盒上的保质期已过，就直接扔掉月饼礼盒，没必要再查看内层小盒的情况。当表达式为真、打开【黑匣子】时，外层"if（表达式）"就不要再考虑了，应只见：

```
if（表达式 1）语句 1;
```

这也很容易理解：如果表达式 1 为真，则执行语句 1；否则不执行语句 1。注意，只有在外层表达式为真的前提下才会执行到这一步。

因此，当在外层表达式为真的前提下，表达式 1 也为真时，执行语句 1；否则什么也不执行。在分析时切忌"拆着外层，看着内层"，甚至直接"拆内层"。若同时考虑外层表达式和表达式 1，甚至先判断表达式 1，那就不正确了。

如果嵌套的 if 中还有 else，则要首先找到每个 else 的配对 if。规定：else **总与它前面最近的且尚未与其他 else 配对的 if 配对**。"前面最近"类似"就近婚配"；独立配对则是"门当户对"。注意，当有 { } 时，{ } 外的 else 不能与 { } 内的 if 配对。例如：

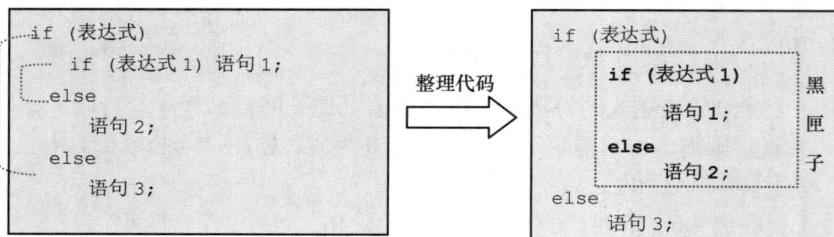

其中的第一个 if 应与最后一个 else 配对，第二个 if 应与第一个 else 配对。按照这一配对关系，将程序重新整理为右侧所示的程序以便观察。

将右侧程序的中间粗体字部分当作【黑匣子】，将【黑匣子】整体看作一条语句，则外层就有【黑匣子】和"语句 3"两路分支。在执行到【黑匣子】时再将其拆开，这时仅关注【黑匣子】里面的语句，不要再考虑外层，执行方式如图 4-8（a）所示。

这段代码类似下面月饼的吃法，其执行方式如图 4-8（b）所示。

```
if (未过保质期)
    if (未生虫子)
        吃月饼;
    else
        喂鸽子;
else
    扔到垃圾桶;
```

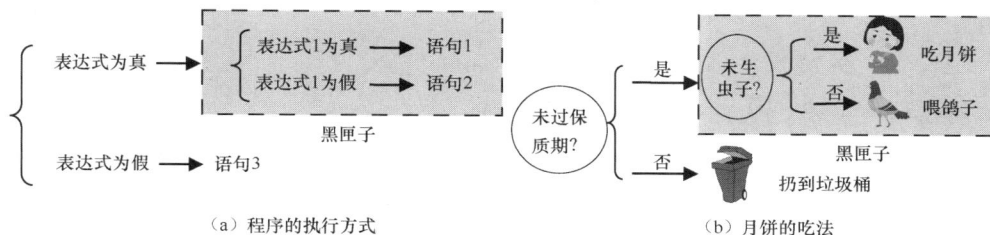

（a）程序的执行方式　　　　　　　　（b）月饼的吃法

图 4-8　带 else 的嵌套 if 程序的执行方式

💡 **窍门秘笈　嵌套程序分析法**（同样适用于其他分支语句、循环语句嵌套）：

孩子缩进，同层对齐；
由外向内，逐层拆包。

在分析较复杂的嵌套程序时，可按缩进格式重新整理代码以便观察。重新整理代码时要保证执行结果不变，不得随意添加、删除语句元素，原有语句元素的先后次序也不能改变。所能做的只有增/删分行或空格。增/删分行或空格的原则是"孩子缩进，同层对齐"，即配对的 if、else if、else 纵向对齐；if、else if、else 的子句要分行并添加一层空白间隔缩进（"孩子"必须要有且只能有一个，向后最临近的下一句即"孩子"；注意，有时"孩子"可能是 if 语句）。

在整理代码后就可分析程序，应由外向内一层层进行。如拆包装盒时先拆外层大盒，再一层层拆内层小盒。在拆外层时，不要同时看内层；待轮到拆内层时，要仅看内层，不要再看外层。

找 3 个数中的最大数除用【程序例 4.5】介绍的方法实现外，也可用嵌套的 if 实现：

```
max=a;
if (b>c) /* b>c 的情况：c 不是最大，继续从 a、b 中选最大值*/
    { if (b>a) max=b; }
else      /* b<=c 的情况：b 不是最大，继续从 a、c 中选最大值*/
    if (c>a) max=c;
```

这里由于有一对 { } 构成复合语句，else 是与 if(b>c) 配对的；如果没有 { }，else 将与 if(b>a) 配对，程序就不正确了。

如果嵌套的 if 中还有 else if 部分，也必须先找到每个 else if 所配对的 if。规定：else if **总与它前面最近的且尚未与其他 else 配对的 if 配对**，该 if 已和其他 else if 配对也无妨（当有 { } 时，{ } 外的 else if 不能与 { } 内的 if 配对）。

else if 的配对规则与 else 的类似，但这里允许其配对的 if "已和其他 else if 配对"。因为皇帝（if）下可有多位官员（多个 else if）和 1 个士兵（1 个 else）。官员（else if）后可以再有官员（else if）和士兵（else）；但士兵（else）后不能再有官员（else if）。else if 可与 if 配对和不可与 if 配对的两种情况的例子如图 4-9 所示。

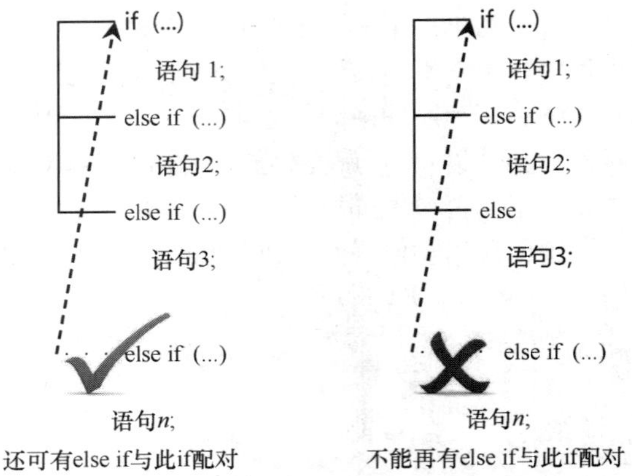

【随学随练 4.5】 以下程序运行后的输出结果是（ ）。

```
#include <stdio.h>
main()
{ int x=1,y=0;
if (!x) y++;
else if (x==0)
if (x) y+=2;
else y+=3;
printf("%d\n",y);
}
```

A）3   B）2   C）1   D）0

图 4-9   else if 可与 if 配对和不可与 if 配对的两种情况的例子

【答案】 D

【分析】先找出所有 else if、所有 else 分别与哪个 if 配对：else if 与第一个 if 配对，最后的 else 与第二个 if 配对。按照"孩子缩进，同层对齐"的原则，重新整理代码为：

```
int x=1,y=0;
if (!x)
    y++;
else if(x==0)          /* else if (x==0)的孩子是 if (x) */
    if (x)             /* if (x)的孩子是 y+=2;（孙子）*/
        y+=2;          /* 每个下一代都比上一代缩进一个层次 */
    else
        y+=3;
printf("%d\n",y);
```

将中间粗体字部分看作【黑匣子】,【黑匣子】整体看作一条语句，则结构就很清晰了：外层是 if - else if 块（无 else）。!x 为假，再判断 x= =0 也为假，【黑匣子】不执行（也不必打开黑匣子看里面的内容了），直接跳出 if- else if 块，执行 printf，y 的值未变，仍输出原值 0。

【随学随练 4.6】 以下程序运行后的输出结果是 _____。

```
#include <stdio.h>
main()
{   int a=1,b=2,c=3,d=0;
    if (a==1)
    if (b!=2)
            if (c==3)
                d=1;
            else
                d=2;          /* 与 if (c==3)配对 */
    else if (c!=3)
            d=3;              /* 与 if (b!=2)配对 */
    else
        d=4;                  /* 与 if (b!=2)配对 */
  else
    d=5;                      /* 与 if (a==1)配对 */
    printf("%d\n",d);
}
```

【答案】4

【分析】先找出所有 else if、所有 else 的配对 if，配对关系已用注释标注在程序中。再按照"孩子缩进，同层对齐"的原则，重新整理程序，如图 4-10 所示。一共有"4 代人"：if (a==1) 是爷爷、if (b!=2) 是父亲、if (c==3) 是孙子、d=1;是重孙子。分析出这"4 代人"并不复杂，只要掌握：所有的 if (表达式)、else if (表达式)、else 都要有一个孩子，在后面紧邻它的内容就是它的孩子；再按照"由外向内，逐层拆包"的方法逐层分析。在分析外层时，不要同时看内层，内层要当作【黑匣子】；待轮到分析内层时，要仅看内层，不要再看外层。如图 4-10（c）所示，在分析【黑匣子】内的代码时，既不要受 if (a==1) 的干扰，也不要受 else d=5;的干扰。

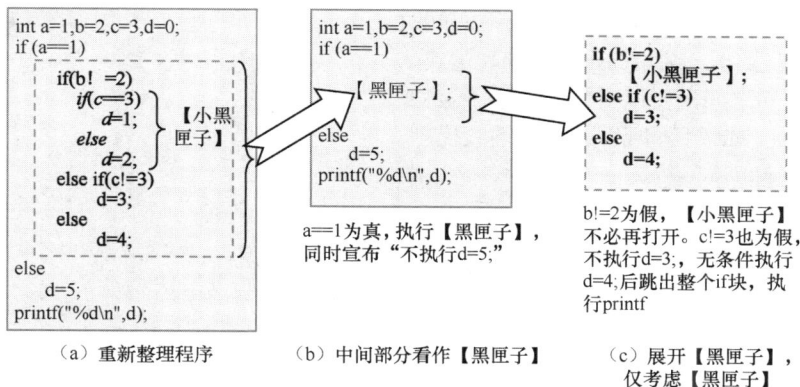

（a）重新整理程序　　　　（b）中间部分看作【黑匣子】　　　　（c）展开【黑匣子】，仅考虑【黑匣子】

图 4-10　【随学随练 4.6】的分析过程

🏃 高手进阶

if - else if - else 结构实际上是一个 if - else 被包含在另一个 if - else 中构成的嵌套。但初学者仍可将 if、else if、else 作为"三类人"（皇帝、官员、士兵）分析，以简化程序分析过程。

4.3　多路开关—— switch 语句

对于春节前的日子，有民谚"二十三，糖瓜粘；二十四，写福字；二十五，扫尘土；二十六，炖大肉……"，每天的活动不同，这涉及分支的问题，但属于多路分支。多路分支虽可用 if 语句实现，但需设置很多的 else if，有些烦琐。C 语言提供了 switch 语句，用 switch 语句来实现多路分支更为方便。

switch 语句（1）　switch 语句（2）

4.3.1　司令的锦囊—— switch 语句的形式

switch 语句的写法如下：

```
switch (表达式)
{
    case 常量表达式 1：语句 1；
    case 常量表达式 2：语句 2；
    …
    case 常量表达式 n：语句 n；
    default：语句 n+1；
}
```

switch、case、default 都是关键字。switch 后也有用一对括号括起的表达式，可将这个表达式看作"司令"，将由它决定去哪一路分支执行：表达式求值后，将根据表达式的值，去往与此值相等的"常量表达式"所对应的 case 处执行。但这里要求这个表达式（司令）必须是整型（int）或字符型

（char）的，不能是浮点型（float、double）的。对应地，各 case 后的"常量表达式"也必须是整型或字符型的，不能是浮点型的。

switch 还有一对特有的{ }，这不是"复合语句"的标志，而是 switch 语句的组成部分，是必须要有的。多路 case +常量表达式，以及多路语句，都要被括在这对{ }（"锦囊"）中。其中还有一路是 default，后面没有常量表达式。default 类似于 if 语句中的 else，也是所有条件都不满足时的"归宿"，即当所有 case 的"常量表达式"与"司令"都不匹配时，将去往 default 这一路执行。default 也可以省略，但若有则最多只能有一个。如果 default 省略，当所有"常量表达式"与"司令"都不匹配时将直接跳出 switch 语句。各路 case +常量表达式、default 与它们的语句之间还要以冒号（:）隔开。

如图 4-11 所示，如果我们听到这样的热线提示，按 1 键会如何？显然，同一 switch 语句中各路 case 的常量表达式的值彼此都不能相同，否则就乱套了。

图 4-11　同一 switch 语句中各路 case 的常量表达式的值彼此都不能相同

💡 **窍门秘笈** switch 语句的写法较复杂，这里将要点总结为如下口诀。

> switch 语句分支多，
> 整符司令当先坐。
> case 常数 default，
> 冒号各路囊中括。

"整符司令"是指 switch 后( )内的表达式必须是整型或字符型的，不能是浮点型的；各 case 后的常量表达式与司令对应，它们也必须是整型或字符型的。将{ }看作"司令的锦囊"。

【**小试牛刀 4.8**】下面 switch 语句的写法中有 7 处错误，你能指出所有错误吗？

```
double x=2.0;
switch (x);
{
    case 2:          语句1；
    case 2+5:        语句2；
    case 2:          语句3；
    case 3:          语句4；语句5；
    case a+5:        语句6；
    case 2.5:        语句7；
    case 5 to 10:    语句8；
};
```

【**答案**】① switch 后的(x)错误，因 x 是 double 型的，switch 后的表达式必须是整型或字符型的。② (x)后的";"错误，这里不能有分号，而必须为"司令的锦囊"{ }，即使看作空语句也不行。③有 2 处重复的 case 2。④ case a+5 错误，case 后必须是常量表达式，不能含变量（case 2+5 是正确的，允许计算表达式，但其中各量必须都是常量，不能有变量）。⑤ case 2.5 错误，case 后的常量表达式必须是整型或字符型的。⑥ case 5 to 10 错误，case 后不能是一个区间范围，而必须是一个表达式。⑦ }后不再有分号（;），虽可将它看作空语句，但它是 switch 语句之后的下一条语句了，在 switch 语句后安排一条空语句虽不影响执行，但也没有意义。

"语句 4; 语句 5;"不是错误，允许执行多条语句，这些语句不必用{}括起来，因为将来是顺次执行的（下面将介绍 switch 语句的执行过程；switch 是 C 语言中唯一不遵循独生子女规则的语句）。没有 default 也不是错误，default 可以省略。

4.3.2　夹着书签读书——switch 语句的执行过程

【程序例 4.7】switch 语句实例一。

```
#include <stdio.h>
main()
{    int a=1;
    switch (a)
    {
        case 1:
            printf("switch 1\n");
        case 2:
            printf("switch 2\n");
        default:
            printf("other\n");
    }
}
```

程序的运行结果为：

```
switch 1
switch 2
other
```

变量 a 的值为 1，执行 case 1 中的语句输出 switch 1，然而出乎意料的是，switch 2 和 other 也都被输出了，这是 switch 语句执行过程中非常不易理解的地方。

理解此执行过程的关键是要理解"case 常量表达式"和"default"都是"标签"，而不是选项之间的界限。"标签"类似于我们读书时的"书签"，如图 4-12 所示。对同一本书，多人可以在不同位置插入不同的书签。阅读时则应从自己插入的书签处开始阅读（如上例的 case 1）。如果已经开始了阅读，在阅读过程中遇到别人的"书签"（如 case 2、default 等），是不会终止自己阅读的，我们会忽略这些书签继续阅读，也许一口气将整本书都读完了。"case 常量表达式"和"default"这些"书签"只能影响我们开始阅读的位置，而不能影响终止阅读的位置，这与前面介绍的 if - else if - else 块完全不同，应特别注意。

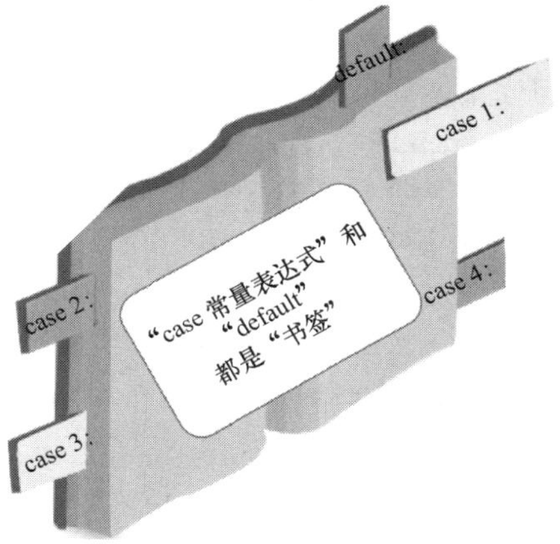

现总结 switch 语句的执行过程如下。

① 首先计算 switch 括号中表达式的值。

② 当表达式的值与某路 case 的常量值相等时，即跳转到该路 case 处开始执行，但除执行该路 case 的语句外，还将依后续各路 case（包括 default）的出现顺序，依次执行后续各路中的语句，而不论后续各路 case 的常量值为多少。

图 4-12　将 switch 语句中的"case 常量表达式"和"default"都看作"书签"

③ 当表达式的值与所有 case 的常量值都不相等时，则跳转到 default 处开始执行（如果没有 default，则直接跳出 switch 语句，swicth 语句内的语句都不被执行），但除执行 default 这路的语句外，若 default 后还有 case，**也将依后续各路 case 的出现顺序，依次执行后续各路 case 中的语句，不论后续各路 case 的常量值为多少**。

【小试牛刀 4.9】在【程序例 4.7】中，如将变量 a 的初值改为 2，输出结果是什么？（答案：switch 2 和 other。）如初值为 3 呢？（答案：只输出 other。）

【程序例 4.8】switch 语句实例二。

```
#include <stdio.h>
main()
```

```
{   int a=3;
    switch (a)
    {   case 2:
            printf("switch 2\n");
        default:
            printf("other\n");
        case 1:
            printf("switch 1\n");
    }
}
```

程序的运行结果为：

```
other
switch 1
```

相对于【程序例 4.7】，【程序例 4.8】颠倒了各路 case 和 default 的出现顺序。它们的出现顺序在语法上是随意的，但可能会影响运行结果。当 a 为 3 时，从 default 开始执行并一路向下执行，于是输出了 other、switch 1。

能否根据表达式的值，仅执行某一路的语句，而不会一直向下执行到底呢？依靠 switch 本身就办不到了，这需请另外的语句——break 语句来帮忙。break 语句的写法很简单，只要在关键字 break 后加一个分号：

```
break;
```

break 语句可强行跳出 switch，它的作用类似于"拦路牌"，如图 4-13 所示。在 switch 的 { } 内要跳出 swicth 的任意位置安排 break（可安排多个 break），程序一旦执行到 break 就立即跳出 switch，即转到 switch 的 } 之后继续执行。

图 4-13　拦路牌——break 语句

【程序例 4.9】在 switch 中使用 break 语句。

```
#include <stdio.h>
main()
{   int a=1;
    switch (a)
    {   case 1:
            printf("switch 1\n");
            break;
        case 2:
            printf("switch 2\n");
            break;
        default:
            printf("other\n");
            break;
    }
    printf("a=%d", a);
}
```

程序的运行结果为：

```
switch 1
a=1
```

将 switch 整体看作一条语句，程序可简化为：

```
int a=1;
【switch 语句;】
printf("a=%d", a);
```

上述 3 条语句应按顺序执行，在【switch 语句;】中执行 break 跳出 switch，是指【switch 语句;】结束，会继续执行 printf("a=%d", a); 。

如将变量 a 的定义语句改为 int a=2;，程序的运行结果为：

```
switch 2
a=2
```

可见，程序根据 a 的值选择执行一路 case 中的语句，且仅执行这一路；而不会一直向下执行其他各路中的语句了。这是通过执行 break 强行跳出 switch 实现的。

安排了 break 语句后，各路都有两条语句了：printf 和 break。这两条语句用{ }括起来组成复合语句或不用{ }括起来均可，因为最终它们都会被依次执行。也就是说，switch 语句不必遵循独生子女规则（不必每一路只有一个孩子），这是由它"一直执行到底"的执行特点决定的。

【小试牛刀 4.10】【程序例 4.9】如删除最后一路的 break 语句（即 default 中的 break;），是否会影响程序的执行结果？

【答案】不会影响，最后一路之后不再有其他各路，即使无 break;，也会跳出 switch。

【小试牛刀 4.11】【程序例 4.9】如像【程序例 4.8】那样，颠倒 case 1、case 2 和 default 各路的出现顺序，是否会影响程序的执行结果？

【答案】不会影响，因各路都有 break，switch 语句无论从哪一路执行，都会由每一路的 break 跳出。

我们可以总结出，switch 语句的入口是某个 case 或 default；出口是某个 break 处或整个 switch 结束处（即 switch 的 }处）。

窍门秘笈　将 switch 语句的执行过程总结为如下口诀。

起步司令找标签，

一路向前我不拦。

各路顺序随你便，

break 跳出即中断。

要先计算司令（表达式）的值，"标签"只有启动的作用（根据司令的值跳转到起始执行的地方），而没有终止的作用。一旦启动，就会一路执行到底，将后续各路全执行完，除非中途遇到 break。

【随学随练 4.7】以下选项中与 if(a==1) a=b; else a++; 语句功能不同的是（　　　　）。

A）switch(a)
```
    {   case 1: a=b; break;
        default: a++;
    }
```

B）switch(a==1)
```
    {   case 0: a=b; break;
        case 1: a++;
    }
```

C）switch(a)
```
    {   default: a++; break;
        case 1: a=b;
    }
```

D）switch(a==1)
```
    {   case 1: a=b; break;
        case 0: a++;
    }
```

【答案】B

【分析】本题的关键是要理解"表达式的值"。switch 的起步是依司令——"表达式"的值来寻找 case 标签的。对选项 B) 来说，如果变量 a 的值为 1，则 a==1 为真，a==1 这个表达式的值为 1，故应从 case 1 处开始执行 a++。这里 case 1 中的 1 与 a==1 这个表达式的值 1 进行匹配，而不是与 a 的值进行匹配。如果变量 a 的值非 1，则 a==1 为假，a==1 这个表达式的值为 0，故应从 case 0 处开始执行 a=b;，再由 break;跳出 switch。

【程序例 4.10】用 switch 语句实现：初一的饺子、初二的面、初三的合子往家转、初四大饼炒鸡蛋、初五吃饺子，其他全部吃米饭。

```
#include <stdio.h>
main()
{   int date;
    printf("今天初几啊？"); scanf("%d", &date);
    switch (date)
    {   case 1:
        case 5:
            printf("吃饺子! \n"); break;
        case 2:
            printf("吃面条! \n"); break;
        case 3:
            printf("吃合子! \n"); break;
        case 4:
            printf("吃大饼炒鸡蛋! \n"); break;
        default:
            printf("年过完了，吃米饭吧\n"); break;
    }
}
```

程序的运行结果为：

今天初几啊？1↙
吃饺子!

初一和初五都吃饺子，当多个分支的操作相同时，不能用逗号分隔写为"case 1, 5:"。正确的做法是使多个 case 共用一组语句。以上 case 1:后没有语句，但也无 break;，程序会继续向下执行，于是也执行了 case 5:后的语句。

【程序例 4.11】模拟投票程序。

```
#include <stdio.h>
main()
{   char vote;
    printf("请为我投票吧（P-赞成；C-反对；A-弃权）");
    printf("\n请选择:");   scanf("%c", &vote);
    switch (vote)
    {   case 'P': case 'p':
            printf("谢谢你为我投票。\n");
            break;
        case 'C': case 'c':
            printf("看来是我做得不好，我会努力。\n");
            break;
        case 'A': case 'a':
            printf("你弃权了。\n");
            break;
        default:
            printf("选择错误。\n");
            break;
    }
}
```

程序的运行结果为：

请为我投票吧（P-赞成；C-反对；A-弃权）
请选择:p↙
谢谢你为我投票。

程序通过 switch 语句处理用户可能的 3 种选择：赞成、反对、弃权。用户输入对应选择的大写字母或小写字母均可。要让大、小写字母都执行同一语句，case 分支不能写为"case 'P', 'p': "。

4.3.3 拆包装盒——switch 语句的嵌套

switch 语句也可以嵌套，即某路语句中还有 switch。嵌套 switch 的分析方法与嵌套 if 的类似，仍要"由外向内，逐层拆包"：将内层 switch 先看作【黑匣子】、看作一个整体、看作一条语句。待执行到内层时再将其拆开，且拆开后只考虑内层本身而不要再考虑外层，使每层程序都被简化为很简单的结构。对于嵌套 switch，还要注意 break 只能跳出它所在的那一层 switch。

【程序例 4.12】嵌套 switch 程序。

```c
#include <stdio.h>
main()
{   int a=1,b=2,c=0,d=0;
    switch (a)
    {   case 1: switch (b*3)
                {   case 3: c++; break;
                    case 6: d++; break;
                }
                c+=2; break;
        case 2:
                d+=2; break;
    }
    printf("c=%d\n", c);
    printf("d=%d\n", d);
}
```

程序的运行结果为：

```
c=2
d=1
```

分析此程序的关键是分析 switch 的层次。switch + (表达式) + { }作为一个整体。在外层 case 1 中又内嵌了一层 switch，内层 switch 要先被看作一个【黑匣子】（看作一条语句），整理后的代码如图 4-14 所示。跳出 switch 就是 switch 执行完毕，注意 break 只能跳出它所在的那一层 switch，不能越级或连级跳。内层 switch 执行完毕后执行 c+=2，再跳出外层 switch。

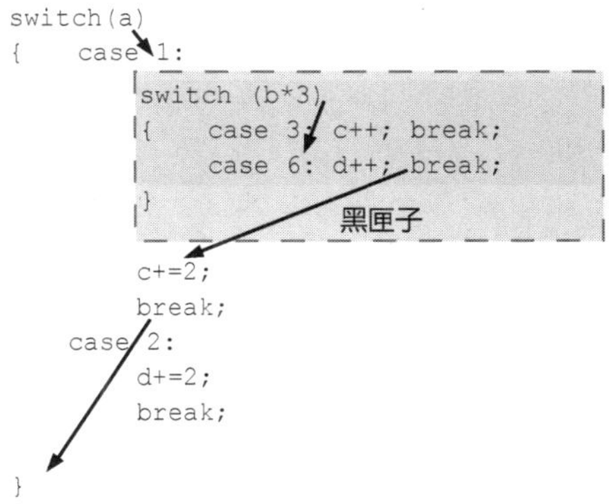

if 语句和 switch 语句都可以实现分支结构，某些场合中两种语句也可相互替代。但在另外一些场合中可能使用其中一种语句更合适。switch 的每一个 case 后的值都只能是一个值，只能检查表达式与哪个值相等（不能检查取值范围，也不能进行大小的比较），且类型也只能是整型或字符型的。而 if

图 4-14 【程序例 4.12】中嵌套 switch 程序的结构和执行过程

语句的表达式可以使用关系或逻辑表达式表示一个取值范围，且能进行浮点数的判断。因此 switch 语句相对不如 if 语句的适用范围广。然而对多路分支问题，使用 switch 的效率更高。如果所有的分支选项都可用整型常量来标识，尤其当选项较多时，应首选 switch 语句。

4.4 goto 去哪儿了——goto 语句

switch 语句中的 case、default 是标签，但它们只能出现在 switch 的"锦囊"{ }内。实际上可为任意语句添加标签，这种标签称**语句标号**。标签可任意起名，只要是合法的标识符；在标识符后面加一个冒号（:）就构成了一个语句标号，如 stop:、flag1: 等。但语句标号不能用 10:、15: 等形式，因为标识符不能以数字开头。例如：

```
stop: printf("END\n");
```

则为 printf 语句增加了一个语句标号 stop:。语句标号通常用作 goto 语句跳转的目标，goto 是关键字，其使用形式为：

```
goto 语句标号;
```

其作用是无条件直接跳转到语句标号处的语句，并从那里继续执行程序。但只能在本函数内跳转，不能跳转到其他函数内的语句标号处。例如，下面的程序用 goto 语句求 a、b 中的较大者：

```
        max=a;
        if (a>b) goto endflag;
        max=b;
endflag: printf("%d", max);
```

用 goto 语句可以构成选择结构，也可以构成循环结构。由于 goto 语句可用在任何时刻，想跳转到哪条语句去执行，就跳转到哪条语句去执行，因此滥用 goto 语句会使程序结构混乱、可读性差、不符合结构化程序设计的要求。除非特别必要，我们在编程时应尽量不用 goto 语句；而仅用顺序结构、选择结构和第 5 章要介绍的循环结构编写程序，仅通过这 3 种结构的组合、嵌套来实现程序的各项功能。

第 **5** 章 不必亲手愚公移山——
循环结构

计算机的特点一是"非常勤劳",二是"运行速度快"。它可以反复做类似的、重复的工作而不会感到厌烦,即使反复成百上千次、上万次也不在话下。而且它凭借着极快的运行速度,保证在很短的时间内完成工作。有了它,我们就可以从单调而重复的工作中解放出来了!你听过愚公移山的故事吗?现在,类似一块一块"搬石头"的重复劳动,就可以交给计算机去做啦。

5.1 我谨慎,看好了才会干——while 语句

先举一个例子,下面是某人走到教室上课的程序:

```
迈左脚;
迈右脚;
迈左脚;
迈右脚;
迈左脚;
迈右脚;
……
坐在教室上课;
```

while 语句

走路的过程是先"迈左脚"再"迈右脚",要到达目的地,重复这个过程何止成百上千次!编写这样的程序虽能实现功能,但也太长了……有没有简单点的法子呢?没有!因为如果少走一步,差 1m 也到不了目的地呀!虽然执行步数不能少,但程序代码中的语句可以少写——这就是本章要介绍的**循环结构**,也就是让要重复执行的部分代码只写一次,却能让计算机反复执行很多次。

C 语言提供了 while 语句,可达到这一目的。while 语句的写法为:

while (表达式) 子句;

它与 if 语句的写法类似,只是把关键字 if 换成了 while。其含义是:如果表达式为真,就执行一次"子句";执行后返回来再次判断表达式,如果还为真,就再执行一次"子句";执行后再返回来判断表达式,再为真再执行,再返回再判断……不断重复这个过程,直到表达式为假,不再执行"子句"而跳出 while,如图 5-1 所示。被反复执行的子句称**循环体**,计算机每执行一次循环体,都必须做出是继续还是停止的决定,这个决定所依据的条件是**循环条件**,这里的循环条件就是 while 的( )中的"表达式"。

这样,用 while 语句即可重写上述走到教室上课的程序:

```
while (没到教室)
    迈左脚;
    迈右脚;
```

```
坐在教室上课;
```

不过，同 if 一样，while 也遵循独生子女规则：只能控制一条语句。因此上述程序只有"迈左脚;"这一条语句是"while (没到教室)"的"孩子"，只有"迈左脚;"会被反复执行。而"迈右脚;"呢？作为 while 的下一语句将在循环结束后执行一次，也就是在"迈左脚;"被重复成百上千次后执行且仅执行一次"迈右脚;"。那么这个人恐怕只能用左脚一路单脚"跳"进教室，如图 5-2 所示，进到教室后再迈右脚——这就闹笑话了。正确的程序应该用{ }将"迈左脚;""迈右脚;"括起来构成复合语句，这样两者才能一起循环：

```
while (没到教室)
{
    迈左脚;
    迈右脚;
}
坐在教室上课;
```

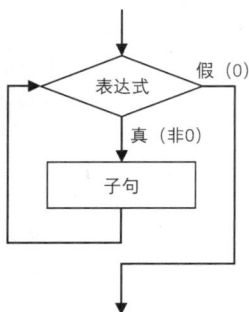

图 5-1 while 语句的执行过程

图 5-2 多条语句的循环体莫忘加
{ }构成复合语句

下面看一个 while 语句的简单实例。

```
int i=1;
while(i<3)
{   printf("%d", i);
    i++;
}
```

输出结果为：12。这里的循环体也是复合语句，反复执行循环体的条件是 i<3。每执行一次循环体，i 的值会加 1（i++）；i 值逐渐递增，直到 i<3 为假，不再执行循环体而跳出循环。这里变量 i 起到了**计数器**的作用，通过 i 值控制循环体的执行次数。如将语句 i++; 改为++i;、i=i+1; 或 i+=1; 等，输出结果也完全相同，因为这里只要每次使 i 增 1 即可。

🎲 **小游戏 永不停止的"1"**。

将以上程序的循环体中的{ }去掉，上机运行，体验其运行结果如何。

答案：运行结果是满屏飞快地输出 1，永不停止！

由于独生子女规则，如果去掉{ }，只有 printf("%d",i);一条语句是循环体，i<3 为真时就执行。而 i++;必须在上述重复过程完成后才能执行且只会执行一次。因此在重复执行 printf 的过程中，i 值永远为 1 不会增长，i<3 永远为真，printf 会一直重复执行下去，永不停止……这称为**死循环**（也称**无限循环**）。实际上这里的 i++; 永远也不会执行。

是不是未用{ }的 while 都会陷入死循环呢？不一定，如将以上程序改为：

```
int i=1;
```

```
while(i<3)
    printf("%d", i++);
```

则与原程序运行结果相同，不会陷入死循环。因为"变量 i 每次增 1"的功能融入了 printf 的表达式 i++ 中，i 值可在每次执行 printf 时被改变。

是不是 i 值每次能被改变，就不会陷入死循环了呢？也不一定。如果把 while (i<3) 改为 while (i>0) 则又会陷入死循环。道理是显而易见的，尽管 i 值每次增 1，但越增越大，i>0 始终为真，继续执行循环体；而执行循环体还会使 i 继续变得更大……（这里不考虑溢出。）

读者也可将程序改为 while (i>0) 后上机运行以查看输出结果，这次屏幕上不是满屏输出 1 了，而是满屏闪烁着各种数字。这是因为程序连续地输出 1,2,3,…,1000,…,10000,…，速度很快，导致数字不断滚动显示。

⚠️ **脚下留心**

计算机是不知疲惫的，如果计数变量或循环条件设计得不合理，就会造成死循环，循环体会被计算机一直反复执行下去，永不停止。

因此我们在编写使用循环结构的程序时应小心设置计数变量和循环条件：在有限次重复执行循环体后，应使表达式为假（即表达式的值为 0）。这样循环才能结束。

---

while 与 if 具有相似的写法和特征：如都用一个表达式作为"条件"、都只能控制一条语句（子句）等。实际上，它们的执行开始阶段也相同，即表达式为真时执行子句，为假时不执行子句。

while 与 if 的区别在于执行子句后的操作不同：if 执行子句后就结束了，而 while 执行子句后**还要返回到表达式**，再根据表达式的值决定是否再次执行子句。如果把 if 语句比作弓箭，则 while 语句更像回旋镖，如图 5-3 所示。

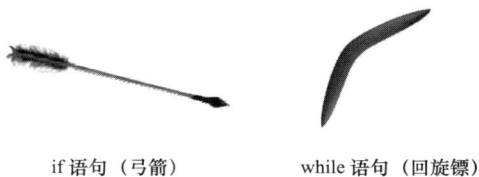

if 语句（弓箭）　　　　while 语句（回旋镖）

图 5-3　if 语句和 while 语句的类比

回旋镖的特点是扔出去会返回来；如果某次扔出去，它没有返回来，那就不是回旋镖了；此时至少是回旋镖坏掉了！因此 while 语句在执行循环体后，一定要返回到表达式；执行几次循环体，就必然要返回到表达式几次。即使是最后一次执行循环体，执行后也要返回到表达式，在判断表达式为假后才跳出。从来没有执行完循环体直接"走人"的情况。由于 while 语句在一开始还要先计算一次表达式，因此可总结出：**while 语句的表达式的执行次数总比循环体的执行次数多 1**。

⚠️ **脚下留心**

注意，if 语句执行子句后是万万不能返回到"表达式"的，它永远不会返回来；if 语句的表达式永远只执行一次、不会反复执行，这一点不要与 while 语句混淆。

同 if 一样，while 语句中的表达式也可以是任何类型的表达式，判断循环条件实际上是求出表达式的值，以表达式的值为"非 0"或"0"来决定是否继续反复执行。

如果"while (表达式)"后有";"则表示空语句，它将占据独生子女的位置，这时空语句是循环体、将被反复执行。尽管执行空语句什么都不做，但会一直重复这个过程：空语句、回到表达式、空语句、回到表达式……这使后续程序只有在这个过程结束后才能执行。实际上在此过程中也并非什么都没做，表达式还是一直被反复执行的。

【随学随练 5.1】有以下程序，程序运行后的输出结果是（　　　　）。
```
main()
{   int y=2;
```

```
    while (y--); printf("y=%d\n", y);
}
```

【答案】y=-1

【分析】注意，循环体是空语句，不是 printf。（1）y--表达式的值为 2，后 y 变为 1。2 非 0 为真，执行空语句（要以表达式的值 2 作为"条件"，不要以变量 y 的值 1 作为"条件"）。执行空语句，什么都不做，但执行后回到表达式 y--。（2）y 现为 1，y--表达式的值为 1，然后 y 变为 0。1 非 0 为真，执行空语句，什么都不做，但会再回到表达式 y--。（3）y 现为 0，y--表达式的值为 0，后 y 变为-1。0 为假，不再执行空语句，跳出 while，执行下一条语句 printf（仅执行一次），输出 y 的值-1。

如果删除 while (y--) 后面的";"，则运行结果为：

```
y=1
y=0
```

这时 printf("y=%d\n", y);是循环体，只要 y--这个表达式的值不为 0（看表达式的值，不是看 y 的值），就执行 printf，执行后再判断 y--。共执行 2 次 printf，输出 2 行内容。

【程序例 5.1】统计从键盘输入的一行字符的字符个数（不计'\n'）。

```
#include <stdio.h>
main()
{   int n=0;
    while (getchar() != '\n') n++;
    printf("%d", n);
}
```

程序的运行结果为：

```
abcde✓
5
```

while 的表达式"getchar() != '\n'"兼有 2 个功能：一是用 getchar 函数读取用户从键盘输入的 1 个字符（getchar 每次只能读取 1 个字符）；二是判断刚刚读取的这个字符（getchar 函数值）是否不为'\n'，如不为'\n'，就执行 n++。执行 n++后再回到表达式。当再次判断表达式的时候，会再次执行 getchar 读取下一个字符……用户输入一行字符后，必按"Enter"键（即输入'\n'）结束输入，这样最后一次判断表达式时所读到的那个字符必是'\n'。当读到'\n'时，while 的表达式为假，不再执行 n++而跳出 while。于是读到'\n'时直接跳出了循环，并未执行 n++，也就是'\n'未被计数。跳出 while 后 n 的值即用户所输入的除'\n'外的字符的个数。

【小试牛刀 5.1】若要使用户的输入以'#'结束，应如何修改程序？

【答案】将 main 函数的第 2 行改为：while (getchar() != '#') n++; 。这时用户输入一行字符并按"Enter"键后，程序不会结束，用户可连续输入多行内容，直到某行内容中包含一个'#'字符，在输入完这一行内容并按"Enter"键后程序才会结束。这时统计的字符包含前面的'\n'字符，但不包含'#'和本行内'#'之后的字符。例如：

```
abc✓
de✓
fg#xyz✓
9
```

如果希望将用户所输入的字符保存到一个字符型变量中，还可将第 2 行改为：

```
char  ch;
while (( ch=getchar() ) != '#') { printf("%c", ch); n++; }
```

(ch=getchar())是一个赋值表达式，表达式的值为赋值后 ch 的值，也是 getchar()所读入的那个字符，然后判断此字符是否不等于'#'。也就是说，while 的表达式兼有 3 个功能：读取 1 个字符、将之赋值给 ch、判断此字符是否为'#'。运行结果是：

```
abc✓
```

```
abc
de#fgh↙
de6
```

ch 一次只能被赋值一个字符，下次循环时被赋值为下一个字符，同时上一次赋值的字符被覆盖。在每次执行循环体时都输出 ch 中保存的那一个字符。这样通过 ch 读一个、存一个、输出一个，连续输出了一串内容（将用户的输入又输出了一遍，直到读入'#'）。

【随学随练5.2】以下程序段运行后的输出结果是（   ）。

```
char ch = 'A';
while (ch < 'D')   {
    printf("%d", ch - 'A');
    ch++;
}
```

A）012   B）123   C）ABC   D）abc

【答案】A

5.2 我鲁莽，先干了再说——do...while 语句

do...while 语句

C 语言还提供了 do...while 语句，利用该语句也可以完成 5.1 节讨论的走到教室上课的任务：

```
do
{
    迈左脚；
    迈右脚；
} while (没到教室)；
```

do...while 语句的一般形式是：

```
do
    子句；
while(表达式)；
```

do 和 while 都是关键字，它们之间的部分为循环体。do 不能单独使用，必须与 while 联用。do...while 语句也遵循独生子女规则，当循环体是多条语句时，必须用{ }括起来构成复合语句。而不能认为前有 do、后有 while，就可以像"三明治"一样上下"夹住"循环体。如果在循环体含多条语句时省略{ }，会有语法错误。

do...while 语句的执行过程如图 5-4 所示。无论条件，先执行一次循环体（子句），再求表达式的值，如值为真（非 0）就再执行一次循环体，然后求表达式的值……反复这一过程直到表达式的值为假（0）时立即跳出 do...while。do...while 的表达式也可以是任何类型的表达式。

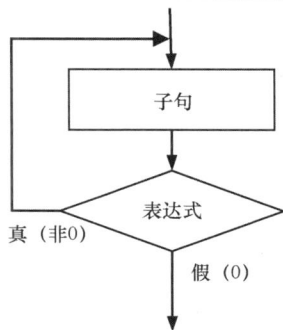

图 5-4 do...while 语句的执行过程

⚠ **脚下留心**

do...while 语句的"while （表达式）"写在后面，注意在"while （表达式）"的最后还要有一个分号（；）。它不是空语句，而是 do...while 的组成部分，这个分号是一定不能省略的。显然如果连同"子句；"全部写在一行，就会有 2 个分号：

```
do 子句； while (表达式)；
```

do...while 的执行过程与 while 的非常相似，区别仅在于开始的操作。开始时，do...while 无论条

97

第5章

件，先执行一次循环体（先干了再说的"鲁莽"性格），而 while 首先计算表达式的值来判断条件，再决定是否执行循环体（看好了才会干的"谨慎"性格），即 do...while 的循环体至少要被执行一次，而 while 的循环体有可能一次也没被执行。

显然在 do...while 语句中，**表达式的执行次数与循环体的执行次数是相同的**。

💡 **窍门秘笈**　将 while 和 do...while 的执行方式总结为：

do 在先，先循环；

见 while 就判条件。

这是说依顺序执行，见到 do 就先执行一次循环体；见到 while　（表达式)就判断重复条件。

【**程序例 5.2**】猜数游戏。

```c
#include <stdio.h>
#define  FAVE  27
main()
{   int n;
    do
    {   printf("请输入 1~100 的数:");
        scanf("%d", &n);
        if (n<FAVE)
            printf("小啦, 再猜\n");
        else if (n>FAVE)
            printf("大啦, 再猜\n ");
        else
            printf("%d, 猜对啦! \n", n);
    } while (n != FAVE);
}
```

程序的运行结果为：

```
请输入 1~100 的数:20↙
小啦, 再猜
请输入 1~100 的数:30↙
大啦, 再猜
请输入 1~100 的数:27↙
27, 猜对啦!
```

通过#define 定义符号常量 FAVE 为用户要猜的数（注意前有#的命令不是语句，后无分号）。用户猜数时只要未猜对，就继续猜，直到猜对为止……这是一个循环的过程。该循环开始时应先请用户输入一个数，否则无从知晓用户是否猜对，也无法判断循环是否继续，因此适合用 do...while 语句实现，即先执行一次循环体再判断条件。

【**随学随练 5.3**】以下程序的输出结果是（　　　　）。

```c
#include <stdio.h>
main()
{   int i=0,n=0;
    do { i++; ++i; } while (n!=0);
    printf ("%d", i);
}
```

A）0　　　　　　　　B）1　　　　　　　　C）2　　　　　　　　D）死循环

【**答案**】C

【**分析**】先执行一次{ i++; ++i; }后发现 n!=0 为假，才跳出。如改为 while　(n!=0) { i++; ++i; } 则输出结果为 0，后者是先判断 n!=0 为假，{ i++; ++i; }一次也没被执行。

5.3 我勤奋，我劳动，我光荣——for 语句

5.3.1 按劳分配——for 语句的基本形式

for 语句

按劳分配，就是每个劳动者都按照劳动的数量和质量获得对应的收入。每个月工作，月复一月，这也是循环的过程。每工作一个月，就领一个月的工资，再开始下个月的工作。也就是说，循环体每执行一次，对应要有一个"领工资"的过程，再继续下一次的重复执行。

C 语言还提供了第 3 种实现循环结构的语句——for 语句。for 语句的写法为：

```
for (表达式 1;表达式 2;表达式 3)
    子句;
```

for 是关键字，它后面的括号中有 3 个表达式而不是 1 个，注意 3 个表达式必须以**分号（不是逗号**）分隔。这里的分号不是语句结束符，而是 for 语句固有的组成部分；这又是 C 语言中普遍的同一符号多用现象，同一符号在不同场合含义完全不同。for 也遵循独生子女规则，只能控制其后的一条语句，循环体含多条语句时要用{ }构成复合语句。

for 语句有 3 个表达式，其中"表达式 2"与 if、while、do...while 语句的"表达式"相当，是循环是否继续的条件。"表达式 3"相当于每个月工作后"领工资"。"表达式 1"用于初始化，相当于求职者入职，只在循环开始执行一次。劳动者每个月工作的过程可表示为：

```
for (求职者入职;未到退休年龄;领一个月的工资)
    一个月的工作。
```

for 语句的执行过程如图 5-5 所示，即先执行表达式 1；然后求解表达式 2，若表达式 2 的值为 0，则结束循环，跳出 for；若表达式 2 的值非 0，则执行循环体（子句），然后执行表达式 3，再转回表达式 2，再次判断表达式 2……

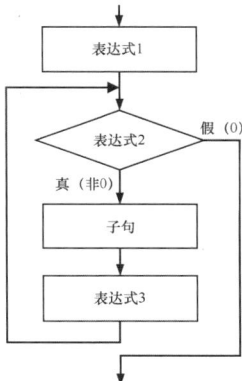

图 5-5　for 语句的执行过程

💡 **窍门秘笈**　for 语句的执行过程较为复杂，这里总结为如下口诀。

> 表达式 1 做在先，
> 表达式 2 判条件。
> 循环体罢表达 3，
> 再判条件再循环。
> 表达式间分号断，
> 莫要陷入死循环。

表达式 2 为真则执行循环体。循环体执行后，勿忘"领工资"——执行表达式 3；再次求解表达式 2，根据表达式 2 的值是否非 0 决定是否继续循环。口诀最后两句用于提示 for 语句的写法。

下面看一个 for 语句的简单实例：

```
int i;
for (i=1; i<3; i++)
    printf("%d",i);
```

程序段的输出结果为：12。i=1 先执行且只执行一次，判断 i<3 则执行 printf 输出 i 的值。然后跳转到 i++，i 变为 2，再判断 i<3 为真，再执行一次 printf。接着又跳转到 i++，i 变为 3。再判断 i<3

为假，不再执行 printf，跳出循环。

⚠️ **脚下留心**

对于 for 语句的执行过程，绝不能理解为：表达式 2 为真，"横向"地直接执行表达式 3。如以上程序不能理解为"i<3 为真，就执行 i++"。没有不劳动就领工资的好事！条件为真时必须跳转下来、先执行循环体，劳动一个月之后，再领工资。

【随学随练 5.4】以下程序段运行后的输出结果是（　　）。

```
int i; for (i=0; i<3; i++) putchar('M'+i*3);
```

A）M012　　　　　　　B）MNO　　　　　　C）MPS　　　　　D）NQT

【答案】C

【随学随练 5.5】有以下程序：

```
#include <stdio.h>
main()
{   int c=0, k;
    for (k=1; k<3; k++)
    switch (k)
    {   default: c+=k;
        case 2: c++; break;
        case 4: c+=2; break;
    }
    printf("%d\n", c);
}
```

程序运行后的输出结果是（　　）。

A）3　　　　　　　　B）5　　　　　　　C）7　　　　　　D）9

【答案】A

【分析】循环体是一条 switch 语句。switch 语句内容较多，但整体是一条语句。k=1 时，从 default 处开始执行，执行 c+=k；后还要一路向下执行，继续执行 c++；，c 变为 2。遇到 break；，跳出 switch。这时循环体执行完，勿忘"领工资"，跳转到 k++。k=2 时，switch 语句从 case 2 处开始执行，执行 c++；后 c 变为 3，再遇到 break；，跳出 switch。再"领工资"，跳转到 k++。k 变为 3，k<3 为假，跳出 for。最后执行 printf，输出 3。

🏃 **高手进阶**

for 语句的 3 个表达式都可以是任何类型的表达式，但只有表达式 2 的值才有实际作用（根据值是否非 0 决定是否执行循环体），而表达式 1 和表达式 3 的值一般是被忽略的。但尽管如此，在相应步骤中仍要求解表达式 1 和表达式 3 的值，因为在求值过程中，可能会有"副作用"。例如表达式 3 的 i++若写为++i、i=i+1 或 i+=1 等也可以，因为表达式 3 的值是被忽略的，只要通过副作用实现 i 增 1 即可。在某些场合若要让 i 有特殊变化，表达式 3 也可写为其他形式，如 i= i*i+10。

5.3.2　劳动者的工作模式——for 语句的常见应用

for 语句的常见用法是：

```
for (循环变量赋初值;循环条件;循环变量增量) 子句;
```

从这种用法中，应直接观察出子句的执行次数。如 for (i=1;i<3;i++)，初始时 i=1，i<3 则执行循环体，每次执行后 i 值加 1，显然执行循环体的情况是 i=1,2，共 2 次。

for 语句的应用

当 i 值分别为 1,2 时分别执行 printf，自然依次输出 12。通过观察循环的执行次数，可以显著提高分

析程序的效率。注意在跳出 for 循环后，循环变量的值总是比应执行循环体的最大值大 1。如在本例中，i=1,2 时执行循环体，但跳出循环后 i 值变为 3 而不是 2。

又如，输出 1～10 各数的平方的程序段可以是：

```
for (i=1; i<=10; i++)
    printf("%d\n", i*i);
```

i=1 是初始状态，i<=10 是条件，每次 i 值加 1。因此 i 值将从 1,2,3,…变化到 10，i 为这些值时分别执行 printf("%d\n", i*i);，就分别输出了 1*1,2*2,3*3,…,10*10。

再如，欲在屏幕上输出 100 遍"I love you!"，编写的程序段可以是：

```
for (i=1; i<=100; i++)
    printf("I love you!\n");
```

i 值为 1,2,3,…,100，共 100 个数，于是 printf 被执行了 100 遍。当然也可写为：

```
for (i=0; i<100; i++)
    printf("I love you!\n");
```

i 值从 0 开始，变化到 99（i<100 也可写为 i<=99），同样是 100 个数，printf 被执行 100 遍。

🎲 **小游戏　在口袋中放豆子。**

准备一个口袋，第 1 次向口袋中放 1 粒豆子，第 2 次放 2 粒豆子，第 3 次放 3 粒豆子……第 100 次放 100 粒豆子，最后口袋中有多少粒豆子呢？

这个小游戏实际求解了 1+2+…+100 的值，即口袋中最终的豆子数量。这也是计算机求解类似问题的方法——不厌其烦、一个一个地计算！这种最笨的方法正是计算机解决问题最好的方法，计算机凭借极快的速度，很快就能完成求解。让计算机求解 sum=1+2+3+…+100 应这样解决：

```
sum=0;              /* 首先清零，否则变量 sum 的值为随机数 */
sum=sum+1;          /* sum 在 0 的基础上加 1，为 1 */
sum=sum+2;          /* sum 在 1 的基础上再加 2，结果仍存入 sum 中，为 3 */
sum=sum+3;          /* sum 在 3 的基础上再加 3，结果仍存入 sum 中，为 6 */
…
sum=sum+100;        /* sum 在 1+2+…+99 基础上再加 100，结果仍存入 sum 中 */
```

除第一句 sum=0;外，后面部分与本章开始介绍的走到教室上课的例子类似，写了 100 遍类似的语句！这种做法显然不够高效，因此应通过循环实现：只写一遍语句，但可让计算机重复执行 100 遍。提取这 100 个累加语句的共有部分：

```
sum=sum+i;
```

此语句被反复执行，其中 i 的值分别是 1,2,3,…,100，可以很容易写出 for 语句的头部：

```
for(i=1; i<=100; i++)
```

【**程序例 5.3**】用 for 语句求解 sum=1+2+3+…+100。

```
#include <stdio.h>
main()
{   int i, sum;
    sum=0;
    for (i=1; i<=100; i++)
        sum=sum+i;
    printf("sum=%d", sum);
}
```

程序的运行结果为：

```
sum=5050
```

累乘问题的处理思路是类似的，仍一个数一个数地乘。如求解 prod =1*2*3*…*10：

```
prod=1;                    /* 首先置 1，否则变量 prod 的值为随机数 */
```

第 5 章

```
prod=prod*1;              /* prod 在 1 的基础上乘 1，为 1 */
prod=prod*2;              /* prod 在 1 的基础上再乘 2，为 2 */
prod=prod*3;              /* prod 在 2 的基础上再乘 3，为 6 */
...
prod=prod*10;             /* prod 在 1*2*…*9 的基础上再乘 10 */
```

除第一句 prod=1；外，提取 10 个累乘语句的共有部分：

```
prod=prod*i;              /* 也可写作 prod*=i; */
```

此语句被反复执行，其中 i 的值分别是 1,2,3,…,10，可以很容易写出 for 语句的头部：

```
for(i=1; i<=10; i++)
```

【程序例 5.4】用 for 语句求解 prod =1*2*3*…*10。

```
#include <stdio.h>
main()
{   int i, prod;
    prod=1;
    for (i=1; i<=10; i++)
        prod*=i;
    printf("prod=%d\n", prod);
}
```

程序的运行结果为：

```
prod=3628800
```

其中 for 语句的头部写为 for (i=10; i>=1; i--)也是可以的，即让 i 从 10 变化到 1，这时表达式 3 是 i--，即每次减 1 而不是加 1。注意，累乘问题不要乘到 100，否则数值过大，将超过 int 型变量能表示的最大范围，造成溢出而得到不可预知的结果。

💡 **窍门秘笈** 用 for 语句求解累加/累乘问题的编程套路是：

```
sum=0;                              /* 求解累乘问题时应赋初值为 1 */
for ( i=初值;i<=终值; 每次 i 的变化 )
    sum = sum + 一项的值;           /* 求解累乘问题时，+改为* */
```

使用此套路，可解决许多累加问题、累乘问题等。

【程序例 5.5】求 100 以内偶数的和，即 sum=2+4+6+…+100。

```
#include <stdio.h>
main()
{   int i, sum=0;      /*定义变量的同时为 sum 赋初值（初始化） */
    for (i=2; i<=100; i+=2)
        sum=sum+i;
    printf("sum=%d", sum);
}
```

程序的运行结果为：

```
sum=2550
```

本例与【程序例 5.3】十分相似，区别是 i 的值由 2 开始，且每次的变化不是增 1，而是增 2（偶数）。故表达式 1 是 i=2；表达式 3 是 i+=2 或 i=i+2（而非 i++），其他部分不变。

【程序例 5.6】求 $sum=1-\dfrac{1}{2}+\dfrac{1}{3}-\dfrac{1}{4}+\cdots-\dfrac{1}{100}$。

【分析】可将原式看作 $sum=\dfrac{1}{1}+\dfrac{-1}{2}+\dfrac{1}{3}+\dfrac{-1}{4}+\dfrac{1}{5}+\dfrac{-1}{6}+\cdots+\dfrac{-1}{100}$，则分母的变化仍是 1,2,3,…,100。

如不考虑分子的变化，用以上编程套路，可以很容易地写出求解 $sum=\dfrac{1}{1}+\dfrac{1}{2}+\dfrac{1}{3}+\dfrac{1}{4}+\cdots+\dfrac{1}{100}$ 的程

序（每一项不是"+i"而是"+1.0/i"）：

```
double sum=0.0;  int i;
for (i=1; i<=100; i++)
    sum=sum+1.0/i ;
```

⚠️ **脚下留心**

这里的 1.0/i 不能写为 1/i，因为 1 与 i 均为整数，当 i>1 时，1/i 的值必为 0。如读者对此概念尚为陌生，请复习 2.2.1 小节的口诀"整数整除商，小数门外拦。"另外变量 sum 也不可定义为 int型，否则无法保存带有小数位的结果。

要考虑分子 1、−1 的变化，需要再设一个变量 j，要反复执行的语句应改为：

```
sum=sum+j/i;
```

如何让变量 j 在 1、−1 两个值之间来回"切换"呢？如果 j 的值是 1.0，执行：

```
j=-j;
```

就可让 j 变为 −1.0。如果 j 的值是 −1.0，仍执行以上语句，即可让 j 变回 1.0。这样一条语句就有让 j 在 1.0、−1.0 之间来回"切换"的功能。综上，本例程序如下：

```
#include <stdio.h>
main()
{   double sum=0.0;  int i;          /* sum 不可定义为 int 型 */
    double j=1.0;                     /* 准备第一项的分子 */
    for (i=1; i<=100; i++)
    {   sum=sum + j/i;                /* j/i 不是整数除法，因 j 为 double 型 */
        j = -j;                       /* 准备下一项的分子 */
    }
    printf("sum=%lf", sum);           /* l 是字母，不是数字*/
}
```

程序的运行结果为：

```
sum=0.688172
```

本程序还有另一种实现方法。观察后发现，分母为奇数的项分子为 1，分母为偶数的项分子为 −1。可通过判断分母的奇偶来确定分子。判断奇数/偶数的方法是：除以 2 取余数，判断余数为 1或 0。

```
for (i=1; i<=100; i++)
{   if (i%2==1) j=1.0; else j=-1.0;  /* 确定本项的分子 j */
    sum=sum + j/i;
}
```

【随学随练 5.6】请编程计算给定整数 n 的所有因子之和（因子不包括 1 与 n 自身）。

【分析】n 的因子必在 2～n-1 中 。用求解累加问题的编程套路，可以很容易写出求 2+3+⋯+n-1的程序。但 2,3,⋯,n-1 不一定都为因子，再在此基础上，为 sum=sum+i; 增加 if 条件，只有在 i 为因子时，才执行这一句。通过判断 n 除以 i 的余数是否为 0（n%i==0）来判断 i 是否为 n 的因子。程序见下：

```
#include <stdio.h>
main()
{   int sum=0;  int n, i;                /*勿忘为 sum 赋初值 0 */
    printf("请输入整数 n: "); scanf("%d", &n);
    for (i=2; i<=n-1; i++)               /* 或 for (i=2; i<n; i++) */
        if (n%i==0) sum=sum+i;
    printf("所有因子之和为: %d\n", sum);
}
```

第 5 章

程序的运行结果为:

【随学随练 5.7】请编程计算下式前 n 项的和,其中 n 由键盘输入:

$$s = \frac{1}{1 \times 2} + \frac{1}{2 \times 3} + \cdots + \frac{1}{n(n+1)}$$

```
#include <stdio.h>
main()
{   double s=0.0;  int n,i;      /*勿忘为 s 赋初值 0.0 */
    printf("请输入 n: "); scanf("%d", &n);
    for (i=1; i<=n; i++)
        s=s+1.0/(i*(i+1));
    printf("s=%f\n", s);
}
```

程序的运行结果为:

请输入 n: 10✓
s=0.909091

【随学随练 5.8】请编程计算下式的值,! 表示阶乘,其中 m、n 由键盘输入(m>n):

$$P = \frac{m!}{n!(m-n)!}$$

【分析】可用编程套路分别写出求 $m!$、$n!$、$(m-n)!$ 的程序,再用这 3 个结果求 P。分别求这 3 个结果的 3 个 for 循环的循环变量既可用 3 个不同的变量,也可都用同一变量 i,因为在下一个 for 循环执行时,会先执行“i=1”将 i 重新赋值为 1,因此循环变量 i 可被“回收利用”,3 个 for 循环互不影响。程序如下:

```
#include <stdio.h>
main()
{   int m, n, i;
    double P, p1=1.0, p2=1.0, p3=1.0;
    printf("请输入 m,n: "); scanf("%d,%d", &m, &n);
    for (i=1; i<=m; i++) p1=p1*i;            /* 求 m!并存入 p1 */
    for (i=1; i<=n; i++) p2=p2*i;            /* 求 n!并存入 p2 */
    for (i=1; i<=m-n; i++) p3=p3*i;          /* 求(m-n)!并存入 p3 */
    P = p1 / (p2 * p3);                      /* 用 p1,p2,p3 求 P */
    printf("P=%lf\n", P);
}
```

程序的运行结果为:

请输入 m,n: 12,8✓
P=495.000000

5.3.3 有人接班我休息——表达式的变化

1. for 语句中省略表达式

for 语句( )中的 3 个表达式都可以省略,但分号(;)不能省略。如下程序在屏幕上输出 1~5 的 5 个数字:

```
for (i=1; i<6; i++)
    printf("%d\n", i);
```

(1)省略表达式 1 时:不执行表达式 1,直接执行表达式 2 判断循环条件。

for 语句表达式
的变化

表达式 1 "i=1" 用于完成循环前的准备工作，省略它后，可以将 i=1;作为单独的一条语句写在 for 语句之前，这样亦能达到在循环前让 i 赋值为 1 的目的，程序运行结果不变。

```
i=1;
for (; i<6; i++)
    printf("%d\n", i);
```

（2）省略表达式 3 时：执行循环体后不执行表达式 3，直接执行表达式 2 判断条件。

表达式 3 是"领工资"的过程，是循环体每被执行一次之后都要执行的，即表达式 3 也是要被反复执行的。如果省略表达式 3，可将表达式 3 也写入循环体，跟随循环体一起反复执行（循环体有多条语句时要用{ }构成复合语句），则程序运行结果也不变。

```
for (i=1; i<6; )
{
    printf("%d\n", i);
    i++;
}
```

（3）省略表达式 2 时：C 语言规定省略表达式 2 表示循环条件为"永真"。

这时循环体将一直执行，陷入死循环。但可在循环体中加入 break 语句。第 4 章讨论过 break 语句可强制跳出 switch，它也可强制跳出循环：

```
for(i=1; ; i++)
{
    if (i>=6) break;
    printf("%d\n", i);
}
```

这样就不会陷入死循环。当第 5 次执行 printf 后执行 i++使 i 变为 6；省略表达式 2 表示条件永真，再次执行循环体；先执行 if 语句，这时 i>=6 为真执行 break，从而跳出 for。

极端地，for 语句的 3 个表达式都可省略（但分号不可省略），以上程序还可改为：

```
i=1;
for( ; ; )
{
    if (i>=6) break;
    printf("%d\n", i);
    i++;
}
```

3 个表达式的工作分别由循环前的语句、break 语句、循环体完成，程序运行结果不变。

2．for 语句中使用逗号表达式

for 语句中的表达式也可以是逗号表达式。采用逗号表达式可占据"一个"表达式的位置而完成"多个"功能，因为逗号表达式相当于等价的一小段程序（如果读者对逗号表达式尚为陌生，请复习 2.2.4 小节）。例如，求 sum=1+2+3+···+100 的程序可写为：

```
for (sum=0, i=1; i<=100; sum=sum + i, i++);
```

最后的分号（;）不可省略，它是空语句，空语句是此 for 的"孩子"，是循环体。相对于【程序例 5.3】，以上写法更简洁（代码在一行内写完）。

表达式 1 "sum=0, i=1"是逗号表达式，其中逗号左右的两部分将分别依次执行，即先执行 sum=0 再执行 i=1，这样就把 for 之前的 sum=0; 部分也融入 for 语句内执行了。

表达式 3 "sum=sum + i, i++"也是逗号表达式，在每次执行完循环体（循环体为空语句）后，执行表达式 3 时，先执行 sum=sum + i，再执行 i++。这样就把循环体 sum=sum+i; 部分融入表达式 3 中执行了。

将表达式 3 写作 sum = sum + i++ 也能达到先计算 sum=sum+i、再让 i 值增 1 的目的。后者还可进一步简化为 sum += i++。这样求 sum=1+2+3+···+100 的程序还可简化为：

```
for (sum=0,i=1; i<=100; sum += i++);
```

又如【程序例 5.5】中求 100 以内偶数和的程序，表达式 3 的 i+=2 也可写为逗号表达式"i++,

i++"。这样执行表达式 3 时，将依次执行两个 i++，也能实现使 i 值加 2 的目的：

```
for (i=2; i<=100; i++, i++)
    sum=sum+i;
```

当然表达式 3 也可写为"i++, ++i""++i, ++i"等形式，因为在 for 语句中使用逗号表达式，实际是借逗号表达式完成多个操作，而并不使用"逗号表达式的值"。

【随学随练 5.9】若有定义 int i, k;，则关于下面 for 语句执行情况的叙述正确的是（　　　）。

```
for (i=0,k=-1; k=1; k++) printf("*****\n");
```

A）　循环体执行两次　　　　　　　B）　循环体执行一次

C）　循环体一次也不执行　　　　　D）　构成无限循环

【答案】D

【分析】k=1 并非判断 k 值是否等于 1，而是赋值。该表达式的值永远为 1，1 为真。输出星号后，表达式 3 的 k++ 将 k 由 1 改为 2，但回到表达式 2 又把 k 改为 1，赋值使在执行表达式 2 时永远把 k 改为 1（无论 k 之前为几）。在输出星号后，表达式 3 又把 k 改为 2，表达式 2 又把 k 改为 1……就像喊着口号 1、2、1、2……一直走下去，但永远没有"立定"。

【随学随练 5.10】请编程计算下式的值：

$$R = \frac{51 \times 50 \times 49 \times 48 \times 47 \times 46}{6 \times 5 \times 4 \times 3 \times 2 \times 1}$$

【分析】对于这类问题，不要设计循环将所有分子相乘，否则乘积可能过大，超出变量的最大表示范围。可首先将第 1 个分子项除以第 1 个分母项，然后下一轮循环再乘 "第 2 个分子项除以第 2 个分母项"……这样得到的乘积将比首先进行乘法运算的小。程序如下：

```
#include <stdio.h>
main()
{   int i,j;
    double r=1.0;
    for (i=51,j=6; i>=46 && j>=1; i--,j--)
        r=r*((double)i/j);      /* 注意强制类型转换，避免整数除法 */
    printf("r=%lf\n", r);
}
```

程序的运行结果为：

```
r=18009460.000000
```

5.4　循环里的循环——循环嵌套

循环嵌套（1）　　循环嵌套（2）

如图 5-6 所示，时钟上时针走动一格，表示一个小时过去了。时针走动一圈则表示 12 个小时过去了。这是一个循环的过程，用 for 语句可表示为：

```
for (时针=1; 时针<=12; 时针++)
    一小时过去了;
```

"一小时过去了"是个相对漫长的过程，不是"一蹴而就"的。分针走动一圈（60 分钟）才是"一小时过去了"，即"一小时过去了"也是一个循环，它本身可表示为：

```
for (分针=1; 分针<=60; 分针++)
    一分钟过去了;
```

再用这两行代码代替第一个 for 语句的"一小时过去了;"子句，得：

```
for (时针=1; 时针<=12; 时针++)
    for (分针=1; 分针<=60; 分针++)
        一分钟过去了;
```

发现有两个连续的 for，其中第二个 for 是第一个 for 的孩子，"一分钟过去了;"是第二个 for 的孩子。与 if 语句的嵌套类似，这称为**循环嵌套**。

对于这种循环嵌套的程序，根据生活中的经验就可了解其执行过程：时针走动一格，分针要完整地走动一圈（即 60 格）；然后时针再走动一格，这时分针须再完整地走动一圈；然后时针再走动一格……"一分钟过去了;"这条语句实际被重复执行了 12×60=720 次（12 小时有 720 分钟），而不是被执行了 12+60=72 次。

循环，就是一些步骤被反复执行。如果被反复执行的那一步本身不是"一蹴而就"的，而又是一个循环，也就是循环的一步又是由一些被反复执行的更小的步骤组成的，这就构成**循环的嵌套**，即反复执行中的反复执行。理解循环嵌套的关键是要理解外层循环每走一步，内层循环要完整地走上一圈；外层循环走下一步时，内层循环必须再重新完整地走上一圈……这样内层循环的循环体被执行的总次数是"外层循环次数×内层循环次数"。例如：

```
int i,j,sum=0;
for (i=1;i<5;i++)              /* 循环 4 次：i=1,2,3,4 */
    for (j=1;j<4;j++)          /* 循环 3 次：j=1,2,3 */
        sum++;
printf("%d", sum);
```

输出结果是 12。"for (j 循环)"是"for (i 循环)"的孩子，构成嵌套循环。外层 i 循环重复执行 4 次，内层 j 循环重复执行 3 次（每轮），则 sum++; 共被执行 4×3=12 次。sum++; 每执行一次 sum 值加 1，执行 12 次自然加了 12。图 5-7 所示为 sum++; 每次被执行时各变量值的变化。注意，实际变量值的变化比图中多，如每次内层循环结束后 j 值为 4，外层循环结束后 i 值为 5，但在 j=4 或 i=5 的情况下 sum++; 语句是不被执行的，只是跳出循环。

在分析循环嵌套的程序时，仍采用"由外向内，逐层拆包"的技巧：先将内层循环看作一个整体、看作【黑匣子】、看作"外层循环的循环体"中的一条语句，这使程序结构得到简化。当要执行【黑匣子】时，外层循环暂停，打开【黑匣子】并只分析【黑匣子】里的内容（不要再考虑黑匣子之外的内容），这时要分析的程序结构也是非常简单的。这时循环不是"一蹴而就"的，待【黑匣子】里的程序全部执行完之后再关闭【黑匣子】、返回到外层循环继续执行；即【黑匣子】这条"语句"执行完毕，应继续执行外层循环体中的下一条语句，或外层循环体结束，跳转到外层 for 循环的"表达式 3"。待下次需执行【黑匣子】时，外层循环再暂停，再打开【黑匣子】并只分析【黑匣子】里的内容……

如本例应先把"for (j=1;j<4;j++) sum++;"部分当作【黑匣子】。从图 5-7 所示的变量 i、j 的变化可知，当 i 由 1 变为 2 时，j 又从 1 开始变化。为什么 j 又变回 1 了呢？当 i++ 使 i 变为 2 后，需要再次打开【黑匣子】，现在只分析【黑匣子】：

```
for (j=1;j<4;j++)              /* 循环 3 次：j=1,2,3 */
    sum++;
```

只关注以上两行语句，必然先执行 j=1，j 被赋值为 1。因此无论此时 j 值为多少，都会被重新赋值为 1，类似于下一个小时又从第 1 分钟开始了。

【程序例 5.7】编程用 * 输出图 5-8 所示的图形。

【分析】本题可采用如下程序段完成（设已定义 int i）：

```
for (i=1; i<=5; i++)
    printf("*****\n");
```

然而其中语句 printf("*****\n"); 的输出内容较多，它也应采用循环实现。如将 printf("*****\n"); 这一条语句用下面 3 行替换：

```
for(j=1; j<=5; j++)
    printf("*");
printf("\n");
```

就构成循环的嵌套。完整程序可写为：

```
#include <stdio.h>
main()
{   int i, j;
    for (i=1; i<=5; i++)
    {
        for (j=1; j<=5; j++)
            printf("*");
        printf("\n");
    }
}
```

变量i	变量j	变量sum
1	1	1
1	2	2
1	3	3
2	1	4
2	2	5
2	3	6
3	1	7
…	…	…
4	3	12

```
* * * * *
* * * * *
* * * * *
* * * * *
* * * * *
```

图 5-6　时钟的时针、分
针是嵌套循环

图 5-7　sum++;每次被执行时各
变量值的变化

图 5-8　【程序例 5.7】
要输出的图形

以上是 for 语句与 for 语句嵌套的例子。C 语言中的 3 种循环语句 while、do...while、for 彼此都可以嵌套。例如下面的左、右两个程序段都使用了循环嵌套:

```
while (表达式 1)                    while (表达式 1)
{                                  {
    语句 1;                            语句 1;
    do                                for (表达式 2; 表达式 3; 表达式 4)
    {                                 {
        语句 2;                            语句 2;
    } while (表达式 2);                 }
    语句 3;                            语句 3;
}                                  }
```

循环嵌套时,一个循环要完整地被包含在另一个循环的循环体之内,外、内层循环是"包含"关系,而不是"交叉"关系。内层循环要执行外层循环指定的次数:外层循环每循环一次,内层循环都要从开始到结束完整地执行完(含很多步)。外层循环先开始后结束,内层循环后开始先结束。

【随学随练 5.11】有以下程序

```
#include <stdio.h>
main()
{   int m,n;
    scanf("%d%d", &m,&n);
    while (m!=n)
    {   while (m>n) m=m-n;
        while (m<n) n=n-m; }
    printf("%d\n", m);
}
```

程序运行后,当输入 1463↙时,输出结果是_____。

【答案】7

【分析】本程序在外层循环里嵌套两个并列的内层循环,将这两个内层循环分别作为整体看作【黑匣子 1】和【黑匣子 2】,则原程序循环部分可简化为:

```
while (m!=n)
{   【黑匣子 1】;
```

```
        【黑匣子2】;
    }
```

则很容易看出：若 m!=n，就先执行【黑匣子 1】，再执行【黑匣子 2】，然后回到 m!=n; ，若 m 还不等于 n，则再重复这个过程，直到 m==n 为止。

由于 14!=63，执行【黑匣子 1】。由于 14>63 为假，【黑匣子 1】直接结束。执行【黑匣子 2】，此时的关键是只关注【黑匣子 2】，不要再考虑其他内容：由于 m<n 为真，执行 n=n-m; ，m<n 还为真，还执行 n=n-m……直到 m 为 14、n 为 7，【黑匣子 2】结束。

回到 while (m!=n)，14!=7，再次执行【黑匣子 1】，此时只关注【黑匣子 1】，不要再考虑其他内容：由于 14>7，执行 m=m-n; ，m 为 7，n 为 7，回到 m>n，7 不大于 7，【黑匣子 1】结束。再执行【黑匣子 2】，由于 7<7 为假，【黑匣子 2】直接结束。

又回到 while (m!=n)，7 等于 7，跳出最外层的 while，执行 printf。

【小试牛刀 5.2】下面程序的输出结果是？

```
for (i=1;i<=2;i++)
    printf("*");
for (j=1;j<=3;j++)
    printf("#");
```

【答案】**###。注意这是两个并列的循环，而非循环的嵌套。因为两个 for 语句谁也不是谁的孩子，执行完一个 for 再执行另一个 for 即可。

5.5 埋头干活中的抬头看路——continue 和 break 语句

5.5.1 源于生活——continue 和 break 概述

continue 和 break
语句

在超市购物时的排队结账，也是一个循环的过程。每位顾客都执行被扫描商品条形码、付款、领小票、取商品离开超市，所有顾客都重复此过程……直到队列中的所有顾客全部离开。可用循环结构的程序表示为：

```
while (队列中还有未结账的顾客)
{   被扫描商品条形码;
    付款;
    领小票;
    取商品离开超市;
}
```

有人在逛超市时遇到过这样的情况：刚刚扫描完商品的条形码，在要付款时发现钱包和手机都忘带了。这时需要回家取钱包，那么自己后续的"付款""领小票""取商品离开超市"等过程就不能进行了；但可先请下一位顾客结账，如图 5-9 所示，其他顾客的结账并未因此结束。这在程序中称为"跳转到下一次循环"（而不是"跳出循环"），也就是跳过本次循环尚未执行的余下的语句，而直接进入下一次循环。这在 C 语言中通过 continue 语句实现。同 break 语句的写法类似，continue 语句的写法也是在关键字 continue 后加个分号就可以了：

```
continue;
```

现将以上程序修改为：

图 5-9　超市购物结账时先请下一位顾客结账

```
while (队列中还有未结账的顾客)
{    扫描商品条形码;
     if (钱包忘带了) continue;
     if (结账机坏掉了) break;
     付款;
     领小票;
     取商品离开超市;
}
```

执行 continue 时，即跳转到 "while (队列中还有未结账的顾客)"，如果条件仍为真，就进行下一位顾客的结账（执行下一位顾客的 "扫描商品条形码"）。那么刚才那次循环体（忘记带钱包顾客）的 "付款" "领小票" 等过程就被跳过了。continue 一般是在某些条件下使用的，本例的条件就是 "钱包忘带了"。因此 continue 一般与一个 if 语句联用，即 "if (条件) continue;"。但并不是说 continue 作用于 if，它是作用于 if 所在的那层循环的。

break 语句的作用与 continue 的作用不同，它的作用是 "跳出" 循环，不但本次循环剩余的语句都不执行了，下一次循环也不执行了。在购物结账时，如果结账机突然坏掉了，那么正在结账的这位顾客无法继续结账，下一位顾客也无法结账，这就是 break 的适用情况。break 一般也是在某些 "条件" 下使用的，故一般也与 if 联用，即 "if (条件) break;"。但并不是说 break 作用于 if（跳出 if），而是 break 作用于 if 所在的那层循环（用于跳出那层循环）。

杀毒软件扫描文件的过程也是一个循环。在杀毒软件的主界面中一般会给出正在扫描的文件的文件名，旁边还有一个 "跳过此文件" 按钮，如图 5-10 所示。如果我们觉得正在扫描的这个文件一定没有问题，可单击该按钮跳过该文件的扫描以节省时间。显然 "跳过此文件" 是指此文件的剩余部分不要再扫描了，但下一文件还要继续扫描，这属于 continue 的适用情况。如果在扫

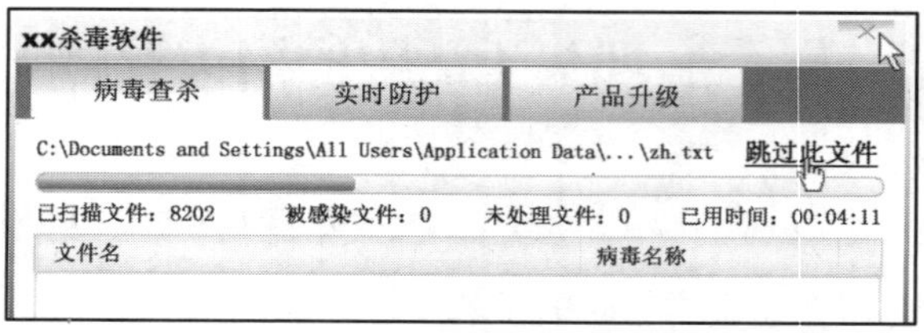

图 5-10 杀毒软件的 "跳过此文件" 和 "关闭" 按钮
分别是使用 continue 和 break 的例子

描过程中，我们单击了杀毒软件主界面的 "关闭" 按钮 ✕，将终止所有扫描过程，那么正在扫描的这个文件会被跳过，以后的文件也不会扫描了，这属于 break 的适用情况。杀毒软件的完整程序可表示为（设磁盘中有 10000 个文件需要扫描）：

```
for (i=1; i<=10000; i++)
{    扫描第 i 个文件的前半部分;
     if ("跳过此文件" 按钮被单击) continue;
     if ("关闭" 按钮被单击) break;
     扫描第 i 个文件的后半部分;
}
```

5.5.2 下一个上——continue 语句

continue 是结束本次循环（不执行本次循环剩余语句），转到循环条件处判断是否继续下一次循环。显然 continue 只对循环有作用，在 C 语言中实现循环结构的语句只有 while、do...while 和 for 这 3 种，即 continue 只对这 3 种语句有作用。

continue ⎰ 作用于 while 语句：跳转到 "while (表达式)" 【向上跳】，然后判断表达式为真或假，决定是否继续下一次循环。

作用于 do...while 语句：跳转到 "while (表达式)" 【向下跳】，然后判断表达式为真或假，决定是否继续下一次循环。

作用于 for 语句：跳转到 "表达式3"，先计算表达式 3，然后判断 "表达式 2" 为真或假，决定是否继续下一次循环。

while 语句的"while（表达式）"在上面，continue 的跳转方向是"向上"；do...while 语句的"while（表达式）"在下面（位于上面的是 do），continue 的跳转方向是"向下"。

注意，continue 对 if、switch 均无作用。如果发现程序中在 if 后或 switch 中出现了 continue，其含义是 continue 作用于 if 或 switch 所在的那层循环，而不是作用于 if 或 switch 本身。对于嵌套循环，continue 也只对它所在的那一层循环有效，不能越级，也不能连级作用。

【程序例 5.8】输出 1～10 的所有奇数。

```
#include <stdio.h>
main()
{    int i=1;
     for (i=1; i<=10; i++)
     {    if (i%2==0) continue;
          printf("%d ", i);
     }
}
```

程序的运行结果为：

```
1 3 5 7 9
```

如果 i%2==0 为真，表示 i 为偶数，就执行 continue 跳转到 i++，直接进入下一次循环；这就跳过了 printf，没有输出。如果 i 为奇数，不执行 continue，可执行 printf 从而输出。printf 执行后，本次循环正常结束，也会跳转到 i++，进入下一次循环。

解决同一问题有多种不同的方法，本例程序也可写为下面的形式：

```
for (i=1; i<=10; i++)
{    /* 这里 for 的{ }也可省略，因循环体只有一条 if 语句 */
     if (i % 2 == 1) printf("%d ", i);
```

或者，直接控制循环变量 i 的值在 1～10 的奇数中变化（i=1,3,5,7,9）：

```
for (i=1; i<=10; i+=2)
     printf("%d ", i);
```

高手进阶

编程高手一般不将条件写为"if （i % 2 == 1）"，而写为"if （i % 2）"。因为如果 i 除以 2 余数为 1，1 本身就表示了真（非 0），直接执行子句便是；没有必要再判断"1 与 1 相等"是否为真。写为后者效果相同，却更简洁。如对此概念较为陌生，请复习 4.1.1 小节。

【随学随练 5.12】有以下程序

```
#include <stdio.h>
main()
{    int x=8;
     for ( ; x>0; x--)
     {    if (x%3) { printf("%d,", x--); continue; }
          printf("%d,", --x);
     }
}
```

程序的运行结果是（   ）。

A）7, 4, 2,   B）8, 7, 5, 2,   C）9, 7, 6, 4,   D）8, 5, 4, 2,

【答案】D

【分析】8、4、2 是由 if 中的 printf 输出的，5 是由另一个 printf 输出的。for 省略了表达式 1，直接判断 8>0 为真，执行循环体。8%3 余 2，2 为真，执行 if 的{ }中的 printf 输出 8 后 x 变为 7，再执行 continue 跳到表达式 3 的 x--，x 变为 6。6>0 为真，再执行循环体。6%3 余 0，0 为假，不执行 if 的{ }中的语句，执行 printf("%d,", --x);，x 先被减 1 变为 5，输出 5。再回到表达式 3 的 x--，x 变

第 5 章

为 4，4>0 为真，再执行循环体……后续过程读者可自行分析。

5.5.3 前方施工请绕行——break 语句

break 能作用于 switch 语句，也能作用于 3 种循环语句（while、do...while、for），但不能作用于 if。break 一般与 if 联用，即满足**某种条件时才**跳出；这时 break 仍作用于 if 所在的那层 switch 或作用于 if 所在的那层 while、do...while、for，而不是作用于 if 本身。

break 作用于 switch：跳出 switch 而执行整个 switch 以后的语句。

break 作用于 while、do...while、for：跳出整个循环而执行循环后的语句。

在嵌套 switch 或者嵌套循环中，break 也只能跳出它所在的那一层 switch 或那一层循环，不能越级也不能连级跳出。一个 break 要么跳出 switch，要么跳出循环，同一 break 也不能兼有跳出两者的功能。

【程序例 5.9】若在银行定期存款 1 万元，年息为 1.95%，求多少年后，本息合计可超过 100 万元？

【分析】1 年后，本息合计 10000×(1+1.95%)=10195 元；2 年后，本息合计 10195×(1+1.95%)≈10393.80 元；3 年后，本息合计 10393.80×(1+1.95%)≈10596.48 元……如此重复下去，直到本息合计超过 100 万元为止。用变量 r 表示年息，即 r=0.0195；变量 x 表示本息合计的金额数，每年后本息合计都会增长，将增长后的本息合计仍存入 x 中。于是每年计算本息合计都是执行语句 x = x * (1+r);，当 x 大于 100 万时用 break 跳出。变量 i 表示经过了多少年，每过 1 年 i 值增 1。程序如下：

```
#include <stdio.h>
main()
{    double x=10000, r=0.0195;
     int i=0;
     while (1)
     {    x = x * (1+r);
          i++;
          if (x>1000000) break;
     }
     printf("%d年后，超过100万元\n", i);
}
```

程序的运行结果为：

```
239年后，超过100万元
```

239 年后，就能拿到 100 万元了！看来如果手中有 1 万元，不要挥霍，将它存入银行，可以给子孙后代留一笔不小的财富呢！如果开始存入 10 万元，或者年息更高一些呢？读者可修改程序中变量 x 或 r 的初值，上机运行一下，看看是不是需要的年数更少。

while (1)是一个"死循环"，1 为真，循环将一直执行下去；但实际上并不会陷入死循环，因为在循环体内有 break 语句，一旦条件为真，就会跳出循环。总结为要跳出循环有两种方式：① 条件表达式为假时跳出循环；② 通过 break 语句随时可跳出循环。

【小试牛刀 5.3】要实现死循环，除"while (1) 语句;"外，还有哪些写法？

【答案】用 for 或 do...while 也可实现死循环，如"for (;;) 语句;""for (;1;) 语句;""do 语句; while (1);"等。将 1 写为任意非 0 值也可，如"while (666.888) 语句;"。

【小试牛刀 5.4】break 和 continue 分别会不会影响循环次数？

【答案】break 会影响循环次数，continue 不会影响循环次数。

5.6 轻车熟路——程序控制结构小结和综合举例

循环结构程序举例

程序有 3 种基本结构：顺序结构、选择结构、循环结构。顺序结构的程序依语句出现顺序，逐条执行，每条语句执行一次；选择结构的程序将根据条件有选择地执行语句；循环结构是指语句在代码中只出现一次，却可被反复执行多次。3 种结构分别类似 3 种走路的方式，如图 5-11 所示。无论多么复杂的程序，一般应仅由这 3 种结构衔接或嵌套组成，仅由这 3 种结构组成的程序（不使用 goto 语句）称为**结构化程序**。

（a）顺序结构　　　　　　　　　　（b）选择结构　　　　　　　　（c）循环结构

图 5-11　程序的 3 种基本结构

在 C 语言中实现选择结构的语句有 2 种：if 和 switch。这 2 种语句在某些场合可互换使用，但一般来说 if 更适用于简单分支或分支较少的问题，switch 更适用于多路分支的问题。

在 C 语言中实现循环结构的语句有 3 种：while、do...while、for。这 3 种语句在某些场合也可互换使用。例如 for 语句的一般形式可用 while 语句改写如下：

```
表达式 1;
while(表达式 2)
{    语句;
     表达式 3;
}
```

其中 for 语句的"表达式 2"成为 while 语句的"表达式"，"表达式 1"变作一条语句单独执行，"表达式 3"变作循环体中的最后一条语句，运行结果相同。

例如求解 sum=1+2+3+⋯+100 的程序也可用 while 语句写为：

```
int i, sum;
sum=0;
i=1;
while (i<=100)
{    sum=sum+i;
     i++;
}
printf("sum=%d", sum);
```

通常情况下，对于已知循环次数的循环用 for 实现比较合适，对不知循环次数仅有循环条件的循环用 while 或 do...while（与 while 的区别是首先要执行一次循环体）实现更合适。例如本章开始"走到教室上课"的例子，我们分别用 while 和 do...while 实现了，但尚未用 for 实现，这是因为无法事先估计要走的"步数"，不适合用 for 语句。

以上 5 种语句中，switch 是唯一不遵循独生子女规则的语句。其他 4 种语句都遵循独生子女规则，仅能控制其后的一条语句；当需控制多条语句时，需用{ }构成复合语句。

一个选择语句（及它的子句）和一个循环语句（及它的子句）在整体上可当作一个语句或一个【黑匣子】对待，因此可以说：采用基本结构的语句都是顺序执行的。

【程序例 5.10】暴力破解密码。

```
#include <stdio.h>
#define PASSWORD 123456
main()
{    int i;
     for (i=1; i<=999999; i++)
          if (i==PASSWORD)
          {    printf("小样儿! 你密码被破解了，是: %d\n", i);
```

```
            break;
        }
    }
```

程序的运行结果为：

```
小样儿！你密码被破解了，是：123456
```

for 的孩子只有一条 if 语句，for 后不必加{ }构成复合语句。程序可以破解任意 6 位数组成的密码，现通过#define 命令定义了符号常量 PASSWORD 来表示密码。读者也可修改#define 的密码定义，设置新的密码。如将之改为：

```
#define PASSWORD 24680
```

再次运行程序，密码同样可以被很快破解！

密码是怎样被破解的呢？实际上，计算机并没有"破解"密码的能力，它有的只是一个一个去试的"蛮干"劲头。循环穷尽从 1 到 999999 的所有数字，然后逐个匹配；如果中间哪个数字与密码匹配上了，就表示破解成功，后面没有试过的数字就无须再试，用 break 跳出循环即可。计算机凭借极快的运行速度，很快就可以试完，从而破解密码。该方法也称为**穷举法**，是程序设计中的常用方法之一。

【程序例 5.11】编程找出 100～999 的所有水仙花数，所谓水仙花数是指该数的各位数字的立方和等于该数本身。例如 153 就是一个水仙花数，因为 $1^3+5^3+3^3=153$；又如 371 也是一个水仙花数，因为 $3^3+7^3+1^3=371$。

【分析】这也属于"暴力穷尽"的问题，即穷尽所有 100～999 的数，逐个判断每个数：先分解出其个、十、百位（分别存入 3 个变量），再判断这 3 个变量的立方和是否等于该数本身。注意，这里不能使用 break，无论是不是水仙花数，都要继续检查下一个数。

```
#include <stdio.h>
main()
{   int bai,shi,ge;  int i;
    for (i=100; i<=999; ++i)
    {   ge=i%10;shi=(i/10)%10;bai=i/100;
        if (ge*ge*ge + shi*shi*shi + bai*bai*bai == i)
            printf("%d 是一个水仙花数。\n", i);
    }
}
```

程序的运行结果为：

```
153 是一个水仙花数。
370 是一个水仙花数。
371 是一个水仙花数。
407 是一个水仙花数。
```

【程序例 5.12】判断 m 是否为素数（质数）。

【分析】若除了 1 和它本身外，一个整数再不能被其他任何数整除了，则这个数就是素数。判断素数也属"暴力穷尽"的问题，即穷尽所有 $2～m-1$ 的数，用这些数逐个去"试除"m，判断m 能否被整除。如果都不能被整除，就说明 m 是素数；如果发现其中有一个数 m 能被它整除，就说明 m 不是素数，这时就不必再试除后面的数了，用 break 跳出循环即可。

上面是最基本的思路，但在数学上还有定理：如果 m 不能被 $2～\sqrt{m}$ 中的所有的数整除，则 m 就是素数。因此只要试除到 $\sqrt{m}$ 就可以了，而不必试除到 $m-1$，这可大大减少要试除的数，加快运算速度。注意要试除到的是 $\sqrt{m}$ 而不是 $\sqrt{m}-1$。

```
#include <math.h>
#include <stdio.h>
main()
{   int m,i,k;
    scanf("%d",&m);
```

```
    k=sqrt(m);                      /* 求 m 的平方根，要包含 math.h */
    for (i=2;i<=k;i++)              /* 从 2 循环到 m 的平方根，注意不是 i<k */
        if (m%i==0) break;         /* 能被其中一个数整除，必不是素数 */
    if (i>k)                        /* i>k 表示执行完 for 跳出，非用 break 跳出 */
        printf("%d 是素数\n", m);
    else
        printf("%d 不是素数\n", m);
}
```

程序的运行结果为：

<u>66</u>✓
66 不是素数

再次运行的结果为：

<u>199</u>✓
199 是素数

有 2 种途径可跳出 for 循环：（1）i<=k 为假（即 i>k 或 i>=k+1）；（2）执行了 break 语句（此时 i<=k 必为真，且 m%i==0 也为真）。这两种途径分别代表了两种结果。

（1）说明是素数。因为各次循环都过了关，"试除"坚持到了最后，m 都不能被 i 整除；

（2）说明不是素数。因为中途执行了 break，即有一次发现 m%i==0（m 能被 i 整除）。

在循环语句的下一条语句通过 if 判断，分情况输出这两种结果即可。分情况输出时，if 的条件恰好是 for 语句中表达式 2 的**相反条件**（i<=k 的相反条件是 i>k），如果这一 if 条件为真，就表示是通过第（1）种途径跳出 for 循环；否则（else）就是通过第（2）种途径跳出 for 循环。

注意上机操作时，源程序文件名必须加 .c（参见 1.3.2 小节），否则将被自动加上 .cpp，成为 C++ 的程序。而 C++ 要求 sqrt 的参数不能是整数（必须为 double 型）。

【**程序例 5.13**】根据以下公式求 π 的近似值，要求累加到某项小于 5e-6 为止。

$$\frac{\pi}{2} = 1 + \frac{1}{3} + \frac{1 \times 2}{3 \times 5} + \frac{1 \times 2 \times 3}{3 \times 5 \times 7} + \frac{1 \times 2 \times 3 \times 4}{3 \times 5 \times 7 \times 9} + \cdots + \frac{1 \times 2 \times \cdots \times n}{3 \times 5 \times \cdots \times (2n+1)}$$

【**分析**】可先计算 π/2 存入变量 pi，再计算 pi=pi*2;即可。而计算 π/2，是一个累加问题。这里不确定要累加到第多少项，因此适合用 while 循环，循环条件是该项值不小于 5e-6。将 1 看作第 0 项、1/3 为第 1 项、(1*2)/(3*5)为第 2 项……用变量 x 表示一项的值，变量 n 表示第几项。从第 1 项开始，每一项都是在前一项的基础上 *n/(2*n+1) 所得。如已求出某一项的值并存入 x，则下一项可用 x=x*n/(2*n+1); 求得（下一项的值仍存入 x，不必定义新变量）。注意，各项都含小数，变量 x 不得定义为 int 型。

```
#include <stdio.h>
main()
{   double pi;
    int n; double x;                /*项号为 n，项值为 x*/
    pi=0;                           /*累加前勿忘清零*/
    n=0;  x=1.0;                    /*准备第 0 项：包括项号 n、项值 x*/
    while (x>=5e-6)                 /*若刚准备的项仍满足条件，就继续*/
    {   pi+=x;                      /*累加刚准备的项*/
        n++;x=x*n/(2*n+1);          /*准备下一项：包括项号 n、项值 x*/
    }
    pi=pi*2;
    printf("pi=%f\n", pi);
}
```

程序的运行结果为：

pi=3.141580

【程序例 5.14】 为小学生编写两位整数的加法练习程序，要求由计算机随机出题。

```c
#include <stdio.h>
#include <stdlib.h>
#include <time.h>
main()
{   int num=0;              /* 题号 */
    int right=0;           /* 答对题数 */
    int a,b,c;             /* 要计算加法的两个数 a、b 以及结果 c */
    char yn;               /* 询问是否继续的判断变量 */
    printf("欢迎使用两位整数加法练习程序。\n");
    printf("*****************************\n");
    srand(time(NULL));                /* 设置随机数发生器种子 */
    while (1)
    {   num++;
        printf("\n第%d题 ", num);

        /* 随机出题 */
        a=rand()%100;                 /* 产生 100 以内的随机整数 */
        b=rand()%100;                 /* 产生 100 以内的随机整数 */
        printf("%d+%d=",a,b); /* 显示题干 */

        /* 要求输入答案并判断是否正确 */
        scanf("%d", &c);
        if (c==a+b)
        {    printf("恭喜，答对了！ ");
             right++;                  /* 答对题数计数 */
        }
        else
             printf("答错了，正确答案是：%d ", a+b);

        /* 询问是否继续 */
        printf("要继续练习吗？(n=退出；y=继续)");
        while ( getchar() != '\n') ;   /* 清空之前的输入缓冲区 */
        scanf("%c", &yn);
        if (yn=='N' || yn=='n') break;
    }
    /* 给出本次练习的评价 */
    printf("\n本次练习你做了%d题，", num);
    printf("其中答对了%d题，答错了%d题", right, num-right);
    printf("\n正确率为%5.1f%%\n", (float)right/num*100);
    printf("祝你学习进步，再见！\n");
}
```

程序的运行结果为：

```
欢迎使用两位整数加法练习程序。
*****************************

第 1 题 38+41=79✓
恭喜，答对了！要继续练习吗？(n=退出；y=继续)y✓

第 2 题 21+35=56✓
恭喜，答对了！要继续练习吗？(n=退出；y=继续)y✓

第 3 题 99+23=102✓
```

答错了，正确答案是：122 要继续练习吗？(n=退出；y=继续) y↙

第 4 题 46+77=123↙
恭喜，答对了！要继续练习吗？(n=退出；y=继续) n↙

本次练习你做了 4 题，其中答对了 3 题，答错了 1 题
正确率为 75.0%
祝你学习进步，再见！

由于随机出题，读者上机运行时题目的数值可能与此处不同。

为使计算机随机出题，这里使用了 rand 函数，它是一个系统库函数，用于产生一个随机的非负整数（大于或等于 0），所产生的随机数就是函数值。例如，通过语句 a=rand(); 就可将产生的随机数保存到 int 型的变量 a 中。

若要将随机数限制在 100 以内，只要将所产生的随机数除以 100 取余数，因为任何非负整数除以 100 的余数必在 0 ~ 99 内：

```
a = rand() % 100;        /* 产生 100 以内的随机整数 */
```

rand 函数所产生的随机数实际上是基于一个"种子"通过某种公式计算所得的一个序列中的数。如果种子相同，所计算的数据序列必然相同，这使每次程序运行的结果相同，无随机性。因此，应使每次程序运行时的种子不同。设置种子的函数是 srand。这里将当前时间设为种子，程序每次运行的时间不同，种子就不同：

```
srand(time(NULL));          /* 设置随机数发生器种子 */
```

time 是系统库函数，用于获取从 1970 年 1 月 1 日 0:00 至当前时间所经过的秒数。要调用 time 函数，程序需包含头文件 time.h。要调用 rand 和 srand 函数，程序需包含头文件 stdlib.h。

srand 函数在程序中只需调用一次（一般在程序开始时调用一次），不必在每次调用 rand 前都先调用一次 srand。

程序还使用以下语句清空了之前的输入缓冲区（倒掉冰箱里的所有"剩饭"）：

```
while ( getchar() != '\n') ;   /* 清空之前的输入缓冲区 */
```

因为如果用户在输入计算题答案时，还输入了多余的字符（包括其后的'\n'），则在执行 scanf("%c", &yn); 时程序不会暂停，而是直接读取多余的字符（包括'\n'）赋给 yn，从而发生错误。在执行 scanf 前先清空输入缓冲区，这样在执行 scanf("%c", &yn); 时冰箱内没有了"剩饭"，则必然会暂停、要求用户输入。清空输入缓冲区的方法是通过 getchar 函数逐个读取之前所输入的剩余内容中的每个字符，直到读到用户在本行末输入的'\n'为止，我们在【程序例 5.1】中介绍过这个技巧。这个 while 循环的循环体是空语句（；）。

另外，语句 printf("\n 正确率为%5.1f%%\n"……); 在" "内使用了连续的两个%，它表示要在屏幕上原封不动地输出一个%。

第6章

把平房升级为楼房——数组

在现代城市中已经很少见到平房了，大多是楼房。相对于平房，楼房的优势是可以分层，占用相同土地面积的楼房中可以居住更多的人。楼房层数越多，能居住的人也就越多，这就相对缓解了城市土地资源紧缺的问题。

在 C 语言中，单个的变量就像一栋平房，只能住一户人家（保存一个数据），如果要处理较多的数据，单个变量就"力不从心"了。例如要保存 100 名学生的成绩，难道要定义 100 个变量吗？如果全校有几万人，恐怕连变量的名字都不够用了吧？看来在 C 语言中盖楼房也是很有必要的；在 C 语言中类似楼房的变量就是数组，一个数组相当于一组变量，可以保存很多数据，如一个班级所有学生的成绩、若干城市的气温、全年各天的商品销量……这类数据统统都可以用数组保存。

6.1 直线升级—— 一维数组

6.1.1 一维数组的基本用法

定义变量时，在变量名之后加一对[ ]，在[ ]内写出要包含的元素个数，就可定义一个数组。例如：

一维数组的概念和基本用法

```
int a[5];
```

定义了数组名为 a 的一个数组，数组中有 5 个元素，相当于一次性地定义了 5 个变量。这 5 个变量的类型都是 int，变量名依次是 a[0]、a[1]、a[2]、a[3]、a[4]，即通过带[ ]的下标来区分各变量。下标总是从 0 开始，最大为"元素个数-1"，如图 6-1 所示。a[0]~a[4]也称数组元素或下标变量，在使用时把它们当作 5 个变量来用即可（使用数组元素也称引用）。对于可使用单个变量的场合，都可使用数组元素。例如：

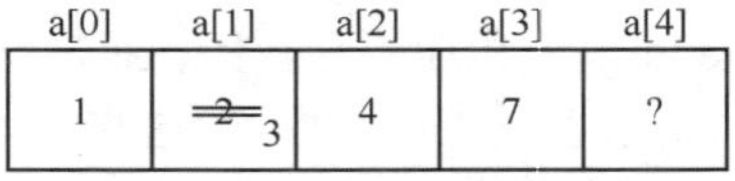

a[0]	a[1]	a[2]	a[3]	a[4]
1	~~2~~ 3	4	7	?

图 6-1　包含 5 个元素的数组

```
a[0]=1;  a[1]=2;   a[2]=a[1] * 2;
scanf("%d", &a[3]);    /* 如从键盘输入 7，a[3]的值为 7 */
printf("%d", a[2]);    /* 屏幕输出 4 */
a[a[0]]++;             /* 即 a[1]++;，a[1]由 2 变为 3 */
```

其中 a[4]一直没有被赋值，与单个变量的情况相似，它的值为随机数。

⚠️ **脚下留心**

在定义 int a[5];后，万不可顺势去使用变量 a[5]。下标总是从 0 开始，最大下标为"元素个数-1"。int a[5];中的 5 表示一共有 5 个元素，并不表示最大下标的元素是 a[5]。最大下标的元素是 a[4]，没有 a[5]这个元素。

如果错误使用了 a[5]或更大下标的元素（如 a[6]、a[100]……）则称下标越界。下标越界时，编译系统不会提示语法错误，但程序运行后可能引发意外问题或导致异常终止，在编程时务必注意数组下标不要越界。

数组的定义和引用都必须使用方括号[ ]，不能使用圆括号( )或花括号{ }，也不能不使用括号。如定义数组时写为 int a(5); ，引用数组时写为 a(0)=1; 、a1=2; 、 a_2=3; 等，都是错误的。

不能通过数组名整体引用数组元素，例如要给数组 a 的全部元素赋值为 1 不能写为：

```
a=1;                    /* 错误, 数组不能整体赋值 */
```

因为 a 不是变量名，而是数组名。a[0]、a[1]、a[2]等才是变量名，即必须用[ ]写出下标才能使用各元素。对于楼房，要找到房间，不仅要给出楼名，还要给出楼层数。要给 5 个元素都赋值为 1，要写为 a[0]=1; a[1]=1; a[2]=1; a[3]=1; a[4]=1; ，一句不能少。

似有不妥？如果数组有 50 个、500 个元素，不能一直写下去吧？这不由得让我们想到了循环。由于数组元素较多，一般数组都要和循环结合起来使用，可写为：

```
for (i=0; i<5; i++)
    a[i]=1;
```

让循环变量 i 在 0 ~ 4 变化 (设已定义 int i;) 并将其作为各元素下标，注意最大下标是 4 不是 5。for 循环的头部也可写为 for (i=0; i<=4; i++)，但习惯上仍写为前者。因为定义数组时在 int a[5];中已给出了 5，写为前者实际上是直接把定义时的那个 5 照抄过来，而不必想着 "5-1=4"；另外写 < 也比写 <= 少写一个符号。

又如，要依次输出数组 a 中 5 个元素的值，也不能整体引用：

```
printf("%d", a);           /* 错误, 数组不能整体引用 */
```

而必须逐一输出各元素，即 printf("%d   ", a[0]); printf("%d   ", a[1]); ...; printf("%d   ", a[4]); 。写为循环的形式为：

```
for (i=0; i<5; i++)
    printf("%d ", a[i]);
```

又如，要通过键盘依次为数组 a 的 5 个元素输入数据，应写为：

```
for (i=0; i<5; i++)
    scanf("%d", &a[i]);
```

再如，要计算数组 a 的 5 个元素之和 (设已定义 int sum=0;)，应写为：

```
for (i=0; i<5; i++)
    sum = sum + a[i];
```

看出点门道没有？对！以上程序循环头部都是相同的，即 for (i=0; i<5; i++)，只是循环体中对 a[i]的操作不同，对 a[i]做某操作，就是对数组的每个元素逐个都做了该操作。

💡 **窍门秘笈**　通过循环处理数组元素的一般编程套路：

```
    for (i=0; i<元素个数; i++)
        对 a[i]进行操作;
```

其中 "元素个数" 从定义数组处的[ ]内照抄即可，如照抄 int a[5];中的 5。

不能将一个数组赋值给另一个数组。如已定义 int b[5]; ，以下赋值是错误的：

```
b=a;                    /* 错误, 数组不能整体赋值 */
```

要将一个数组的各元素分别赋值给另一个数组的各元素，也必须通过循环逐个元素赋值：

```
for (i=0; i<5; i++)
    b[i]=a[i];
```

【程序例 6.1】从键盘输入 10 名学生的成绩，请编程统计及格人数，并计算 10 名学生的平均成绩。

```
#include <stdio.h>
main()
{    float score[10];                /* 10 名学生的成绩用数组保存 */
     int i, cnt;                     /* cnt 用于存放及格人数 */
     float sum=0.0, aver=0.0;        /* 分别用于存放总成绩、平均成绩 */
```

```
/* 输入数据 */
for (i=0; i<10; i++)
    scanf("%f", &score[i]);

/* 统计 */
cnt=0;                              /* 初始化及格人数为 0 */
for (i=0;i<10;i++)
{   if (score[i]>=60) cnt++;        /* 及格人数计数 */
    sum+=score[i];                  /* 计算 10 名学生的总成绩*/
}
aver=sum/10.0;                      /* 求平均成绩*/

/* 输出结果 */
printf("及格人数=%d\n", cnt);
printf("平均成绩=%5.1f\n", aver);   /*宽度为 5, 1 位小数 */
}
```

程序的运行结果为：

```
58.5  69.5  60  42   75↙
64  86.5  92.5  100↙
70↙
及格人数=8
平均成绩= 71.8
```

要保存 10 名学生的成绩不必使用 10 个单独的变量，使用数组比较方便。这里定义了一个 float 型的数组 score[10]，把其中的元素看作 10 个 float 型的变量即可，变量名为 score[0] ~ score[9]（注意，没有 score[10]这个变量）。

首先用编程套路为各元素 score[i]输入数据，scanf 将执行 10 次，分别读入 10 个数。输入时，各数以空格、Tab 符、换行符分隔均可；既可在一行中输入多个数，也可分多行输入。执行一次 scanf 只读取本行的第 1 个数据，其他内容放入"冰箱"（缓冲区）；下次循环时的 scanf 将先检查冰箱，如有"剩饭"先吃剩饭，如无"剩饭"再要求用户输入新数据。总之让执行 10 次的 scanf 都"有饭吃"就可以了。输入数据后的 score 数组如图 6-2 所示。

	score[0]	score[1]	score[2]	score[3]	score[4]	score[5]	score[6]	score[7]	score[8]	score[9]
score	58.5	69.5	60.0	42.0	75.0	64.0	86.5	92.5	100.0	70.0

图 6-2　【程序例 6.1】输入数据后的 score 数组

然后统计数据，仍使用编程套路，对数组每个元素逐一判断是否大于或等于 60 和累加求和。

【程序例 6.2】通过数组求 0 ~ 15 的阶乘。

【分析】定义一个含 16 个元素的数组，每个元素分别保存 0!,1! ,…,15!。因为 N 的阶乘可由前一个元素的阶乘乘 N 求得，所以求各元素阶乘时只要用上一个元素的阶乘乘 N 即可。

```
#include <stdio.h>
#define N 16
main()
{   int fact[N], i;                /*定义有 16 个元素的数组和变量 i */
    fact[1] = fact[0] = 1;         /* 1!和 0!都为 1, 直接赋值 */
    for (i=2; i<N; i++)            /* 求 2!,3!,…,15! */
        fact[i] = fact[i-1] * i;
    for (i=0; i<N; i++)           /* 输出阶乘结果 0! ~ 15! */
        printf("%d!=%d\n", i, fact[i]);
}
```

程序的运行结果为：

```
0!=1
1!=1
2!=2
3!=6
4!=24
5!=120
6!=720
7!=5040
8!=40320
9!=362880
10!=3628800
11!=39916800
12!=479001600
13!=1932053504
14!=1278945280
15!=2004310016
```

注意，由于 int 型（有符号）变量最大值约为 21 亿，要求更大数的阶乘则不能用 int 型的数组保存结果了，而要使用取值范围更大的数据类型的数组，如 double 型的数组。

6.1.2　一维数组定义和引用的注意事项

一维数组的定义和引用还要注意以下事项。

① 同变量一样，数组也要先定义、后使用。

可在同一定义语句中同时定义多个数组，也可将数组与单个变量一起定义，例如：

```
int a[5], b[7];
double c[10], x, y, d[20];
```

则 a、b 是整型数组，c、d 是双精度实型数组，x、y 是单个的双精度实型变量。

② 定义数组时，[ ]内不能用变量表示元素个数，必须用常量（也可以用常量表达式）。这是一个很严格的规定，即使变量已被赋值有确定的值也不行。下面的程序是错误的：

```
main()
{    int n=5;
     int a[n];                    /* 错误，因为 n 是变量 */
}
```

而下面的程序是正确的：

```
#define FD 5                      /* FD 是符号常量 */
main()
{    int a[FD];                   /* 正确：FD 是 5 的代替符号，与 int a[5];等价 */
     float b[3+2];                /* 正确：允许使用表达式，但表达式中不能包含变量 */
}
```

③ 在引用数组元素时，[ ]内的下标可以用变量，但必须为整型，不能为实型（float 或 double 型）。注意"定义"和"引用"的区别：定义是定义变量、开辟内存空间；引用是实际使用。或者说，语句前有类型说明符（如 int、float、double、char 等）是定义，没有类型说明符是引用。下面都是合法的数组元素引用：

```
a[3]     a[i]     a[i+j]   a[i++]   a[n]       /* 均正确 */
```

下面都是错误的数组元素引用，因[ ]内的下标必须为整型，不能为实型：

```
a[5.2]=1;                  /* 错误 */
printf("%d", a[2.8]);      /* 错误 */
```

道理显而易见，数组下标是整数，怎么能用小数呢？注意，下面的引用也是错误的：

```
double b=1;
a[b]=3;               /* 错误！因为 b 是 double 型的，不能作下标 */
```

一维数组定义
和引用详解

第6章

b 是 double 型的，其中保存的是 1.0 而不是 1。注意，整型还是实型，不是看变量所保存的数据是否为整数，而应由定义变量时使用的类型（如 double）决定。

④ 同一数组中无论有多少元素，所有元素的类型都是相同的，该类型就是定义数组时使用的类型（如 int a[5]; ，5 个元素都是 int 型的；float score[10]; ，10 个元素都是 float 型的）。

⑤ 同一数组中的所有元素在内存中依次连续存放，每个元素占据的空间相同。

正因如此，我们在草稿纸上画数组元素时，不能画为图 6-3 所示的样子；而要像图 6-1 所示那样，让 a[0] ~ a[4] 的空间连续。就像信封上填写邮政编码的小方格或超市存包柜，一个挨一个，各元素间不能有空位。

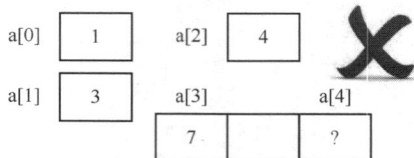

图 6-3　数组元素空间的错误画法

数组的这一特点为元素的删除和插入带来了不便：要删除数组中的一个元素，就只能使后面的元素逐个前移填补空位；要在中间插入一个新元素，也只能将后面元素逐个后移一个位置，为新数据腾出 1 个空位。别嫌麻烦，除此之外，别无他法！

数组元素的删除和插入

【程序例 6.3】 请编程删除数组 b 中下标为 2 的元素 75。

```c
#include <stdio.h>
main()
{    int i, b[6]={99,60,75,86,92,70};    /* 欲删除元素 75 */
     int n=6;                            /* 目前数组元素个数 */
     for (i=2;i<n-1;i++)                 /* ①让 75 后面的元素都向前移动一个位置 */
          b[i]=b[i+1];
     n=n-1;                              /* ②元素个数减 1，使最后多余的 70 不输出*/

     for (i=0; i<n; i++)                 /* 输出删除元素后的数组 */
          printf("%d ", b[i]);
}
```

程序的运行结果为：

```
99 60 86 92 70
```

如图 6-4 所示，要删除 75，必须将 75 后面的各元素逐个前移一个位置，75 被它的后一个元素覆盖。然而这种移动只是元素间的赋值，移动后 b[5] 的值不会消失，仍为 70，这使最后 b[4] 和 b[5] 均为 70。再人为规定目前数组有 5 个元素而不是 6 个元素，使有效元素只看到 b[4]。这就是数组元素的"删除"，并不是直接地"剪除"。删除元素需 2 个步骤：①被删元素之后的各元素逐个前移一个位置；②人为规定数组元素个数减 1。

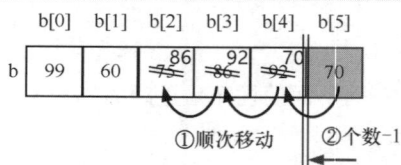

图 6-4　删除数组元素 75

其中第①步应依次执行的语句是：

```c
b[2]=b[3];
b[3]=b[4];
b[4]=b[5];
```

当元素很多时类似的语句还会一直写下去，因此应通过循环完成。提取上述公共部分，写为：

```c
b[i]=b[i+1];
```

等号左边 [ ] 内的值为 2 ~ 4，i 应从 2 循环到 4，写出 for 语句头部为：

```c
for (i=2; i<=4; i++)
```

要删除下标为 2 的元素，i 自然从 2 开始。最后一次移动是将最后一个元素移到它的前一个位置，如数组原有 n 个元素，则应执行语句 b[n-2]=b[n-1]; 。注意，最后一个元素的下标是 n-1 而不是 n（下标从 0 开始），倒数第二个元素的下标是 n-2。因此 i 的终值 n-2 自然为 4。但在 for 语句中最好写 n-2 而不写 4：

```
        for (i=2; i<=n-2; i++)              /* 或写为 for (i=2; i<n-1; i++) */
```

这使程序更有通用性，不只在 n=6 时能正确删除，即使 n=600 也不在话下！

第②步使数组元素个数减 1，直接将 n 值减 1 即可：n=n-1。

总结一下：要删除数组中的一个元素，被删元素之后的各元素都要前移一个位置。显然被删元素所在位置不同，需移动的次数也不同。删除 b[2] 需移动 b[3]～b[5] 这 3 个元素；若删除 b[1]，就要移动 b[2]～b[5] 这 4 个元素；最坏的情况是删除 b[0]，b[1]～b[5] 都要移动；若删除 b[5]，则一个元素也不需移动，直接设 n-1 即可，这是最好的情况。因此，从包含 n 个元素的数组中删除一个元素，最坏情况需移动 n-1 次；最好情况需移动 0 次。

【**程序例 6.4**】请编程在数组 b 中下标为 2 的元素 75 之前，插入新元素 100。

```
#include <stdio.h>
main()
{   int i, b[8]={99,60,75,86,92};       /* 欲在 75 之前，插入 100*/
    int n=5;                            /* 目前数组元素个数 */
    for (i=n; i>=3; i--)                /* ①75 及后续元素都向后移动一个位置 */
        b[i]=b[i-1];
    b[2]=100;                           /* ②将新元素放到下标为 2 的位置上 */
    n=n+1;                              /* ③数组元素个数加 1 */

    for (i=0; i<n; i++)                 /* 输出插入元素后的数组 */
        printf("%d ",b[i]);
}
```

程序的运行结果为：

```
99 60 100 75 86 92
```

数组 b 有 8 个元素，在定义时只给出了 5 个初值，后 3 个元素 b[5]～b[7] 自动被赋初值为 0，表示空位。插入元素也不是"塞进去式"地插入；而是要让后面的元素逐一后移一个位置，为新元素腾出位置。插入过程如图 6-5 所示，需 3 个步骤：①将元素 b[4] 移到它旁边的空位 b[5] 处、将 b[3] 移到 b[4] 处、b[2] 移到 b[3] 处；②将新值 100 赋值到 b[2]（b[2] 原先的值 75 被覆盖）；③人为规定数组元素个数多1，即 n=n+1。这类似于生活中的插入座位，如图 6-6 所示。

其中第①步应依次执行的语句是：

```
b[5]=b[4];
b[4]=b[3];
b[3]=b[2];
```

仍应通过循环完成。提取上述语句的公共部分，写为：

```
b[i]=b[i-1];
```

等号左边[ ]内的值为 5～3，写出 for 语句头部为：

```
for (i=5; i>=3; i--)
```

注意是 i>=3 不是 i<=3 且 i 是递减的，应使用 i--不应使用 i++。第一次是将最后一个元素移到它下一个位置上，如原有 n 个元素，则应执行 b[n]=b[n-1];，最后一个元素的下标是 n-1，它下一个位置的下标是 n。因此 i 的初值自然为 5 了。但在程序中最好写 n 而不写 5：

```
for (i=n; i>=3; i--)
```

这使程序更有通用性，不只在 n=5 时能正确插入，即使 n=500

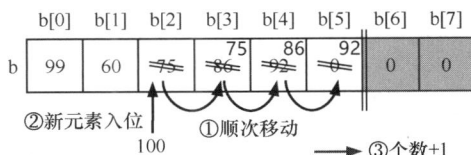

图 6-5   在 b[2] 前插入新元素 100

图 6-6   插入座位

也不在话下！在下标为 2 的元素之前插入，要插入位置的下标是 2，下一个位置的下标就是 3，这是 i 的终值。3 是由题目要求的插入位置加 1 得来的，可直接在 for 语句中写 3（i>=3 也可写为 i>2）。

对第①步还有一种实现方法，如果提取移动语句的公共部分，写为：

```
b[i+1]=b[i];
```

以等号右边[ ]内的值为基准，i 应从 4 循环到 2，用以下语句可实现同样的移动效果：

```
for (i=n-1; i>=2; i--)          /* ① 75 及后续元素都后移一个位置 */
    b[i+1]=b[i];
```

总结一下，要在数组中插入一个新元素，要插入位置的元素及它之后的各元素都要后移一个位置。显然要插入的位置不同，需移动的次数也不同。若在 b[2]前插入，需移动 b[2] ~ b[4]这 3 个元素；若在 b[1]前插入，需移动 b[1] ~ b[4]这 4 个元素；最坏的情况是要在 b[0]前插入元素，所有元素（含 b[0]）都要移动；如果在 b[4]之后插入，则一个元素也不需移动，直接将新元素赋值给 b[n]再使 n 加 1 即可，这是最好的情况。因此，在包含 n 个元素的数组中插入一个新元素，最坏情况需要移动 n 次；最好情况需要移动 0 次。

6.1.3 一维数组的初始化（定义时赋初值）

在定义变量时能同时为它赋初值，例如：

```
float sum=0.0;
```

在定义数组时也能同时为各元素赋初值，将各初值依次写出，并包含在一对{ }中即可：

```
int a[5]={0,1,2,3,4}; /*a[0]=0,a[1]=1,a[2]=2,a[3]=3,a[4]=4*/
```

数组元素的初值一定要被包含在一对{ }中，即使数组只有 1 个元素、只赋 1 个初值。需注意，这种赋初值方法只限于"在定义数组的同时"使用，不能在定义数组（定义语句的分号之后）另在赋值语句中再用{ }为数组整体赋值，如下面的写法是错误的：

```
int a[5];
a={0,1,2,3,4};              /* 错误，在定义数组的同时才能用{ }赋初值 */
```

🏃 **高手进阶**

在定义变量或数组时赋初值都是在**编译阶段**进行的，目标文件（扩展名为.obj）和可执行文件（扩展名为.exe）中的变量或数组已经有了初值（即使程序还没有运行）。

如果所赋初值个数并不恰好与数组元素个数相同，有如下规定。

① 当{ }中的初值较少，[ ]内的元素个数较多时，只依次给前面**部分元素**赋初值，后面元素**自动补 0**；对于 char 型数组，整数 0 与字符'\0'等效，也可理解为自动补'\0'。

```
int a[5]={5,10};         /* a[0]=5, a[1]=10, a[2] ~ a[4]初值都为 0 */
                         /* 与 int a[5]={5,10,0,0,0}; 等效 */
char s[4]={'a','b'};     /* s[0]='a', s[1]='b', s[2] ~ s[3]初值都为'\0' */
                         /* 与 char s[4]={'a','b','\0','\0'}; 等效 */
```

② 当{ }中的初值较多，[ ]内的元素个数较少时，将发生错误，应避免这种写法。

```
int a[5]={1,2,3,4,5,6};    /* 错误！因初值过多 */
```

③ 如给全部元素赋初值，则可省略定义数组时 [ ] 内的元素个数。

```
int a[5]={1,2,3,4,5};
```

也可写为

```
int a[ ]={1,2,3,4,5};
```

此时{ }内的初值个数就是数组的元素个数。但若未赋初值，不能省略元素个数：

```
int a[];            /* 错误！未赋初值，不能省略[ ]内的元素个数 */
```

💡 **窍门秘笈　数组定义初始化规则：**

初值少则补 0，初值多则错误；

不多不少省个数。

注意，此规则只适用于在定义数组时进行初始化的情况（前有类型说明符，如 int，后有={ }）。{ }内初值多于/少于[ ]内的个数时，有相应的处理规则；若二者个数相等，[ ]内的个数可省略不写。

【小试牛刀 6.1】 要定义包含 3 个元素的数组 s，并为其各元素都赋初值 1，下面哪些语句可以做到？

```
①int s[3];                    /*不可做到：s 包含 3 个元素但初值均为随机数 */
②int s[3]={1,1,1};            /* 可以做到 */
③int s[ ]={1,1,1};            /* 可以做到 */
④int s[3]={1};                /* 不可做到：只有 s[0]初值为 1，s[1]~s[2]初值均为 0 */
⑤int s[ ]={1};               /* 不可做到：数组只有 1 个元素 s[0]，初值为 1 */
⑥int s[3]=1;                  /* 不可做到：语法错误，初值必须被包含在{ }中 */
⑦int s[3]; s={1,1,1};         /* 不可做到：定义语句结束后不能再用={} */
```

【随学随练 6.1】 下列选项中能够正确定义数组的语句是（   ）。

A）　int num[0..2025];　　　　　　　　　B）　int num[ ];

C）　int N=2025;　　　　　　　　　　　　D）　#define N 2025

　　　int num[N];　　　　　　　　　　　　　　int num[N];

【答案】D

【分析】 A）　无此写法；B）　要省略元素个数必须赋初值；C）　N 为变量，不能用变量定义数组的元素个数，即使 N 有确定的值；D）　N 为符号常量，数组有 2025 个元素。

【随学随练 6.2】 以下程序运行后的输出结果是（   ）。

```
#include <stdio.h>
main()
{    int a[5]={1,2,3,4,5}, b[5]={0,2,1,3,0}, i, s=0;
     for (i=0; i<5; i++)  s=s+a[b[i]];
     printf("%d\n", s);
}
```

A）　6　　　　　　　　B）　10　　　　　　　　C）　11　　　　　　　　D）　15

【答案】C

【分析】 for 循环用于累加数组 a 中的一些元素。i 分别是 0,1,2,3,4，则 s=s+a[b[i]];中的 b[i]分别是 0,2,1,3,0，所累加的元素为 a[0]、a[2]、a[1]、a[3]、a[0]（a[0]被累加 2 次，没有累加 a[4]），故和为 11。这里 b[0]~b[4]的值实际充当了数组 a 的元素下标的角色。

6.1.4　一维数组的应用

1. 数组收纳

数组可以保存一组数，在程序中可把数组当作"仓库"，将需要的多个数据"收纳"进来。下面先给出数组收纳问题的编程套路。

数组收纳和多
元素删除

💡 **窍门秘笈　数组收纳问题的编程套路（设已定义数组 a 和整型变量 j）：**

```
        j=0;
        for (循环所有数据)
            if (某数据符合收纳条件) a[j++]=该数据;
        最终已收纳的数据个数为：j（数组 a 的下一可用空间是 a[j]）
```

其中，"a[j++]=该数据;"也可写为"{ a[j]=该数据; j++; }"。

如果要将一个符合收纳条件的数据保存到数组 a 中，关键是确定要将它保存到数组 a 的哪个空间中，其空间的下标用变量 j 表示。如果把数组 a 比作一张"白纸"，则变量 j 相当于正在这张白纸

上写字的"笔";"笔尖"总指向下次要写字的位置。首先 j=0;,表示第一个数将要存入 a[0]。每写一个字,"笔尖"还要向后移动一格,j++;就起到这个作用,使 j 指向下次保存数据的空间(元素)的下标,即保存一个数据应执行的语句是:

```
a[j++]=该数据;        /* 或 {a[j]=该数据; j++;} */
```

以"j++"这个表达式的值作为数组下标,数据将被存到该下标对应的空间中;然后 j 再加 1。例如 j 为 0 时,j++表达式的值为 0,数据存入 a[0]中;而后 j 由 0 变为 1,表示下次将使用 a[1]的空间来保存数据。

当保存完最后一个数据后,变量 j 仍被加 1,指向下次要保存数据的空间下标(虽然以后不会再有数据存入了)。这时数组 a 中已保存元素的个数刚好与此时 j 的值相等;因为数组下标是从 0 开始的,即已保存元素的个数与下次写入位置的下标数值刚好相等。

【程序例 6.5】将 50 以内能被 7 或 11 整除的所有整数存放到数组 a 中。

```
#include <stdio.h>
main()
{    int a[50];
     int n, i, j;
     /* 将符合要求的整数存放到数组 a 中 */
     j=0;
     for (n=1; n<=50; n++)
         if (n%7==0 || n%11==0) a[j++]=n;
     /* 输出所存放的数据 */
     printf("共有%d个数据符合条件,它们是: \n", j);
     for (i=0; i<j; i++)    /* 数组 a 中有 j 个数据,故表达式 2 为 i<j */
         printf("%d ", a[i]);
     printf("\n");
}
```

程序的运行结果为:

```
共有 11 个数据符合条件,它们是:
7 11 14 21 22 28 33 35 42 44 49
```

数组 a 被定义得足够大,实际只会使用数组 a 的一部分空间。循环变量 n 从 1 循环到 50,逐个检查这 50 个数,如果某个数符合条件就用 a[j++]=n;将之存入数组 a 中。

【小试牛刀 6.2】若将 100 以内能同时被 3 与 5 整除的数存放到数组 a 中,该如何做?

【答案】只需将【程序例 6.5】中的第 1 个 for 语句改写如下。

```
for (n=1; n<=100; n++)
    if (n%3==0 && n%5==0) a[j++]=n;
```

其余代码不变。数组 a 会存放 6 个数据(最后 j 值为 6):15、 30、 45、 60、 75、 90。

【随学随练 6.3】请编程将 50~100 的所有素数存放到数组 b 中。

```
#include <stdio.h>
main()
{    int b[50], n, i, j;
     j=0;
     for (n=50; n<=100; n++)
     {
         for (i=2; i<n; i++)    /* 判断 n 是否为素数 */
             if (n%i == 0) break;
         if (i>=n) b[j++]=n;    /* 若 n 为素数,就存放到数组 b 中 */
     }

     printf("共有%d个素数,它们是: \n", j);
     for (i=0; i<j; i++)
         printf("%d ", b[i]);
}
```

程序的运行结果为：

```
共有10个素数，它们是：
53 59 61 67 71 73 79 83 89 97
```

【分析】本题的收纳条件是"n是素数"，在表示条件if(i>=n)时，还需要综合判断素数的方法。我们在5.6节学习了如何判断一个数是否为素数。判断一个数是否为素数本身就需要一个循环，所以在n循环之内还需内嵌一个i循环。程序中判断n是否为素数时没有试除到√N，而直接试除到了n-1，这两种方法均可。

【程序例6.6】10名学生的成绩已存入数组s，在成绩及格的学生中，低于70分的学生还要做加强训练。请编程将60~70（含60，不含70）分的成绩挑出存入数组d中。

```
#include <stdio.h>
#define N 10
main()
{    float s[N]={ 58.5,69.5,60.0,42.0,75.0,
             64.0,86.5,92.5,100.0,70.0}, d[N];
    int i, j;
    j=0;
    for (i=0; i<N; i++)
        if (s[i]>=60 && s[i]<70) d[j++]=s[i];
    /* 输出数组d中的数据；数组d中存放有j个数据，故表达式2为i<j */
    for (i=0; i<j; i++)
        printf("%5.1f ", d[i]);
}
```

程序的运行结果为：

```
69.5  60.0  64.0
```

用数组收纳问题的编程套路可以很容易写出这个程序。与前几例不同的是，"循环所有数据"部分是循环数组s中的每个元素s[i]，而不是像1~50那样的一个连续范围。

本题也可理解为删除数组s中不在60~70分内的成绩，将结果保存到数组d中，这其实也是一个数组多元素删除问题。

2．数组多元素删除

数组多元素删除问题，与数组收纳问题，本质上是同一问题。按删除后的结果要保存到的位置不同，数组多元素删除有两种方式：第1种是将结果保存到另一数组，第2种是将结果保存回原数组。用前面介绍的数组收纳问题的编程套路，就可解决第1种方式的问题（挑出需保留的数据存入另一数组）。下面讨论第2种（即将结果保存回原数组）方式。

如将【程序例6.6】要求改为：请编程删除数组s中不在60~70（含60，不含70）分内的成绩，使s中只保留在此范围内的成绩。程序如下：

```
#include <stdio.h>
#define N 10
main()
{    float s[N]={ 58.5,69.5,60.0,42.0,75.0,
             64.0,86.5,92.5,100.0,70.0};
    int i, j;
    j=0;
    for (i=0; i<N; i++)
        if (s[i]>=60 && s[i]<70) s[j++]=s[i];
    /* 输出数组s中的数据；数组s中存放有j个数据，故表达式2为i<j */
    for (i=0; i<j; i++)
        printf("%5.1f ", s[i]);
}
```

程序的运行结果不变。通过两个变量i、j来完成这一过程：i依次指向数组s的每一个元素，j则指向该数组下一次要写入的位置。要写入的位置还是数组s本身的某个位置，这会不会和s中的原始数据相冲突呢？不会的！因为只有在写入元素时 j 才会向右移动，不写入元素时 j 不移动。而 i 每次都要移动，以检查下一元素。因此 j 移动的速度"稍慢"，i 移动的速度"稍快"，如图 6-7 所示。j 所指向的要写入的位置必已被 i 检查过，这个位置上的原始数据已经不再需要，因此完全可被改写，不会影响原始数据的检查。

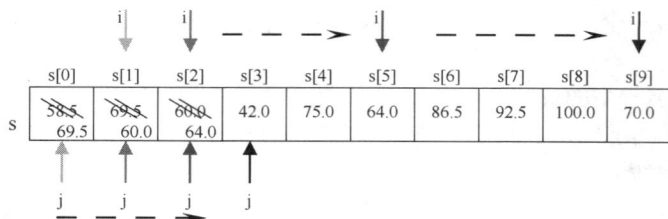

图 6-7　将数组多元素删除结果保存回原数组的过程

在写完最后一个数据 s[2]=64.0 后，j 继续后移，指向了 s[3]（j=3）。此时 j 的值刚好与删除后所保留的元素个数相等。程序最后输出了删除后的结果，只考虑数组 s 的前 j 个元素（下标为 0～j-1）即可；虽然下标为 j 及以上的元素仍有数据，但并不影响结果。

🎲 **小游戏　大家来找碴。**

【程序例 6.6】改造前后分别使用数组多元素删除的两种方式（改造前将删除后的结果存入新数组，改造后将删除后的结果存回原数组）。你能找出这两个程序之间有哪些不同吗？

答案：改造后除省略 d[N] 的定义、最后输出 s[i] 而非 d[i] 之外，与改造前仅有一处不同：for 循环中 if 语句的 d[j++]=s[i]; 改为了 s[j++]=s[i]; 。因此，数组多元素删除的两种方式在程序上的不同仅在于此：结果存入新数组时用"**新数组名[j++]=...**"；存回原数组时用"**原数组名[j++]=...**"。

💡 **窍门秘笈　数组多元素删除问题的编程套路（设已定义数组 a 和整型变量 j）：**

```
j=0;
for (i=0; i<N; i++)
    if (要保留a[i]) a[j++]=a[i];
/*删除后数组a中剩余数据个数为：j（数组a的下一可用空间是a[j]）*/
```

注意 if 条件是保留 a[i] 的条件，而不是删除 a[i] 的条件，不要写错。

a[j++]= a[i]; 也可写为 { a[j]=a[i]; j++; }。这个编程套路针对删除元素后，将结果存回原数组的情况。若要将结果存到另一数组（原数组不变），如数组 b 中，只需将 **a[j++]=a[i]; 改为 b[j++]=a[i];**。

【小试牛刀 6.3】从数组中删除一个元素，可被看作删除多个元素的特例。你能用数组多元素删除问题的编程套路，重写【程序例 6.3】吗？即删除数组 b 中下标为 2 的元素 75。

```
#include <stdio.h>
main()
{   int i, b[6]={99,60,75,86,92,70};    /* 欲删除元素 75 */
    int n=6;                            /* 目前数组元素个数 */
    int j=0;
    for (i=0;i<n;i++)
        if (i!=2) b[j++]=b[i];          /* ①删除下标为 2 的元素 */
    n=j;

                                        /* ②新元素个数存到 n 中 */

    for (i=0;i<n;i++)
        printf("%d ", b[i]);            /* 输出删除元素后的数组 */
}
```

删除下标为 2 的元素，就是"要保留下标不为 2 的元素"。注意 if 条件是"保留的条件"，应写为 i!=2 而非 i==2。以上可看作【程序例 6.3】的又一种实现方法。

【随学随练 6.4】请编程删去一维数组 a 中所有相同的数，使之只剩一个。数组中的数已按由小到大的顺序排列，数组中所包含的数据个数应存入变量 n。

```
#include <stdio.h>
main()
{    int a[20]={2,2,2,3,4,4,5,6,6,6,6,7,7,8,9,9,
          10,10,10,10}, n=20;
     int i, j=0, t=-1;
     for(i=0;i<n;i++)
          if ( a[i]!=t ) { a[j++]=a[i]; t=a[i]; }
     n=j;
     printf("删除后数组中的数据是:\n");
     for(i=0;i<n;i++)  printf("%3d",a[i]);
     printf("\n");
}
```

程序的运行结果为：

```
删除后数组中的数据是:
  2  3  4  5  6  7  8  9 10
```

【分析】用数组多元素删除问题的编程套路不难写出以上程序。"删除相同的数"就是保留与上次所保留的数不同的数，例如上次保留了元素 2，下次则不再保留 2（若下次再遇到 2 就删除 2），但若下次遇到 3 则要保留 3……设变量 t 记录上次所保留的数，"保留 a[i]"的条件就是 a[i]!=t。保留新数据后，t 的值也要更新。为保证保留第一个数 2，将 t 的初值设为数组 a 中不曾出现的一个数即可（这里设 t 的初值为-1）；第一个数 2 保留后，t 就被更新为 2。最后剩余的数据个数就是变量 j 的值，最后执行 n=j; 。

3．数组元素求最值

【程序例 6.7】找出数组 a 中值最大的元素。

```
#define N 4
main()
{    double a[N]={13.0, 29.0, 99.0, 17.0};
     int i;  double max;
     max = a[0];
     for (i=1; i<N; i++)
          if (a[i]>max) max=a[i];
     printf("最大值是: %5.1f\n", max);
}
```

数组元素求最值

程序的运行结果为：

```
最大值是: 99.0
```

在【程序例 4.5】中曾介绍过求 3 个数 a、b、c 中的最大数，该过程如同打擂台赛：先假定 a 最大，为"擂主"，然后 b、c 逐一上场与擂主较量，每次新上场的人若"更大"则交换擂主，否则擂主不变……所有人上场比赛后，最终擂主就是最大数。求数组中值最大的元素也可采用类似的过程，不过每个数不再是一个单独的变量，而是数组中的各元素 a[0]、a[1]、a[2]……结合循环，实现起来将更方便，程序也更简洁。

这里假定第一个元素 a[0]最大；然后由 a[1]开始一直到 a[N-1]逐一上场比赛，for 循环的头部是 for (i=1; i<N; i++)。如果写为 for (i=0; i<N; i++)也可以，但第一场比赛让 a[0]和 max 较量有些多余。因为第一场比赛中 a[0]上场，而 a[0]本身就是擂主，a[i]>max 必不成立（二者是相等的），会直接执行 i++，进入与 a[1]的比赛，还不如让 i 从 1 开始直接进入与 a[1]的比赛。

对于找数组中最大元素/最小元素的问题，还可换一种思路：数组元素有了下标，就像运动员有了选手号。可以请裁判员设置一块"小黑板"，在其中写上擂主的选手号；而不必一定让擂主本人

站到台上。找出值最大的元素的程序可改为：

```
int mm;                              /* mm 是数组中值最大的元素的下标*/
mm = 0;                              /* 开始假定 a[0]最大，保存其下标到 mm 即可 */
for (i=1; i<N; i++)
    if (a[i]>a[mm]) mm = i;          /* 擂主是 a[mm] */
printf("最大值是: %5.1f\n", a[mm]);
```

如果要找值最小的元素，只要把以上 if 条件中的大于号（＞）改为小于号（＜）即可。

【程序例 6.8】有一只母鸡，从第 4 年开始生小母鸡，假设每年生一只小母鸡，小母鸡第 4 年后又每年生一只小母鸡……问 10 年后共有多少只母鸡？

```
#include <stdio.h>
main()
{   /* chk[0]~chk[3]表示 0~3 岁的母鸡数，chk[4]表示 4 岁及以上的母鸡数 */
    int chk[5]={1,0};                      /* 初值不足，后面元素自动赋初值为 0 */
    int i, j, year, sum=0;

    printf("请输入过了几年: "); scanf("%d", &year);
    for (i=1; i<=year; i++)
    {   chk[4] += chk[3];                  /* 3 岁鸡长成，归入 4 岁成鸡 */
        for (j=3; j>0; j--)                /* 其他各年龄鸡长一岁 */
            chk[j] = chk[j-1];
        chk[0] = chk[4];                   /* 4 岁及以上母鸡生 0 岁小母鸡 */
    }

    /* 输出总母鸡数 */
    for (j=0; j<=4; j++) sum+=chk[j];
    printf("现有总母鸡数: %d\n", sum);
}
```

程序的运行结果为：

```
请输入过了几年: 10↙
现有总母鸡数: 14
```

6.2 这个经常有——查找和排序

数组元素的排序

6.2.1 放大镜的背后——查找技术

日常使用手机和计算机时，都免不了查找信息。很多手机 App 和计算机软件都有查找功能，如一个搜索条或一个"放大镜"按钮，输入内容后单击按钮就可以找到所需内容。你知道这个"放大镜"按钮是怎样工作的吗？计算机实现查找最简单的方法是顺序查找。

1．顺序查找

顾名思义，顺序查找就是按顺序一个一个地查找，直到找到为止，这是非常原始的方法。

【程序例 6.9】在数组 a[9]的 9 个元素中，查找有无值为 25 的元素。

```
#include <stdio.h>
main()
{   int a[9]={12,32,5,20,28,18,25,38,3}, i;
    for (i=0; i<9; i++)
        if (a[i]==25) break;               /* 不要写为 a[i]=25 */
    if (i>=9)                               /* 有两种途径跳出 for: */
        printf("未找到25\n");               /* ①由于 i<9 为假跳出 (未找到) */
    else
```

```
            printf("找到25，下标是%d", i);    /* ②由于执行了break;跳出(找到)*/
}
```

程序的运行结果为：

找到25，下标是6

用 6.1.1 小节介绍的通过循环处理数组元素的编程套路可以很容易地写出 for 循环。对每个元素 a[i] 进行的操作是判断它是否等于 25，如果发现有一个元素与 25 相等，后面的元素也不用再找了，因此应写 break; 以跳出 for。

跳出 for 后的程序应如何写呢？跳出 for 循环有两种途径：①由于 i<9 为假；②由于执行了 break;。这与在 5.6 节学习过的判断数是否为素数的编程方法很类似：跳出 for 后，用 if 语句分两种情况输出结果即可。if 的条件就是 for 语句中表达式 2 的**相反条件**（i<9 的相反条件是 i>=9），它代表"坚持到底"的情况，本例就是没有找到 25 的情况。

显然这种查找方法的工作量与数据的多少有关，还与要找的数据所在的位置有关。如果要找的数据恰好在 a[0]，则在 i=0 时比较 1 次就可以了；如果在 a[1]，则需比较 2 次……最"倒霉"的情况是要找的数据在最后一个位置 a[n-1]，需比较 n 次。以上是找到元素的情况。如没找到，也要比较 n 次。因此，顺序查找最好的情况是需比较 1 次，最坏的情况是需比较 n 次，平均需比较 $(1+2+\cdots+n)/n=(n+1)/2$ 次。

如果 n 很大，那么要比较的次数就太多了！即使计算机速度很快，恐怕都得找好一会儿了。全世界的网页有多少？恐怕是一个天文数字！如果百度用这种方法，对每个人的每次搜索都要比较一个天文数字，那在百度查找内容时恐怕要等到明年才能看结果了！然而事实不是这样的，我们可以立即得到结果，其查找速度非常快。因为百度没有采用"顺序查找"方法，而是采用了更快、效率更高的查找方法。查找方法有很多，专家们在不断研究更多更快的查找方法。下面介绍一种较快的查找方法——二分查找。

2．二分查找

二分查找又称**对分查找、折半查找**，是一种效率很高的查找方法。然而要进行二分查找有一个前提：原始数据在数组中必须先按由小到大或由大到小的有序顺序排列。例如要在下面的数组中查找 25 是不能用二分查找的：

a[0]	a[1]	a[2]	a[3]	a[4]	a[5]	a[6]	a[7]	a[8]
12	32	5	20	28	18	25	38	3

因为数据的大小顺序是错乱的，必须把数据按大小顺序重新组织，如由小到大排序：

a[0]	a[1]	a[2]	a[3]	a[4]	a[5]	a[6]	a[7]	a[8]
3	5	12	18	20	25	28	32	38

这样才能用二分查找。

二分查找时，第一次并不是比较 a[0] 是否为 25，而是首先检查整个数组的中间元素。中间元素的下标用首尾元素下标相加除以 2 求得：(0+8)/2=4。因此第一次比较 a[4] 是否为 25：发现 a[4] 为 20（不是 25 且小于 25），虽然没找到但可得出结论，要找的 25 必在 a[4] 之后，因为数据是按由小到大的顺序排列的。这样 a[4] 之前的 a[0] ~ a[3] 这"一半"的数据以后都不用再检查了，而只需检查 a[5] ~ a[8]，工作量减少一半。

第二次比较的仍是 a[5] ~ a[8] 的中间元素：(5+8)/2=6（整数除法的结果直接舍小数），a[6] 为 28 大于 25，再去掉 a[7]、a[8] 这一半。第三次比较 a[5] 就找到了 25。总共比较了 3 次。

实际上，我们在查英文词典时，也是使用一种类似二分查找的方式。查英文词典的过程如图 6-8

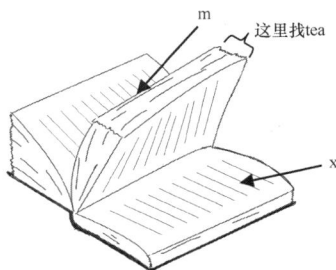

图 6-8　查英文词典的过程

所示，例如要在词典中找单词 tea，我们不会从第一个以 a 开头的单词开始翻，而是大概翻到词典的一半。如果发现那里是以 m 开头的单词，则以后不会再查词典的前一半。下次也是去翻词典后一半中大概一半的位置，例如翻到了以 x 开头的单词，那么此处之后的部分也不会再查了，因为 t 在 x 之前。下次将所剩部分再翻到大概一半的位置……如此逐步缩小查找范围，最终找到 tea。然而这种查找方法有一个前提是词典中的单词必须是按字母表顺序 a～z 排列的；如果拿到一本单词乱序排列的词典，那保准谁也没法查了！

二分查找每次比较都能"砍掉"一半的工作量，下次再"砍掉"一半中的一半……在最坏情况下它需要的比较次数是 $\log_2 n$，它的效率相比顺序查找的效率大大提高！二分查找的效率有多高呢？下面通过一个小游戏来说明。

🎲 **小游戏　折纸游戏。**

如图 6-9 所示，假设一张纸的厚度是 0.1mm，将它对折，厚度就变成 0.2mm，再对折，就变成 0.4mm……那么这样对折 100 次后，厚度变成多少了呢？1m？100m？还是 1000m？都错！答案是：约 134 亿光年（1 光年≈9.46×10^{15}m）。

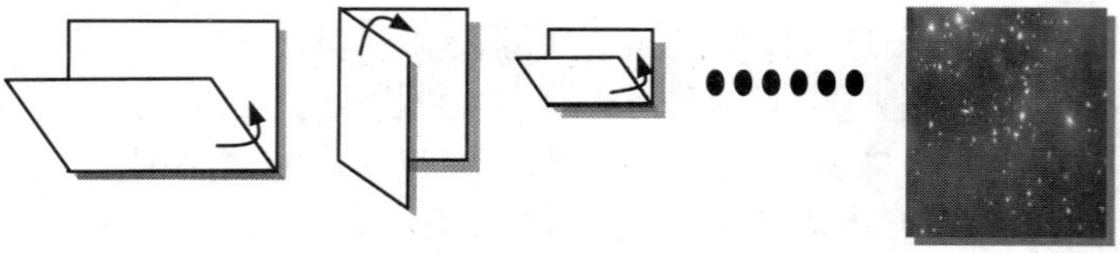

图 6-9　将一张纸对折 100 次

这么长的距离，让它再除以 0.1mm 等于多少呢？恐怕这个数字已经大得无法形容了吧！如果我们有"134 亿光年/0.1mm"这么多个数据，用二分查找查找其中任意一个数据，最坏情况下仅需比较 100 次就足够了（因为那张纸对折次数是 100 次）。这就是二分查找的"威力"！

【**程序例 6.10**】用二分查找在数组 a[9] 中，查找有无值为 25 的元素，数组 a[9] 中的元素已按由小到大的顺序排序。

```
#include <stdio.h>
main()
{   int a[9]={3,5,12,18,20,25,28,32,38};
    int low=0, high=8;            /* 目前查找范围为 a[low]～a[high] */
    int mid;                       /* 查找范围内的中间元素的下标 */
    while (low<=high)
    {   mid=(low+high)/2;
        if (a[mid]<25)
            low=mid+1;             /* 使下次找后半段：high 不变 */
        else if (a[mid]>25)
            high=mid-1;            /* 使下次找前半段：low 不变 */
        else                       /* a[mid]==25 的情况：找到 */
            break;                 /* 找到，跳出 while */
    }
    if (low>high)                  /* 有两种途径可跳出 while */
        printf("没找到25。\n");     /* ①由于 low<=high 为假跳出 */
    else
        printf("找到25，它的下标是%d", mid); /* ②由于执行break;跳出 */
}
```

程序的运行结果为：

找到 25，它的下标是 5

二分查找的每一步都要确定一个查找范围，第一次的查找范围是整个数组，下次是此查找范围的一半（可能是前一半，也可能是后一半），再下次又是上次那一半查找范围的一半……设置两个变量 low 和 high，用于保存现在的查找范围（起始和结束位置的下标）。那么每次要检查的"中间"元素的下标就是(low+high)/2（注意，整数除法的结果如有小数要直接舍去小数），将此下标存入变量 mid。如果 a[mid]==25，说明找到了，通过执行 break;跳出循环。如果 a[mid]不是 25，就根据它与 25 的大小关系确定下次是找 a[low] ~ a[high]的前一半还是后一半。当 low>high 时，查找范围已越界，说明全部元素找完也没有找到 25。

👣 高手进阶

要进行二分查找实际需 2 个前提：一是数据必须排序，二是数据必须以数组的方式存储（也称顺序存储）。除数组外，在第 11 章还会介绍数据以链表的方式存储（也称链式存储），以链表的方式存储的数据是不能进行二分查找的。

【随学随练 6.5】 在长度为 97 的有序表中进行二分查找，最多需要的比较次数为（　　　　）。

A）96　　　　　　　　B）7　　　　　　　　C）48　　　　　　　　D）6

【答案】B

【分析】$\log_2 n$，结果应向上取整（否则无法比较完全），$\log_2 97=6.59$，向上取整得 7。

查找数据与寻找值最大/最小的元素是不同的，寻找值最大/最小的元素时无论如何都要查看所有的数据，与数据原始排列顺序没有多大关系，更无所谓最坏情况和最好情况，即平均情况与最坏情况的时间复杂度是相同的。寻找值最大/最小的元素时，若有 2 个元素要比较 1 次，有 3 个元素要比较 2 次……有 n 个元素要比较 $n-1$ 次。

6.2.2 混乱之治——排序技术

排序，就是按照各数据的大小，重新安排它们在数组中的位置，使它们由小到大或由大到小排列。一副新买的扑克牌就是排好序的；将牌打乱后，再重新按照花色和 1 ~ 13 的顺序整理，使顺序恢复如初，就是排序。思考一下，我们是怎样整理打乱的扑克牌的呢？

排序方法很多，这里仅介绍其中几种。排序方法是整个 C 语言学习过程中编程方法的难点之一，请读者不要畏惧，让我们一起来攻克它！

1．（简单）选择排序法

选择排序法（也称简单选择排序法），这里先给出它的程序，再分析其思路。

【程序例 6.11】用选择排序法按从小到大的顺序排序数组 b 中的 5 个元素。

```c
#include <stdio.h>
#define N 5
main()
{   int b[N]={5, 2, 8, 3, 1};
    int t, i, j;

    /* 每次循环找 b[i]~b[4]中的最小值，并将最小值存入空间 b[i] */
    for (i=0; i<N-1; i++)          /* 或 i<=N-2 */
        for(j=i+1; j<N; j++)       /* 或 j<=N-1，从 b[i]的下一元素到最后 */
            if (b[i] > b[j])       /* 内层循环中 b[j]都与 b[i]进行比较  */
            { t=b[i]; b[i]=b[j]; b[j]=t; } /* 交换 b[i]和 b[j] */

    for (i=0;i<N;i++)              /* 输出排序结果 */
        printf("%d ",b[i]);
}
```

程序的运行结果为：

```
1 2 3 5 8
```

如图 6-10 所示，对 5 个元素的排序过程分 4 个步骤进行（步骤数为：元素个数-1），由于数组下标从 0 开始，将这 4 个步骤的编号也设为从 0 开始，依次称第 0 步~第 3 步。

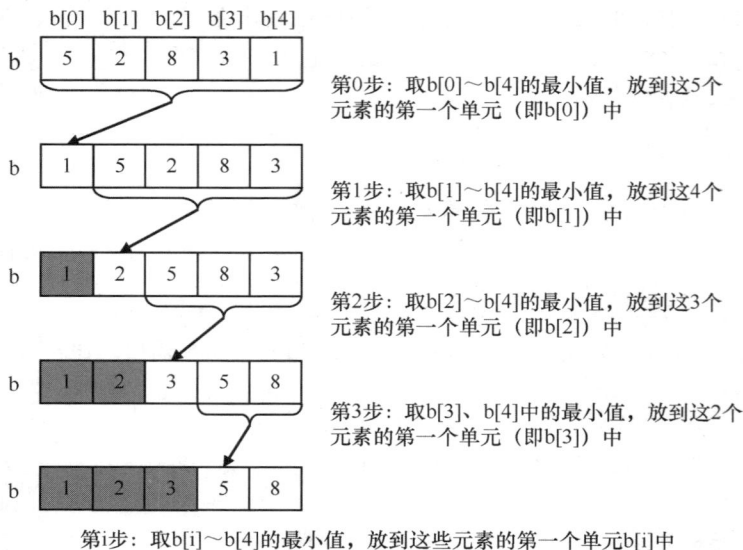

图 6-10　选择排序法的排序过程（从小到大，白色数据排列不与程序对应）

第 0 步是选取 5 个元素中的最小值放到 b[0] 的位置，其余 4 个元素可随意安排在 b[1]~b[4] 的 4 个位置中。

第 1 步不再考虑 b[0]，从 b[1]~b[4] 中选取最小值放到 b[1] 的位置，剩余 3 个元素随意安排在 b[2]~b[4]。第 2 步不再考虑 b[0]、b[1]，从 b[2]~b[4] 中选取最小值放到 b[2] 的位置。最后一步（即第 3 步）不再考虑 b[0]~b[2]，从 b[3]、b[4] 中选取最小值放到 b[3] 的位置；剩余一个数必在 b[4]，排序完成。

观察这 4 个步骤发现，虽然各步骤所做的工作各不相同，但是相似的：对第 i 步来说，均是从 b[i]~b[4] 中选取最小值放到 b[i] 的位置，也就是放到这几个数据的"头一个"位置。4 个步骤的区别仅在于其规模不同（从 5 个数中选、从 4 个数中选、从 3 个数中选……），如同数学上的"相似三角形"，角度、形状一致，只是大小不同，如图 6-11 所示。这种把"大问题"分解为若干相似的、规模逐步缩小的"小问题"的思想，是一种常见的编程思想。

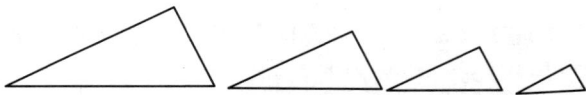

图 6-11　相似三角形的角度、形状一致，只是大小不同

根据这 4 个步骤，可以把整个排序过程表示如下：

```
for (i=0; i<4; i++)
    从 b[i]~b[4] 中选取最小值放到 b[i] 的位置；
```

下面考虑如何"从 b[i]~b[4] 中选取最小值放到 b[i] 的位置"。这是一个求最小值的问题，仿照【程序例 6.7】擂台赛的思路来解决。由于要找最小值，比赛规则是孰小孰胜。这里不设单独的变量（如 min）来保存最小值，而直接让最小值保存到 b[i] 中。

以取 b[0]~b[4] 的最小值放到 b[0] 为例，把 b[0] 这个位置看作擂主的"宝座"，开始"坐"在 b[0] 的数就是初始擂主。第一场比赛 b[1] 上场与擂主比，如果 b[0]>b[1]，则 b[1] 胜，变换擂主。变换擂主时，原擂主离开宝座，但也应为原擂主安排一个"普通"座位，不如就让它坐在 b[1] 的位置，这样变换擂主只要交换 b[0] 与 b[1] 的值即可。第二场比赛 b[2] 上场，仍与擂主 b[0] 比，如果 b[2] 胜则 b[0] 与 b[2] 换座。第三场比赛 b[3] 上场，仍与擂主 b[0] 比……直到最后 b[4] 上场。每人上场一次，均与宝座上的 b[0] 比，新人胜则换座。

如果是在 b[i] ~ b[4] 中找最小值呢？b[i] 是擂主宝座，每场比赛新人都与宝座上的 b[i] 较量。b[i] 自己和自己就不用较量了，第一场比赛自然是 b[i+1] 上，该过程表示为：

```
/* 从 b[i]~b[4] 中选取最小值放到 b[i] 的位置 */
for (j=i+1; j<5; j++)
    if (b[i]>b[j]) 交换 b[i] 和 b[j];
```

用这两行程序替换前述 for 循环中的"从 b[i] ~ b[4] 中选取最小值放到 b[i] 的位置;"，从而构成嵌套循环。而"交换 b[i] 和 b[j];"需引入临时变量 t 进行（见 4.2.1 小节）。

🏃 高手进阶

以上 { t=b[i]; b[i]=b[j]; b[j]=t; } 也可写为 t=b[i], b[i]=b[j], b[j]=t; （用逗号分隔）。后者为逗号表达式语句，是 1 条语句，因此可不再使用 { }。根据逗号表达式的规则，其执行结果与前者（3 条语句）相同（逗号表达式见 2.2.4 小节）。

如果要从大到小排序，方法不变，只是每步均选取最大值放到"开头"处，因此只要更换符号，将 if (b[i]>b[j]) 改为 if (b[i]<b[j]) 即可，目的是在 b[i] 较小时换座。

💡 窍门秘笈　用顺口溜巧记"选择排序法"。

> 从小到大排序，
> 两层循环一起。
> 外层从头减 1，
> 内层接力到底。
> 外内两数相比，
> 外大交换完毕。

若"从大到小"排序，只需将最后一句的"大"字改为"小"字即可，即"外小交换完毕"。

选择排序法需要外、内两层循环嵌套。外层循环表示大步，有"元素个数-1"个大步（如 5 个元素有 4 个大步），即从 0 循环到 N-2。"减 1"是甩掉末尾一个元素，即甩掉 N-1、循环到 N-2。内层循环从外层的下一个值开始（接力），一直循环到最后一个元素（下标为 N-1）。操作是将外层循环变量（如 i）对应的元素，与内层循环变量（如 j）对应的元素相比，若外层循环变量对应的元素大则交换这两个元素。

选择排序法还有一种写法。"从 b[i] ~ b[4] 中选取最小值放到 b[i] 的位置;"的擂台赛问题还可通过"请裁判员设置小黑板"解决。只要在小黑板上记下现在擂主的下标，而不必在比赛时频繁换座那样"折腾人"。为了让擂主坐到 b[i] 的"宝座"上，决出擂主后，还要请擂主与 b[i] 上的原数据换座，但仅需交换一次。

```
/* 每次循环找 b[i]~b[4] 中的最小值，并将最小值存入空间 b[i] */
for (i=0; i<N-1; i++)
{   /* 确定擂主：找 b[i]~b[4] 的最小值，将其下标存入 k */
    k=i;                        /* 设 int k; 已定义 */
    for (j=i+1; j<N; j++)       /* 或 j<=N-1, 从 b[i] 的下一元素到最后 */
        if (b[k]>b[j]) k=j;
```

```
/* 将最小元素（即 b[k]）的值存入 b[i]，即交换 b[k]和 b[i] */
t=b[k]; b[k]=b[i]; b[i]=t;
}
```

变量 k 为裁判员的"小黑板"。开始时设擂主为 b[i]，自然让 k=i;，从下一个人 b[i+1]开始上场比赛，每场比赛都与擂主比，注意擂主是 b[k]而不是 b[i]（以小黑板为准）。每场比赛不要换座，只修改小黑板上的编号（修改 k 值）。全部比赛结束后，小黑板上编号对应的那个人与"宝座"b[i]上原来的人换座一次，即交换 b[k]与 b[i]的值。

2．冒泡排序法

排序方法有很多，下面再介绍一种排序方法，称为冒泡排序法。先来做一个小游戏。

🎲 **小游戏** 气泡的旅行。

如图 6-12 所示，在河流中，从河底到河面有不同的物体：水草、石头、鱼等。现在水下有一个气泡，它紧邻的物体为水草，由于气泡轻于水草，气泡将上浮到水草之上。然后气泡遇到一块石头，同样由于气泡轻、石头重，气泡将上浮到石头之上。接下来气泡的邻近物体是一条鱼，同样由于气泡轻、鱼重，气泡将上浮到鱼之上……最终气泡浮出水面。

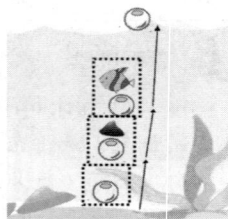

图 6-12 气泡的旅行

以上小游戏体现了"冒泡排序"的基本思想。回顾气泡的旅行过程：气泡每次都与"邻近"的物体比轻重，不考虑"太远"的物体。"相邻元素比较"是冒泡排序的一个显著特征。

【程序例 6.12】用冒泡排序法按从大到小的顺序排序数组 b 中的 5 个元素。

```
#include <stdio.h>
#define N 5
main()
{    int b[N]={1, 5, 3, 2, 8}, t, i, j;
     /* 每次循环找 b[0]~b[N-i-1]的最小值，并将最小值存入 b[N-i-1] */
     for (i=0; i<N-1; i++)                /* 或 i<=N-2 */
         for (j=0; j<N-i-1; j++)          /* 或 j<=N-i-2 */
             if (b[j]<b[j+1])             /* 相邻元素比较 */
                 { t=b[j]; b[j]=b[j+1]; b[j+1]=t; }

     for (i=0;i<N;i++)                    /* 输出排序结果 */
         printf("%d ",b[i]);
}
```

程序的运行结果为：

```
8 5 3 2 1
```

冒泡排序法的过程如图 6-13 所示。这里数组元素按垂直方向排列，把各元素分别看作河流中的不同物体（b[0]在底端，应从下到上阅读数组；而非从上到下从 b[4]阅读到 b[0]）。

对 5 个元素的冒泡排序也要分 4 个步骤进行（步数为"数据个数-1"），每步浮出最小的数到河面（本批数据的最后一个空间）。数据浮出后，在以后的步骤中就不再考虑它了。

每步浮出最小数的过程又是一个循环，因此整个排序过程采用嵌套的两层循环：外层 i 循环表示大步，共"数据个数-1"步（i 若从 0 开始，则循环到"数据个数-2"）；内层 j 循环都是从"河底"b[0]开始的，循环次数等已在图 6-13 中用带下画线的文字提示。

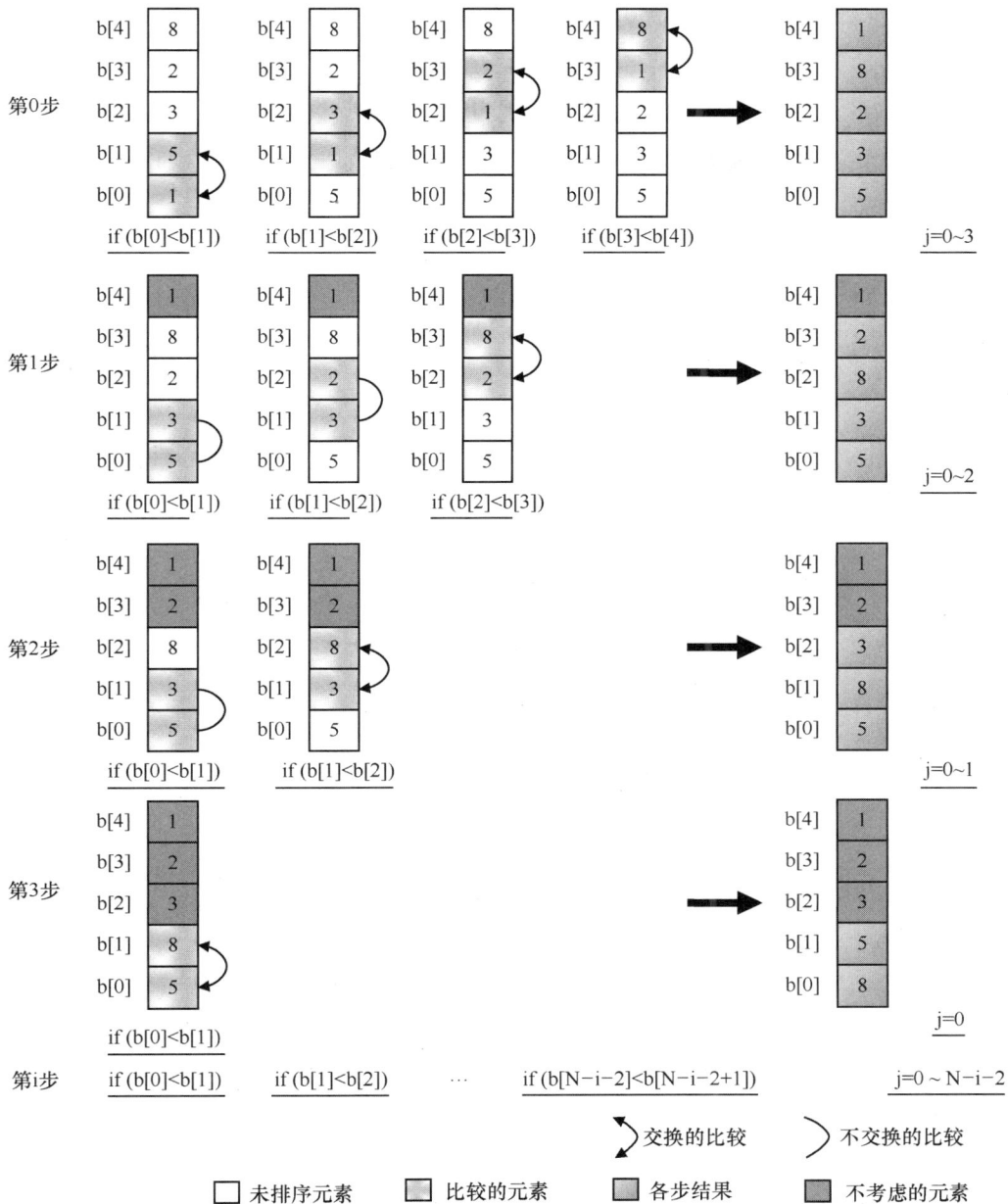

图 6-13　冒泡排序法（从大到小）的排序过程

第0步　if (b[0]<b[1])　if (b[1]<b[2])　if (b[2]<b[3])　if (b[3]<b[4])　j=0~3

第1步　if (b[0]<b[1])　if (b[1]<b[2])　if (b[2]<b[3])　j=0~2

第2步　if (b[0]<b[1])　if (b[1]<b[2])　j=0~1

第3步　if (b[0]<b[1])　j=0

第i步　if (b[0]<b[1])　if (b[1]<b[2])　…　if (b[N-i-2]<b[N-i-2+1])　j=0 ~ N-i-2

⟩ 交换的比较　　⟩ 不交换的比较

□ 未排序元素　　■ 比较的元素　　■ 各步结果　　■ 不考虑的元素

冒泡排序法的显著特征：相邻元素比较。而选择排序法每次均与本批数据的"开头"元素比较（如第 0 步均与 b[0]比较）。从大到小排序时，b[j]与 b[j+1] 进行比较，如果 b[j]小就交换，这保证了前端元素大（b[0]在底端，底端为前）。如果要从小到大排序，只要更换符号，将 if (b[j]<b[j+1])改为 if (b[j]>b[j+1])即可。

3．（直接）插入排序法

打扑克牌时，有人习惯将手中的牌始终按花色和大小的顺序整理好，以便出牌。每摸一张新牌，就将它插入手上已有牌中的适当位置，使手中的牌总保持按花色和大小顺序整理好的状态，这就是插入排序法的思想。

这种将新元素一个个地插入已排序的序列中的方法，称**插入排序法**。如图 6-14 所示，初始状态的"已排序的序列"（有序序列）是仅有一个元素的序列。每次将新元素插入时，要先找到它应插入的位置：将新元素与序列中的元素逐个比较，一旦找到第一个比它大的元素，就在这个元素之前进行插入。插入时，按照数组元素的插入方法，后续元素逐个后移一格为新元素腾出位置（参见【程序例 6.4】）。

【程序例 6.13】用插入排序法按从小到大的顺序排序数组 b 中的 5 个元素。

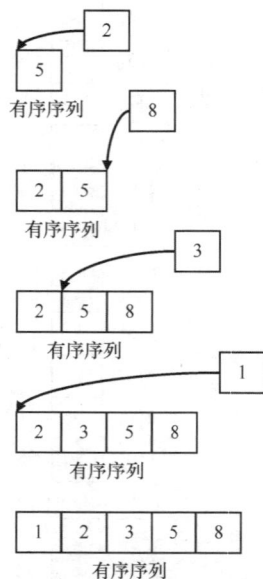

图 6-14 插入排序法的排序过程

```
#include <stdio.h>
#define N 5
main()
{    int b[N]={5, 2, 8, 3, 1};
     int i, j, k, data;
     for (i=1; i<N; i++)
     {
          /* 将b[i]插入有序序列 b[0]~b[i-1] 中，分4步 */
          /* ① 将要插入的数据b[i]复制（备份）到data */
          data=b[i];
          /* ② 在有序序列 b[0]~b[i-1]中找插入位置 k */
          for (j=0; j<i; j++)
              if (b[j]>data) break;      /* 找到第一个比 data 大的元素 */
          k=j;                           /* 应插到 b[j]之前 */
          /* ③ 将 b[k]~b[i-1]逐个后移（将覆盖原 b[i]的数据）
             即 b[i]=b[i-1]; b[i-1]=b[i-2];...; b[k+1]=b[k]; */
          for (j=i-1; j>=k; j--)
              b[j+1]=b[j];
          /* ④ 新值入位。在回到 i++后，有序序列增加一个元素 */
          b[k]=data;
     }

     for (i=0; i<N; i++)   /* 输出排序结果 */
          printf("%d ",b[i]);
}
```

程序的运行结果为：

```
1 2 3 5 8
```

一个个将元素 b[i]插入有序序列中，这是一个循环的过程。而在每次插入时，既要找插入位置，这需要一个循环；又要逐个移动元素、腾出空位，这又需要一个循环。这两个循环是被嵌套在内层的；但这两个循环彼此是并列和顺序执行的，它们不是嵌套的关系。因此插入排序也是一个两层循环的过程，在外层循环内嵌套依次执行的两个小循环。

本例使同一数组既保存已排序的数据，又保存未排序的数据。数组的前面部分为已排序的数据（从 b[0]~b[i-1]），每次将 b[i]插入后，这部分随之延长。初始状态的已排序的**序列只有**一个元素 b[0]，下一步要从 b[1]开始将数据一个个地插入这一序列中。故外层 i 循环是从 1 开始的，一直循环到数组的最后一个元素（下标为 N-1）。

与【程序例 6.4】的数组后面位置是空位（值为 0）不同，由于这里使用同一数组保存未排序的数据，在移动元素为新数据腾空位时，b[i]会被覆盖掉；这样腾出空位后要插入的"新数据"b[i]就找不到了。因此事先应将 b[i]备份：先将 b[i]的值复制到变量 data 中，后面再将 data 的值插入即可。

如果是从大到小排序，应在有序序列中找到第一个比新数据小的元素，新数据插入此元素之前。

因此只要把 if(b[j]>data)改为 if(b[j]<data)即可。

4．其他排序方法

排序方法还有很多，这里把常见的排序方法总结于表 6-1。

表 6-1　常见的排序方法

排序方法	最坏情况比较次数	平均情况比较次数	一次交换消除逆序数	一次交换产生逆序否	稳定性*
（简单）选择排序法			多个	不一定	稳定
冒泡排序法	$n(n-1)/2$	$n(n-1)/2$	一个	不一定	稳定
（直接）插入排序法			一个	不一定	稳定
快速排序法	$n(n-1)/2$	$n \times \log_2 n$	多个	产生	不稳定
（累）堆排序法	$n \times \log_2 n$	$n \times \log_2 n$	多个	不一定	不稳定
希尔排序法	$n^r, 1<r<2$	$n^r, 1<r<2$	多个	不一定	不稳定

注：* 稳定性排序是指排序后能使值相同的数据，保持原顺序中的相对位置，反之则称不稳定性排序。

🏃 **高手进阶**

　　快速排序法是任取序列中某个元素作为基准，将序列分为左右两个子序列，左侧子序列都小于或等于基准元素，右侧子序列都大于基准元素，接下来分别对两个子序列重复上述过程。希尔排序法是将原序列中相隔某个增量的元素构成一个子序列，在排序过程中，增量逐渐减小，当增量减小到 1 时，进行一次插入排序即可。

　　如果在一个序列中，两个相邻数据中下标小的值反而大（即存在 i<j 但 A[i]>A[j]），则称为一个逆序。冒泡排序法总比较/交换相邻元素，显然一次交换只能消除一个逆序。而快速排序法交换的元素并非相邻，因而一次交换可消除多个逆序，大大提高排序效率。但快速排序法用基准元素进行比较，一次交换可能会产生新的逆序。

　　（累）堆排序法是借助完全二叉树实现排序的。具有 n 个元素的序列（$h_1, h_2, \cdots, h_n$），当且仅当满足 $h_i \geq h_{2i}$ 且 $h_i \geq h_{2i+1}$（或者两个条件都采用≤）时称为"堆"。堆实际上是一棵完全二叉树，其中根节点的值总要大于或等于（或小于或等于）它的左右分支节点的值。

【随学随练 6.6】 下列排序方法中最坏情况下比较次数最少的是（　　　）。

A）冒泡排序　　　　　B）简单选择排序　　　C）直接插入排序　　　D）堆排序

【答案】D

【随学随练 6.7】 冒泡排序在最坏情况下的比较次数是（　　　）。

A）$n(n+1)/2$　　　　B）$n\log_2 n$　　　　C）$n(n-1)/2$　　　　D）$n/2$

【答案】C

【随学随练 6.8】 下列各序列中不是堆的是（　　　）。

A）(91,85,53,36,47,30,24,12)　　　　　　B）(91,85,53,47,36,30,24,12)

C）(47,91,53,85,30,12,24,36)　　　　　　D）(91,85,53,47,30,12,24,36)

【答案】C

　　【分析】 根据选项中的数据顺序，按层序画出完全二叉树（每层都达到最多节点，最后一层仅缺少右侧节点的二叉树）。例如选项 A）中，91 为根，85、53 分别为第 2 层的左右节点，36、47、30、24 为第 3 层的 4 个节点……然后判断每层节点是否都有"统一的"父子大小关系，即要么"所有节点都大于或等于它的左右分支节点"，要么"所有节点都小于或等于它的左右分支节点"。例如选项 C），47 小于它的左右分支节点 91 和 53；但在同一棵树中，91 却大于它的左右分支节点 85 和 30，父子大小关系不统一，因而选项 C）不是堆。

6.3 平面升级——二维数组

6.3.1 二维数组的定义和引用

一维数组通过 1 个下标表示不同元素。在编程时，有时还需要通过 2 个下标表示不同元素，例如要保存 6 个地区每季度的销售额，就需要用一个下标表示地区、另一个下标表示季度，这可通过二维数组实现。

在定义变量时使用连续的两个[ ]表示元素个数，如：

```
int a[3][4];
```

就是定义一个二维数组，a 为数组名。二维数组像一张表格，既有数据行又有数据列。其中行数、列数分别是在两个[ ]内指定的，这里为 3 行、4 列，共 12 个元素：

	第 0 列	第 1 列	第 2 列	第 3 列
第 0 行	a[0][0]	a[0][1]	a[0][2]	a[0][3]
第 1 行	a[1][0]	a[1][1]	a[1][2]	a[1][3]
第 2 行	a[2][0]	a[2][1]	a[2][2]	a[2][3]

仍将它们看作 12 个变量来使用即可。行号和列号同样都从 0 开始编号，最大到总行数−1 和总列数−1。第一个元素的变量名为 a[0][0]；第 1 行第 2 列元素的变量名为 a[1][2]。注意，没有 a[3][4]元素，定义时的 int a[3][4];是指共有 3 行、4 列，而不是定义了 a[3][4]这个元素。以下二维数组的用法都是正确的：

```
int i=2, j=3;
a[0][3]=1;                /* 将第 0 行第 3 列的元素赋值为 1 */
scanf("%d", &a[2][3]);    /* 从键盘输入数据存入第 2 行第 3 列的元素 */
printf("%d", a[i][j]);    /* 输出第 2 行第 3 列的元素值 */
```

与一维数组相同，定义二维数组时不能使用变量表示行数或列数，下面的定义错误：

```
int a[i][j];              /* 错误 */
```

但在引用数组元素时可以使用变量，如上例最后一句 printf 中的 a[i][j]。无论是定义还是引用，两个[ ][ ]之间都不能有空格。

实际编程时，二维数组一般要和嵌套的两层循环结合使用，外层循环变化行下标、内层循环变化列下标。如下程序按行、列输出二维数组中各个元素的值：

```
for (i=0; i<3; i++)
{
    for (j=0; j<4; j++)
        printf("%d ", a[i][j]);      /* 输出第 i 行一行的 4 个元素 */
    printf("\n");  /* 输出每行的 4 个元素后，换行 */
}
```

【小试牛刀 6.4】如有定义 int a[2][3]; int i=0,j=1;，在语法上，以下哪些选项是正确的，哪些选项是错误的？

```
A) a[2][3]=5;        /*错误，没有 a[2][3]这个元素*/
B) a=5;              /*错误，不能对数组进行整体引用、整体赋值，必须逐个元素赋值*/
C) a[0][0]=1;        /*正确，将第 0 行第 0 个元素赋值为 1*/
D) a[i+1][j]=2;      /*正确，引用时可使用变量，即 a[1][1]=2;*/
E) int b[i+1][j];    /*错误，此为定义数组，定义时不能使用变量*/
```

6.3.2　二维数组在内存中的存储形式

计算机内存是连续的和线性的，不能"弯折"为"二维表"的形式。二维数组在内存中存储时，是**线性存储**和**按行排列**的，即下一行数据尾随在上一行的连续空间之后连续存储。如定义 int a[3][4];，其存储形式如图 6-15 所示。

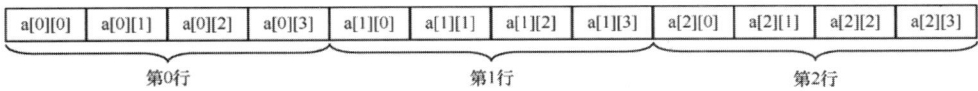

a[0][0]	a[0][1]	a[0][2]	a[0][3]	a[1][0]	a[1][1]	a[1][2]	a[1][3]	a[2][0]	a[2][1]	a[2][2]	a[2][3]
	第0行				第1行				第2行		

图 6-15　int a[3][4]; 的存储形式（在 Visual Studio 2010 中每个元素占 4 字节）

6.3.3　二维数组的初始化（定义时赋初值）

在定义二维数组时也可为各元素赋初值，初值也必须写在一对{ }中。在{ }中的初值将按行从上到下、列从左到右的顺序依次填入二维数组的各个"格子"中，例如：

```
int a[2][3]={80,75,92,61,65,71};
        /* 第 0 行为 80,75,92；第 1 行为 61,65,71 */
```

由于二维数组根据概念可想象为"分行"的形式，因此也可在初值的{ }中再嵌套一层{ }，一个内层的{ }对应一行的元素，例如：

```
int a[2][3]={ {80,75,92}, {61,65,71}};
```

这与刚才只有一层{ }的效果相同。但如果初值个数与元素个数不一致，效果就不同了。与一维数组的规定相同，对二维数组，也是若初值个数较少、元素个数较多，自动补 0；若初值个数较多、元素个数较少，则发生错误。

以下定义了 3 个二维数组 x、y、z，各元素的情况如图 6-16（a）所示。

```
int x[3][3]={{1},{2},{3}};
int y[3][3]={{0,1},{},{3}};
int z[3][3]={{0,1},{2}};
```

在定义二维数组时，可否省略两个[ ]内的行数或列数呢？规定：**在任何情况下，都不可省略列数（不可省略第 2 个[ ]内的数）；在给出初值时，可省略行数（可省略第 1 个[ ]内的数）。**

定义二维数组时可省略的是第 1 个[ ]内的行数，而永远不可省略第 2 个[ ]内的列数，初学者可能不太习惯，请尤其注意。例如，上述 x、y、z 数组的定义还可写为：

```
int x[][3]={{1},{2},{3}};
int y[][3]={{0,1},{},{3}};
int z[][3]={{0,1},{2}};
```

这些在语法上都是正确的，系统将以初值中有几个内层{ }确定数组有几行。因此数组 x、y 的效果与先前一致，但数组 z 将变为 2 行，这时 z 中各元素的情况如图 6-16（b）所示。

x	0	1	2		y	0	1	2		z	0	1	2
0	1	0	0		0	0	1	0		0	0	1	0
1	2	0	0		1	0	0	0		1	2	0	0
2	3	0	0		2	3	0	0		2	0	0	0

z	0	1	2
0	0	1	0
1	2	0	0

（a）定义x、y、z数组（未省略行数）　　　（b）定义z时省略行数

图 6-16　二维数组 x、y、z 定义时赋初值的情况

只有一层{ }时，也可省略行数（但列数不能省略），这时系统将在"列宽"确定的数组中依次填入数据；填入完数据，行数也就确定了。就像我们在写文章时，一般不能事先确定要写多少行；但拿到的白纸的宽度是确定的，我们只需写内容，写满一行时换行，这样一行一行地写，将要写的

内容写完，行数也就确定了，如图 6-17 所示。因此，二维数组的列数是万万不可省略的。

又如，使用以下定义时，初始化后的数组 m 和 n 的情况如图 6-18 所示。

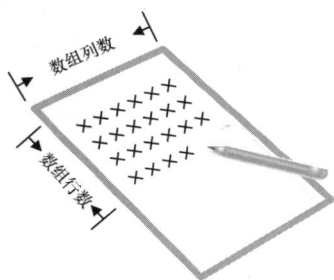

m	0	1	2
0	1	2	3
1	4	5	6
2	7	8	9

n	0	1	2
0	1	2	3
1	4	0	0

图 6-17　二维数组的列数相当于一张白纸的　图 6-18　初始化后的数组 m 和 n 的情况
　　　　　宽度，行数相当于文章的行数

```
int m[][3]={1,2,3,4,5,6,7,8,9};            /* 9个元素，3行 */
int n[][3]={1,2,3,4};                      /* 第2初值不足，系统自动补2个0 */
```

【小试牛刀 6.5】下面对二维数组的定义和初始化，在语法上哪些正确、哪些错误？

```
A）int a[2][3]={{1,2,3,4},{2,3,5}};        /* 错误，2行3列，初值{1,2,3,4}多给一列 */
B）int a[2][3]={{1,2,3},{2,3,5},{1,2}};    /* 错误，2行3列，初值{1,2}多给一行 */
C）int a[2][]={1,2,3};                      /* 错误，列数不能省略 */
D）int a[][3];                              /* 错误，若省略行数，后面需给出初值 */
E）int a[2][3]; a={1, 2, 3, 4, 5, 6};      /* 错误，只有在定义数组的同时赋初值才能用{ } */
```

【随学随练 6.9】以下程序运行后的输出结果是（　　　　）。

```
#include <stdio.h>
main()
{ int b[3][3]={0,1,2,0,1,2,0,1,2}, i, j, t=1;
 for (i=1;i<3;i++)
   for (j=1;j<=1;j++)  t+=b[i][b[j][i]];
 printf("%d\n", t);
}
```

A）1　　　　　　　　　B）3　　　　　　　　　C）4　　　　　　　　　D）9

二维数组小结
与练习

【答案】C

【分析】t 依次累加 b[1][b[1][1]]（即 b[1][1]）、b[2][b[1][2]]（即 b[2][2]），得 4。

6.3.4　二维数组程序举例

【程序例 6.14】现有北京、天津、上海 3 个城市某年的四季平均气温，如表 6-2 所示，请分别求各城市的年平均气温。

表 6-2　北京、天津、上海 3 个城市某年的四季平均气温　　　　　　　　　　单位：℃

	春	夏	秋	冬
北京	11.3	28.2	16.5	−7.1
天津	12.4	27.1	17.6	−5.7
上海	23.2	33.5	25.8	−1.3

【分析】本例适合用二维数组保存数据。定义 3 行 4 列的二维数组 temp[3][4]保存 3 个城市四季的平均气温。每个城市都要计算年平均气温，共有 3 个年平均气温，适合用一维数组保存；这里定义一维数组 avg[3]保存年平均气温。

```
#include <stdio.h>
main()
{   float temp[3][4]={ {11.3, 28.2, 16.5, -7.1},
                       {12.4, 27.1, 17.6, -5.7},
                       {23.2, 33.5, 25.8, -1.3} };
    float avg[3]; int i, j;

    /* 求 3 个城市的年平均气温, 结果存入数组 avg[3] */
    for (i=0; i<3; i++)          /* 循环 3 个城市 */
    {   avg[i]=0;                /* 先求城市 i 的年总气温, 存入 avg[i]*/
        for (j=0; j<4; j++)
            avg[i]+=temp[i][j];
        avg[i]/=4;               /* 求城市 i 的年平均气温 */
    }

    /* 输出 3 个城市的年平均气温 */
    for (i=0; i<3; i++)          /* 循环 3 个城市 */
    {   switch(i)                /* 输出城市名 */
        {   case 0:  printf("北京"); break;
            case 1:  printf("天津"); break;
            case 2:  printf("上海"); break;
        }
        printf("的年平均气温是%5.2f℃\n", avg[i]);
    }
}
```

程序的输出结果是:

北京的年平均气温是 12.23℃
天津的年平均气温是 12.85℃
上海的年平均气温是 20.30℃

数学中的矩阵也是由行、列组成的, 因此与矩阵相关的问题也适合用二维数组处理。

【程序例 6.15】二维数组 a 中保存了一个 4×4 的矩阵, 请将矩阵转置。

【分析】矩阵转置就是行变为列、列变为行。如图 6-19 所示, 原先第 0 行的 21、12、13、24 转置后变为第 0 列; 原先第 1 行的 25、16、47、38 转置后变为第 1 列……实际上交换多对元素的值(如图中双箭头所示)即可实现转置, 注意对角线元素(图中阴影部分)不交换。

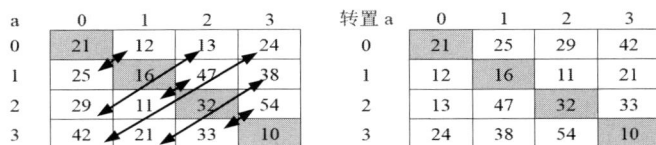

图 6-19　矩阵 a 的转置

所需交换的两两元素的下标是 a[i][j] 与 a[j][i], 即某元素和与它的行下标、列下标相反的另一元素进行交换。以矩阵的下三角为基准, 要交换的元素如下。

第 0 行: 无元素需交换。

第 1 行: a[1][0] 和 a[0][1]。

第 2 行: a[2][0] 和 a[0][2]、a[2][1] 和 a[1][2]。

第 3 行: a[3][0] 和 a[0][3]、a[3][1] 和 a[1][3]、a[3][2] 和 a[2][3]。

设 i 的值从 1 变化到 3, 表示以上三大步。每一大步内要交换若干元素, 即第 i 行需交换 a[i][0] 和 a[0][i]、a[i][1] 和 a[1][i]……a[i][i-1] 和 a[i-1][i], 这又是一个循环(设内层循环变量为 j, j 应从 0 变化到 i-1), 因此整个程序应采用双层循环。完整程序如下:

```
#include <stdio.h>
#define N 4
main()
```

```
{    int a[N][N]={{21,12,13,24},{25,16,47,38},
                  {29,11,32,54},{42,21,33,10}};
     int i, j, t;
     for (i=1; i<N; i++)              /* 三大步：第1~3行 */
         for (j=0; j<i; j++)          /* 每大步：第0~i-1列 */
             { t=a[i][j]; a[i][j]=a[j][i]; a[j][i]=t; }

     for (i=0; i<N; i++)              /* 输出转置后的矩阵a */
     {   for (j=0; j<N; j++)
             printf("%4d", a[i][j]);
         printf("\n");                /* 每行结束输出换行符 */
     }
}
```

程序的运行结果为：
```
 21  25  29  42
 12  16  11  21
 13  47  32  33
 24  38  54  10
```

【程序例 6.16】用 4×4 的二维数组保存并输出图 6-20 所示的字符组成的图形（输出时各字符间可添加 1 个空格）。

```
#include <stdio.h>
#define N 4
main()
{    char a[4][4]={' '};               /* 初值a[0][0]为空格，其他元素为'\0' */
     int i,j;
     /* 保存字符 */
     for (i=0; i<4; i++)               /* i 为行下标 */
     {   a[i][0]=a[i][3]='#';          /* 将各行第0、3列赋为'#' */
         for (j=1; j<3; j++)           /* 为各行第1~2列赋值 */
             a[i][j]= ((i!=0) && (i!=3)) ? 'o' : '#';
     }
     /*输出：按行、列依次输出数组a的各元素值即可 */
     for (i=0; i<4; i++)
     {   for (j=0; j<4; j++)
             printf("%2c",a[i][j]);    /* 输出字符长度为2，前补1空格 */
         printf("\n");                 /* 每行结束输出换行符 */
     }
}
```

程序的运行结果如图 6-20 所示。

【随学随练 6.10】 设一个 M×N 的矩阵已存在二维数组 x 中，以下程序段计算的是（   ）。

```
sum=0;
for (i=0; i<M; i++)   sum += x[i][0] + x[i][N-1];
for (j=1; j<N-1; j++)  sum += x[0][j] + x[M-1][j];
```

A） 矩阵所有元素之和   B） 矩阵两条对角线元素之和
C） 矩阵周边所有元素之和   D） 矩阵非周边所有元素之和

【答案】C

【分析】两个 for 循环，谁也不是谁的孩子，因此不是嵌套的 for 循环。只需执行第一个 for 循环后，再执行第二个 for 循环即可。第一个 for 循环累加了 x[0][0]+x[0][N-1]、x[1][0]+x[1][N-1]、x[3][0]+x[3][N-1]……即每行第 1 列和最后 1 列的元素。第二个 for 循环累加了 x[0][1]+x[M-1][1]、x[0][2]+x[M-1][2]、x[0][3]+x[M-1][3]……即每列第 0 行和最后 1 行的元素（第一个循环已累加的除外）。因此计算的是矩阵周边所有元素之和。

【随学随练 6.11】已知两个 3×3 的矩阵如图 6-21 所示，请编程求这两个矩阵的和（两个矩阵的和就是对应每个元素的和组成的 3×3 的新矩阵）。

```
#include <stdio.h>
#define N 3
main()
{   int a[N][N]={{1,2,3}, {4,5,6}, {7,8,9} };
    int b[N][N]={ {0,1,2}, {1,9,7}, {2,3,8} };
    int c[N][N], i, j;
    for (i=0; i<N; i++)
        for (j=0; j<N; j++)
            c[i][j] = a[i][j] + b[i][j];

    for (i=0; i<N; i++)          /* 输出矩阵 c */
    {   for (j=0; j<N; j++)
            printf("%4d", c[i][j]);
        printf("\n");
    }
}
```

程序的运行结果为：

```
  1  3  5
  5 14 13
  9 11 17
```

【随学随练 6.12】已知 4 行 3 列的二维数组如图 6-22 所示，请编程按列的顺序将其中的数据依次存放到一个一维数组中，即一维数组应包含 12 个元素，元素依次为：1, 5, 9, 2, 6, 10, 3, 7, 11, 4, 8, 12。

【分析】用数组收纳问题的编程套路（见 6.1.3 小节）可很容易地写出这个程序：按先列后行的顺序逐一循环二维数组的每个元素，然后依次将之收纳到一维数组中即可。

```
#include <stdio.h>
main()
{   int a[3][4]={{1,2,3,4}, {5,6,7,8}, {9,10,11,12} };
    int b[12], i, j, k;
    k=0;
    for (i=0; i<4; i++)          /* 循环列下标 */
        for (j=0; j<3; j++)      /* 循环行下标 */
            b[k++]=a[j][i];      /* j 是行下标，i 是列下标，勿写成 a[i][j]*/

    for (i=0; i<12; i++)         /* 输出数组 b 的结果 */
        printf("%3d", b[i]);
}
```

程序的运行结果为：

```
  1  5  9  2  6 10  3  7 11  4  8 12
```

```
# # # #
# ○ ○ #
# ○ ○ #
# # # #
```

图 6-20　字符组成的图形

$$\begin{bmatrix} 1 & 2 & 3 \\ 4 & 5 & 6 \\ 7 & 8 & 9 \end{bmatrix} \quad \begin{bmatrix} 0 & 1 & 2 \\ 1 & 9 & 7 \\ 2 & 3 & 8 \end{bmatrix}$$

图 6-21　两个矩阵

$$\begin{bmatrix} 1 & 2 & 3 & 4 \\ 5 & 6 & 7 & 8 \\ 9 & 10 & 11 & 12 \end{bmatrix}$$

图 6-22　二维数组

6.3.5　二维数组是由一维数组组成的

如果单个变量是一个点，则一维数组相当于一条线，它由多个点组成；二维数组则相当于一个平面，它由多条线组成。一维数组是单个变量的延伸，而二维数组又是一维数组的延伸。一个二维数组可被看作由多个一维数组组成，是“数组的数组”。

例如，有二维数组 int a[3][4];，把每行看作一个元素，则它是包含 3 个元素的一维数组，这 3 个元素分别是 a[0]、a[1]、a[2]，如图 6-23 左侧所示。但这 3 个元素不是每元素只保存一个数据，而是每元素分别保存一个一维数组，如图 6-23 右侧所示。

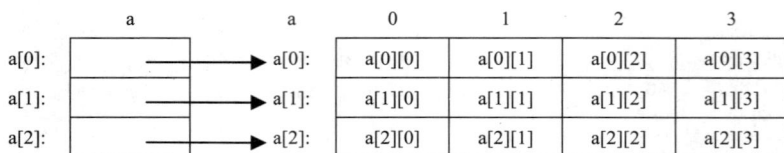

图 6-23　一个二维数组可被看作由多个一维数组组成

- a[0]是含 4 个元素 a[0][0]、a[0][1]、a[0][2]、a[0][3]的一维数组，a[0]是一维数组名；
- a[1]是含 4 个元素 a[1][0]、a[1][1]、a[1][2]、a[1][3]的一维数组，a[1]是一维数组名；
- a[2]是含 4 个元素 a[2][0]、a[2][1]、a[2][2]、a[2][3]的一维数组，a[2]是一维数组名。

如果写字台有 3 个抽屉，每个抽屉存放一张银行卡，那么这个写字台可看作含 3 个元素的一维数组。如果现在每个抽屉里存放的不是一张银行卡，而是一个卡包，卡包里又有 4 张银行卡，那么这个写字台可看作二维数组；在二维数组中，每一个卡包可看作一个一维数组。

我们知道如有数组 int b[3];，则语句 b=1; 是错误的，因为 b 是数组名，不能以数组名整体引用元素。在二维数组中，a[0]、a[1]、a[2]是一维数组名，它们与 b 是同类事物，都不能当作元素使用，因此语句 a[0]=1; a[1]=1; a[2]=1;也都是错误的。只有 a[0][1]=1; a[2][3]=1;等才正确。也就是说，对于普通变量，直接用变量名访问；对于一维数组元素，要用数组名和一个[ ]访问；对于二维数组元素，要用数组名和两个[ ]访问（仅有一个[ ]是不行的）。

在 C 语言中还可以定义三维、四维或更高维的数组，那么对于三维数组就应该用数组名和 3 个[ ]访问、对于四维数组就应该用数组名和 4 个[ ]访问……程序中使用高维数组会占用大量的内存空间，影响执行效率，因此尽量不要使用二维以上的高维数组。

第7章 蒙着面干活——函数

小到手表、手机、计算机，大到火车、飞机、航母，都包含许多元器件，它们可以被分别维修、更新或替换，而不影响其他部分。类似地，在程序中我们也可以制造和使用自己的"元器件"——函数。一个个函数可被看作 "蒙着面干活"的"黑箱"，它们分别用于实现不同的功能，并随时听候我们调用；而我们在调用它们时则根本不必关心其内部细节，拿来用就是了！

有了函数，我们就可以成为一位小小的指挥家，需要完成任务时，就派遣对应的函数去工作。就像皇帝派遣大臣处理政务……在派遣函数工作时，也不必关心它们工作的细节，而只把它们当作"黑箱"，只关注它们工作的结果就可以了。听上去很帅，不是吗？好了，现在就出发，让我们去体验做"皇帝"的感觉吧！

7.1 一个故事——函数概述

先讲一个故事，星期天去公园玩，如图 7-1 所示。首先准备东西，然后打了出租车。出租车司机问"去哪"，我们回答"去公园"。之后"开车"的任务则不需要我们做，而由司机代劳；我们只要坐在车里等待。来到公园后，我们等待结束，开始"游玩"。后来肚子饿了，找一家餐厅点菜。服务员问"吃什么"，我们回答"鱼香鸡丝"。之后"做菜"的任务也不需要我们做，而由餐厅厨师代劳；我们仍等待。不巧的是，厨师发现没有葱了，则做菜暂停，厨师也要等待。小工买葱时打了出租车并告诉司机"去农贸市场"。待葱买回后厨师等待结束，继续做菜（而这段时间我们还一直在等待）。待菜做好后，服务员将做好的菜端出，我们开始"吃饭"。最后，打车回家，并告诉司机"回家"。

在这个故事中，"我们"是主体，某些事（如"游玩""吃饭"）由我们亲自做，但另外的一些事（如"开车""做菜"）则可分别请别人代劳，后者在程序中称为调用，调用类似派遣、指挥。当我们调用别人做一些事的时候，我们自己的状态是等待；必须等别人将事情做完之后，我们才能进行下一步的动作。

```
void 打车(去哪)
{
    油门;
    转弯;
    刹车;
}
美食型 点菜(吃什么)
{
    if (葱没了) 打车(农贸市场买葱);
    洗菜;
    切菜;
    炒菜;
    return 做好的菜;
}
main()
{
    准备东西;
    打车(公园);
    游览公园;
    点菜(鱼香鸡丝);
    开始吃饭;
    打车(回家);
}
```

图 7-1 调用"点菜"函数

"我们"就是 C 语言程序中的 main 函数；能够派遣或调用的其他函数，如出租车的"打车"函数、餐厅的"点菜"函数等就是 main 外的其他函数。整个程序就是由多个函数组成的，如同包含多个自然段的一篇文章。

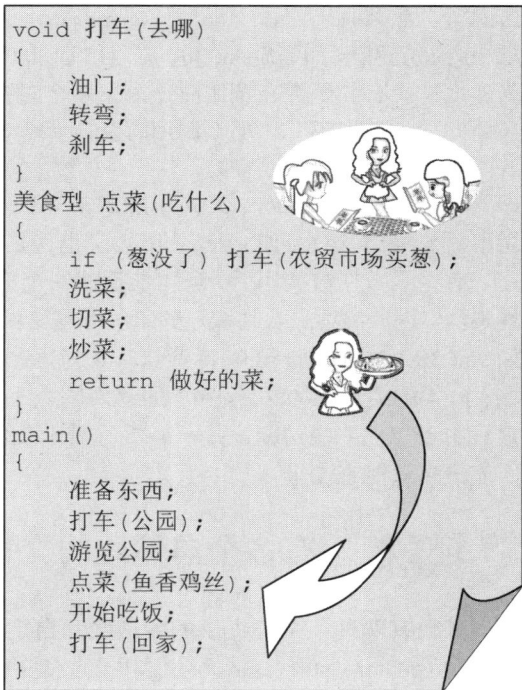

函数之间是**调用**的关系，调用某函数的函数称**主调函数**，被调用的函数称**被调函数**：在由多个函数组成的 C 语言程序中只能有一个函数名为 main，是主函数。main 函数有权派遣和调用其他函数；其他函数之间也可相互调用以协调工作。但其他函数不能调用 main 函数，例如出租车的"打车"函数和餐厅的"点菜"函数都不能给我们下命令。

程序由函数组成，类似文章由段落组成。但程序的执行与文章的阅读不同，程序的执行是由 main 函数这一段起始，在 main 函数这一段中结束的；而不是由第一个函数起始，在最后一个函数中结束的。main 外的其他函数（段落）都不能自己独立执行；它们要被 main 或其他函数调用才能执行，且被调用几次执行几次（不一定只执行 1 次）。它们在被调用之前，都不"活动"，而是处于一种"待命"的状态，直到有人调用它才执行。显然，如果没人打车，出租车司机只能驾车无目的地穿梭在马路上；如果没人点菜，餐厅的厨师也只能歇在一旁。

谁调用函数去做事，做完后它自然向谁报告；谁打的车，自然找谁买单。这说明函数被调用后，谁调用的就返回到谁，而不一定都返回到 main 函数。例如餐厅小工去买葱时打车，打车费应由餐厅支付，而不能由客人买单。设想我们去餐厅吃饭，如果刚刚点完菜，就闯进一位出租车司机找我们支付打车费，那就让人觉得莫名其妙了。

要调用函数，有时还要给出参数，即调用函数时对函数所问问题的"回答"。如打车时的"去公园"、点菜时的"鱼香鸡丝"都是参数。又如，求 4 的平方根，调用 sqrt(4)，其中的 4 也是参数；求 30° 的正弦值，调用 sin(30 * 3.14159/180.0)，其中的 30 * 3.14159/180.0 也是参数（sin 参数的单位为弧度）。有的函数在调用时还需要多个参数，如某些餐厅的"点菜"函数时除了问"吃什么"，还要问"放辣椒吗"，那么调用时就应有 2 个参数，写为：

点菜(大碗拉面，多放辣椒)；

即要分别回答 2 个问题。又如 printf("a=%d", a);中的"a=%d"、a 也分别是 2 个参数。而有些函数的调用不需要给出参数，如 getchar 函数。也就是说，函数可有 0 个、1 个或多个参数。

有些函数在被调用后，还可能返回一个值给调用者，称**返回值**。如"点菜"函数要将做好的"鱼香鸡丝"返回给客人，则做好的菜就是这个函数的返回值。函数的返回值类似数学中函数的函数值，如 sin(30 * 3.14159/180.0)得到 0.5，0.5 就是该函数的返回值。参数不同，函数的返回值也可能不同，如 sqrt(4)的返回值为 2、sqrt(9)的返回值为 3。而有些函数又没有返回值，如上例的"打车"函数，它只用于实现一些功能，并不需要返回什么东西，就没有返回值了。注意，如果函数有返回值，返回值最多只能有 1 个。

7.2 写有多个自然段的文章——函数的定义和调用

函数有两种：系统提供的**库函数**和**自定义函数**。前者我们已经见过很多，如 printf、getchar、sqrt、fabs等，这些函数是由系统提供的，只要包含对应的头文件（#include <×××.h>）即可调用。但像"打车""点菜"这样的函数不是由系统提供的，而需由我们自己写在程序中，这属于自定义函数。对于自定义函数，我们必须先将这个函数的 "自然段"（含其中的语句）在程序中详详细细地写出来（称**函数的定义**），然后才能调用它。在本章，我们重点讨论的是自定义函数。

函数的定义和
调用

7.2.1　写个自然段——函数的定义

自定义函数必须先定义，然后才能调用。**函数的定义**就是像写文章一样，写出该函数的"自然段"（含其中的语句）。其一般形式为：

```
函数返回值类型 函数名(参数类型1 参数名1, 参数类型2 参数名2, ...)
{
    语句1;
    语句2;        }         函数体
    ......
}
```

其中第一行是函数头，必不可少。函数头给出了函数名，还给出了函数返回值类型和各个参数类型与参数名。函数名是符合标识符的命名规则（参见1.2.4小节）的名称，最好"见名知意"。函数名后的( )必不可少；即使函数没有参数，( )也不能省略。

在函数头下面由{ }括起来的语句，称**函数体**，函数体中的语句写法与main函数中的语句写法相同，之前学习过的C语言的各种语句都可以写在自定义函数的函数体中。

例如，定义一个函数，用于求两个数中的较大者并输出，可写为：

```
int maxnum(int a, int b)
{
    int c;
    if (a>B) c=a; else c=b;
    printf("%d", c);
    return c;
}
```

其中 return c; 用于返回值，函数将返回变量 c 的值。在函数头的( )内规定参数，参数的定义形式与变量的定义形式类似（即都采用"类型 参数名"的形式），但每个参数都必须在参数名前写有类型，且无分号（;），多个参数之间以逗号（,）分隔。如下面函数的定义是错误的：

```
int maxnum(int a, b)        /* 错误: 在b前也必须写出类型, 不能省略 */
{
    ...
}
```

在定义函数时，还应将函数返回值的类型写在函数名之前，如 int、float、double、char 等（返回值类型不能是数组）。maxnum 函数的返回值类型为 int 型。又如，以下 cube 函数用于返回一个数的立方，应规定返回值类型为 double 型：

```
double cube(double x)
{
    return x * x * x;
}
```

要规定函数没有返回值，这一部分应写为关键字 void，而不能省略不写（省略不写表示返回值类型为 int 型，而不是没有返回值）。例如，前面的"打车"函数没有返回值，函数头前面写了 void。又如，函数 currency 将以"元"为单位显示一个数字，该函数只需执行输出的功能就可以了，也不需要有返回值。

```
void currency(double mn)
{
    printf("¥%9.2lf\n", mn);
}
```

没有返回值的函数也称为 void 函数。又如，下面定义的 PrintStar 函数也没有返回值。

```
void PrintStar()
{
    printf("**********\n");
}
```

PrintStar 函数用于在屏幕上输出一行 * ，没有参数。如函数没有参数，在函数头的( )中也可写 void 来强调，如 PrintStar 函数的函数头也可写为 void PrintStar(void); 。注意两个 void 含义不同：第一个 void 规定函数没有返回值，第二个 void 强调函数没有参数。无参函数( )内写不写 void 都可，但( )不可省略。

一篇文章的各自然段之间是相互平行的，C 语言程序的各函数的定义之间也是相互平行的，不能彼此嵌套。在一个函数体内再定义另一个函数是不允许的，犹如不允许在一个自然段内再写另一个自然段。例如下面左侧程序的写法错误，而必须写为右侧的形式。

```
/* 在 main 内嵌套定义 PrintStar, 错误 */
main()
{
    ...
    void PrintStar()
    {
        printf("**********\n");
    }
    ...
}
```

```
/* 与 main 并列定义 PrintStar, 正确 */
main()
{
    ...
}
void PrintStar()
{
    printf("**********\n");
}
```

7.2.2 叫服务员上菜——函数的调用

1．函数的调用方法

调用，就是使用。如何使用函数呢？在马路上打车要"喊"司机，在餐厅点菜要"喊"服务员；要调用函数，也要"喊"函数的名字。例如要调用函数 PrintStar，执行语句：

```
PrintStar();
```

这样就可以在屏幕上输出一行 * ，注意，函数名后的( )必不可少。对于有参数的函数，除"喊名字"外，还要给出参数。如调用前面定义的 maxnum 函数要给出 2 个参数：

```
maxnum(19, 8);
```

这表示求 19 和 8 两个数中的较大者，函数内的 printf 会将较大者 19 输出到屏幕上。

⚠️ **脚下留心**

在 C 语言中，不同的括号有不同的用途，调用函数时务必使用圆括号( )，不能使用方括号[ ]或花括号{ }。如调用 maxnum 函数，不能写为 maxnum[19, 8]或 maxnum{19, 8}，而只能写为 maxnum(19, 8)。

除了通过"函数名( )+;"构成一条语句来调用函数外，对于有返回值的函数，还可以在表达式中调用，即将函数调用作为表达式的一部分，将来会用函数的返回值替换这一部分参与表达式计算。例如：

```
z=sqrt(4)*3;
```

表示先计算 4 的平方根 2，再乘 3 后得到 6 并存入变量 z。这里调用的是有返回值的系统库函数 sqrt。如调用有返回值的自定义函数，方法相同。

```
z=2*maxnum(19, 8);
```

表示 2 与两数中的较大者（19）相乘，将结果（38）存入 z 中。

总结一下，调用函数有两种方式。

① 将函数调用作为独立的语句：函数名(参数, 参数, ...);。

② 在表达式中调用函数。

对于有返回值的函数采用两种调用方式均可，只是若采用方式①，函数的返回值返回后也没什么用，将被丢弃（但函数中的语句还会被正常执行）。而对于无返回值的函数只能采用方式①调用，不能用方式②，因为函数无返回值，表达式无法求值。例如：

```
z = 2 * PrintStar();                    /* 错误 */
```

2 要乘的值是多少呢？由于 PrintStar 没有返回值，表达式无法求值，显然是错误的。

又如，前面定义的 currency 函数的调用方式应该是：

```
currency(123.45);                       /* 输出：¥  123.45 */
```

而不能是：

```
printf("%lf", currency(123.45) );       /* 错误 */
```

因为 currency 函数无返回值，无法用 printf 输出它的值。对于 currency 函数，只能采用方式①调用。调用后的屏幕输出结果是由其函数体内的 printf 输出的，而不是函数的返回值。

⚠ **脚下留心**

　　函数的返回值和屏幕输出结果是两个截然不同的概念，函数的返回值由函数内的 return 语句返回，但不一定要在屏幕上显示出来。是否在屏幕上显示，取决于函数中是否有 printf、putchar 等输出语句。例如，y=sin(x);只是把 sin(x) 的值存放到 y 中保存，屏幕上不会显示任何内容。但如果再执行 printf("%f", y); 或者 printf("%f", sin(x)); 就会在屏幕上显示出 x 的正弦值了。

2．形式参数和实际参数

　　在调用函数 maxnum(19, 8)时，给出了参数 19、8，这是在调用函数时实际给出的具体参数，称**实际参数**，简称**实参**（actual parameter）。实参是实实在在的、确定的值。如现在明确求 19 和 8 这两个数中的较大者，而不求其他数的较大者。

　　在定义 maxnum 函数时，函数头 int maxnum(int a, int b)中的 a、b 也是参数，称**形式参数**，简称**形参**（formal parameter）。形参用于在函数被调用时接收传递过来的值。在未调用函数时，形参没有具体的值，a、b 仅是形式上的，maxnum 在被调用前不知要计算哪两个数中的较大者。如点菜时用的菜单中的菜就是一种形式上的"菜"，菜单中的菜是不能吃的。

　　形参一定是变量（如 a、b）；而实参既可以是常量（如 19、8），也可以是变量或表达式。**如下面调用 maxnum 函数求 75 和 73 中的较大者，其中 75 是通过 x*3 求得的**：

```
int x=25, y=73;
maxnum(x*3, y);   /* x*3、y是实参，这里实参分别是表达式和变量 */
```

　　在调用函数时，所给出的实参必须和形参在数量上、顺序上、类型上严格一致，或类型上可以进行转换。如下面对函数 maxnum 的调用是错误的：

```
maxnum(50);  /* 错误 */
```

　　maxnum 需要 2 个参数，但调用时只给出 1 个，maxnum 不知求 50 和谁的较大者，无法计算。如对"点菜"函数问的放辣椒的问题避而不答，那就没法做菜了，显然是错误的。

7.2.3　厨师是怎样干活儿的——函数调用的过程

函数调用的过程

💡 **窍门秘笈**　函数调用的执行过程口诀如下。

独立空间，激活形参。

当作变量，单向值传。

变量其间，同名不乱。

函数结束，全部完蛋。

具体来说，函数的调用过程如下。

① 每个函数都有自己独立的内存空间，函数中的变量（包括形参）都位于各自的内存空间中，互不干涉。被调函数的内存空间只在函数被调用后执行时才存在，不调用、不执行时其空间不存在。这称"独立空间"。

② 在调用函数时，主调函数暂停运行，程序转去执行被调函数。执行被调函数前的准备工作为：将被调函数的"形参"当作变量，在被调函数自己的内存空间中开辟这些形参变量的空间；然后将"实参"的值单向传递给对应的形参变量，即用实参的值给形参变量赋值（值复制，形参使用的是值的副本）。这称"激活形参。当作变量，单向值传"。

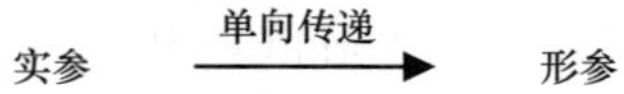

$$\text{实参} \quad \xrightarrow{\text{单向传递}} \quad \text{形参}$$

③ 逐条执行被调函数中的语句，这与在 main 函数中的执行方式相同。被调函数运行结束后，被调函数的空间（包括其中所有的有普通变量、形参变量）即刻被系统回收，不复存在（返回值使用临时空间的除外）。这称"函数结束，全部完蛋"。

④ 返回到主调函数中暂停的位置继续运行主调函数的后续程序。

⑤ 变量都要位于它所属函数的内存空间中，而不能越界跑到其他函数的内存空间中；形参是被调函数中的变量，也应位于被调函数的空间中，称"变量其间"。由于函数各自有自己的内存空间，因此不同函数中的变量可以同名；若实参是主调函数中的变量，形参和实参也可同名（形参是被调函数中的变量，二者分属不同的空间），称"同名不乱"。

【程序例 7.1】简单的函数调用。

```c
#include <stdio.h>
void fun(int p)
{
    int d=2;
    p=d++; printf("%d", p);
}
main()
{   int a=1;
    fun(a);
    printf("%d", a);
}
```

程序的运行结果为：

```
21
```

程序定义了一个 fun 函数，它没有返回值，但有一个 int 型的参数 p。函数 fun 和函数 main 各有自己独立的内存空间。程序先从 main 函数开始执行，起初只有 main 函数的内存空间存在，而 fun 函数的内存空间不存在，因为它还没有执行。

【程序例 7.1】的函数空间如图 7-2 所示，在 main 的空间中定义变量 a 并赋初值 1。然后执行 fun(a); 时，main 的运行暂停，程序转去执行 fun 函数。这时刚刚开辟 fun 的内存空间，然后把形参 p 当作变量，开辟在 fun 的空间中。实参是 a，将 main 中 a 的值 1 传递给 p（复制赋值）。

运行 fun 中的语句。先定义变量 d 并赋初值 2，变量 d 位于 fun 的空间中。然后执行 p=d++; 将 p 赋值为 2，将 d 的值自增 1 变为 3。再执行 fun 中的最后一条语句 printf，在屏幕上输出 p 的值 2。fun 中的所有语句执行完毕，fun 函数结束，fun 的空间（包括其中的形参变量 p、普通变量 d）全部消失（图 7-2 中的虚线叉表示此空间在函数执行结束后全部消失）。

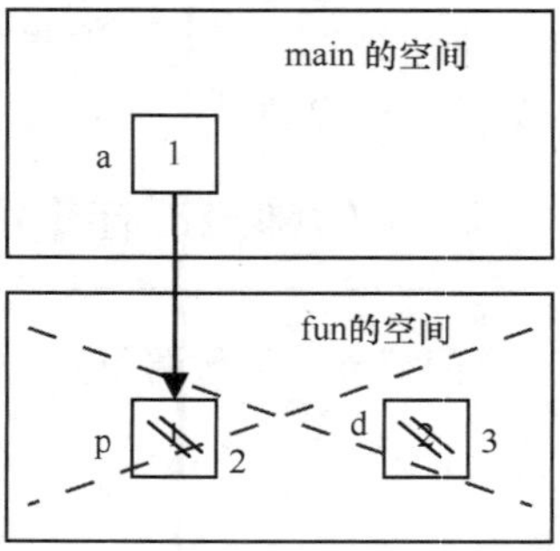

图 7-2 【程序例 7.1】的函数空间

返回到 main 函数暂停的地方继续运行，即运行 printf("%d", a);输出变量 a 的值。由于此时已回到 main 函数中，这条 printf 语句属于 main 函数，应在 main 自己的空间中找变量 a，输出 a 的值为 1。main 函数运行结束，整个程序结束。

综上，屏幕上输出的内容是 21。其中 2 是由 fun 中的 printf 输出的，1 是由 main 中的 printf 输出的。两者之间无空格、无换行符，因为两个 printf 的"%d"中没有空格，也没有\n。

【随学随练 7.1】有以下程序

```
#include <stdio.h>
void func(int n)
{   int i;
    for (i=0; i<=n; i++)  printf("*");
    printf("#");
}
main()
{   func(3);  printf("????");  func(4);  printf("\n");  }
```

程序运行后的输出结果是（   ）。

A）****#????***#   B）***#????****#

C）**#????*****#   D）****#????*****#

【分析】首先调用 func(3);，形参 n 被传值为 3，for 循环输出****（i=0～3）后再输出#。func 执行完，其空间（包括 n、i）全部消失。返回 main 继续运行，输出????。再次调用 func(4);，重新开辟 func 的空间（刚才消失的空间不能再恢复），形参 n 被传值为 4。for 循环输出*****后再输出#。func 执行完，其空间又被回收。返回 main 继续输出\n 以换行。

【程序例 7.2】实参到形参的单向传递。

```
#include <stdio.h>
void fun(int x, int y)              /* x、y 为形参 */
{   printf("x=%d, y=%d\n", x, y);    /* 输出: 2 3 */
    x=10; y=15;                      /* 形参 x、y 改变，但实参 a、b 不会变化 */
    printf("x=%d, y=%d\n", x, y);    /* 输出: 10 15*/
}
main()
{   int a,b;
    a=2; b=3;
    printf("a=%d, b=%d\n",a, b);     /* 输出: 2 3 */
    fun(a, b);                       /* a、b 为实参 */
    printf("a=%d, b=%d\n",a, b);     /* 输出: 2 3（a、b 值未变）*/
}
```

程序的运行结果为：

```
x=2, y=3
x=10, y=15
a=2, b=3
a=2, b=3
```

当函数有多个参数时，实参和形参是按顺序对应传递的。在调用 fun(a,b);时，是将 a 的值传给 x、b 的值传给 y（而不能将 a 的值传给 y、b 的值传给 x）。

在函数调用时实参将值单向传给了形参，然后二者的联系就此中断；在函数中改变了形参的值，对应实参值不会跟随变化。如图 7-3 所示，这好比将瓶中的醋倒出一些到碗中，然后在碗中加盐，则只有碗中醋的味道改变了，瓶中的醋不会自己"变咸"。这叫作"瓶子到碗的单向传递"，碗里的内容被改变，不会影响瓶子里的内容。实参到形参也是"单向传递"的，形参值被改变，不会影响实参。

将瓶中的醋单　　　　实参值单向传递给形参　　　形参值改变不会影响实参　　　碗中的醋加盐后不
向倒进碗中　　　　　　　　　　　　　　　　　　　　　　　　　　　　　　　　　会影响瓶中的醋的
　　　　　　　　　　　　　　　　　　　　　　　　　　　　　　　　　　　　　　味道

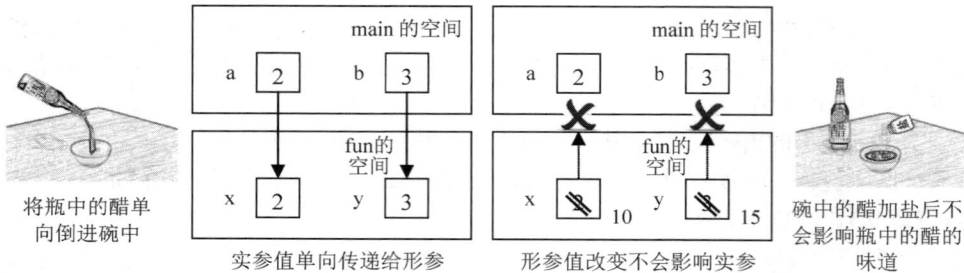

图 7-3　实参到形参的单向传递

7.2.4　上菜啦——函数的返回值

函数在被调用后，可以没有返回值；也可以有 1 个返回值
（最多有 1 个返回值）。函数的返回值如餐厅厨师做好的菜，
它将被从后厨端出给点菜的客人。在函数定义（写出函数的那
个"自然段"）的函数头前面写有 void 的函数没有返回值；否
则有返回值，且函数头前面规定了返回值的类型，如图 7-4 所示。无论有无返
回值，函数均可被调用，其调用过程一致；函数调用结束后也都能返回到主调函数。

函数的返回值　　　return 语句小结和不
同函数变量同名

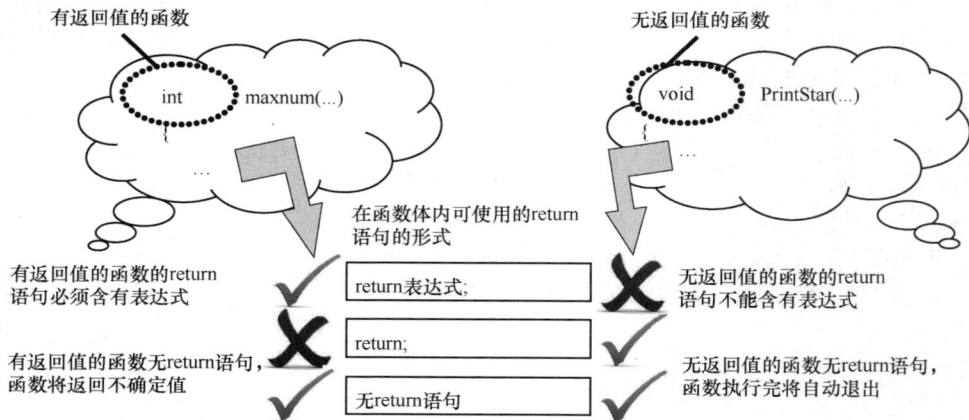

图 7-4　有/无返回值的函数的定义和在函数体内可使用的 return 语句的形式

要使函数返回值，需要在函数体内使用 return 语句，return 是关键字，其形式为：

```
return 表达式;
```

表达式部分也可加括号，即下面的形式也是可以的：

```
return (表达式);
```

表达式的值将被算出，并作为函数的返回值返回。表达式的类型应与函数定义的函数头前面规
定的类型一致，或可进行类型转换。如"点菜"函数用"return 做好的菜;"返回一个值，这与函
数定义的函数头前面写的类型"美食型"相对应。

return 语句的执行过程是：计算表达式的值，然后开辟一个临时空间（临时空间的类型就是函
数定义的函数头前面规定的类型），将表达式的值存入此临时空间（如类型不一致，表达式的值的
类型将被自动转换为临时空间的类型），再将此临时空间的值作为函数返回值返回。

【程序例 7.3】用 return 语句使函数返回值。

```
#include <stdio.h>
void nchars(char ch, int n)
{    int i;
```

```
            for(i=0; i<n; i++)
                printf("%c", ch);
            printf("\n");
        }
        int max(int a, int b)
        {   int c;
            if (a>B) c=a;      else c=b;
            return c;
        }
        main()
        {   int x,y,z;
            nchars('*', 20);
            printf("输入 2 个数: ");
            scanf("%d%d", &x, &y);
            nchars('-', 15);
            z = max(x,y);
            printf("%d 较大\n", z);
            nchars('*', 20);
        }
```

程序的运行结果为:

```
********************

输入 2 个数: 10 20↵
----------------
20 较大
********************
```

nchars 函数用于在屏幕上输出一串字符, 字符内容和包含的字符个数分别由两个参数指定。这样 nchars 函数可随时待命, 当我们需要输出一串字符时都可以交给它去做。同一函数可被多次调用, 如 nchars 函数在以上程序中被调用了 3 次。

与 maxnum 函数不同, 在 max 函数内并没有输出较大者, 而是仅将较大者作为函数的返回值返回。在执行 max 中的语句 return c;时, 将开辟一个 int 型的临时空间(因 max 函数定义的函数头前面的类型为 int), 将 c 的值 20 存入临时空间, 【程序例 7.3】的函数空间如图 7-5 所示。同时函数结束, 变量 c、形参变量 a 和 b 都消失; 但返回值的临时空间不消失, 它的值 20 将被带回给主调函数的 z=max(x, y);, 替换其中 max(x, y)部分, 再执行 z=20;。

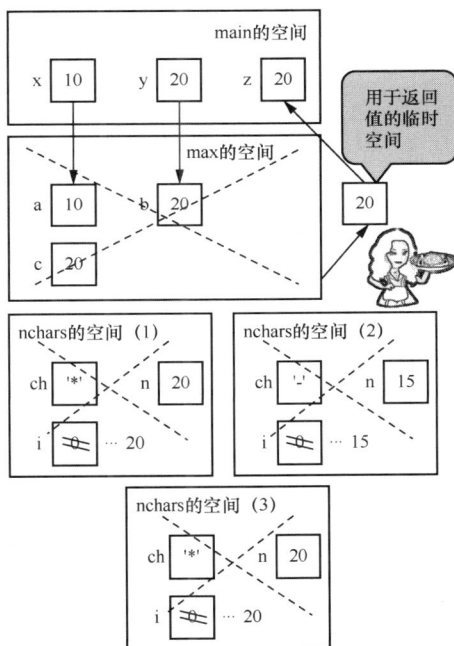

图 7-5 【程序例 7.3】的函数空间

⚠️ **脚下留心**

"函数结束, 全部完蛋"是指函数结束后函数内的普通变量和形参变量的空间都被回收, 而返回值的临时空间不被回收。函数内的变量和形参变量如同做菜过程中所用到的锅、盘、碗、勺, 借助这些变量做好菜后, 还要取一个干净的盘子"出锅装盘", 为返回值开辟的那个临时空间就如同这个干净的盘子。做好菜后, 用过的锅、盘、碗、勺都将被刷洗, 但出锅装菜的盘子(返回值的临时空间)不会被刷洗。

同一函数内允许出现多个 return 语句, 但在函数每次被调用时只能有 1 个 return 语句被执行, 函数只能返回 1 个值。因为一旦执行 return, 函数立即结束, 这使在本函数内 return 后的其他语句都

不会被执行了。也就是说，return 兼有返回值和强行跳出函数的双重作用，它会使程序即刻返回到主调函数的调用处，继续运行主调函数后面的程序。

对于无返回值的函数，可以没有 return 语句，也可以写不带表达式的 return 语句：

```
return;
```

它的作用是即刻结束此函数的执行，返回到主调函数。对于无返回值的函数，return 语句中一定不能含有表达式；而对于有返回值的函数，则必须在 return 语句中含有表达式。也就是说，return 是否含有表达式要与函数有/无返回值的实际情况相符，如图 7-4 所示。

return 类似于 break，但比 break 更强大！嵌套循环内的 break 只能跳出一层循环；而 return 若出现在嵌套循环内，将跳出所有循环，因为已跳出整个函数。但在函数调用的层次上，也只能跳到调用它的上一层函数，而不能越级连跳多层调用。如 main 函数调用"点菜"函数、"点菜"函数再调用"打车"函数，则"打车"函数里的 return 只能返回到"点菜"函数，而不能直接返回到 main 函数。

【程序例 7.4】无返回值的函数使用 return 语句。

```
#include <stdio.h>
void fun(int p)
{    int a=2;
     a = a*p;
     printf("fun(1):%d\n", a);
     if (a>0) return;
     printf("fun(2):%d\n", a);
}
main()
{    int a=10;
     fun(a);
     printf("main:%d\n", a);
}
```

程序的运行结果为：

```
fun(1):20
main:10
```

运行结果中并没有"fun(2):20"，说明语句"printf("fun(2):%d\n", a);"被跳过了。这是由于 a>0 为真，执行 return;立即跳出了 fun 函数，使函数内其后的语句都没有被执行。

main 函数有名为 a 的变量，fun 函数也有名为 a 的变量，它们分属于不同的空间。两个变量 a 除了名字相同外，彼此毫不相干，【程序例 7.4】的函数空间如图 7-6 所示，即"变量其间，同名不乱"。在执行 printf 时要输出哪个 a 的值，取决于 printf 在哪个函数中。执行 fun 函数中的 printf，就输出 fun 中的 a 值；执行 main 函数中的 printf，就输出 main 中的 a 值。这如同两个班都有一位叫张三的同学，老师上课不会受影响。在（1）班上课点名时只有（1）班的张三答应，（2）班的张三是不会从外面跑进来答应的；只有在（2）班上课点名时（2）班的张三才会答应。但注意在同一函数内，是不能使用同名变量的！

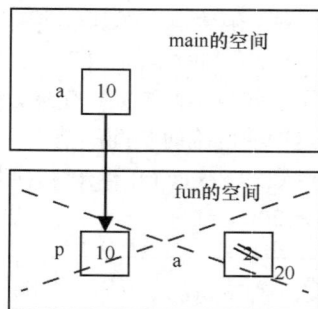

图 7-6 【程序例 7.4】的函数空间

7.2.5 做指挥官的感觉——使用函数编程

函数随时待命，听候调遣；而 main 函数则充当"指挥官"的角色，指挥其他函数执行，如图 7-7 所示。如在【程序例 7.3】中，当需输出一串字符时，就派 nchars 去做；当需比较大小时，就派 max 去做；另外一些任务则由 main 亲自做（如输入数据、输出结果等）。

可以把函数看作一个个"蒙着面干活"的"黑箱"，在调用时只管参数进去，结果出来，而不必关心里面的细节。如水果罐头厂在生产罐头时，新鲜的水果进去，罐头出来，工厂就是黑箱，如图 7-8 所示。max 函数是黑箱，两个数进去，较大者出来；nchars 函数也是黑箱，两个参数进去，一串字符出来。

我们在编程时应善于利用函数，将问题划分为一个个小问题再分别由不同的函数解决。函数可被重复调用，这样要多次执行相同/相似操作时就不必重复编写代码，只需调用函数（如 nchars 函数）即可。我们将不再为每件事亲力亲为，而把焦点放在统筹、指挥上。这不仅可大大简化编程，还可使程序逻辑清晰、结构严谨，便于阅读、修改、调试。

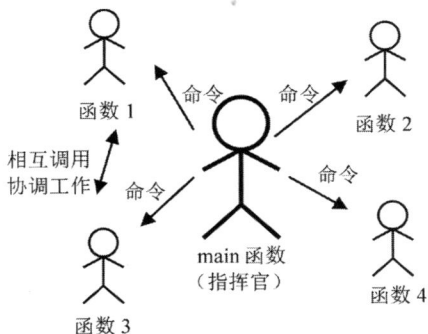

图 7-7　main 函数充当指挥官的角色

图 7-8　水果罐头厂生产水果罐头的黑箱

【随学随练 7.2】以下程序运行后的输出结果是（　　　　）。

```
#include <stdio.h>
int fun(int x, int y)
{    if (x==y) return (x);
     else return ((x+y)/2);
}
main()
{    int a=4, b=5, c=6;
     printf("%d\n", fun( 2*a, fun(b,C) ) );
}
```

A）3　　　　　　　　B）6　　　　　　　　C）8　　　　　　　　D）12

【答案】B

【分析】将 fun 函数看作"黑箱"，2 个数进去，平均值出来。fun(b, c)得 b、c 的平均值 5（整数除法舍小数，11/2 得 5）；再调用 fun(2*a, 5) 得 8、5 的平均值 6（13/2 得 6）。

【随学随练 7.3】试分析下面程序的输出结果。

```
#include <stdio.h>
int F(int x, double y, char z)
{    printf("x=%d  y=%f  z=%c\n", x, y, z);
     return 1.5;
}
main()
{    double u=F(3.5, 2, 65);
     printf("u=%f\n", u);
}
```

【答案】程序的输出结果如下。

```
x=3  y=2.000000  z=A
u=1.000000
```

【分析】参数传递时，实参和形参按照顺序要一一对应。对应实参和形参的类型应一致；如不一致，则以形参（位于函数定义的函数头）的类型为准，自动为实参转换类型。如图 7-9 所示，以形参

x、y、z 的类型为准, 3.5 被转换为 int 型的 3 给 x、2 被转换为 double 型的 2.0 给 y、65 被转换为 char 型的'A'给 z（ASCII 值为 65 的字符为'A'）。在返回时, 以函数 F 的函数头前面规定的返回值类型（int）为准, 返回值的"临时空间"为 int 型的, return 语句的 1.5 被转换为 int 型的 1, 函数 F 的返回值实际为 1。回到 main 函数后, 将 int 型的 1 赋值给变量 u 时, 又以 u 的类型 double 为准, 将 1 转换为 1.0 存入 u, 后者是依照"变量定空间, 塑身再搬迁"规则（参见 2.1.2 小节）进行转换的。

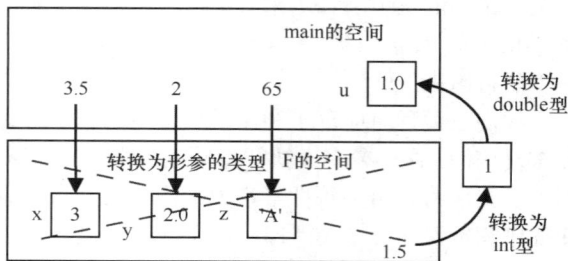

图 7-9 【随学随练 7.3】的函数空间

7.2.6 main 函数的返回值

main 函数也是一个自定义函数, 如在函数定义的函数头前面省略返回值类型, 表示 main 函数有返回值且返回值是 int 型的。main 的返回值用于在程序结束后返回给操作系统（如 Windows）表示程序运行情况：程序若正常结束一般向操作系统返回 0, 即在 main 函数内最后执行 return 0; 语句。因此将 main 函数写为下面的形式才是规范的：

```
int main()
{   …
    return 0;
}
```

本书在后续章节中, 将主要使用这种"规范"的 main 函数形式；但前面章节省略 int 和 return 0; 的写法也是正确的。此外, 有些编译系统还支持 main 函数没有返回值的写法：

```
void main()
{   …
}
```

这时在 main 函数内不能出现 return 0;等带表达式的 return 语句, 但可出现不带表达式的 return; 语句。main 函数的 return 语句也有退出程序的功能, 因为在 main 函数中一旦执行了 return 语句, 就将跳出 main 函数, 整个程序也就结束了。

7.3 先喊你一声——函数的声明

在程序中, 尽管函数的先后顺序是任意的, 但函数若先调用后定义, 可能会引发编译问题（调用就是使用、派它去干活；定义就是把函数写出来）, 如图 7-10（a）所示。原因是在定义之前调用函数时, 编译系统还不"认识"它。

函数的声明

解决方法有两个。一是交换两个函数的先后顺序, 如【程序例 7.4】那样, 先定义函数 fun, 再在 main 中调用 fun, 这样在调用函数时编译系统就认识这个函数了。二是可保持先调用后定义, 但在调用之前先声明函数（如图 7-10（b）所示）, 即先出现这样一条语句：

```
void fun(int p);
```

这样的一条语句称**函数的声明**, 其写法就是"函数头+;"。它像一个小喇叭一样"告诉"编译系统：喂！存在这样一个函数, 可能在后面定义了！让编译系统提前"认识"这个函数。这样在调用函数时就不会因为编译系统不认识它而出现错误；而函数的定义可以以后再出现。

函数的声明, 也称**函数的原型**。"原型"就是样式, 它表示了函数的返回值类型, 函数名, 形参个数、顺序、类型。声明函数, 就是"告诉"编译系统函数的样式, 为编译系统提供这些信息让它认识这个函数。

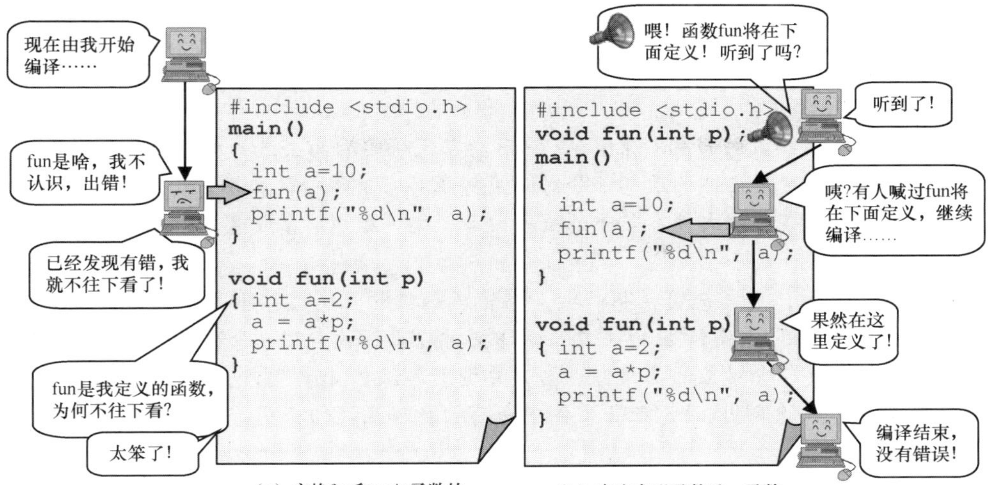

（a）交换fun和main函数的先后顺序，编译出错

（b）事先声明函数后，函数即可先调用后定义

图 7-10　函数的声明的作用

在函数的原型中，形参名是可有可无的，如以上对 fun 函数的声明也可写为：

```
void fun(int);
```

省略了形参名 p。注意，在函数的声明中，只有形参名才可以省略，除此之外其他任何内容均不可省略。如下面的函数的声明是错误的：

```
void fun(p);            /* 错误！因为省略了形参的类型 */
```

可以省略形参名而不能省略形参的类型的写法，初学者可能不太习惯，应尤其注意。

形参名实际上相当于占位符，在函数的声明中可以省略，也可以使用其他的形参名，如以上对 fun 函数的声明也可写为：

```
void fun(int a);        /* 正确，与函数定义时的形参名 p 可以不同 */
```

【小试牛刀 7.1】函数 min 的定义如下：

```
double min(double a, double b)
{   if (a<b) return a;
    else return b;
}
```

下面对它的声明中，哪些正确，哪些错误？

```
① double min(double a, double b);      /* 正确 */
② double min(double a, double b)       /* 错误。不能省略分号 */
③ double min(a, b);                    /* 错误。不能省略形参的类型 */
④ min(double a, double b);             /* 错误。不能省略返回值类型 */
⑤ double min(double, double);          /* 正确。可以省略形参名 */
⑥ double min(double m, double n);      /* 正确。形参名可与定义时用的形参名不同 */
```

【随学随练 7.4】有以下程序，请在下画线处填写正确语句，使程序可正常编译运行。

```
#include <stdio.h>
____________________________
main()
{   double x,y;
    scanf("%lf%lf", &x, &y);
    printf("%f\n", avg(x,y));
}
double avg(double a, double B)
{   return((a+B)/2);    }
```

【**答案**】double avg(double a, double B); 或 double avg(double, double);

🏃 高手进阶

为何编译系统需要函数的声明（原型），它不能在代码的后面去进一步查找函数的定义吗？因为这样做效率不高，在搜索文件的后续部分时必须停止对当前部分的编译。此外，函数的定义也可能不在当前文件中，而在其他文件（当一个程序由多个文件组成时）或者库中，如果一一搜索就更低效了。

调用系统库函数时，也需提前声明函数。系统库函数的声明已被事先写到了头文件（扩展名为.h）中。通常用#include 包含对应的头文件，即把对应函数的声明包含进来。这就是为什么在调用库函数之前，一定要包含对应的头文件。例如要调用库函数 sqrt，需包含头文件 math.h，因为在 math.h 中含有 sqrt 函数的声明。注意在头文件中含有的是库函数的声明，而不是库函数的执行代码。

函数的声明应位于函数的调用之前，既可在函数外，也可在某个函数的函数体内。在函数外声明函数将使编译系统从声明之处开始，直到源程序文件尾，都"认识"该函数。而若在某个函数的函数体内声明函数，则编译系统仅能在某个函数内、从声明之处开始"认识"该函数，但在某个函数之外又不认识该函数。

【**程序例 7.5**】编写函数 IsPrime 判断素数并在 main 函数内声明该函数。

```
#include <stdio.h>
int main()
{    int IsPrime(int n);              /* 在 main 函数内声明 IsPrime 函数 */
     int n, r;
     scanf("%d", &n);
     r=IsPrime(n);                    /* 调用 IsPrime 函数  */
     if (r==1)
         printf("%d是素数\n", n);
     else
         printf("%d不是素数\n", n);
     return 0;
}
int IsPrime(int n)                    /* IsPrime 函数的定义  */
{    int i;
     for (i=2; i<n; i++)
         if (n%i==0) break;
     if(i>=n) return 1; else return 0; /*是素数则返回1, 非素数则返回0*/
}
```

程序的运行结果为：

```
571↙
571 是素数
```

通过编写 IsPrime 函数判断素数，把判断素数的工作交给函数去做，精简了 main 函数内的代码，使程序逻辑更清晰。IsPrime 函数的声明被写到 main 函数内，而不是在函数外；声明的有效范围只在 main 函数内，在 main 内可以正常调用 IsPrime 函数。IsPrime 函数还有与 main 同名的变量 n，同名变量分别位于不同的函数空间，它们互不影响。

函数的声明不是一定要有的。只有在先调用函数、后出现定义的情况下，才需要在调用前声明函数。如果先出现函数的定义、后调用，就可以不必声明（如【程序例 7.1】～【程序例 7.4】），当然在这种情况下仍声明函数也不算错。无论如何，目的都是在调用函数之前让编译系统"认识"这个函数，定义可以让它认识、声明也可以让它认识。同一函数可声明多次；但定义只能出现一次。现将函数的定义、声明和调用的区别总结于表 7-1。

表 7-1　函数的定义、声明和调用的区别

	函数头	{}和函数体语句	出现在函数内/外	出现次数	意义
函数的定义	函数头后无";"	有	必出现在函数外，因函数不能嵌套定义	只能出现1次	表示函数如何运行
函数的声明	函数头后有";"	无	声明出现在函数内、外均可	可出现多次	表示函数存在
函数的调用	调用语句有";"，不写返回值类型、参数类型	无	只能在函数内调用函数	可出现多次	实际运行函数

main 函数无须声明，因为它不存在被其他函数调用的情况。

【小试牛刀 7.2】下面调用【程序例 7.3】的 max 函数的方式正确吗？

```
z=int max(int 10, int 20);
```

【答案】错误。调用函数时不写返回值类型、参数类型，应写为 z=max(10, 20);。

【随学随练 7.5】有以下程序，则以下叙述正确的是（　　　　）。

```
#include <stdio.h>
main()
{   int findmax(int, int, int), m;
    …
    m=findmax(a,b,c);
    …
}
int findmax(int x, int y, int z) {  …  }
```

A）在 main 函数中声明了 findmax 函数　　　B）在 main 函数中两次调用了 findmax 函数
C）在 main 函数中定义了 findmax 函数　　　D）在 main 函数内、外重复定义了 findmax 函数

【答案】A

【分析】函数的声明可与变量的定义写在同一语句中，只要函数的返回值类型和变量的类型相同。

7.4　函数的嵌套调用和递归调用

7.4.1　函数里的函数——函数的嵌套调用

函数定义不可以嵌套，但函数调用可以嵌套，即在被调函数中又调用其他函数。
本章开始"去公园玩"的故事中就有函数的嵌套调用：我们调用"点菜"函数，"点菜"函数又调用"打车"函数。在【程序例 7.6】中，main 函数调用 fun2，在被调函数 fun2 中又调用函数 fun1，形成了函数的嵌套调用；函数调用关系如图 7-11 所示。

函数的递归

【程序例 7.6】函数的嵌套调用。

```
#include <stdio.h>
void fun1();
void fun2();
int main()
{   fun2();
    printf("main\n");
    return 0;
}
void fun1()
{   printf("fun1\n");
}
void fun2()
{   fun1();
    printf("fun2\n");
}
```

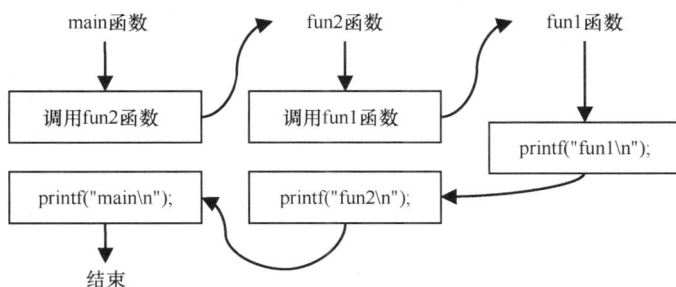

图 7-11　【程序例 7.6】的函数调用关系

程序的运行结果为：

```
fun1
fun2
main
```

无论在哪个函数中，只要调用其他函数，则这个函数就会暂停，程序转去执行被调函数。待被调函数执行结束后，只能返回调用它的**上一级函数**的断点处，而**不能越级返回**；例如 fun1 执行结束后只能返回到调用它的 fun2，而不能直接返回到 main。

7.4.2　函数的递归调用

在一个函数中可以调用其他函数；如果在一个函数中又调用这个函数本身，结果会如何呢？在程序设计中，函数自己调用自己是一个非常重要的技巧，称为**递归**。

```
int fun(int x)
{    ...
    fun(y);
    ...
}
```

在函数 fun 内又调用了函数 fun 本身，这就是递归。下面通过一个例子来理解递归。

【程序例 7.7】用递归法计算 n 的阶乘：$n! = n \times (n-1) \times (n-2) \times \cdots \times 3 \times 2 \times 1$。

由于 $(n-1)! = (n-1) \times (n-2) \times \cdots \times 3 \times 2 \times 1$，因此 $n!$ 可用下述公式表示。

$$n! = \begin{cases} 1 & \text{当 } n=0 \text{ 或 } 1 \text{ 时} \\ n \times (n-1)! & \text{当 } n>1 \text{ 时} \end{cases}$$

如图 7-12 所示，这是一种"懒人算阶乘"的方式。main 要算 4!，向"赵"发出命令。"赵"是懒人，不愿做连乘，她将 4! 的计算任务转化为 4×3!。对于其中 3! 的连乘任务，她会再找"钱"去做。"赵"只等"钱"把 3! 求出后，再将结果乘 4 即可完成任务。这样连乘的麻烦归到了"钱"的头上，"钱"也是懒人，不愿做连乘，他将 3! 的计算任务转化为 3×2!，并再找"孙"去算 2!。"孙"同样是懒人，再找"李"去算 1!。这样一路找下去，并都在等下一个人的计算结果返给自己后再完成自己的任务，直到"李"计算 1! 时可直接得出结果 1（不再向下找人），再将结果按原路依次返回。

图 7-12　懒人算阶乘——用递归法算 4!

实际上，"赵""钱""孙""李"尽管是 4 个人，但他们的想法都是相同的，均是："我不做连乘。如果有人问 1 或 0 的阶乘，我就直接回答 1；如果问 1 以上数 n 的阶乘，我就再找一个人去算($n-1$)的阶乘，等他算完后我再乘 n 就好了。"

可以用一个函数来代表这样的一个人：

```
求阶乘的人(要算几的阶乘?)
{
        if (若需要1或0的阶乘)
            结果 = 1;
        else
        {
            再找一个人求(n-1)的阶乘;
            结果 = n * 以上他算出的(n-1)的阶乘;
        }
        return 结果;
}
```

如何将上述"中文"程序翻译为"C 语言"程序呢？其中的语句并不多，但关键是"再找一个人求($n-1$)的阶乘"。我们假设已将上述函数编写好，名为 fact，即 long fact(int n) {...}，则 fact 就可被看作一个"黑箱"，它的功能是求阶乘：只要给它一个参数 n，它就能给出 n!的结果。例如调用 fact(1)就可得到 1 的阶乘、调用 fact(2)就可得到 2 的阶乘、调用 fact(n)就可得到 n 的阶乘……那么"再找一个人求($n-1$)的阶乘"就应调用 fact($n-1$)。把调用 fact($n-1$)再写进 fact 函数的函数体为（同时给出本例的完整程序）：

```
#include <stdio.h>
long fact(int n)
{   long r;
    if (n==0 || n==1)
        r = 1;
    else
        r = n * fact(n-1);
    return r;
}
int main()
{   int n;  long y;
    printf("input an integer number:");
    scanf("%d", &n);
    y = fact(n);
    printf("%d!=%ld", n, y);
    return 0;
}
```

在编写 fact 函数时，先假设 fact 函数已经编写好，并使用 fact 函数（求 n-1 的阶乘）来编写 fact 函数本身，从而"巧妙"地解决了问题，这就是递归的思想。

程序运行结果为：

```
input an integer number:4↙
4!=24
```

分析递归程序的关键是：尽管函数调用自身（同一函数），但要把**每次所调用的函数都看作不同的函数，这些函数具有相同的语句，函数的每次调用都将分别创建自己的一套变量**。图 7-12 所示的"赵""钱""孙""李"是 4 个不同的人。

在分析程序时，我们可以把 fact 函数连同其中的语句照抄 3 遍，如图 7-13 所示。连同 main 函数，这个程序就是一个由 5 个函数组成的程序了。为了区别，将照抄的 3 个 fact 函数分别更名为 fact'、fact''、fact''' (注意，这里仅为思考的过程，C 语言程序中的函数名是不能带 ' 的)，则递归调用就可被转换为对这 5 个函数的嵌套调用，即 main→fact→fact'→fact''→fact'''，被调用的 4 个函数具有 4 个独立的空间，其中分别有一套同名的变量 n、r，但"同名不乱"。按照前面介绍的函数嵌套调用的分析过程，就能分析出递归的执行过程了。

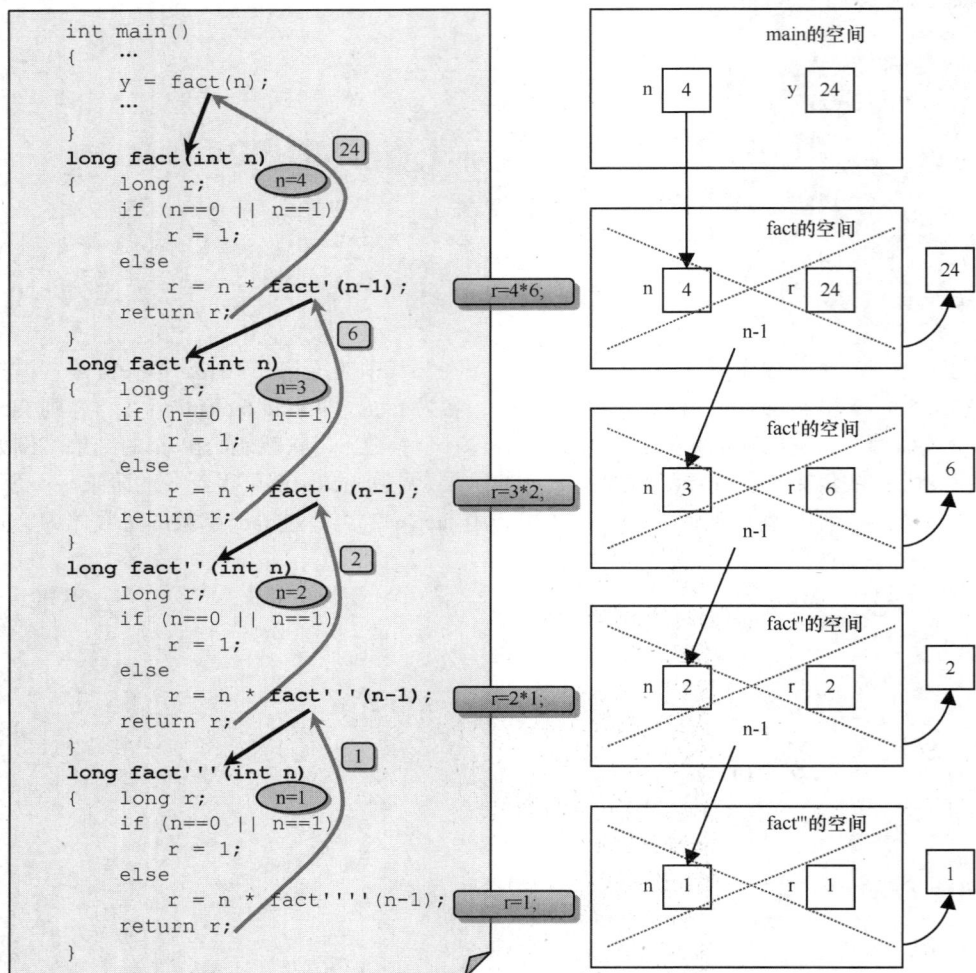

图 7-13　【程序例 7.7】递归的执行过程和函数空间情况

🎲 **小游戏　汉诺塔问题。**

　　如图 7-14 所示，一块板上有 3 根柱子 A、B、C。A 上套有 n 个大小不等的圆盘，大的在下、小的在上。要把这 n 个圆盘从 A 移到 C 上，每次只能移动 1 个圆盘，移动可以借助 B 进行。但在任何时候，任何柱子上的圆盘都必须保持大盘在下、小盘在上。你能求出移动的步骤吗？

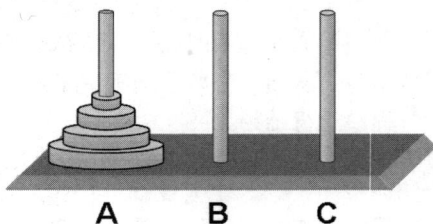

图 7-14　汉诺塔问题示意

【分析】如果 A 上仅有 1 个圆盘，则将该盘直接从 A 移动到 C 即可，无须借助 B。
　　如果 A 上有 2 个圆盘，则需分 3 步进行：（1）将 A 上的第 1 个圆盘移到 B 上；（2）再将 A

上的第 2 个圆盘移到 C 上；（3） 最后将 B 上的圆盘移到 C 上。

当 A 上有 3 个或 3 个以上的圆盘时，移动方式与 2 个圆盘的移动方式是类似的。可归纳出当 A 上有 n 个圆盘（$n \geq 2$）时，都需分 3 步进行：

（1） 把 A 的上方 $n-1$ 个圆盘移到 B 上（中间过程可借助于 C，移动后 C 仍为空）；

（2） 把 A 上的最后 1 个圆盘移到 C 上（移动后 A 为空）；

（3） 把 B 上的那 $n-1$ 个圆盘移到 C 上（中间过程可借助于 A，移动后 A 为空）。

其中第（2）步最容易进行，但第（1）步和第（3）步该如何进行呢？现编写一个函数解决汉诺塔问题，该函数为：

```
void move(int n,char x,char y,char z)
{    …
}
```

其中参数 n 表示有几个圆盘，x、y、z 分别表示 3 根柱子，函数将把 x 上的 n 个圆盘移到 z 上，中间过程可借助于 y。

假设该函数已经编写完成，则我们可以把它当作"黑箱"，只要给它 n、x、y、z 这 4 个参数，它就能实现移动。例如把 n 个圆盘从 A 移到 C，中间过程可借助于 B，只要调用：

```
move(n, 'A', 'B', 'C');
```

函数就会帮我们完成了。那么要把 A 上的 $n-1$ 个圆盘移到 B 上，中间过程可借助于 C，该如何做呢？只要调用：

```
move(n-1, 'A', 'C', 'B');
```

仅此一句我们就完成了第（1）步。为什么如此简单？因为递归的思想使我们可以在 move 函数还没有编写好的情况下，就使用 move 函数来编写 move 函数本身。

同样的道理，第（3）步是把 B 上的 $n-1$ 个圆盘移到 C 上，中间过程可借助于 A，这只需调用：

```
move(n-1, 'B', 'A', 'C');
```

【程序例 7.8】汉诺塔问题求解程序。

```
#include <stdio.h>
/*汉诺塔问题：n 个圆盘从 x 借助 y 移到 z*/
void move(int n,char x,char y,char z)
{    if(n==1)
         printf("%c-->%c\n",x,z);           /*把 x 的 1 个圆盘直接移到 z，无须借助 y*/
     else
     {
         move(n-1, x, z, y);                 /*把 x 的 n-1 个圆盘移到 y(借助 z)*/
         printf("%c-->%c\n",x,z);            /*把 x 的 1 个圆盘移到 z*/
         move(n-1, y, x, z);                 /*把 y 的 n-1 个圆盘移到 z(借助 x)*/
     }
}
int main()
{    int n;
     printf("请输入圆盘数: ");   scanf("%d", &n);
     printf("%3d 个圆盘的移动步骤是: \n", n);
     move(n, 'A', 'B', 'C');
     return 0;
}
```

程序的运行结果为：

```
请输入圆盘数: 4↙
    4 个圆盘的移动步骤是:
A-->B
A-->C
B-->C
A-->B
C-->A
```

第 7 章

```
C-->B
A-->B
A-->C
B-->C
B-->A
C-->A
B-->C
A-->B
A-->C
B-->C
```

当 A 上有 4 个圆盘时，需要移动 15 次。如果 A 上有 64 个圆盘，需要的移动次数是：$2^{64}-1 = 18446744073709551615$。如果每秒移动 1 次，人们不吃不喝不睡，一年约有 31536000 秒，需要花费约 5849 亿年的时间；假定计算机以每秒 1000 万次的速度移动圆盘，也要花费约 5 万 8 千年的时间！

递归是将一个较大的问题归约为一个或多个类似子问题的求解方法。而这些子问题在结构上与原问题相同，但比原问题简单。通过递归可以巧妙地解决很多相对复杂的问题。然而递归的缺点是函数逐层调用，其执行时间较长、空间开销较大。

注意 main 函数不允许调用自己。

脚下留心

必须在函数内设置终止递归的手段，以避免函数无休止地调用自身、永不返回，导致程序无法终止，称**死递归**（不是死循环）。常用做法是在函数中增加判断条件，若满足某条件就不再调用自身了，并最终使该条件满足，然后函数可逐层返回。例如求阶乘时的 if (n==0 || n==1)、汉诺塔问题中的 if (n==1)……

递归函数的形式一般为：

```
返回值类型 recurs(参数)
{   语句 1;
    if (条件) recurs(参数);
    语句 2;
}
```

如果递归时 recurs 函数被调用了 n 次，则"语句 1"部分将按函数调用的顺序执行 n 次，"语句 2"部分将以与函数调用顺序相反的顺序执行 n 次。

【随学随练 7.6】有以下程序

```
#include <stdio.h>
void convert(char ch)
{   if (ch < 'D') convert(ch+1);
    printf("%c", ch);
}
main()
{   convert('A'); printf("\n");   }
```

程序运行后的输出结果是（   ）。

A）A   B）ABCD   C）DCBA   D）ABCDDCBA

【答案】C

【分析】 convert 被递归调用，即 convert('A') → convert('B') → convert('C') → convert('D')。printf("%c", ch); 在递归后调用，应按与调用顺序相反的顺序执行，依次输出 DCBA。

【随学随练 7.7】有以下程序

```
#include <stdio.h>
void get_put()
```

函数递归练习

```
{   char ch;
    ch = getchar();
    if (ch != '\n') get_put();
    putchar(ch);
}
main()
{   get_put();   printf("\n");   }
```

程序运行时，输入 1234✓，则输出结果是（   ）。

A）1234   B）4321   C）4444   D）1111

【答案】B

【分析】ch = getchar(); 在递归前调用，应按递归调用顺序执行，即依次读取用户输入的各个字符，直到换行符。putchar(ch); 在递归后调用，应按与递归调用顺序相反的顺序执行，因此输出内容是逆序的用户所输入的内容，即输出内容是：4321。

璀璨的星星——指针

当你在 Excel 表格中插入几行数据的时候；当你从网页复制一段文本，再粘贴到想要的地方的时候；当你的计算机突然弹出"××程序错误，单击'确定'立即关闭"的时候；当你用游戏修改软件锁定生命值，让游戏中的角色有"金刚不坏之躯"的时候……知道吗，这些都与指针息息相关！

指针拥有神奇的力量。使用指针，不仅可表示很多数据结构、高效地存储数据，更可对数据进行抽取、修改、分析、重组、合成……指针可以赋予我们极高的自由度和权利。学习指针是学习 C 语言重要的一环，如果不会使用指针，就没有真正掌握 C 语言。

有人说学习指针也是学习 C 语言最困难的一环，但本书不这样认为。只要学习方法得当，指针不仅不难学，而且学起来还能像做游戏一样，从中可以体验到学习其他知识都体验不到的乐趣，又好玩又精彩！但需要强调，请读者务必注意方法，千万要跟随我们的脚步，对本书介绍的学习指针的技巧和方法一定要牢牢掌握，不然会很容易掉到指针的陷阱里。

8.1 别把地址不当值——指针变量

指针概念和定义指针变量

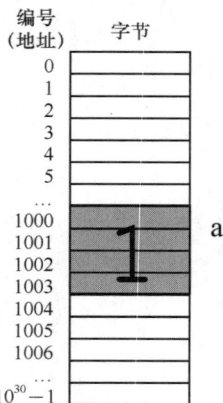

8.1.1 内存里的门牌号——地址

"编号"，是人们管理事物的常用手段，因为通过编号可以准确地找到位置。例如，超市的存包箱有箱号、电影院的座位有座次号、楼房的房间有房间号……

计算机的内存是由一个个字节组成的，每字节可以保存 8 个比特（8 个 0 或 1）。内存的字节可以有很多，如一台 8GB 内存的计算机就有多达 8589934592（$8 \times 1024 \times 1024 \times 1024$）字节；那么多的字节，如果搞错、搞乱，麻烦可就大了！为了有条不紊地管理这些字节，人们仍然用编号的手段，为每字节编号。把第 1 字节编为 0 号（从 0 开始，与数组下标类似），第 2 字节编为 1 号……最后 1 字节编为 $8 \times 10^{30} - 1$（即 8589934591）号，如图 8-1 所示。与我们把门牌号称为**地址**类似，计算机内存中的这种字节编号也称为**地址**。

变量位于内存中，如定义变量 int a; ，则变量 a 要占用内存中的 4 字节（在 Visual Studio 2010 环境下）。变量 a 要占用哪 4 字节是由计算机分配的，且在不同计算机或在同一计算机的不同时刻运行程序，变量被分配到的位置也不同。如果变量 a 占用了内存中编号为 1000～1003 的 4 字节，则这 4 字节就被标记为名称 a。当执行语句 a=1; 时，1 就被保存到这 4 字节中（转换为二进制数，前补 0 占满 4 字节），如图 8-1 所示。

图 8-1 计算机内存的字节编号（地址）

如果教务处位于办公楼的 305，我们称教务处的地址是 305；如果教务处比较大，占用了 305～307 这 3 间房间，习惯上仍称教务处的地址为 305，即取第一个房间号为地址。对于变量 a，它占用了编号为 1000～1003 的 4 字节，我们说变量 a 的地址为 1000，也取它的第一字节的编号作为变量的地址。注意，说变量 a 的地址为 1000，并不一定是变量 a 只占用编号为 1000

的这 1 字节，而是可能占用从该字节开始的若干字节。在草稿纸上，我们应在变量 a 空间的左下角（空间外）写上 1000 表示该变量的地址，如图 8-2 所示。

又如，定义 double b=2.8; ，则变量 b 为 double型，它在内存中占用 8 字节。若它占用 2000～2007的 8 字节，则变量 b 的地址为 2000，也将 2000 写在草稿纸上的 b 空间的左下角，如图 8-2 所示。

请注意区分**变量的地址**和**变量的值**，这是两个完全不同的概念。

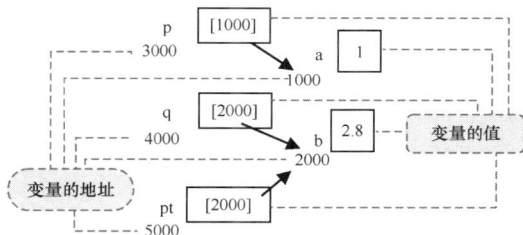

图 8-2　分析指针的方法——假设地址法

- **变量的地址**：变量存储空间的"门牌号"，在程序运行期间，地址永久不变。
- **变量的值**：变量存储空间中所保存的数据内容，变量的值是可以变化的。

🏃 高手进阶

实际运行程序时变量的地址不一定是 1000、2000……例如变量 a 的实际地址可能是 2031132，变量 b 的实际地址可能是 3209356（一般又以十六进制表示，分别为 0x001efe1c、0x0030f88c），且在不同计算机上或在同一计算机的不同时刻，变量的地址也不同。这里将变量地址假设为 1000、2000……且用十进制表示，是为了方便分析程序。

在学习指针之前，只能通过变量名来访问变量（访问就是存取变量的值）。学习指针后，访问变量就有了两种方式：（1）通过变量名；（2）通过变量的地址。这好比有了教务处的地址 305，就既可通过"教务处"这个名字来导航，也可直接去 305 房间，两种方式都能来到教务处。

8.1.2　找张字条记地址——定义指针变量

地址本身可以被保存起来，就像把房间的门牌号写在小纸条上，把书的页码写在目录页中。在程序中要保存地址也要使用变量，但地址不能保存到普通变量中（注意，地址虽看上去是个整数，但它与整数截然不同，是不能用 int 型变量保存的）。C 语言用一种特殊的专有变量保存地址，这种变量叫**指针变量**，指针变量也简称为**指针**。

定义指针变量的形式与定义普通变量的形式类似，但需在变量名前加一个*。

```
int *p;
```

是个标志，标志着现在定义的是指针变量，是专门用于保存地址的变量。如果没有，则 p 就是 int 型的变量，是保存整数的普通变量，不能用于保存地址。

在这种定义指针变量的形式中，要注意如下事项。

- 变量名是 p，不是*p。
- 变量 p 的类型是 int *型（一种复合类型，表示指向 int 的指针），不是 int 型。int *型的变量保存地址，而 int 型的变量保存整数，它们是两种截然不同的变量。

应在草稿纸上画出变量 p（不是变量*p）的空间，如图 8-2 所示。其中在变量空间中画上一对[ ]以提示此空间是专门用来保存地址的，不能保存普通数据（[ ]在这里只是一种用草稿纸进行分析时使用的符号，与数组无关）。

⚠️ 脚下留心

变量名不会是*p，*永远不可能作为变量名的一部分。因为在 1.2.4 小节学习了用户标识符的命名规则"标识符名很简单，字母数字下画线"，*是不可能作为变量名的一部分的。请记住：喊指针

变量要喊它 p，任何时候不要喊它*p。很多读者在学习指针的后期陷入困难，就是因为在学习初期，没有搞清这一概念。

要把 int 型变量 a 的地址 1000 保存到变量 p 中（注意不是保存到*p 中），执行语句：

```
p = &a;
```

其中&表示取地址，我们曾在 scanf 中使用过这个符号。&a 表示变量 a 的地址；而 a 只表示变量 a，将获取的是 a 的值（请注意&a 和 a 的区别）。因此，将 a 的地址（而不是 a 的值）保存到 p 中，应写 p = &a; ，这样变量 p 中保存的内容就是"地址 1000"。在草稿纸上写为"[1000]"，其中[ ]提示它是个地址，这与整数 1000 截然不同，如图 8-2 所示。

指针变量也是变量，同样具有普通变量的特性。指针变量的空间也要位于内存中，就像书的目录页与正文页同样都位于一本书中，都占用纸张。规定**指针变量一律占用 4 字节**（在某些系统中，指针变量可占 8 字节，本书不讨论这种情况）。

那么指针变量 p 要占用哪 4 字节呢？这也是由计算机分配的，且在不同计算机或在同一计算机的不同时刻所分配的字节也不同。若假设指针变量 p 占用 3000～3003 的 4 字节，3000～3003 的这 4 字节的空间将用于保存一个地址，而不是用来保存普通数据。这样指针变量 p 的地址是 3000，将 3000 也写到变量 p 空间的左下角，如图 8-2 所示。

指针变量用于保存地址，但指针变量本身也有地址，请注意区分这"两个地址"。前者是指针变量里面所保存的内容，内容可变；后者是指针变量本身的"门牌号"，是不变的。体现在草稿纸上，就是前者写在变量空间的方框内，后者写在变量空间的方框左下角（空间外）。如一本书的目录页是指针变量，其中保存的内容是各章节的页码（各章节的地址）；而目录页本身通常也有页码（是目录页本身的地址，如是个罗马数字形式的页码）。

💡 **窍门秘笈　学习、理解指针的重要方法——假设地址法。**

在 1.2.4 小节介绍了阅读/分析程序的"模拟法"，即在草稿纸上画出所有变量的空间，并边阅读程序边在草稿纸上记录每一步变量值的变化……本书特别强调了这种方法，并将其贯穿于前面章节的学习过程中。在学习指针时，这种方法仍然非常重要！不同的是，学习指针后，还要假设每个变量的地址，如分别假设为 1000、2000、3000 等（注意务必假设出具体的地址，不可图简单只画箭头），并在变量空间的左下角写出变量的地址，如图 8-2 所示。对于指针变量，也可以先假设其地址（如 3000、4000……），该地址目前用不到，但在学习"指针变量的地址"时就很有用了。

再次强调，这是学习指针、理解指针的重要方法！很多读者说：我会画，但我没画，觉得在脑子里想一想就行，但结果往往是被绕进去了。"手懒"是很多初学者认为学习指针很困难的根本原因；当你把它画出来，问题迎刃而解！请记得要领：手勤，不离草稿纸，则没有不能攻克的指针难题！

指针变量 p 保存了普通变量 a 的地址，就是"对准了"普通变量 a，因为可通过 p 中所保存的这个地址来访问变量 a（存取变量 a）。这时说：**指针变量 p 指向了变量 a**，就像射箭运动员将弓箭对准了靶子，如图 8-3 所示。也可以说：**p 是指向变量 a 的指针变量**或 **p 是指向变量 a 的指针**（指针变量简称为指针）。

【小试牛刀 8.1】下面的语句分别是否正确？

① int x; x = &a;　② x=a;　③ p=1;

【答案】① 错误。x 是整型变量，是用于保存普通整数的，不能保存地址（地址虽看上去是个整数，但它与整数截然不同，不能用 int 型变量保存地址）。② 正确。这是两个整型变量之间的赋值。③ 错误。p 是指针变量，专用于保存地址，不能保存普通整数。

由以上练习可看出，C 语言是很"讲究"的，必须做到"专变量专用"。一个变量究竟是用来保存地址的，还是用来保存普通数据的，必须明确区分。而区分依据就是定义变量时有没有*。

- int a; int x; 的定义中都无 *，所以 a、x 都是普通变量，不能保存地址。
- int *p; 的定义中有 *，所以 p 是指针变量，它只能保存地址，不能保存普通数据。

在一条定义语句中可同时定义多个指针变量，也可同时定义普通变量与指针变量：

```
double *m, *n;
int *x, y, *z;
```

则 m、n、x、z 都是指针变量，因为它们前面都有 *；y 不是指针变量，它是普通的整型变量，因为它前面没有 *。应在草稿纸上画出各变量的空间，如图 8-4 所示。在所有指针变量的方框内都应画上 [ ]，以提示这些变量中只能存放地址而不能存放普通数据。

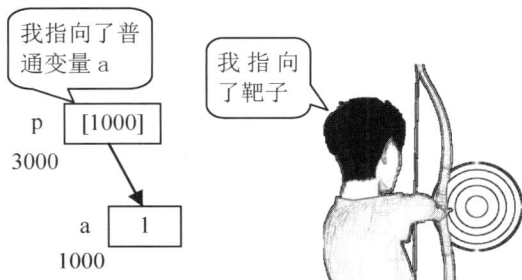

图 8-3 指针变量 p 指向了普通变量 a

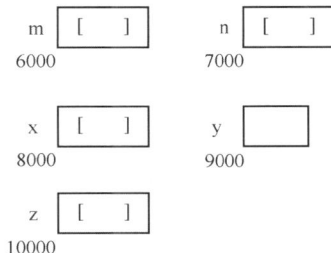

图 8-4 各变量的空间

8.1.3 专"纸"专用——指针变量的基类型

同样是 100 块钱，但来源可以不同，有工资、奖金、银行存款的利息，还有从地上捡到的……同样是指针变量，同样保存地址，但也有不同的类型。

指针变量的基类型和指针变量的赋值

在定义指针变量时，* 之前的类型（如 int * 中的 int）表示该指针变量将保存何种类型数据的地址，换句话说，就是指针变量所能指向的数据的类型，称指针变量的**基类型**。指针变量要保存的地址必须是**基类型**数据的地址。

例如定义了 int *p; ，则变量 p 的类型是 int *型，它表示变量 p 所指向的数据的类型是 int 型。也就是说，将来 p 要保存一个地址，但这个地址有讲究，必须是一个 int 型数据的地址。由于变量 b 是 double 型的，下面语句错误：

```
p=&b;  /*错误：p 只能保存 int 型数据的地址，不能保存 double 型数据的地址*/
```

要保存 double 型变量 b 的地址，需再定义一个指针变量：

```
double *q;   /* 有*，且 q 中只能保存 double 型数据的地址 */
```

这样才可执行如下语句将 b 的地址保存到变量 q 中：

```
q=&b;     /* 正确 */
```

应在草稿纸上画出变量空间的情况，如图 8-2 所示。但下面语句错误：

```
q=&a; /*错误：q 只能保存 double 型数据的地址，不能保存 int 型数据的地址*/
```

【小试牛刀 8.2】如有 int c, d; double e, f; int *p; double *q; ，下面语句分别是否正确？

① p = &c; ② p = &d; ③ p = &e; ④ p = &f;
⑤ q = &c; ⑥ q = &d; ⑦ q = &e; ⑧ q = &f;

【答案】①②⑦⑧正确，③④⑤⑥错误。

可以看到，C 语言是很讲究的，不仅用专门的指针变量保存地址，而且不同类型的数据还专用不同类型的指针变量。如某人准备了几本不同的通讯录，一本只记家人的联系方式，一本只记同学的联系方式，一本只记朋友的联系方式……不同人群的联系方式用不同的通讯录记，坚决不记在同

第 8 章

一本通讯录上，那么这个人确实很讲究！C 语言的指针变量就是如此。

在扑克牌里有一种"超级"牌——大小王，如图 8-5 所示，它们能代替任意普通牌。指针变量里也有"大小王"——void 基类型的指针。

```
void *pt;
```

pt 是 void *型（基类型是 void 型）的，则 pt 可以保存任意类型数据的地址，无论数据是什么类型的，其地址都能保存到 pt 中。下面语句均正确：

```
pt=&a;    pt=&b;    pt=&c;    pt=&d;    pt=&e;    pt=&f;
```

在图 8-2 中画出了执行 pt=&b;后的情况，这时 pt 和 q 都指向 b。

注意，这里的 void 与表示函数无返回值或无参数的 void 不同。这又是 C 语言中典型的"一词多义"现象，同样的词或符号，在不同场合含义不同，不要混淆。

图 8-5　C 语言指针变量中的大小王，是 void 基类型的指针

8.1.4　把地址记下来——指针变量的赋值

通过赋值语句可为指针变量赋值，如 p=&a; 。但同普通变量的情况类似，在为指针变量赋值之前，指针变量的值也是随机数，是不确定的；也就是说，它保存的是个**随机地址**。为避免随机情况出现，可在定义指针变量的同时为它赋初值（即定义时初始化）。

```
int *p = &a;
```

这与普通变量定义时赋初值的做法类似，但要注意指针变量的初值必须为一个地址（这里是&a 而不能是 a）。

【小试牛刀 8.3】以下赋值语句是否正确？

① *p=&a; ② p=a; ③ *p=a;

【答案】① 错误。为指针变量赋值应写 p=&a; ，上例的"int *p = &a;"是定义时赋初值，前有 int，而本语句前无 int，不要混淆。前有 int 时，其含义仍是 p=&a;而不是*p=&a;，要正确理解该语句，应注意断句的位置，如图 8-6 所示。*是与 int 结合的，变量的类型为 int *；不要将 * 错看为与 p 结合，变量名不为*p。

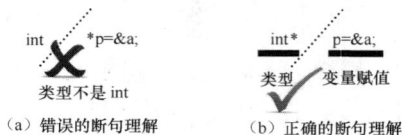

图 8-6　对 int *p=&a;的理解方式

② 错误。p 是用于保存地址的，a 的值为普通整数，不能把 a 的值保存到 p 中。

③ 正确。这是改变指针变量所指向空间的值，后面将会学习。

⚠️ 脚下留心

不要使用未赋值的指针变量中所保存的随机地址!普通变量与指针变量在未赋初值时值都是随机数，但误用后果的严重程度不同。误用普通变量里的随机数，可能得不到正确的运行结果。但若误用了指针变量里的随机地址，后果将不可预知：因为地址是随机的，它可能为任意数据的地址。比如恰好是登录密码的地址、银行账户的地址、系统运行所依赖的某个重要数据的地址……如果通过地址改动了这一数据，有可能造成程序停止运行或整个系统崩溃！

因此在定义指针变量的同时为其赋初值，是个很好的习惯。因为它避免了指针变量中出现"随机地址"的危险状态。

不允许把一个"数"当作地址直接赋值给指针变量，下面的赋值是错误的。

```
p=1000;        /* 错误，即使知道某个变量的地址是 1000 也不能这么做 */
```

但特殊地，允许把数值 0 直接赋值给指针变量。

```
p=0;           /* 正确，可直接赋值为 0 */
```

系统在 stdio.h 头文件中定义有符号常量 NULL（#define NULL 0），因此还可使用：

```
p=NULL;        /* 正确，NULL 是 0 的代替符号，与 p=0;等价 */
```

注意，NULL 包含的 4 个字母必须全部大写。

为什么可以将指针变量直接赋值为 0 呢？系统规定，如果一个指针变量里保存的地址为 0，则说明这个指针变量不指向任何内容，称为**空指针**。

🎲 **小游戏　程序崩溃啦?**

在日常使用计算机时，你遇到过类似图 8-7 那样的提示吗？那是怎么回事呢？

提示中的 0x00000000 是个十六进制数，是十六进制的 0（十进制也为 0）。这是程序通过地址 0，来读/写该地址的内存空间的后果。

(a) 胆敢"读"地址为 0 的空间的后果

(b) 胆敢"写"地址为 0 的空间的后果

内存中编号为 0 的空间（及附近空间）是极特殊的，对系统极其重要。任何程序不能修改其内容，甚至不能查看其中的内容！虽然也许程序不是故意的，比如可能是由程序 bug 或系统偶尔的故障，而造成了不经意地错误访问了该空间——反正无论什么原因，不管是不是故意，都会立即被"枪毙"！程序都只有在用户单击"确定"后立即被关闭的份儿；强制关闭，不留任何余地！

图 8-7　任何程序试图读/写地址为 0（或附近）的内存空间，都会立即被系统强制关闭

因此在 C 语言中，将 0 这个地址特殊对待。当指针变量值为 0 时，规定它是空指针。这时 C 语言既不会用地址 0 去读取内存空间的值，也不会去改写值；而规定它不指向任何内容。

注意，指针变量未赋值和赋 0 值是不同的。未赋值时，其保存的地址是随机地址，是不能使用的。而将指针变量赋 0 值，其保存的地址是 0，是确定的，它不指向任何内容。

在定义指针变量时，如果一时不能确定它要指向哪个地址，可先将其初始化为 0 或 NULL 值，以免指针变量随机指向某地址，这是一个很好的编程习惯。如：

```
int *p = NULL;
```

🏃 **高手进阶**

上面提到 p=1000; 是错误的，因为不允许把一个"数"当作地址直接赋值给指针变量。但通过强制类型转换，即可将整数值转换为地址，从而赋值给指针变量。

```
int *p; double *q;
p=(int *)1000;          /* 而 q=(int *)1000; 不正确，因为基类型不同 */
q=(double *)2000;       /* 而 p=(double *)2000; 不正确，因为基类型不同 */
p=(int *)0x3997080;     /* 常用十六进制表示地址 */
```

指针变量之间允许彼此赋值，这实际就是两个变量之间的彼此赋值，不过所赋的值是其中保存的地址，而非普通数值。这类似于把一张字条上记录的地址，誊抄在另一张字条上。但彼此赋值要求两个指针变量的**基类型相同**。如有 int *p=&a;：

```
int *r;
r = p;    /* r、p 均保存了变量 a 的地址，r、p 均指向了变量 a */
```

注意不要写为 r=&p;、*r=p;等，因为仅是两个变量之间的赋值，不要加多余符号。

```
float *r1;
r1 = p;   /* 错误，r1 与 p 的基类型不同，不能彼此赋值 */
```

8.1.5 指针运算俩兄弟——两个运算符

两个运算符和指针变量练习（1）

指针运算有两个重要的运算符：（1）& 取地址运算符；（2）* 指针运算符（或称**间接访问运算符、间接值或解除引用运算符**）。& 和 * 都是单目运算符，结合方向为自右至左。

& 运算符用于获取变量的地址，写作：&变量名。&既可取普通变量的地址，也可取指针变量的地址。例如对图 8-2 中的变量，&a 得到的地址是 1000，&p 得到的地址是 3000（但地址 3000 的类型与地址 1000 的类型不同，8.3 节将详细讨论）。对于 & 运算符，我们在前面已经接触很多了，下面重点介绍 * 运算符。

* 运算符只能用于指针变量，不能用于普通变量，写作：*指针变量名。它的作用是获取或改写以指针变量中所保存的地址为地址的内存空间的内容，即"按图索骥"，按照指针变量中所保存的那个地址，去对应的空间，获取数据或改写数据。

例如对图 8-2 中的变量执行语句

```
printf("%d", *p);
```

将输出 a 的值 1，因为 p 保存的是 a 的地址，*p 就找到了 a 的值。如果去掉 *，printf("%d", p); 将输出 p 本身的值（输出 a 的地址，一个十六进制数），而得不到 a 的值。

如果已定义 int b; ，还可执行

```
b = *p;
```

这是将 a 的值 1 赋值给 b。但写为 b = p;是错误的，因为它试图把 p 中所保存的地址赋值给 b，而变量 b 是不能保存地址的。

* 像一位快递员，可帮我们收取物品，还能寄送物品。只要告诉他地址（如 p）就可以了。以上几个是帮我们收取物品的例子，下面给出一个寄送物品的例子。

```
*p = 2;
```

这是将 2 送入 p 所指向的变量中，即 a 被赋值为 2，它等价于 a=2; ，但写为 p=2;是错误的，因为后者是把变量 p 本身赋值为 2，而变量 p 只能存地址，不能存普通整数 2。这像把 p（一个地址，如快递单上填写的地址）给了 * 这位快递员，然后他就会把我们要寄送的物品（整数 2）送到我们指定地址的地方（a）。

显然，* 运算只能用于指针变量，即在 * 的后面必须给出一个地址。就像在填快递单时，必须填写地址。如将 * 用于普通变量（如*a）是错误的。

p 保存了变量 a 的地址（p=&a;）也可理解为 *p 等价于 a，用*p 或 a 都能存取 a 这个变量；前者通过地址的"门牌号"实现，后者通过变量名实现。因此可以将赋值（=）的规则完整归纳为：**赋值（=）左边必须为"变量"或"*指针变量"**。

& 和 * 这两个运算符的运算互为**逆运算**，如同乘除互为逆运算、加减互为逆运算。即一个&和一个*可以相互抵消，如果有 p=&a; ，则：

&*p ⇔ p ⇔ &a   *&a ⇔ a   &*&*&*p ⇔ p   *&*&*&*p ⇔ *p ⇔ a

尤其注意的是：前面定义指针变量时变量名前的 *，与这里所讲的 * 是完全不同的，如图 8-8 所示。虽然"长相"一致，却是两种符号，务必在程序中明确区分。

- 定义指针变量时的 * 就是指针变量的标志（前有 int、double 等类型说明符），如 int *p; 中的 *，它没有任何"取数据"或"改数据"的含义。

- 在执行语句中的 * （前无 int、double 等类型说明符）才有"取数据"或"改数据"的含义。

注意：这里定义的是指针变量！

我是*快递员。到哪儿取件，或要寄到哪儿？地址给我，马上办到！

图 8-8 定义指针变量时的 * 和执行语句中的运算符 * 是相同符号，但含义完全不同

* 有同一符号多用现象，现总结 * 在 C 语言中的所有用法。

① 定义指针变量时，* 是一个标志，标志着所定义的是指针变量，不是普通变量，如 int *p;（特点：有 int 等类型说明符）。

② 取指针变量所指向的内容，或改写所指向的内容，如 printf("%d", *p); 或 *p = 2;（特点：无 int 等类型说明符；* 后有一个量，* 前无内容）。

③ 算术表达式中，* 是乘法运算符，如 a * b（特点：* 前后各有一个量）。

④ 指针变量作为函数形参、函数返回值类型时，同 ①，如 int *fun(int *p, int *q) {...}（特点：位于函数的形参列表中，或函数定义的函数名前）。

实际上 & 也有同一符号多用现象。& 有"取地址"和"按位与"（参见 2.3 节）的双重含义：仅右边有一个量时为取地址，两边都有量时为"按位与"。

前面曾强调，int *p=&a; 是正确的，而 *p=&a; 是错误的。现在原因也可解释为：两条语句的 * 不是同样的 * ！前者有 int，* 是个标志；后者无 int，*是快递员（用于将 p 所指向的空间改为新值，=右侧需要的是个整数值，而&a 是地址）。

【程序例 8.1】&和*运算符的用法。

指针变量练习（2）

```c
#include <stdio.h>
int main()
{   int a=1,x=2,*p;
    p=&a;
    x=*p;                    /* ⇔ x=a; */
    *p=5;                    /* ⇔ a=5; */
    printf("%d %d ", a, x);
    printf("%d", *p);        /* ⇔ printf("%d", a); */
    return 0;
}
```

程序的运行结果为：

```
5 1 5
```

为帮读者厘清思路，将在不同场合是否写 *及其含义总结于表 8-1 中。

表 8-1　在不同场合是否写 * 及其含义

场合	是否写 *	含义	例子
定义指针变量时（前有 int、double 等）	必须写 *	* 是指针变量的标志。如不写*，定义的将是普通变量而不是指针变量	int *p;
使用指针变量时（前无 int、double 等）	可写 *	表示取指针变量所指向的内容或改写所指向的内容	printf("%d", *p); *p=2;
	可不写 *	表示指针变量内所保存的地址。如 q=p;是指针变量彼此赋值，如把字条上记的地址誊抄在另一张字条上	q=p;

【小试牛刀 8.4】对图 8-2 所示的变量，在程序的执行语句中若写 p、&p、*p（前无 int、double 等类型说明符时）各表示什么？

① p：表示指针变量 p 内所保存的值（是个地址），是地址 1000。

② &p：表示指针变量 p 本身的地址，是 p 本身所在的位置，是地址 3000。

③ *p：表示指针变量 p 所指向的数据，是变量 a。

【程序例 8.2】输入 a 和 b 两个整数，分别输出较大值和较小值。

```c
#include <stdio.h>
int main()
{   double *p1, *p2, *p, a, b;
    p1=&a; p2=&b;
```

```
    scanf("%lf%lf", &a, &b);
    if (a<b) { p=p1; p1=p2; p2=p; }
    printf("max=%lf,min=%lf\n",*p1,*p2);
    return 0;
}
```

程序的运行结果为：

2.5 3.6↙
max=3.600000,min=2.500000

程序中定义了 3 个指针变量 p1、p2、p 和 2 个普通变量 a、b。
起初让 p1 保存 a 的地址，p2 保存 b 的地址。如果所输入的 a 值较小，
就通过 if 语句交换 p1 和 p2 中所保存的地址（以 p 为临时变量），使
p1 总指向较大值。最后输出的*p1 就是较大值，*p2 就是较小值。【程
序例 8.2】的变量空间如图 8-9 所示，注意交换的是 p1、p2，并未交
换 a、b。

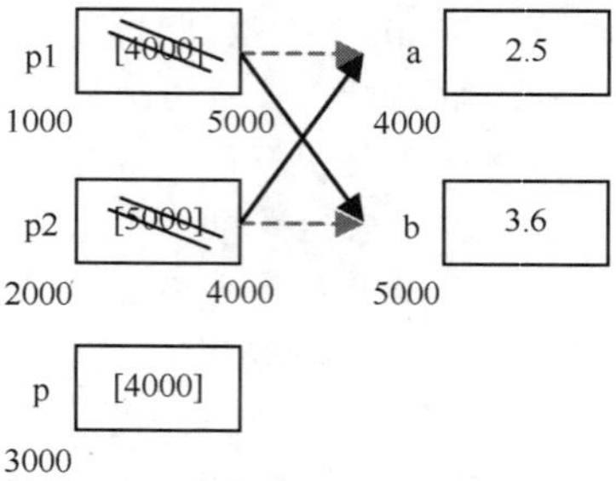

图 8-9 【程序例 8.2】的变量空间

⚠️ **脚下留心**

用 scanf 为 double 型的变量输入数据时，格式说明符必须写为%lf（注意 l 是字母，不是数字）。
不能写为%d（%d 用于为 int 型变量输入数据），也不能写为%f（%f 用于为 float 型变量输入数据）。

【小试牛刀 8.5】以上程序中的 scanf("%lf%lf", &a, &b);写为下面的形式是否正确？
① scanf("%lf%lf", &p1, &p2); ② scanf("%lf%lf", p1, p2); ③ scanf("%lf%lf", a, b);
【答案】仅②正确，①③都不正确。scanf 后面要求地址，③显然是错误的；①也不正确，p1、
p2 已经是 a、b 的地址了，直接写为 p1、p2 即可，不要写&，否则将获取 p1 和 p2 的地址（1000、
2000），而不是 a、b 的地址（4000、5000）。

🏃 **高手进阶**

【程序例 8.2】如将最后的 printf 语句写为

```
    printf("max=%d,min=%d\n", p1, p2);
```

则将输出 p1、p2 变量的值，即输出两个地址，如输出 max=4127448、min=4127464。在不同
计算机上或在同一计算机的不同时刻运行程序，输出的地址可能会有所不同。

【随学随练 8.1】以下程序试图通过指针 p 为变量 n 输入数据并输出。

```
#include <stdio.h>
main()
{   int n, *p=NULL;
    *p=&n;
    printf("Input n:");
    scanf("%d", &p);
    printf("output n:");
    printf("%d\n", p);
}
```

但程序有多处错误，以下语句正确的是（   ）。

A） *p=&n;   B） int   n, *p=NULL;
C） printf("%d\n", p);   D） scanf("%d", &p);

【答案】B

8.2 原来咱俩是一个朋友圈的——一维数组的指针

8.2.1 下一站到哪儿了——指针变量的运算

指针变量可保存变量的地址，也可保存数组元素的地址，只要指针变量的基类型与数组元素的类型相同。

一维数组的指针和指针变量的加减运算

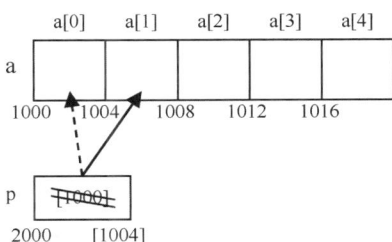

```
int a[5];      /* 定义整数数组 */
int *p;        /* 定义指针变量 p，用于指向一个整型变量 */
p=&a[0];       /* 把 a[0]的地址赋给 p，p 指向 a[0]，p 值为地址 1000 */
p=&a[1];       /* 又把 a[1]的地址赋给 p，p 现指向 a[1]，p 值为地址 1004 */
```

仍使用同样的分析技巧，假设数组各元素的地址，并在草稿纸上画出，如图 8-10 所示。设数组 a 的首地址为 1000，即元素 a[0]的地址为 1000。每个 int 型元素占 4 字节（在 Visual Studio 2010 环境下），a[0]占用 1000~1003 的 4 字节。由于数组元素连续存储，a[1]应占用 1004~1007 的 4 字节，a[1]的地址为 1004；a[2]应占用 1008~1011 的 4 字节，a[2]的地址为 1008……

图 8-10　指向数组元素的指针变量

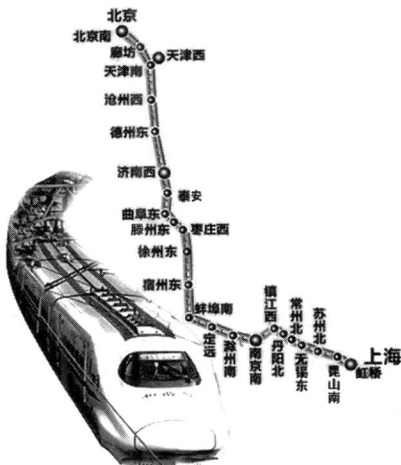

数组的每个元素都可被当作普通变量，其地址都可以放到指针变量 p 中保存。上例先后将元素 a[0]和 a[1]的地址放到 p 中保存。

应当注意，因为数组的每个元素都为 int 型，指针变量的基类型也必须为 int 型。如有

```
double *q;
```

则不能用 q 来保存数组 a 的元素的地址，因为 q 只能保存 double 型数据的地址。

```
q=&a[1];      /* 错误 */
```

1. 指针变量加减整数

如图 8-11 所示，京沪高铁从北京到上海，会经过许多站。在乘坐高铁的旅途中，我们关心的是下一站到哪里，距离目的地还有几站；不关心的是距下一站还有多少千米、距目的地还有多少千米。

如果把数组比作京沪高铁，则各个元素就相当于沿途中的各站，各个元素所占字节数就相当于每站之间的距离。设指针变量指向当下所在的站。

```
p = &a[0];
```

说明现在正位于 a[0]这一站，p 中保存的是 a[0]的地址 1000。如果再执行语句

```
p = p+1;            /* 或 p++;，  或 ++p; */
```

则 p 的值为多少呢？它不是地址 1001，而是地址 1004，即 p 指向了下一站 a[1]。从 p 值本身来看，p 值实际是被加了 4，因为这里一个元素占 4 字节。如果再执行

```
p = p+2;
```

则 p 的值变为地址 1012，指向了 a[3]。从 p 值本身来看，在 1004 的基础上被加了 8，即 2 个元素的字节数 8（4×2）。如果再执行

```
p--;                /* 或 --p; 或 p=p-1;*/
```

图 8-11　京沪高铁

则 p 值又变为地址 1008，指向了 a[2]，p 值是被减了 1 个元素的字节数 4。

因此得出结论，指针变量加减整数（p ± n）不是简单地将 p 中所保存的地址加减整数 n，而是加减 n 个"单位"，即 n 个"数组元素"的字节数。n 如同京沪高铁的"站"数，p ± n 是前进/后退 n 站；两站不一定相隔 1km，而可能相隔数千米，甚至更远。

这就是 C 语言中特有的指针变量加减整数的运算法则：

$$p ± n = p \text{ 中保存的地址值} ± (\text{每个元素字节数} × n)$$

特殊地，char 型数组中每个元素占 1 字节（两站相隔 1km），p ± n 就恰好是加减 n 字节了。

```
char c[10], *pc;        /* 设数组 c 首地址为 3000，每个元素占 1 字节 */
pc=&c[2];               /* pc 的值为地址 3002，指向元素 c[2] */
pc=pc+2;                /* pc 的值为地址 3004，指向元素 c[4] */
pc++;                   /* pc 的值为地址 3005，指向元素 c[5] */
```

2．指针变量相减

```
double d[6];            /* 设数组 d 首地址为 4000，每个元素占 8 字节 */
double *p1, *p2;
p1 = &d[1];             /* p1 的值为 4008，指向元素 d[1] */
p2 = &d[3];             /* p2 的值为 4024，指向元素 d[3] */
```

指针变量 p1 和 p2 的基类型为 double，它们加减整数 n 都表示前进/后退 8×n 字节，因为每个 double 型数据占 8 字节。现在考虑

```
p2 - p1
```

的值是多少呢？它的值应为 2，这也不能单单用 4024 − 4008 得到 16。这是 C 语言特有的指针变量相减的运算法则：

$$p2 - p1 = (p2 \text{ 中保存的地址值} - p1 \text{ 中保存的地址值}) / \text{每个元素字节数}$$

两指针变量相减，结果为两个地址之间相差的单位个数（数组元素个数），而不是相差的字节数；只有在每个元素占 1 字节的 char 型数组中，结果才与相差的字节数相等。

```
char s[6];              /* 设数组 s 首地址为 5000，每个元素占 1 字节 */
char *p3, *p4;
p3 = &s[1];             /* p3 的值为 5001，指向元素 s[1] */
p4 = &s[4];             /* p4 的值为 5004，指向元素 s[4] */
```

则 p4 − p3 的值为 3，相差 3 个数组元素，也恰好是 3 字节。

💡 **窍门秘笈**　由数组元素的地址求元素下标。

设指针变量 p 指向了数组 a 的某个元素（保存了该元素的地址），则该元素的数组下标可用"p − 数组 0 号元素的地址"求得。因为下标刚好在数值上等于该元素与 0 号元素相差的"元素个数"。其中"数组 0 号元素的地址"可通过另一指针变量 q 获得（q=&a[0];），也可直接用数组名获得（稍后介绍数组名 a 就是 0 号元素的地址），即获得元素下标的方法是：

```
p-a /* 或 p-q */
```

设有数组 int a[10]; 并已赋值，有 int *p, *q=&a[0];，则依次输出数组元素的程序可以是

```
for (p=q; p-q<10; p++)
    printf("下标为%d 的元素是%d\n", p-q, *p);
```

指针变量 p 将逐一指向数组的每个元素，用 *p 即可获得目前所指元素的值。用 p−q 获得 p 目前所指元素的下标，循环的条件是该下标小于 10。

也可省去指针变量 q，直接用数组名 a 来代表数组元素 a[0]的地址&a[0]：

```
for (p=a; p-a<10; p++)
    printf("下标为%d的元素是%d\n", p-a, *p);
```

3．指针变量相互比较大小

两指针变量之间还可用>、<、==、!=等关系运算符比较大小，所比较的是其中所保存的地址值的相对大小。在前例中

```
p2 > p1
```

为真，即 p2 所保存的地址值大。当 p2、p1 指向同一数组的不同元素时，p2 > p1 的意义就是 p2 所指元素位于 p1 所指元素之后。又如若有 char *r=&s[1]; ，则：

```
p3 == r
```

指针变量的关系运算

为真，它表示 p3 和 r 这两个指针变量指向了同一数组元素。

【程序例 8.3】 逆置数组 a 中 7 个元素的值。数组 a 中 7 个元素的原始排列为 1、2、3、4、5、6、7，逆置后排列为 7、6、5、4、3、2、1。

```c
#include <stdio.h>
#define N 7
int main()
{   int a[N]={1,2,3,4,5,6,7}, i, t;
    int *p=&a[0], *q=&a[N-1];
    while (p < q)
    {   t=*p; *p=*q; *q=t;
        p++; q--;
    }

    for (i=0; i<N; i++) printf("%d ", a[i]);   /* 输出结果 */
    printf("\n");
    return 0;
}
```

程序的运行结果为：

```
7 6 5 4 3 2 1
```

逆置数组元素的值，实际是分别对调第 1 个和最后 1 个元素、第 2 个和倒数第 2 个元素、第 3 个和倒数第 3 个元素……如图 8-12 所示。定义两个指针变量 p、q，使它们先分别指向第 1 个和最后 1 个元素，对调 p、q 所指的两个元素；然后 p 右移一个元素（p++;），q 左移一个元素（q--;），再对调 p、q 所指的两个元素；然后 p 再右移一个元素，q 再左移一个元素……重复这个过程，直到 p、q 相遇或 p 越过 q（p>=q）为止。p<q 时，说明 p 所指元素还位于 q 所指元素之前，就继续循环。

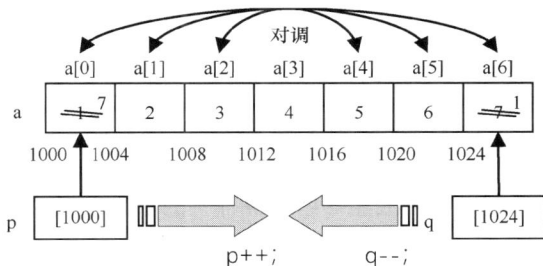

图 8-12　用两个指针变量逆置数组元素的值

交换两个变量值的方法在 4.2.1 小节已介绍，即通过临时变量 t 进行中转，并有口诀"临时变量分两边，首尾相连在中间。"这里要对调的两个变量是通过指针获得的，即*p 和*q；注意要对调的两个变量不是 p 和 q，否则对调的是地址，数组元素值不会变化。

【随学随练 8.2】 通过用指针为数组元素对称赋值的方法，构造回文序列（即以中间元素为中心，两边元素的值分别对称相等的序列）。

```c
#include <stdio.h>
#define N 9
int main()
{   int m[N], i=1;  int *p, *q;
    p = m;                      /* p 存第一个元素的地址，也可写 p=&m[0]; */
    q = m+N-1;                  /* q 存最后一个元素的地址，也可写 q=&m[N-1]; */
    while (p<q)
```

```
    {   *p = *q = i;        /* p 所指元素和 q 所指元素都赋相同的 i 值 */
        i++;
        p++; q--;            /* p 指向后一个元素，q 指向前一个元素 */
    }
    if (p==q) *p=i;          /* 为中间元素赋值（如果有的话）*/

    for (i=0; i<N; i++) printf("%d", m[i]);      /* 输出结果 */
    printf("\n");
    return 0;
}
```

程序的运行结果为：

123454321

指针变量还可与 0 进行相等或不等的比较。设 p 为指针变量，则：

- p==0 或 p==NULL 表示 p 是空指针（保存的地址为 0），它不指向任何内容；
- p!=0 或 p!=NULL 表示 p 不是空指针（保存的地址不为 0），它正指向某个数据。

指针变量加减整数、指针变量相减及相互比较大小，一般只适用于指向数组元素的指针变量。另外，两指针变量进行加法、乘法、除法运算是没有意义的，因为指针描述的是位置，将两个"门牌号"相加、相乘、相除都没有意义。

🏃 **高手进阶**

void 基类型的指针变量不能做加减整数的运算（包括++、--），也不能做两个指针变量相减的运算，因为它可以指向任意类型的数据，所指元素占用的字节数是不确定的。

8.2.2　"名字"的玄机——一维数组名是指针变量

1．一维数组名的重要特性

对一维数组大家都不陌生了，如定义 int a[5]; ，则 a 是包含 5 个元素的一维数组。现在我们不讨论其中的数组元素，而讨论数组名 a。数组名有下面 5 个重要特性，请务必记住。

一维数组名和指针变量的统一

① a 是数组名（一维数组名）。

② a 是一个假想的"指针变量"。

③ 指针变量 a 所"保存"的值为数组的首地址，即元素 a[0]的地址。

④ 指针变量 a 本身的地址（a 所在内存字节的编号）是数组的地址，数值上与元素 a[0]的地址相等（数值上相等，但地址的类型不同）。

⑤ a 值不可被改变，是常量。

⚠️ **脚下留心**

"数组"和"数组名"有着本质的不同。上述 5 个重要特性是针对"数组名"的，而不是针对"数组"的。我们在第 6 章已经详细讨论过"数组"的特性，本章讨论的是"数组名"而不是"数组"，请读者务必注意二者的不同。

如有 int *p; ，则 p 是指针变量，现在说数组名 a 也是指针变量，也就是说，a 与 p 是同类事物，都是保存地址的。然而 a 与 p 的不同之处在于：数组名 a 这个指针变量是"假想"的，并不真实存在；而指针变量 p 是货真价实的，有实际的内存空间。

如图 8-13 所示，设元素 a[0]的地址为 1000，则"假想的指针变量"a 中所保存的地址就为 1000，且"变量"a 本身的地址也为 1000(写在 a 空间的左下角)，a 的整个空间被包在"一朵云"中，表示这是一个假想的空间。a 与 a[0]的地址重叠，但并不矛盾，因为"指针变量"a 是假想的，位于虚拟世界中；真实世界中地址为 1000 的空间里还是数组元素 a[0]。

正是这种"假想"的特性，造就了"指针变量"a 的值是不可被改变的。数组定义后，a 的值就确定了，它的值永远为数组元素的首地址（即元素 a[0]的地址）。它的值只能被获取，而永远不能被改变。凡试图改变"指针变量"a 的值的行为，都是非法的（如把 a 的值 1000 改为 2000 是不可能的)! 因此也称数组名 a 为**指针常量**。

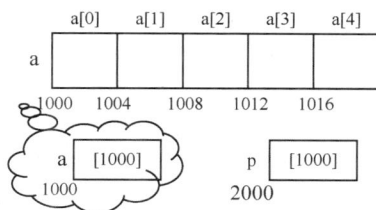

图 8-13　数组名分析技巧——"一朵云"的草稿纸画法

现在请考虑，下面语句的作用是什么？

```
p=a;
```

如果认为是把整个数组的各元素都赋值给了 p，就大错特错了! p 是一个指针变量，只能保存一个地址。应把 a 当作"指针变量"，并在草稿纸上画出数组名 a 对应的"一朵云"（如图 8-13 所示，这是重要的分析技巧），这样问题就迎刃而解。p=a; 不过是两个指针变量间的赋值，就是把一张字条上的地址誊抄在另一张字条上，p 的值也将为地址 1000。

执行下面语句，也能实现与 p=a; 完全相同的效果（将 a[0]的地址赋值给 p）。

```
p=&a[0];
```

好像 a 和&a[0]是完全等效的？说对了! 下面的"语法糖公式"将讨论这一点。

2．语法糖——两个重要的公式

数组名 a 是"指针变量"，它具有指针变量的所有特征（只要不改变 a 的值），8.2.1 小节介绍的指针变量加减整数的运算规则也不例外，a±n 也是移动 n 个元素，因此有：

a+0 为地址 1000，即 a[0]的地址，因此有：a+0 ⇔ &a[0] ⇔ a
a+1 为地址 1004，即 a[1]的地址，因此有：a+1 ⇔ &a[1]
a+2 为地址 1008，即 a[2]的地址，因此有：a+2 ⇔ &a[2]
……

这样总结出：

$$a+i \Leftrightarrow \&a[i]$$

两边同时做 * 运算，右边的 & 将和 * 相互抵消，得：

$$*(a+i) \Leftrightarrow a[i]$$

💡 **窍门秘笈　语法糖公式。**

请读者一定牢记以上两个公式，它们是打开"指针之门"的钥匙! 这两个公式是"万能公式"，不仅适用于数组名（不是数组），还适用于所有类型的指针变量（包括 8.3 节要介绍的"二级指针"乃至更高级别的指针变量……）；但不适用于普通变量。

这两个公式可由一个推导出另一个（两边同时做 * 运算或做 &运算）。要记住公式并不难，数组元素 a[i]的写法读者都不陌生，这个写法中涉及两个变量 a、i，将它们相加，再整体用( )括起加上 * 即可，即 a[i] ⇔*(a+i)。两边同时做&，&和*相互抵消，即导出&a[i] ⇔ a+i。

我们所熟悉的数组元素的下标写法 a[i]的本质是*(a+i)，这是一种永恒的等价变换，这种变换在 C 语言中非常重要。

这种变换同样适用于指针变量。若 p 是指针变量，也可以写 p[0]、p[1]、p[2]……看上去似乎有些奇怪，p 是指针变量，却也可以当作"数组名"用！因为按照语法糖公式 p[i] ⇔ *(p+i)，如果 p 的值与 a 的值相等（例如执行 p=a; 后二者均为地址 1000），则 p+i 的值就与 a+i 的值相等，*(p+i) 就与*(a+i)的值相等，而后者就等价于 a[i]。因此：

```
p[i] ⇔ a[i]
```

这样实际又多了一种数组元素的表示法，写为 a[i]也行，写为 p[i]也行！（前提是指针变量 p 中保存的地址是数组首地址，而不是其他地址。）这源于语法糖公式的推导。

为什么叫语法糖公式呢？因为这是一种永恒的等价变换，即当在程序中写 a[i]或 p[i]时，C 语言并不区分[ ]前的内容究竟是数组名还是指针变量；它们都将被编译系统无条件地变换为*(a+i)或*(p+i)，再执行；后者才是它们的本来面貌，如图 8-14（a）所示。

（a）在编译时 a[i]和 p[i]都将被变换为*(a+i)和*(p+i)　　　（b）数组元素的下标写法是语法糖

图 8-14　语法糖公式是 C 语言中重要的无条件等价变换公式

这样看来，我们所熟悉的 a[i]、p[i]的写法实际上是多余的语法！在程序中本应不存在 a[i]、p[i] 这种写法，需要时直接使用它们的本来面貌*(a+i)、*(p+i)就足够了，这也免去再由编译系统变换的麻烦。那为什么在 C 语言的语法中还保留着 a[i]、p[i]这种多余的写法呢？

那是因为我们看到*(a+i)、*(p+i)的写法总容易被"星星"撞得有些晕，而 a[i]、p[i]的写法能让人容易理解、直观地看出这是数组的第 i 个元素。C 语言之所以保留着冗余的 a[i]、p[i]语法，仅是为了让人容易理解。日本程序员前桥和弥将 a[i]、p[i]称为*(a+i)、*(p+i)的**语法糖**，也就是将 a[i]、p[i]的写法仅看作*(a+i)、*(p+i)的"糖皮外衣"，如图 8-14（b）所示，形象地说明了二者的无条件等价关系。

谈论语法糖，根本目的还是让读者记住上述这两个公式（公式同时适用于数组名和指针变量；注意适用的是数组名，而不是数组）。请永远牢记：a[i]就是*(a+i)、p[i]就是*(p+i)、&a[i]就是 a+i、&p[i]就是 p+i。无论程序多么复杂，这种等价关系永恒不变！

🏃 **高手进阶**

既然是编译系统的等价变换，a[i]是不是可以写为 i[a]、p[i]是不是可以写为 i[p]呢？当然可以！因为它们将被变换为*(i+a)、*(i+p)，当然和*(a+i)、*(p+i)一样。读者可以上机试一试，在程序中写 i[a]、i[p]，程序同样正确执行！但最好不要写为 i[a]、i[p]，这样会让人觉得奇怪。讨论这个的目的是强调语法糖公式这种永恒的等价变换公式，掌握这种等价变换公式对学习指针非常重要。

3．指针变量与一维数组名基本等价

前面提到，若 p 是指针变量（定义 int *p;），可以写 p[i]，其等价于数组元素 a[i]。指针变量可以充当数组名用，指针变量和数组名基本等价（注意不是"和数组基本等价"）。

为什么是"基本等价"而不是完全等价呢？因为要实现等价效果，有两个前提条件。

① 指针变量 p 中保存的地址必须为数组 a 的首地址，即元素 a[0]的地址，而不是其他地址。一般需事先将指针变量 p 赋值为数组 a 的首地址，可通过执行如下语句实现：

```
p=a;     /* 或写为 p=&a[0]; */
```

② 从图 8-13 中还可看出 p 和 a 的一个明显区别：数组名 a 被包在"一朵云"中，而指针变量 p 没有。说明 a 这个"指针变量"是"假想的"，并不真实存在；而 p 是货真价实的，有实际的内存空间。这决定了第②个前提条件：指针变量 p 的值可以被改变，但"指针变量" a 的值永远不能被改变。在不改变 a 的值的前提下，p 与 a 二者才能等价。

下面的语句都是正确的：

```
p=a;      p=&a[1];      p++;      p=0;      p=NULL;
```

而下面的语句都是错误的（因为 a 的值不能被改变）：

```
a=p;      a=&a[1];      a++;      a=0;      a=NULL;
```

【随学随练 8.3】设有定义 double a[10], *s=a;，以下能够代表数组元素 a[3]的是（   ）。

A）(*s)[3]   B）*(s+3)   C）*s[3]   D）*s+3

【答案】B

【分析】应在草稿纸上画出数组名 a 的"假想"空间（类似图 8-13 中的"一朵云"，这是重要的分析技巧，请读者务必画图），这样很容易理解 s=a;是变量 s 被赋值为 a 的值；切莫将"数组名"与"数组"两个概念混淆。这样 s 与 a 等价，元素 a[3]表示为 a[3]、s[3]均可。按语法糖公式，a[3]⇔*(a+3)，s[3]⇔*(s+3)，即该元素共有 4 种表示法：a[3]、s[3]、*(a+3)、*(s+3)。B）是其中一种。A）中 (*s) 不是指针而是普通数据，无法用[ ]。C）中 s[3]不是地址而是普通数据，无法做 *运算。D）语法正确，但其含义是 s[0]元素的值与整数 3 的和。

🎲 **小游戏　猜猜它是谁？**

如有 double a[10], *s=&a[2];，那么 s[1]是数组 a 的哪个元素，s[3]又是数组 a 的哪个元素呢？

答案：s[1]是数组元素 a[3]，s[3]是数组元素 a[5]。现在 s 的值是 a[2]的地址，而不是数组首地址（a[0]的地址），s 与 a 不再等价。换句话说，s 跑得更快一些，比 a 的下标快 2 步。

分析此类题目时，要以不变应万变：无论如何，**语法糖公式的等价变换永恒不变**，**指针变量加减整数**的运算规则永恒不变（加减 1 是加减 1 个数组元素的字节数）。再用假设地址法在草稿纸上画图，则问题迎刃而解！请读者务必假设地址并在草稿纸上画图。如设数组 a 首地址为 1000，每个 double 型元素占 8 字节，a[2]的地址为 1016。s=&a[2];使 s 被赋值为 1016。s+1 为 1024（1016+8×1），是 a[3]的地址；s+3 为 1040（1016+8×3），是 a[5]的地址。因此 s[1]或*(s+1)是 a[3]、s[3]或*(s+3)是 a[5]。

在 2.2.5 小节介绍的 sizeof 运算符可求数据或类型所占字节数，这里需说明 sizeof 用于数组名和用于指针变量的效果不同。

- sizeof(数组名)：获得数组所有元素共占字节数。
- sizeof(指针变量)：得 4，即一个指针变量所占字节数。

例如，若有 int a[5]={1,2,3,4,5};，并定义了两个指针变量 int *p=a; double *q;，则：

```
printf("%d \n", sizeof(a));              /* 输出 20 */
printf("%d %d\n", sizeof(p), sizeof(q)); /* 输出 4 4 */
```

以下程序段通过数组名 a 求出数组包含的元素个数，然后依次输出数组各元素。

```
int len, i;
len = sizeof(a)/sizeof(int);             /* 元素个数：20/4 得 5 */
for (i=0; i<len; i++)                    /* i<len, 即 i<5 */
    printf("%d,", a[i]);
```

4．间接访问运算符与++、--的优先级

【程序例 8.4】间接访问运算符与++、--运算符的优先级比较。

```
#include <stdio.h>
```

```
int main()
{    int a[]={1,3,5,7}, *p=a+1;
     printf("%d, ", *p++);
     printf("%d, ", ++*p);
     printf("%d, ", (*p)++);
     printf("%d\n", *++p);
     return 0;
}
```

程序的运行结果为：

`3, 6, 6, 7`

按图索骥的间接访问运算符（＊）与++、--是同一优先级的，当它们同时出现时，应按"从右至左"的顺序计算：先执行右边的运算，再执行左边的运算（有括号的情况除外）。

数组名 a 是"假想的"指针变量，其中"保存"的地址是 1000（务必在草稿纸上画出数组名 a 的空间"一朵云"，如图 8-15 所示）。指针变量 p 被赋初值为 a+1（1004，计算 a+1 并没有改变 a 的值，是合法的）。

图 8-15　【程序例 8.4】的变量空间

＊p++应先算右边的++再算 ＊，等同于＊(p++)。(p++)表达式的值为 p 目前的值，即地址 1004，以"地址 1004"做 ＊ 运算，取内容得 3，输出 3；然后算 p++，p 变为 1008。

此时 p 的值为地址 1008，++＊p 是先算右边的＊再算++。以 1008 为地址做 ＊ 运算，取内容得 a[2]，再算++，相当于算++a[2]：应把 a[2]的值先变为 6，++a[2]表达式的值为 6，输出 6。

(＊p)++先算( )中的＊p，亦得 a[2]。(＊p)++相当于 a[2]++，先取 a[2]的值 6 作为 a[2]++表达式的值，再将 a[2]的值++变为 7。输出的是表达式的值 6。

＊++p 先算右边的++再算 ＊。++p 先使 p 的值加上一个单位（元素）的字节数变为 1012，++p 表达式的值为地址 1012。＊++p 则相当于"＊[1012]"，取得 a[3]的值 7，输出 7。

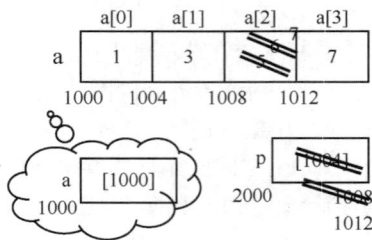

8.3　双层皮——二级指针

8.3.1　我是你的上级——二维数组的指针和行指针

1. 字条也要收起来——二级指针变量

二维数组的指针

如图 8-16 所示，朋友家位于××大街 2 号，把这个地址记在第 1 张字条上，这张字条就是"指针变量"了。现把这张字条放到写字台抽屉中，再找一张字条，写上"写字台抽屉"，则第 2 张字条也是"指针变量"，上面保存着地址"写字台抽屉"。

然而第 2 张字条与第 1 张字条的层次是不同的，通过第 2 张字条的"写字台抽屉"这个地址并不能直接找到朋友家，而只能找到写字台抽屉；需要在写字台抽屉中翻出第 1 张字条，再按照第 1 张字条上所记的地址找到朋友家。

利用第 2 张字条要通过两步才能找到朋友家，因此把第 2 张字条这个指针变量称为"二级指针变量"，把"写字台抽屉"称为"二级地址"。按照"二级地址"只能找到第 1 张字条，找到的还是一个地址；"写字台抽屉"实际上是第 1 张字条上记的"××大街 2 号"这个地址的地址，**"二级地址"就是地址的地址**。而把记着"××大街 2 号"的第 1 张字条称为"一级指针变量"，"××大街 2 号"称为"一级地址"，按照一级地址一步就可找到朋友家。在本节之前学习的 int *p; 那样的指针变量，都属于一级指针变量。

如图 8-17 所示，若有 int a=1; int *p=&a; ，设 a 的地址为 1000，则 p 中保存 1000（一级地址）。

设指针变量 p 本身的地址是 2000，2000 是二级地址（是 1000 这个地址的地址）。为把地址 2000 也保存起来，需再定义一个指针变量 q 来保存，q 应是个二级指针变量。

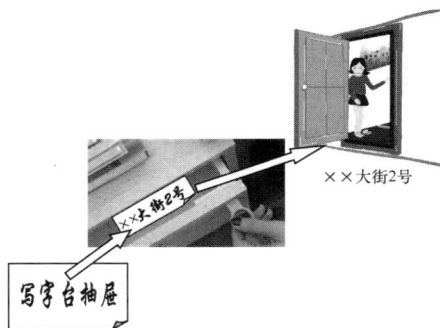

图 8-16　将记有朋友家地址的字条放到写字台抽屉中，再另找字条记"写字台抽屉"

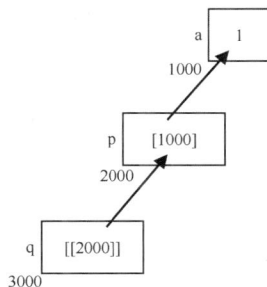

图 8-17　二级指针变量 q、一级指针变量 p 和普通变量 a

⚠ **脚下留心**

尽管二级地址与一级地址都是地址，但它们是完全不同的两种地址；尽管二级指针变量与一级指针变量都是指针变量，但它们也是完全不同的两种指针变量，二者不能互换使用。指针变量 p 只能保存一级地址不能保存二级地址，指针变量 q 只能保存二级地址不能保存一级地址。它们也不能彼此赋值，如执行 p=q; 或 q=p;都是错误的，原因就是地址的"级别"不同。

通过地址找数据的间接访问运算符（*）如用于二级指针变量，用一次只能获得一级地址，要连续用两次才能获得实际数据。

● *q 取出的是地址，是一级地址 1000，不能取到 a 的值 1。
● **q 是对*q 再做一次 *，即对一级地址 1000 再做一次*，取到的才是 a 的值 1。

💡 **窍门秘笈　分析二级或更高级指针的"假设地址法"。**

8.1.2 小节介绍了分析指针的重要方法：在草稿纸上画出变量空间，并假设变量的地址。该方法非常重要，再次强调学习指针时读者务必"勤"用草稿纸，万不可仅用脑子想、用眼睛看。

本节之前我们在指针变量的空间中画出了一对[ ]，以提示其中只能保存地址，不能保存普通数据。这种一层的[ ]实际表示一级地址，是用于一级指针变量的。对于二级指针变量，应在它的空间中画上 [[ ]]，如图 8-17 中变量 q 的空间所示。这提示 q 是二级指针变量，里面必须保存二级地址；如将 p 的一级值[1000]（只有一层[ ]的值）存到 q 中就显然与 q 的[[ ]]对不上了。在分析包含二级指针的程序时，读者务必继续用此方法，并在草稿纸上画出 [[ ]]。如果以后学习三级或更高级的指针，就画三层或更多层[ ]，分析程序同样不在话下！

这样，为何要写**q 而不是*q 才能获得 a 的值也很容易理解了：将[ ]看作"皮"，有几层[ ]就是有几层"皮"。而 * 的作用就是"剥皮"（使用时，*是快递员；不是定义指针变量时的 *），有几层"皮"自然用几个 * 去剥。q 有两层"皮"，获得 a 自然写**q；p 有一层"皮"，就写*p。

---

2. 二维数组名是二级指针变量

8.2.2 小节介绍了一维数组名（不是数组）是假想的指针变量（一级指针变量）。类似地，二维数组名（不是二维数组）也是假想的指针变量，但它是二级指针变量。

```
int b[3][4]={ {1,2,3,4}, {5,6,7,8}, {9,10,11,12} };
```

3行4列的二维数组 b 如图 8-18 所示。设数组首地址为 1000，在 Visual Studio 2010 中每个 int 型元素占 4 字节。二维数组在内存中是"线性存储、按行排列"的，b[1][0] 位于紧邻 b[0][3] 的下一空间，b[2][0] 位于紧邻 b[1][3] 的下一空间。依次写出各元素的地址如图 8-18 所示。

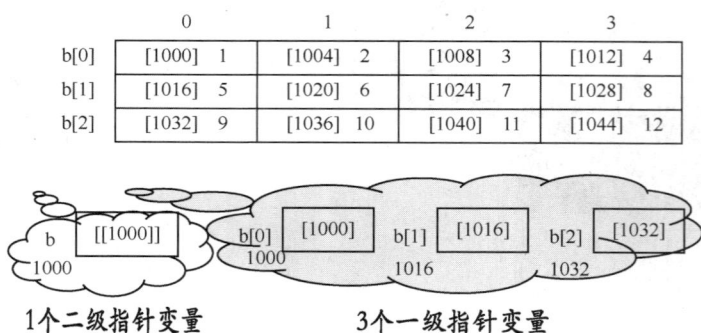

图 8-18　二维数组 b 和数组名"假想"的指针变量

与一维数组名类似，二维数组名也有 5 个重要特性：

① b 是数组名（二维数组名）；

② b 是一个假想的"二级指针变量"，它"保存"另一指针变量的地址（地址的地址）；

③ 指针变量 b 所"保存"的值为数组首地址，即数组第 0 行的地址，数值上与元素 b[0][0] 的地址相等，不过它是二级的；

④ 指针变量 b 本身的地址（b 所在内存字节编号）是二维数组的地址，数值上与元素 b[0][0] 的地址相等，但级别不同（b 本身的地址为三级地址）；

⑤ b 值不可被改变，是常量。

同样需注意这 5 个重要特性是针对"数组名"的，而不是针对"数组"的。数组名 b 这个假想的"指针变量"的空间情况如图 8-18 所示，其中所保存的地址 1000 是个"二级地址"，需有 [[ ]]。b 被画在"一朵云"中，提示 b 为假想的、b 的值不能被修改。

6.3.5 小节介绍了一个二维数组是由多个一维数组组成的。二维数组 b 由 3 个一维数组组成：b[0]、b[1]、b[2]（即对应 3 行）。每个一维数组又包含 4 个元素。如 b[0] 是由 b[0][0] ~ b[0][3] 这 4 个元素组成的一维数组，该一维数组名是 b[0]。

这里的 b[0]、b[1]、b[2] 是一维数组名（虽带有一个 [ ]，但还是数组名而不是元素；它们与 int a[4] 中的 a 是同类事物，都是一维数组名）。既然是一维数组名，同样有 8.2.2 小节介绍的一维数组名的 5 个重要特性。b[0]、b[1]、b[2] 都是假想的指针变量（一级指针变量），它们所"保存"的值分别是这 3 个一维数组的首地址，分别为元素 b[0][0]、b[1][0]、b[2][0] 的地址。如图 8-18 中也被画在"一朵云"中的 b[0]、b[1]、b[2]，被画在"一朵云"中说明这 3 个"指针变量"的值同样不能被修改。注意，b[1] 的值是地址 1016，b[2] 的值是地址 1032，都不是 1000；因为 b[1]、b[2] 这两个数组的第一个元素分别是 b[1][0]、b[2][0]，第一个元素的地址分别是 1016、1032。

这里实际上存在着"3 种级别"的变量：

● b 为**二级**的（有两层 [ ]，即 [[ ]]）；

● b[0]、b[1]、b[2] 为**一级**的（有一层 [ ]）；

● b[0][0]、b[0][1]、b[2][3] 等保存普通数据，不是指针（没有 [ ]），可看作**零级**的。

b 和 b[0] 中"保存"的值在数值上是相等的，都是地址 1000；然而它们的"级别"不同。b 为"二级"的，b[0] 为"一级"的。C 语言规定：

赋值语句中，只有级别相同的指针变量才能彼此赋值。

如定义了指针变量 int *p; ，则 p 是一级指针变量，下面的赋值语句都是正确的：

```
p=b[0];        p=b[1];
```

而下面的语句都是错误的，因为"="两边的指针变量的"级别"不同：

```
p=b;           p=b[0][0];
```

从草稿纸上也可以看出，[ ]中的地址不能放到[[   ]]对应的指针变量中保存。

8.1.4 小节曾介绍 p=a; 的写法是错的（定义 int a; int *p;）。现通过"级别"的分析能轻松得出原因：p 是一级的，a 是零级的，它们的"级别"不同所以不能彼此赋值；或者说草稿纸上不带[ ]的数据，不能放到带一层[ ]的变量中保存。这样分析是不是容易许多？可见对于指针的知识了解越多，分析题目也会变得越来越容易；而且解决问题的方法不止一种，可以从多个角度得出答案，这是学习指针知识体系的特点之一！

3．我为二维数组名而生——行指针

既然 p=b; 由于"级别"不同是错误的，如希望将 b 中"保存"的二级地址[[1000]]保存到指针变量中，该如何做呢？像 p 那样的指针变量就爱莫能助了，需要定义另外一种专用的指针变量来专门保存二维数组名 b 这种"二级"地址。这种指针变量称为**行指针**。行指针也是一种指针变量，这种指针变量的定义稍显复杂。

行指针和指针三家人

```
int (*q)[4];
```

注意，*、( )、[ ] 三者都不可缺少，现在先不管这些"零件"都是做什么用的，请先掌握这种定义形式的含义：虽然"零件"很多，但它的含义却很简单，即**定义一个指针变量 q，用于保存二级地址**。说 int (*q)[4];表示定义一个数组、定义一个指针数组、定义 4 个变量、定义 4 个指针变量……都是错误的，没有那么复杂！

执行下面语句就可以将 b 中的二级地址 [[1000]] 保存到变量 q 中了。

```
q=b;
```

变量空间如图 8-19 所示。但下面的语句都是错误的，同样是因为"级别"不同：

图 8-19　用行指针（指针变量）保存二维数组的首地址，即数组名的值（二级地址）

```
q=b[0];   q=b[1];   q=b[0][0];
```

可参见图 8-18，因为一层[ ]中的地址不能放入 [[   ]]对应的指针变量中保存。

8.2.1 小节介绍了 int *p;这样的指针变量或一维数组名加减 n，是前进或后退 n 个元素（如同京沪高铁的 n 站）。那么 int (*q)[4];这样的二级指针变量或二维数组名 b 加减 n 又是什么含义呢？它们加减 n 既不是加减 n 字节，也不是加减 n 个元素，而是**加减 n 行**。

二维数组名 ±n 或行指针 ±n=地址值 ± 数组每行元素个数 × 每个元素字节数 × n

---

b+1 或 q+1 的值为：二级地址 [[1016]]（注意计算 b+1 并没有改变 b 的值）
b+2 或 q+2 的值为：二级地址 [[1032]]（注意计算 b+2 并没有改变 b 的值）
b[0]+1 的值为：一级地址 [1004]（这是一维数组名加 n 后前进 n 个元素的情况）

显然，在指针变量中有这样的规律：**指针变量加减整数后，"级别"不变**。

b 和 q 加减 1 都是**移动一行**。那么这里就涉及了"一行有多大"的问题。对于数组名 b，从数组定义 int b[3][4];中就能获知每行有 4 个元素。但对于指针变量 q，如何获知 q 对应的行有几个元素呢？对！终于可以理解定义行指针时的 int (*q)[4];中，看似累赘的 [4]的含义了：它表示这个指针变量 q 对应的行有几个元素。在定义 q 时必须明确[4]以表示对应一行中有 4 个元素，否则将来就无法计算 q ± n 了。而( )不能省略，否则定义的就是 8.3.2 小节要介绍的指针数组，而不是行指针。* 是定义指针变量的标志，必不可少。

为什么要规定二级指针变量加减 1 即**移动一行**呢？比如说，教室第一排第一个座位有个坐标，这个坐标的值是固定的。如果要一个座位一个座位地考虑问题，这个坐标加 1 就指下一个座位；如果要一排一排地考虑问题，这个坐标加 1 就指下一排座位；如果要一间教室一间教室地考虑问题，

这个坐标加 1 就指下一间教室；如果要一栋楼一栋楼地考虑问题，这个坐标加 1 就指下一栋楼……这就是从不同角度考虑问题，即地址的"级别"不同；而这个坐标的值始终是固定的。

b[0][0]的地址（&b[0][0]）是 1000，它表示一个 4 字节的内存块的地址，是一级的；b 或 q 的值，或者 b[0]的地址（&b[0]，假想指针变量的地址）也是 1000，但它表示"一行"，即 16 字节的内存块的地址，是二级的。它们在数值上同为 1000，但级别不同。因此前者加 1 是移动一个元素（加 4 字节），后者加 1 是移动一行（加 16 字节）。

现在再来看 q 的定义形式：int (*q)[4]; 。其中"零件"虽多，但都不可或缺。其含义是：**定义一个指针变量 q，保存二级地址；它可指向每行 4 个元素的整型二维数组的一行**。这种指针变量强调"行"的概念，其加减 n 就是移动 n 行，故名为"行指针"。

【随学随练 8.4】若有定义 int (*pt)[3]; ，则下列说法正确的是（   ）。
A） 定义了基类型为 int 的 3 个指针变量
B） 定义了基类型为 int 的具有 3 个元素的指针数组 pt
C） 定义了一个名为*pt、具有 3 个元素的整型数组
D） 定义了一个名为 pt 的指针变量，可指向每行有 3 个整数元素的二维数组的一行

【答案】D

⚠ 脚下留心

在某些书中称"行指针 q 指向每行 4 个元素的二维数组"或"行指针 q 保存了二维数组的地址"，这些说法都不确切。行指针指向的是二维数组的一行，而不是二维数组本身；行指针只能保存一行的地址（一行是个一维数组），而不是保存二维数组的地址。因为二维数组的地址是三级的（一维数组的地址是二级的，数组元素的地址是一级的）。准确的说法是"行指针指向二维数组的一行"或"行指针保存二维数组的首地址"（首地址就是指第 0 行的地址）。

注意行指针和二维数组都涉及"每行的元素个数"，在给指针变量赋值时要小心。如果对应的"每行的元素个数"不同，即使级别相同，两个指针变量也是不能彼此赋值的，例如：

```
int x[3][10];
int (*q)[4];
q=x;      /* 错误，因 q 对应的一行有 4 个元素，而 x 一行有 10 个元素 */
```

指针赋值小结与练习

总结一下，判断两个指针变量能否彼此赋值，需要注意的问题有：
① "级别"要相同（二级指针分两类，这两类应看作不同级，稍后介绍第二类）；
② 对于行指针和二维数组名，要确保对应每行的元素个数相同；
③ 两个指针变量的基类型要相同，例如都是 int 型，或都是 double 型；
④ 数组名（无论一维数组名、二维数组名）是假想的指针变量（或称常量），它不能被赋值，因其值不能被改变。

4．行指针与二维数组名基本等价

8.2.2 小节曾介绍了 int *p; 这样的指针变量与一维数组名 a 基本等价。类似地，int (*q)[4]; 这样的指针变量与二维数组名 b 也基本等价！在程序中不仅可用数组名 b 访问二维数组元素，还可用指针变量 q 来访问。

因为 q[0][0]、q[0][1]、q[1][2]以及 b[0][0]、b[0][1]、b[1][2]这样的写法同样是**语法糖**，编译系统会把它们统统变成 * 运算的等效形式。

q[i][j] ⇔ *(q[i]+j) ⇔ *(*(q+i)+j) ⇔ *(*(b+i)+j) ⇔ b[i][j]

当 q 中保存的值与 b（假想的一朵云）中保存的值相等时，q[i][j]就是 b[i][j]。只有一个[ ]的形式也等价，q[i]就是 b[i]。

要访问数组元素 b[i][j]，除了上面几种写法外，还可以使用如下写法。

① (*(b+i))[j]。因为(*(b+i)) ⇔ b[i]。

② *(&b[0][0]+4*i+j)。因为&b[0][0]是一级地址[1000]，一级地址加 1 是移动 1 个元素（4 字节），让它移动 4*i+j 个元素，就得到 b[i][j]的地址，再做*运算取得它的值。

以上两种写法中的 b 写作 q 也是可以的。

同样需要注意，要实现等价效果，也有两个前提条件。

① 指针变量 q 中保存的值必须为二维数组的首地址，即第 0 行的地址（二级地址），而不是其他地址。一般需事先将指针变量 q 赋值为该地址，可通过执行如下语句实现：

```
q=b;      /* 或写为 q=&b[0]; ，不能写为 q=b[0]; ，因 b[0]中是一级地址 */
```

② 指针变量 q 的值可以被改变，但"指针变量"b 的值永远不能被改变，在不改变 b 的值的前提下，q 与 b 二者才能等价。

例如，下面的语句都是正确的：

```
q=b;      q=&b[1];      q++;      q=0;      q=NULL;
```

而下面的语句都是错误的（因为 b 的值不能被改变）：

```
b=q;      b=&b[1];      b++;      b=0;      b=NULL;
```

8.2.2 小节介绍了 int *p;与一维数组名 a 是一对；现在介绍了 int (*q)[4];与二维数组名又是一对，两两之间有着相似的逻辑（注意配对的都是**数组名**而非数组）！8.3.2 小节还将介绍 int **s;和指针数组名，那又是一对！这样"三对"就构成了指针的知识体系。

【小试牛刀 8.6】你能写出 q[0][0]或 b[0][0]的 * 运算的等价形式吗？

【答案】q[0][0] ⇔ *(*(q+0)+0) ⇔ **q, b[0][0] ⇔ *(*(b+0)+0) ⇔ **b。显然，由于 q、b 都是二级指针变量，必须连续做两次 *运算，才能取得一个数组元素的数据。

【小试牛刀 8.7】问：① *q 或 *b 表示什么？② &b[1] 或 &q[1] 表示什么？

【答案】①具体分析方法如下。

【方法一】*q 或 *b 都表示&b[0][0]，即元素 b[0][0]的地址（一级地址）。*b ⇔ *(b+0) ⇔ b[0]，而 b[0]是第 0 行"一维数组"的数组名，是假想的指针变量（见图 8-18 右侧的"一朵云"）。

【方法二】*q 或*b 都是*[[1000]]，对二级地址做 * 运算得到一级地址（如按写有"写字台抽屉"的第二张字条找到的是第一张字条），则要去地址为 1000 的地方找一级地址，参见图 8-18，b[0]这个假想的空间里的值就是一级地址[1000]，即元素 b[0][0]的地址。

②具体分析方法如下。

【方法一】都是[[1016]]。按照语法糖公式&b[1] ⇔ b+1，b+1 是 b 中保存的地址移动一行的位置，就是二级地址[[1016]]；&q[1] ⇔ q+1，q 中保存的地址移动一行，也是[[1016]]。

【方法二】&b[1]就是 b[1]的地址，而 b[1]是个假想的一级指针变量，它的地址是 1016（参看图 8-18 右侧 b[1] 假想空间的左下角）；这个地址是一级指针变量的地址，故是二级的[[1016]]。q 与 b 等价，&q[1]也就与&b[1]相同，都是二级地址[[1016]]。

可见指针问题常有多种解法，可从多个角度解题，这使学习指针是件容易的事！只要掌握不变的规则，以不变应万变。这些规则有：语法糖公式永恒不变，指针变量加减整数 n 的规则永恒不变（一级指针变量加减整数 n 是移动 n 元素，行指针加减整数 n 是移动 n 行），一维、二维数组名是假想的指针变量永恒不变。再结合草稿纸+假设地址法，则没有解不出的指针难题！

8.3.2 来自"星星"的数组——指针数组和指针的指针

1．一本通讯录——指针数组

若一个数组的各元素都是指针变量，各元素保存一个地址而不是普通数据，这样的数组称**指针数组**。指针数组的定义方式与普通一维数组的类似，只是要在定义的数组名前加 *。

```
int *r[3];
```

定义了一个指针数组，数组名是 r，它有 3 个元素。由于 r 前有 * 标志，数组的各元素都是一个指针变量，分别保存一个地址（而不是保存普通数据），如图 8-20 所示。

指针数组的定义也可写为：

```
int *(r[3]);
```

因为[ ]优先级高于*（[ ]与（ ）优先级相同，都是最高的），但下面的定义错误：

```
int (*r)[3]; /* 这是定义"行指针"，不是定义指针数组 */
```

【随学随练 8.5】有定义语句 int *p[4];，以下选项中与此语句等价的是（   ）。

A）int p[4];   B）int **p;   C）int *(p[4]);   D）int (*p)[4];

【答案】C

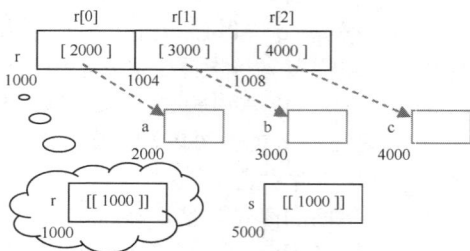

图 8-20　指针数组 r 和指向指针的指针 s

如果把一个指针变量比作一张可以记录一个朋友家地址的字条，则指针数组类似一本通讯录，它由若干张这种字条"装订"成一本，其中每一页可以记录一个朋友家的地址。

```
int a, b, c;
r[0] = &a; r[1] = &b; r[2] = &c;
```

则 a、b、c 这 3 个变量的地址分别被保存在指针数组 r 的 3 个元素中，如图 8-20 所示。可将 r[0]、r[1]、r[2]当作 3 个指针变量来用（注意 r[i]还是指针变量而不是普通变量）。

```
scanf("%d", r[0]);          /* 不能写为 &r[0]，因 r[0]已是地址 */
b = *r[0];                  /* 将 b 赋值为 r[0]所指变量的值，即 b=a; */
printf("%d", *r[1]);        /* 输出 r[1]所指变量的值，即 b 的值 */
```

显然，指针数组各元素的基类型必须相同，都是在定义指针数组时所规定的类型（本例为 int），同一数组的各元素都要指向相同类型的变量。

指针数组的每个元素占用多少字节呢？由于指针变量都占 4 字节，因此指针数组的每个元素必然也都占 4 字节，这与指针数组的基类型无关。例如定义：

```
double *dd[3];
```

则 dd[0]、dd[1]、dd[2]这 3 个指针变量也都占用 4 字节，因为它们都保存一个地址。double 是指这些地址所指向的数据是 double 型的，而不是说 dd[0]、dd[1]、dd[2]本身是 double 型的。如无论朋友家的房屋面积是 $50m^2$ 还是 $100 m^2$，记他家地址的纸都是 A4 大小的纸。

2．指针数组名是第二类"二级指针变量"

指针数组也是数组，也遵循数组的规律。指针数组名也有 5 个重要特性：

① r 是数组名（指针数组名）；

② r 是一个假想的"二级指针变量"，它"保存"另一指针变量的地址（地址的地址）；

③ 指针变量 r 所"保存"的值为指针数组的首地址，即元素 r[0]的地址（二级地址）；

④ 指针变量 r 本身的地址（r 所在内存字节编号）是指针数组的地址，数值上与元素 r[0]的地址相等，但级别不同（r 本身的地址为三级地址）；

⑤ r值不可被改变，是常量。

同样需注意这 5 个重要特性是针对"数组名"的，而不是针对"数组"的。数组名 r 这个假想的"指针变量"的空间情况如图 8-20 所示，其中所保存的地址 1000 是个"二级地址"，需有 [[ ]]。r 被画在"一朵云"中，提示 r 是假想的、r 的值不能被改变。

3. 字条放哪了——指向指针的指针

指针数组名 r 这种"二级指针变量"与前面介绍的二维数组名及行指针那种"二级指针变量"是不同的，因为行指针加减 1 是要移动一行的，而这里没有行的概念。r 是**第二类"二级指针变量"**（二级指针变量共分两类）。因此不能通过定义诸如 int (*q)[4];的指针变量来保存 r 的值，即 q=r; 是错误的。要保存 r 的值，需定义另一种专用的指针变量：

```
int **s;
```

即在定义指针变量时，在变量名前加连续的两个 * 。这两个 * 都是标志，这种指针变量称为**指向指针的指针**。这种指针变量存放的也是二级地址，但它是第二类二级指针变量，可专用于保存指针数组的数组名这种二级地址。可执行语句

```
s = r;
```

将指针数组名 r 这个二级指针变量的值赋给 s 保存，如图 8-20 所示。

第二类二级指针变量加减整数 n 的含义是最简单的，都是移动 4×n 字节。

$$\boxed{\text{指针数组名} \pm n \text{ 或 指针的指针} \pm n = \text{地址值} \pm 4 \times n}$$

无论指针数组的基类型是什么，上式中的 4 是不变的。如同无论朋友家的房屋面积为多少平方米，都用通讯录中的一页纸记录朋友家的地址，而通讯录中的一页纸的大小是固定的。

若指针数组 r 的首地址是[[1000]]，即 r[0]元素的地址是[[1000]]，则 r[1]元素的地址必然是[[1004]]（1000+4），r[2]元素的地址必然是[[1008]]（1000+8）……r[0]、r[1]、r[2]这些元素的地址都是二级的，因为元素保存的是一级地址，它们的地址就是二级地址。前面定义 int *r[3]; 是这样的，如定义为 double *r[3]; 或 char *r[3]; 仍然是这样的，每个数组元素永远都占 4 字节。

s 与 r 相同，即无论定义为 int **s;、double **s; 或 char **s;，s 加 1 后必然前进 4 字节，s 加 2 后必然前进 8 字节……

回到图 8-17，有一级指针变量 int *p; ，如要将 p 本身的地址 2000 保存到一个指针变量中，也应使用第二类二级指针变量来保存。q 应定义为 int **q; ，而不能用行指针。

```
int a=1, *p=&a;
int **q;
q=&p;                        /* 用 q 保存指针变量 p 本身的地址 */
printf("%d\n", *q);          /* 输出变量 p 的值，也是 a 的地址 */
printf("%d, %d\n", **q, *p); /* 都输出变量 a 的值，即 1,1 */
```

指针变量 q 保存另一指针变量的地址，故这种第二类二级指针变量名为**指向指针的指针**。

4. 指针的指针与指针数组名基本等价

int **s; 这样的指针变量（指向指针的指针）与指针数组名 r 基本等价。在程序中不仅可用数组名 r 访问指针数组的各元素 r[0]、r[1]、r[2]等，还可用指针变量 s 来访问 s[0]、s[1]、s[2]等。因为 r[i]或 s[i]这样的写法同样是**语法糖**，编译系统会把它们统统变成 * 运算的等价形式。

```
s[i] ⇔ *(s+i) ⇔ *(r+i) ⇔ r[i]
```

当 s 中保存的值与 r（假想的一朵云中的）的值相等时，s[i]就是 r[i]。

同样需要注意，要实现这种等价效果，也有两个前提条件。

① 指针变量 s 中保存的值必须为指针数组的首地址，即元素 r[0]的地址（二级地址），而不是其他地址。一般需事先将指针变量 s 赋值为该地址，可通过执行如下语句实现：

```
s=r;    /* 或写为 s=&r[0]; ，不能写为 s=r[0]; ，因 r[0]中是一级地址 */
```

② 指针变量 s 的值可以被改变，但"指针变量"r 的值永远不能被改变，在不改变 r 的值的前

提下，s 与 r 二者才能等价。

8.3.3　指针三家人——变量小结

至此我们已经学习了两种级别的指针变量，即一级指针变量、二级指针变量，如果把之前学习过的普通变量看作零级的，则共有 3 种级别的变量了，现将它们总结于表 8-2。

表 8-2　变量小结

变量	空间画法	加减 1 的含义	示例
二级指针变量	[[　　]]	移动一行	int (*q)[4];（每行 4 个元素） int b[3][4];中的 b。q 与 b 基本等价
	[[　　]]	必移动 4 字节（因指针变量都占 4 字节）	int **s; int *r[3];中的 r。s 与 r 基本等价
一级指针变量	[　　]	移动一个数组元素所占的字节数（int 型元素占用 4 字节，char 型元素占用 1 字节……）	int *p; int a[2];中的 a。p 与 a 基本等价
普通变量（零级）	[　　]	变量值加减 1	int x;

指针变量赋值时，只有级别相同的指针变量才能彼此赋值。注意二级指针变量分为两类，虽然这两类指针变量同属二级，但也要被区别看待，它们不能彼此赋值。

指针的知识体系不过是"3 种"指针变量（我们称为"指针三家人"）而已，一种数组名和一种指针变量配成一对；对应的数组名和指针变量还都基本等价。请读者牢记这"3 对"分别是哪种指针变量和哪种数组名；再牢记语法糖公式和不同指针加减 1 的含义，掌握这几个要点，勤用草稿纸并结合假设地址法，则彻底掌握指针就不在话下了！

💡 **窍门秘笈　指针一眼看"级"法：**

- 在指针变量的定义语句中，一个 * 升一级，一个 [ ] 升一级；
- 在执行语句中，一个 * 降一级，一个 [ ] 降一级；一个 & 升一级；
- 指针变量加减整数，级别不变。

使用这个窍门，将可直接从写法观察级别，解决很多复杂的指针问题。

下面举几个例子来说明这种窍门的用法。

在定义语句中的例子：
- int *p; 的定义中有一个 *，升一级，因此 p 是一级的；
- int a[2]; 的定义中有一个 [ ]，升一级，因此 a（数组名）是一级的；
- int (*q)[4]; 的定义中，一个 * 升一级、一个 [ ] 再升一级，因此 q 是二级的；
- int **s; 的定义中，一个 * 升一级、另一个 * 再升一级，因此 s 是二级的。

在执行语句中的例子（设已定义 int x; int b[3][4]; ）：
- x=*p; 中 p 为一级，一个*降一级，=右边为零级；=左边 x 也为零级，两边同级，正确；
- p=&b[0][1];中 b 为二级，两个[ ]连降两级成为零级，一个&再升一级成为一级；=左边的 p 也为一级，=两边同级，正确；
- *r[0] = a[1];中 r 为二级，一个 [ ] 降一级，一个 * 再降一级，=左边为零级；a 为一级，一个[ ]降一级，=右边也为零级，=两边同级，也正确。

【随学随练 8.6】若有 int a[4][10], *p, *q[4]; 且 0<=i 且 i<4，错误的赋值语句是（　　　）。

A）p=a;　　　B）q[i]=a[i];　　　C）p=a[i];　　　D）p=&a[2][1];　　　E）q=a;　　　F）p=q;

【答案】AEF

【分析】= 两边同级才能实现赋值。由定义知，a 为二级，p 为一级，q 为二级。

A）中 = 左边为一级，= 右边为二级，不同级，错误；

B）中 q 为二级，q[i]降一级，= 左边为一级；= 右边 a[i]为一级，同级，正确。q 为指针数组，有 4 个元素。a[i]是二维数组第 i 行的"一维数组"的数组名，是假想的指针变量，值为该行一维数组的首地址。此句是将该首地址赋值到 q[i]元素中保存。

C）中 = 左边为一级，= 右边 a[i]也为一级，= 两边同级，正确。此语句是将数组 a 第 i 行这个"一维数组"的首地址，赋值到指针变量 p 中保存。C）是将该首地址保存到一张字条（p）上，B）是将该首地址保存到一本"通讯录（q）"的一页上。

D）中 = 左边为一级，= 右边 a[2][1]为零级，&a[2][1]升一级为一级，两边均为一级，正确。此语句是将元素 a[2][1]的地址（一级地址）赋值到指针变量 p 中保存。

E）中 q 为二级，a 虽也为二级，但 q 属于二级的第二类，a 属于二级的第一类，它们仍要被看作不同的级别（分属表 8-2 的二级指针变量的两栏），故仍认为不同级而错误。另一个错误原因是，q 是数组名，是假想的指针变量（是常量），值不能被改变。

F）中 p 是一级，q 是二级，不同级，错误。

【随学随练 8.7】若有定义 char s[3][10], (*k)[3], *p;，以下赋值语句正确的是（　　　）。

A）p=s;　　　　　　B）p=k;　　　　　　C）p=s[0];　　　　　　D）k=s;
E）s=k;　　　　　　F）s[0]=p;　　　　　　G）p=&s[1][2];　　　　H）k=&s[1][2];

【答案】CG

【分析】s 为二级，k 为二级，p 为一级。A）、B）、H）的 = 两边不同级，均错误。D）错误，虽然 = 两边同级，但每行元素个数不同。k 对应每行 3 个元素，而 s 对应每行 10 个元素。E）、F）的 s、s[0]均是数组名，都是假想的指针变量（常量），值不能被改变。C）正确，s[0]是二维数组 s 第 0 行这个"一维数组"的数组名，是第 0 行这个"一维数组"的首地址。此语句是将这个首地址放入 p 中保存。G）正确，此语句是将 s[1][2]这个数组元素的地址放到 p 中保存。

【小试牛刀 8.8】如果将【随学随练 8.7】中的(*k)[3]改为(*k)[10]，则 D）是否正确？（答案：正确。）E）是否正确？（答案：仍不正确，因为 s 的值不可被改变。）

有了以上窍门，指针的"级别"可直接看出；但表 8-2 中有些指针变量的定义形式仍让人难以理解。如何区分各种指针定义形式的含义呢？下面是相应窍门。

💡 **窍门秘笈　指针定义形式逆序阅读法。**

要从定义语句中直接读出指针变量是什么含义，应逆序阅读，因 C 语言是基于英语语法的。为了符合中文表述的习惯，现将几种符号的阅读说明如下。

- 先读变量名/函数名，后接"是……"，然后按照优先级依次阅读各个符号和关键字。
- *读作"指针，指向……"。
- [ ]读作"数组，每个元素是……"（[ ]内为元素个数）。
- ( )读作"函数，返回值是……"（( )内为函数的参数）。
- int 以最后的语义为准（变量或数组类型为 int，或者指针指向 int 类型的数据，或者函数返回值类型为 int）。

阅读的先后顺序是：[ ]的优先级与( )一致，都是最高的；而 * 的优先级相对略低，因而当同时出现[ ] 和 * 时，应先读 [ ]，后读 *。

下面举几个例子说明如何从定义语句中，读出指针变量的含义。

- int x;　　　　读作：x 是 int 类型的（变量）。

- int *p; **读作**：p 是指针，指向 int 类型的数据（注意先读 * 后读 int）。
- int a[2]; **读作**：a 是数组（数组有 2 个元素），每个元素是 int 类型的。
- int (*q)[4]; **读作**：q 是指针，指向数组（被指数组每行有 4 个元素），被指数组每个元素是 int 类型的。
- int b[3][4]; **读作**：b 是数组（数组有 3 个元素），每个元素又是数组（有 4 个元素），后者数组每个元素是 int 类型的（二维数组是由一维数组组成的）。
- int *r[3]; **读作**：r 是数组（数组有 3 个元素），每个元素是指针，都指向 int 类型的数据。
- int **s; **读作**：s 是指针，指向指针，后者指针指向 int 类型的数据（这是定义指针的指针）。

这种窍门是通用的，不只适用于前面学习过的一、二级指针变量，同样适用于函数、函数的指针、返回指针的函数、三级及以上的指针……！关于函数的例子（()读作"函数"的例子）将在 8.4 节讨论。

8.4 寄快递，填快递单——函数与指针

8.4.1 把地址给快递员——指针变量作为函数参数

指针变量也可以作为函数的参数，即向函数传递地址。我们找快递员寄东西，也是一种函数调用——我们委派快递员做事。与第 7 章介绍的函数不同的是，这时"告诉"快递员的是个地址，即函数的参数是个地址，这是本节讨论的话题。

下面再说个小插曲。下课后，小明和小红两位同学互相拿错了作业本，各自回到宿舍。老师发现后，请班长去找他们将作业本换回来。如图 8-21 所示，这时老师只需告诉班长两位同学的宿舍地址，班长按照宿舍地址即可找到两位同学换回作业本。在这个例子中，老师相当于 main 函数，班长相当于 swap 函数，老师告诉班长宿舍地址的过程就是调用函数时的参数传递过程。这里的参数只是个门牌号，并不是作业本本身。这就是地址作为函数参数的例子。

【**程序例 8.5**】输入两个整数，输出较大值和较小值。用函数处理且用指针作为参数。

```c
#include <stdio.h>
void swap(double *p, double *q)        /* 形参 p、q 是指针变量 */
{
    double temp;
    temp = *p;                    /* 通过指针访问了 main 空间的内容 */
    *p = *q;                      /* 通过指针访问和修改了 main 空间的内容 */
    *q = temp;                    /* 通过指针修改了 main 空间的内容 */
}
int main()
{   double a, b, *p1, *p2;
    p1=&a; p2=&b;
    scanf("%lf%lf", &a, &b);
    if(a<b) swap(p1, p2);        /* 也可写为 if(a<b) swap(&a, &b); */
    printf("max=%lf,min=%lf\n", a, b);
    return 0;
}
```

程序的运行结果为：

```
2.4 3.4↙
max=3.400000,min=2.400000
```

在 main 函数中，需保持变量 a 的值较大、b 的值较小；如果所输入的 a 值较小、b 值较大，就交换 a、b 的值。这里交换 a、b 值是通过 swap 函数实现的。

swap 函数的形参名 p、q 前都有 *，表明当函数被调用（"独立空间，激活形参"）时，p、q 将作为 swap 的空间中的指针变量（而不是普通变量）。p、q 只能存地址，不能存普通数据；注意变量名为 p、q 而不是*p、*q。main 调用 swap(p1, p2); ，将 p1 的值（地址值）传给 p，将 p2 的值（地址值）传给 q，如图 8-22 所示。在 swap 函数内通过 p、q 内保存的这两个地址就能任意存取 a、b 两个变量，而不论这两个变量位于哪个函数的空间中。

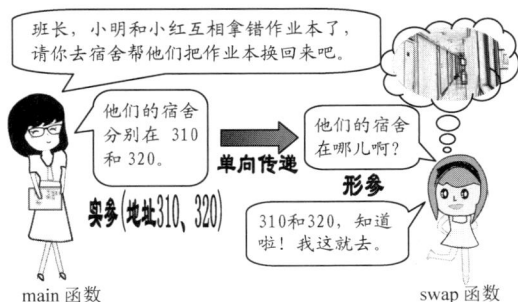

图 8-21　老师将宿舍地址告诉班长，班长去换回作业本

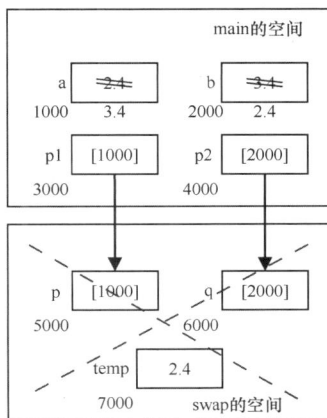

图 8-22　【程序例 8.5】的函数空间

- 通过*p 即获得地址为 1000 的数据 2.4，通过 temp = *p; 将 2.4 保存到 temp 中。
- *p=*q; 先通过*q 到地址 2000 处获得数据 3.4，再将 3.4 赋值到 p 所指的空间中，即改变了地址为 1000 的空间中的值，也就是改变了 main 中变量 a 的值。
- 通过*q = temp;给地址为 2000 的空间赋值，即改变了 main 中变量 b 的值。

指针变量作为函数参数，所传递的内容永远是一个 4 字节的地址，无论其所指向的数据空间有多大。本例中，变量 a、b 都是 double 型的，均占 8 字节，但它们的地址均占 4 字节，只向 swap 函数传递 4 字节的地址。实参和形参的"基类型"须相同。

⚠️ **脚下留心**

在 swap 函数中不能直接使用变量名 a、b 来访问 main 中的变量 a、b，如在 swap 函数中写 temp=a; a=b; b=temp; 是不行的。在 swap 中只能通过地址访问它们。不同函数内的变量使用限制实际是对"变量名"的限制，即在一个函数内不能通过其他函数的变量名来使用其他函数的变量，但可以通过地址使用其他函数的变量。

【小试牛刀 8.9】如将 swap 函数改为以下 3 种形式，分别能实现交换 a、b 的值吗？

①
```
swap(double *p, double *q)
{     int *temp;
      temp=p;
      p=q;
      q=temp;
}
```

②
```
swap(double *p, double *q)
{     double *temp;
      *temp=*p;
      *p=*q;
      *q=*temp;
}
```

③
```
swap(double x, double y)
{     int temp;
      temp=x;
      x=y;
      y=temp;
}
```
并将 main 中的调用语句改为
swap(a, b);

【答案】3 种都不能。

① 中只是交换了 swap 空间内 p、q 本身的值，并没有修改其所指向的空间的值；并且对 p、q 本身的修改也不能反向传回实参 p1、p2，函数空间情况如图 8-23（a）所示。

② 中由 *p 得到 2.4 没有问题，但*temp=*p; 是将 2.4 赋值给哪个空间呢？指针变量 temp 初值为随机地址，会把任意空间（也许是系统中的一个重要数据的空间）的值改为 2.4，造成不可预知的

第8章

后果！因此该形式虽语法上没有错误，但也是不正确的。

③ 中函数参数是普通 double 型数据，且单向传递。swap 函数内只是交换了形参的值，交换结果不能传回实参，函数空间情况如图 8-23（b）所示。

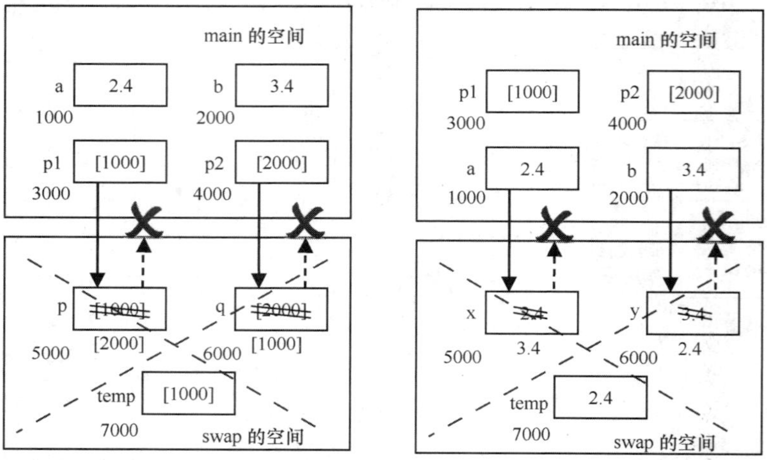

图 8-23　【小试牛刀 8.9】中两种形式的函数空间

只有一种情况可以交换 a、b 的值，那就是将指针变量作为函数参数传递地址，并且在函数中通过类似*p=...; 和 *q=...; 的语句，按照地址去改变所指向的数据。

在本例中，通过*q = temp; 修改了 q 所指向的变量 b 的值，而 b 是 main 函数中的变量。因此*q = temp; 实际也可以看作"把 swap 函数中的数据 temp 传回了 main 函数"。

我们在第 7 章学习了通过函数的返回值（return 语句），可向主调函数传回数据。实际上，向主调函数传回数据还有第二种方式。在这种方式中，形参需要是指针变量，借此指针变量把主调函数中的一个变量的地址"告诉"被调函数，之后被调函数通过"*指针变量 = 数据;"的方式，直接修改主调函数中的对应变量的值，从而传回数据。

【程序例 8.6】通过函数 fun 计算两个整数的和、两个整数的差。

```c
#include <stdio.h>
int fun(int x, int y, int *p)
{    int sum, sub;
     sum = x + y;
     sub = x - y;
     *p = sub;      /* 通过指针 p 传回差 */
     return sum;    /* 通过 return 语句返回和 */
}
int main()
{    int a, b, m1, m2;
     printf("Please input two numbers: ");
     scanf("%d%d", &a, &b);
     m1 = fun(a, b, &m2);
     printf("sum is %d, sub is %d\n", m1, m2);
     return 0;
}
```

程序的运行结果为：

```
Please input two numbers: 17 12↙
sum is 29, sub is 5
```

通过 fun 函数既要计算和，又要计算差。然而一个函数只能有一个返回值，可以让两个结果中的一个（和）通过函数返回值返回，另一个（差）用第二种方式（即指针的方式）传回。要使用指针的方式，函数需有一个指针类型的参数 int *p，用于"告诉"函数要接收"差"这一结果的空间的地址，本例是 main 函数中 m2 变量的地址&m2。在 fun 函数中通过 *p = sub; 就直接修改了该空间的值，从而将"差"的结果存入了 main 的变量 m2 中。

*p = sub; 和 return sum; 两句的先后位置不能颠倒，return 语句必须在最后。因为执行到 return 语句时，函数就结束了，该函数中剩余的语句无法执行。

⚠️ **脚下留心**

请注意，任何参数都只能沿"实参→形参"的方向单向传递，而永远不能沿"形参→实参"的方向反向传递。在通过指针传回数据的方式中，将 main 函数中变量的地址传给被调函数仍是单向的。尽管班长能够到宿舍交换作业本，但老师告诉班长宿舍门牌号的过程是单向的，班长并没有反向告诉老师什么。再次强调：通过指针传回数据是通过在被调函数内执行类似"*指针变量=数据;"的语句实现的，并没有通过"形参→实参"反向传递实现。

当然本例也可让"和""差"都通过指针的方式传回，将 fun 函数修改为：

```
void fun(int x, int y, int *p, int *q)
{    int sum, sub;
     sum = x + y;
     sub = x - y;
     *p = sum;     /* 通过指针 p 传回和 */
     *q = sub;     /* 通过指针 q 传回差 */
}
```

这样 fun 函数就不再需要有返回值了。在 main 函数中对 fun 的调用应改为：

```
fun(a, b, &m1, &m2);
```

可见，通过函数返回值（return 语句）的方式只能返回一个值；而通过指针的方式，可以返回任意多的数据；但返回几个数据，就要对应地设置几个指针参数来告诉函数几个地址。

【随学随练 8.8】 有以下程序

```
#include <stdio.h>
void  fun( int x, int y, int *z )
{  *z = y-x;  }
main()
{  int a, b, c;
   fun(10, 5, &a);  fun(7, a, &b);  fun(a, b, &c);
   printf("%d,%d,%d\n", a, b, c);
}
```

程序运行后的输出结果是（   ）。

A）5,2,3   B）5,-2,-7   C）-5,-12,-7   D）-5,-12,-17

【答案】C

【分析】（1）调用 fun(10,5,&a); 时，x 为 10，y 为 5，z 为 a 的地址，a 被改为 y-x，即-5。（2）a 为-5 的前提下调用 fun(7,a,&b);，x 为 7，y 为-5，z 为 b 的地址，b 被改为-5-7，即-12。（3）调用 fun(a,b,&c); 时，x 为-5，y 为-12，z 为 c 的地址，c 被改为-12-(-5)，即-7。

【随学随练 8.9】 有以下程序

```
#include <stdio.h>
void fun (char *c, int d)
{    *c=*c+1;  d=d+1;
     printf("%c,%c,", *c, d);
}
main()
{    char b='a', a='A';
     fun(&b, a);  printf("%c,%c\n", b, a);
}
```

程序运行后的输出结果是（   ）。

A）b,B,b,A   B）b,B,B,A   C）a,B,B,a   D）a,B,a,B

【答案】A

高手进阶

定义指针变量时，可用关键字 const 限制指针的行为。有两种方式：一种是在类型说明符前加 const（限制不能通过该指针变量改变所指数据），另一种是在*后、变量名前加 const（限制不能再将该指针变量赋值为其他地址）。例如

```
const int *pa = &a;
int * const pca = &a;
```

则执行*pa = 7;错误，即不能通过 pa 改变所指数据，但可将 pa 赋值为其他变量的地址，如执行 pa=&b;是允许的。对应地，执行*pca = 7; 是允许的，但不允许执行 pca=&b;。一般这种指针变量用作函数的形参，如需限制在函数内不得通过所传递的地址改变所指数据，应在形参前加 const。如：

```
void fun(const int * pi)
{   …只能通过指针 pi 获得数据，而不能通过 pi 改变所指数据…   }
```

8.4.2 抓葡萄不抓粒，要抓柄——数组作为函数参数

1．一维数组作为函数参数

怎样把一个数组传递到函数中，让函数去处理呢？无论如何，**函数的一个参数只能是一个变量，不能是一个数组。**

语文老师在布置背诵课文的作业时，会说要背诵第几页第几段，也就是背诵的起点。我们要记录老师布置了什么作业，也只要记下这个起点就可以了，而不需要把整篇课文的每一个字都记下来。因为有了起点，就可以从该处开始向后找到所有要背诵的内容。

数组作为函数参 数组作为函数参
数（1）   数（2）

当然还需要一个信息，即终点。如果不记终点，还有一个方法——记下一共需背诵多少段，也就是只要记下"起点+长度"，就能找到全部要背诵的内容。

要让一个函数处理数组，也需告诉函数"起点+长度"，即传递"数组首地址""共有元素个数"这样两个参数就可以了；而无须把整个数组的所有元素都一一传给函数。

【程序例 8.7】数组 a 中存放了一名学生 5 门课的成绩，求平均成绩。

```c
#include <stdio.h>
float aver(float b[5], int n)
{    float av,s=0;  int i;
     for(i=0; i<n; i++)
         s=s+b[i];
     av = s/n;
     return av;
}
int main()
{    float a[5]={96.0, 84.0, 75.0, 80.5, 90.0};
     float av;
     av = aver(a, 5);
     printf("average score is %5.2f", av);
     return 0;
}
```

程序的运行结果为：

```
average score is 85.10
```

main 函数调用 aver 函数计算数组 a 的平均值。千万不要认为 main 函数将实参数组 a 的所有 5 个元素都传给了形参数组 b，如图 8-24（a）所示。a、b 实际是同一数组。

要理解 a、b 是同一数组，有两个关键。

一是要把数组名 a 看作"假想"的指针变量，即在草稿纸上务必画出包含数组名 a 空间的"一朵云"（这种方法在前面也反复强调，请读者务必画图），如图 8-24（b）所示。不要把数组名 a 看作整个数组，请严格区分"数组名"和"数组"的两个概念。

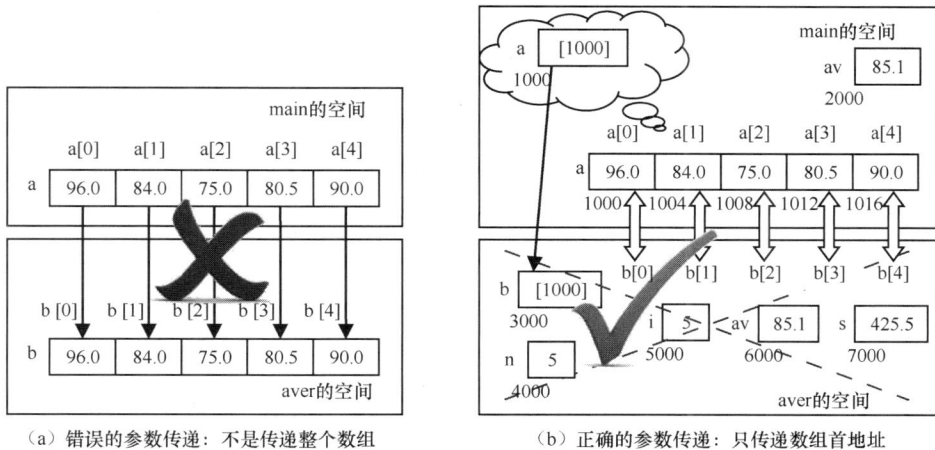

（a）错误的参数传递：不是传递整个数组　　　　（b）正确的参数传递：只传递数组首地址

图 8-24　【程序例 8.7】的正确参数传递方式和函数空间

二是要理解函数的形参中写数组的本质——那个参数并不是一个数组，而仅是一个指针变量，只传递一个地址（一般是数组首地址）。

下面的 aver 函数头的几种写法都是完全等效的：

```
float aver(float b[5], int n)
float aver(float b[ ], int n)
float aver(float b[500], int n)
float aver(float b[888], int n)
```

它们都与下面的形式等效：

```
float aver(float *b, int n)
```

注意，在形参中如果写数组，数组[ ]内的元素个数是形同虚设的，将被编译系统忽略。[ ]内的元素个数可以省略，甚至可以写任意数（如 500、888 等），因为等效形式 float *b 中根本不存在元素个数。float *b 才是"白骨精"的原型；而[5]、[500]、[888]都是"白骨精"变化出的幻影，在"火眼金睛"看来，它们根本不存在。

正因如此，函数的第 2 个参数 n 就必不可少了：它用于传递数组的元素个数（长度）。因为参数 b 中并不包含"有几个元素"的信息，需另设参数（如 n）来传递该信息。

将参数 b 视作"原型"float *b 后，就不难分析了。该程序实际和 8.4.1 小节介绍的指针变量作为函数参数的程序相同，main 调用 av = aver(a, 5);时 实际向 aver 传递了一个地址，即"假想"的指针变量 a 的值[1000]，这是数组的首地址，将它传给形参 b 这个指针变量；注意并没有传递整个数组。

在函数 aver 中 b 是指针变量，但也可写为数组下标的形式 b[i]。按照语法糖公式：

- i=0 时，b[0] ⇔ *(b+0) ⇔ *b，就是 *[1000]，就是 a[0]；
- i=1 时，b[1] ⇔ *(b+1)，就是 *[1004]，就是 a[1]；
- i=2 时，b[2] ⇔ *(b+2)，就是 *[1008]，就是 a[2]；
- ……

因此，在函数 aver 中写 b[i]就是表示 a[i]本身，二者是同一数组，内存空间也是相同的；二者共用同样的元素空间，b 并没有另外一套元素空间。

float b[ ]或 float b[N]等同于 float *b，只有在函数头或函数原型的形参中，才有这种数组等同于指针变量的情况。在函数内的语句中没有这种情况，数组和指针变量是完全不同的两种概念。在定义数组时，也不能省略[ ]内的元素个数（除非给出所有元素的初值），更不能随意写一个元素个数。

应记住结论：**数组作为形参，就是指针变量作为形参，传递的是一个地址而非整个数组。一般若传递数组首地址，在函数中的"形参数组"就与"实参数组"是同一数组。在函数中对形参数组进行处理，就是对主调函数中的实参数组进行处理。**

"形参数组"与"实参数组"是同一数组的前提是：形参 b 的值（地址值）必须被传递为数组 a 的首地址。调用写 av = aver(a, 5); 是传递"假想"指针变量 a 的值，也可写：

```
av = aver(&a[0], 5);  /* 传递元素 a[0]的地址，也是数组首地址 */
```

或

```
float *p;
p = a;                 /* 或写为 p = &a[0]; */
av = aver(p, 5);       /* 传递指针变量 p 的值，也是数组首地址 */
```

当然不传递数组首地址来调用函数也是可以的，甚至参数 n 也不一定是 5。这样将对数组中"一部分"的元素进行处理，而不是对全部元素进行处理。例如调用

```
av = aver(&a[1], 3);  /* 或写为 av = aver(a+1, 3); */
```

将仅对 a[1]、a[2]、a[3]这 3 个元素求平均值，输出结果为 79.83。就像在一篇 Word 文档中，选中其中一部分的文字后再做某种操作（如设置字体），这样就不会操作全部文字。参数 b 得到的是 a[1]的地址，在 aver 函数中的 b[0]是 a[1]、b[1]是 a[2]、b[2]是 a[3]。

【程序例 8.8】某网店打折促销，全部商品 8.5 折销售，且单件商品满 500 元有礼品赠送。数组 price 中保存了打折前的全部商品价格，请编写函数 discount，修改全部商品价格为 8.5 折后的商品价格；并找出其中大于 500 元的商品价格，将它们存入形参 g 的数组中。

```c
#include <stdio.h>
#define M 6   /* 共有商品数 */
void discount(double *p, int n, double *g)
{   int i, j=0;
    for (i=0; i<n; i++)
    {   p[i]=p[i]*0.85;
        if (p[i]>500) g[j++]=p[i];
    }
    g[j]=-1;
}
int main()
{   double price[M]={38.0, 958.0, 99.0, 599.0, 798.0, 198.0};
    double gift[M+1];   int i;
    printf("打折前的价格是: \n");
    for (i=0; i<M; i++)  printf("%7.1f", price[i]);

    discount(price, M, gift);
    printf("\n 打折后的价格是: \n");
    for (i=0; i<M; i++)  printf("%7.1f", price[i]);

    printf("\n 打折后大于 500 元的商品价格有: \n");
    for (i=0; gift[i]>=0; i++)  printf("%7.1f", gift[i]);
    printf("\n");
    return 0;
}
```

程序的输出结果如下。

打折前的价格是：
```
   38.0  958.0   99.0  599.0  798.0  198.0
```
打折后的价格是：
```
   32.3  814.3   84.1  509.1  678.3  168.3
```
打折后大于 500 元的商品价格有：
```
   814.3  509.1  678.3
```

在 main 函数中调用 discount(price, M, gift); 分别传递 price、gift 两个数组的首地址给形参 p、g，这样在 discount 中可将指针变量 p、g 当作"数组名"来用（写作 p[i]、g[j]），并将这两个"数组"看作与 price、gift 相同的数组。在 discount 中对 p、g 数组的处理，就是对 main 中 price、gift 数组的处理（无论是获取数据还是修改数据）。

discount 函数头写为以下两种形式均可：

```
void discount(double p[], int n, double g[])
```

或

```
void discount(double p[M], int n, double g[M])
```

形参数组[ ]内的任何数值（如 M）都将被忽略，故还需另设参数 n 来向函数传递 price 数组的元素个数这一信息。discount 函数将挑出打折后超过 500 元的商品，将其价格存入数组 g。这是一个"数组收纳"问题，用 6.1.4 小节介绍的数组收纳问题的编程套路可以很容易解决。数组 g 最终收纳的数据个数是 j，下一可用空间是 g[j]。但本例没有从函数返回所收纳的数据个数，而是将下一可用空间 g[j]赋值为一个负数（如−1）作为结束标志。这样从 gift[0]开始将元素一个一个地输出，直到遇到一个为负数的数据结束。故输出结果的 for 语句的表达式 2 不是类似 i<n 那样的条件，而是 gift[i]>=0。

【随学随练 8.10】有以下程序：

```
#include <stdio.h>
void exch(int t[ ])
{ t[0]=t[5]; }
main()
{    int x[10]={1,2,3,4,5,6,7,8,9,10}, i=0;
     while (i<=4) {exch(&x[i]); i++; }
     for (i=0; i<5; i++) printf("%d ", x[i]);
     printf("\n");
}
```

程序运行后的输出结果是（   ）。

A）2 4 6 8 10   B）1 3 5 7 9   C）1 2 3 4 5   D）6 7 8 9 10

【答案】D

【分析】要将 void exch(int t[ ])中的 int t[ ]视为 int *t，参数 t 为指针变量。分析此类题目时务必在草稿纸上画图，如图 8-25 所示。main 在 while 循环中调用 exch，共调用了 5 次（i=0～4）。设数组 x 的首地址为 1000，则在这 5 次调用中，t 分别被传递了 x[0]的地址 1000、x[1]的地址 1004……x[4]的地址 1016。将 t[0]=t[5]看作*t=*(t+5)，再按地址找到空间位置则不难解答。t+5 是移动 5 个元素，为 20（4×5）字节（在 Visual Studio 2010 中）。例如当 t 被传递地址 1008 时，t+5 为 1028，*(t+5)就为 x[7]，为 8。最后输出 x 中前 5 个元素的值。

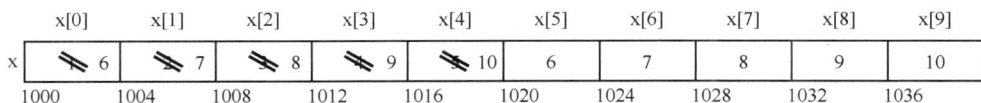

图 8-25 【随学随练 8.10】的数组 x 在调用 exch 函数前后的情况

2．二维数组或指针数组作为函数参数

以上介绍了**一维数组**作为函数参数，其本质上与形如 int *p;的**一级指针变量**作为参数等价，只会向函数传递一个地址，而不是将整个数组传递到函数。

二维数组或**指针数组**作为函数参数与之类似，它们也等价于一个指针变量作为参数，仍只会向函数传递一个地址，而不会传递整个数组。然而后者所等价的指针变量就不是"一级指针变量"了，而是分别对应"指针三家人"各家中的指针变量。

　　在函数的形参中，以下写法等价：

　　（1）int a[N] ⇔ int *a，[ ] 内的 N 可写任意值，或省略不写；

　　（2）int b[N][4] ⇔ int (*b)[4]，第一个 [ ] 内的 N 可写任意值，或省略不写；但第二个 [ ] 内必须写确定的值；

　　（3）int *c[N] ⇔ int **c，[ ] 内的 N 可写任意值，或省略不写。

　　注意，在**函数的形参中**才有以上等价关系。其中（3）中的指针数组作为参数常用于处理多个字符串的情况，第 9 章将给出实例。下面给出（2）中的二维数组作为函数参数的例子。

【程序例 8.9】二维数组作为函数参数。

```c
#include <stdio.h>
void fun(int p[2][3], int m, int n)
{   int i,j;
    for(i=0; i<m; i++)
    {   for(j=0; j<n; j++)
            printf("%d ", p[i][j] );
        printf("\n");
    }
}
int main()
{   int a[2][3]={1,3,5,7,9,11};
    fun(a, 2, 3);
    return 0;
}
```

程序的运行结果为：

```
1 3 5
7 9 11
```

　　用 fun 函数输出 main 函数中二维数组 a 的各元素值，参数 int p[2][3] 等价于 int (*p)[3]，形参 p 本质上是指针变量（行指针）。main 在调用 fun(a, 2, 3); 时，形参 p 被传递了 a，a 是二维数组名，是假想的二级指针变量，值为该数组的首地址（请务必在草稿纸上画出 a 的"一朵云"；a 中保存的值是个二级地址）。因此仅向函数传递了数组 a 的首地址（二级地址），而并没有传递数组的全部元素。

　　在函数 fun 中可把 p 当作"二维数组名"来用，写为 p[i][j]。对 p[i][j] 进行操作，就是对 a[i][j] 进行操作，p 和 a 是同一数组。因为 p[i][j] 是 *(*(p+i)+j) 的语法糖，a[i][j] 是 *(*(a+i)+j) 的语法糖，当 p 与 a 的值相等时，*(*(p+i)+j) 与 *(*(a+i)+j) 相同，自然有 p[i][j]⇔a[i][j]。

　　参数 p 是一个指针变量，而不是一个数组，它不包含元素个数信息（[2] 形同虚设，2 可以省略或写为其他任意值）。需另设两个参数 m、n 向函数传递二维数组的行数和列数信息。这与一维数组作为函数参数的情况类似。不同的是，二维数组作为函数参数时，等价的指针变量是行指针 int (*p)[3]（而不是一级指针 int *p），且其中的列数 [3] 永远不能省略。

【随学随练 8.11】有以下程序：

```c
#include <stdio.h>
#define N 4
void fun(int a[ ][N], int b[ ])
{   int i;
    for(i=0; i<N; i++)  b[i]=a[i][i];
}
main()
{   int x[ ][N]={ {1,2,3}, {4}, {5,6,7,8}, {9,10} }, y[N], i;
    fun(x, y);
```

```
        for (i=0; i<N; i++)  printf("%d,", y[i]);
        printf("\n");
}
```
程序运行后的输出结果是（   ）。

A）1,2,3,4,   B）1,0,7,0,   C）1,4,5,9,   D）3,4,8,10,

【分析】应将 fun 函数的两个参数视为 int (*a)[N], int *b，即两个指针变量。调用 fun(x, y); 时分别传递数组 x、y 的首地址。这样，在函数 fun 中对 a[i][i] 进行操作，就是对 x[i][i] 进行操作，a 与 x 为同一数组；对 b[i] 进行操作，就是对 y[i] 进行操作，b 与 y 为同一数组。fun 函数将数组 x 主对角线上的元素分别赋值到了数组 y 的 4 个元素中。

【随学随练 8.12】下面 fun 函数头中形参的写法正确吗？如不正确，请改正。

```
#define N 4
fun(int (*a)[ ], int m)     /* 请检查并改正此行的错误 */
{   /*函数体略*/
}
main()
{   int *q[N]; int n;
    /*其他语句略*/
    fun(q, n);
}
```

【答案】不正确，应改为 fun(int *a[ ], int m)或 fun(int **a, int m)

【分析】在分析函数的"形参"写法是否正确时，应对照调用函数的"实参"。形参必须与实参在数量、顺序、类型上一一对应。形参 m 与实参 n 对应，但形参 a 与实参 q 就不对应了。实参 q 是指针数组，形参 a 也应是指针数组或是"指针三家人"中的"指针的指针"（int **a），而不是"行指针"（int (*a)[ ]）。

8.4.3 指针私房菜——返回地址值的函数

一个函数的返回值也可以是一个地址。如果函数的返回值是地址，在定义函数时，需在函数名前加 * 标志。函数调用方式和执行过程与返回普通数据的情况均一致。

【程序例 8.10】通过返回地址值的函数，求两个数的较大值。

```
#include <stdio.h>
double *pmax(double *p, double *q);        /* 函数声明 */
int main()
{   double a, b, *pm;
    scanf("%lf%lf", &a, &b);               /* 输入 double 型数据时不能用%f */
    pm = pmax(&a, &b);
    printf("max=%lf \n", *pm);
    return 0;
}
double *pmax(double *p, double *q)
{
    if ( *p > *q ) return p; else return q;
}
```

程序的运行结果为：

```
10.8 1.08↙
max=10.800000
```

pmax 函数名前的 * 表示它的返回值是指针（地址值）；double 表示所返回指针的基类型为 double，即所返回的地址必须是 double 型数据的地址。main 调用 pm = pmax(&a, &b);，由 pmax 函数求出较大值的地址，将地址赋值到 pm，最终输出 pm 所指向的数据。

注意，pmax 函数的声明还可以写为 double *pmax(double *, double *); ，但不能写为 double *pmax(double, double); ，即形参中的 * 不能省略。

按照 8.3.3 小节介绍的"指针定义形式逆序阅读法"，可直接读出 pmax 函数的声明（或函数头）的含义：先读 pmax，后接"是……"。由于( )优先级高于*，应先读( )，后读*。故应读作：pmax 是函数（括号内为它的参数），返回值是指针，指向 double。

8.4.4　函数遥控器——函数的指针

函数是由语句组成的，语句也要被存储在计算机内一段连续的内存空间中。具体在什么地方呢？**函数名**就是该内存空间的**首地址**。我们也可以把函数的这个首地址放到一个指针变量中保存起来，使指针变量指向该函数。其好处是以后调用此函数就有了两种方法：不但可以通过函数名来调用这个函数，还可以通过指针变量来调用这个函数。

函数的指针

这种指针变量是专用于保存函数地址的，它与前面介绍的保存变量或数组地址的指针变量都不相同。这种指针变量称为**指向函数的指针变量**。

```
int (*pf)();
```

就定义了一个这种类型的指针变量，它可以保存一个函数的地址。但只能保存函数的地址，不能保存变量的地址或数组的地址。定义这种指针变量时(*pf)的( )和后面的一对( )都不能省略。在后面的一对( )中也可以写上函数的参数。

```
int (*pf)(int a, int b);
```

为什么这种指针变量的定义要带着两对( )呢？用 8.3.3 小节介绍的"指针定义形式逆序阅读法"则很容易找到答案。

- int (*pf)();，有( )先读( )内的*，**读作**：pf 是指针，指向函数，函数返回值是 int 类型的；
- int *pf();，( )比*优先，先读( )后读*，**读作**：pf 是函数，返回值是指针，指向 int 类型的数据（这是 8.4.3 小节介绍的"返回地址值的函数"）；
- int pf();，先读( )，**读作**：pf 是函数，函数返回值类型是 int（这实际是函数的声明）；

函数的指针定义的写法，与函数声明的写法基本相同，只是以(*pf)代替函数名而已。

让指针变量指向函数的方法为：

pf=函数名；

这是一种"干干净净"的形式，不要写为"pf=&函数名;""*pf=函数名;"等。

通过指针变量调用函数的方法为：

(*pf)(参数, 参数, …);

或

pf(参数, 参数, …);

调用函数时用(*pf)或 pf 均可。(*pf)的 * 仍是一个标志，不是取内容（虽然这不是在定义指针变量的语句中），这是函数的指针的特殊用法：C 语言规定，当 pf 是函数的指针时，pf 和(*pf)等价，(*pf)( )和 pf( )都是函数调用。

🏃 **高手进阶**

你能看出下面这一行的含义吗？

```
int atexit ( void (*func)(void) );
```

它读作：atexit 是函数（()内为它的参数），函数返回值类型为 int。它的参数是 func，再将 func 的含义读出来：形参 func 是一个指针，它指向函数（()内的 void 表示所指向的这个函数无参数），所指向的函数也没有返回值。连起来读作：函数 atexit 返回值类型是 int，参数是一个函数的指针，这个指针用于指向一个既无参数也无返回值的函数。因而这是一个 atexit 函数的声明。

你还能看出下面这一行的含义吗？

```
double * (*pa[3])(double *, int)
```

它读作：pa 是数组（数组有 3 个元素），每个元素是指针，指针指向函数（函数有两个参数，一个是 double 基类型的指针，一个是 int 型的数据），函数返回值是一个指向 double 型数据的指针。这定义了一个指针数组，数组每个元素均保存一个函数的地址，函数必须是后面描述的那种样子的函数（含有参数、返回值），不是那样的函数其地址是不能保存到数组元素中的。为数组元素赋值后，可以这样调用函数：pa[0](a, 5); (*pa[1])(a, 5);（设已定义 double a[5];）。

如果把上面那种数组定义为"二维数组"（每行 3 个元素），则下面定义了一个"行指针"，它可以指向这样一个"二维数组"的一行：

```
double * (*(*pd)[3])(double *, int);
```

pd[0][i] 或 (*pd)[i] 是数组元素，即函数地址。可以这样调用函数：(*pd)[i](a, 5) 或 (*(*pd)[i])(a, 5)。

【程序例 8.11】用函数的指针实现对函数的调用。

```
#include <stdio.h>
int max(int a, int b)
{
    if (a>b) return a; else return b;
}
int main()
{   int max(int a,int b);          /* 函数声明 */
    int (*pmax)();                  /* 定义函数的指针变量 */
                                    /* 也可写为 int (*pmax)(int,int); */

    int x,y,z;
    pmax=max;                       /* 让指针变量指向函数 max */
    printf("input two numbers: ");
    scanf("%d%d",&x,&y);
    z=(*pmax)(x,y);                 /* 通过指针变量调用函数 max */
    printf("maxmum=%d",z);
    return 0;
```

程序的运行结果为：

```
input two numbers: 1 2✔
maxmum=2
```

【随学随练 8.13】设有以下函数：

```
void fun(int n, char *s) {…}
```

则下面对函数指针的定义和赋值均正确的是（   ）。

A）void (*pf)(); pf=fun;   B）void *pf(); pf=fun;

C）void *pf(); *pf=fun;   D）void (*pf)(int, char); pf=&fun;

【答案】A

🏃 高手进阶

通过函数的指针调用函数，而不直接通过函数名调用，可以实现用同样的调用语句调用不同的函数：指针变量保存哪个函数的地址，就调用哪个函数。如：

(*pf)(参数, 参数, …);

这条语句实际会调用哪个函数？将在程序运行中动态确定！如给变量 pf 赋值为"函数 1"的地址，它就将调用"函数 1"；如给 pf 赋值为"函数 2"的地址，它就将调用函数 2。这使程序在运行中可以动态选择要调用的函数。

第9章 一两拨千斤——字符串

"慈母手中线，游子身上衣。"慈母用针线为远行的孩子缝制衣服，针针线线都充满爱！一件衣服要比一根小小的缝衣针大得多，但衣服却能用针来缝制，因为每一针只缝制衣服的一处，一处缝好后再缝下一处……这样一针一针地就能把整件衣服缝好。可见这根小小的缝衣针的威力，个头虽小，但多大的衣服它都能缝制！

C语言里的指针也像一根小小的缝衣针，本章就带领大家感受C语言指针的威力——通过指针处理字符串。指针一次指向字符串中的一个字符、只处理一个字符，处理后，再指向下一个字符、处理下一个字符……不管字符串多长，都可以处理。在本章，就让我们像慈母一样，用好手中的指针，去"缝制"我们自己的程序作品吧！

9.1 集体入住宾馆——字符串的存储

用字符型数组
保存字符串

9.1.1 以 char 型数组保存字符串

字符串常量是用英文双引号（" "）引起的一串字符（可含0个、1个或多个字符），如"iPhone"、"BMW 830i"、""（空串）等。但C语言中没有字符串变量，要存储字符串，需要使用char型的一维数组，让每个元素保存字符串中的一个字符，整个数组保存一个字符串。

char型数组也是数组，具有一般数组的所有特征。保存字符串只是char型数组的应用之一，但char型数组不一定都要用于保存字符串。在2.1.4小节曾强调过，字符串末尾必须要有'\0'这个字符，它表示字符串的结束。因此，如果要用char型数组保存字符串，数组中必须有'\0'元素；否则它只是一个数组，没有保存字符串。

```
① char c[ ]={'B', 'M', 'W', ' ', '8', '3', '0', 'i'};
```

定义了一个数组c，[ ]内没有给出元素个数，但在{ }内给出了初值。初值包含8个字符，因此数组c将有8个元素。由于其中没有'\0'元素，c只是一个数组，它没有保存字符串。数组c如图9-1所示。注意第4个元素为空格，空格也是一个字符。

```
② char d[ ]={'B', 'M', 'W', ' ', '8', '3', '0', 'i', '\0'};
```

在定义数组d时给出了9个初值，因此数组d将有9个元素，如图9-1所示。由于最后一个元素的值是'\0'，因此数组d保存了字符串，字符串是"BMW 830i"。

使用数组保存字符串时，各元素对应各个字符，可通过修改数组元素来修改字符串。

```
d[4]='X';    d[5]='9';    d[6]='\0';
```

执行上述语句后，数组d中的字符串将变为"BMW X9"，如图9-1所示。尽管d[7]的值仍为'i'，但d[6]的值为'\0'，表示字符串结束，d[7]及以后的元素就不再考虑了。

```
③ char e[ ]={'B', 'M', 'W', ' ', '8', '3', '0', 'i', '0'};
```

数组e的最后一个元素是'0'而不是'\0'（'0'与'\0'是两个完全不同的字符，不要混淆；应记住'\0'⇔0、'0'⇔48）。由于数组e中没有'\0'元素，e没有保存字符串，如图9-1所示。

	c[0]	c[1]	c[2]	c[3]	c[4]	c[5]	c[6]	c[7]
c	'B'	'M'	'W'	' '	'8'	'3'	'0'	'i'

	d[0]	d[1]	d[2]	d[3]	d[4]	d[5]	d[6]	d[7]	d[8]
d	'B'	'M'	'W'	' '	~~'8'~~	~~'3'~~	~~'0'~~	'i'	'\0'

'X' '9' '\0'

	e[0]	e[1]	e[2]	e[3]	e[4]	e[5]	e[6]	e[7]	e[8]
e	'B'	'M'	'W'	' '	'8'	'3'	'0'	'i'	'0'

	f[0]	f[1]	f[2]	f[3]	f[4]	f[5]	f[6]	f[7]	f[8]
f	'B'	'M'	'W'	' '	'8'	'3'	'0'	'i'	'\0'

图 9-1　未保存字符串的数组（c、e）和保存了字符串的数组（d、f）

④ char f[9]={'B', 'M', 'W', ' ', '8', '3', '0', 'i'};

在定义数组 f 的[ ]内给出了元素个数 9，而{　}中的初值只有 8 个，初值不足，最后一个元素 f[8]被自动补了 0（即'\0'），如图 9-1 所示。数组 f 保存了字符串"BMW 830i"。

⚠ **脚下留心**

如何判断出数组 c 中没有'\0'而数组 f 中有'\0'呢？应对照 int 型数组理解：

```
int c1[ ]={1, 2, 3, 4, 5, 6, 7, 8};
int f1[9]={1, 2, 3, 4, 5, 6, 7, 8};
```

数组 c1 的最后是否有一个值为 0 的元素呢？数组 f1 的最后是否有一个值为 0 的元素呢？char 型数组也是数组，它的规律与 int 型数组的规律是一致的。

以上通过为数组元素逐一赋值字符来组成字符串的方法比较麻烦。C 语言允许直接用字符串常量为 char 型数组赋初值，这是当 char 型数组保存字符串时的特殊用法。写为

```
char d[]="BMW 830i";        /* 或 char d[]={"BMW 830i"}; */
```

这与以上②的写法完全等效。注意，只有在数组定义赋初值（前有 char）时才有此特殊用法。数组定义后，则不可再用赋值语句赋值，如下面的赋值语句是错误的：

```
d="BMW 830i";               /* 错误 */
```

💡 **窍门秘笈**　char 型数组赋初值的"盖章法"。

仅限定义数组（前必有 char）时，可以 "×××"(双引号引起的字符串常量) 为数组赋初值，将之想象为一种"盖章"的过程。"盖章"的方式有两种。

方式①：数组定义的[ ]内没有元素个数。不打格盖章，数组将被盖成与"印章"一模一样。

方式②：数组定义的[N]内有元素个数。打好 N 格后靠前盖章，数据少则补'\0'，数据多则错误。

char d[ ]="BMW 830i"; 先将"BMW 830i"做成"印章"，去盖"未知元素个数"的数组 d，如图 9-2（a）所示。盖出什么样，数组 d 就是什么样（元素个数、初值均与"印章"完全一致）。由于"BMW 830i"的存储形式有'\0'（字符串末尾都有'\0'），印章上就有'\0'，所以数组 d 中也有'\0'。

char g[10]="iPhone"; 确定数组 g 有 10 个元素，即"白纸"g 先被打好 10 格。"iPhone"印章只有 7 格（含'\0'），则纸上前 7 格（g[0]~g[6]）被盖章；后 3 格（g[7]~g[9]）因为初值不足自动补'\0'，如图 9-2（b）所示。数组 g 保存字符串"iPhone"，未占满数组全部的 10 个空间。程序在读取字符串时将以第一个'\0'（即 g[6]）结束，g[7]~g[9]不被考虑。

char r[6]="program"; 是错误的，因为"program"印章有 8 格（含'\0'），而纸张只打了 6 格。但 char r[ ]="program"; 正确，因这时纸张大小将由印章决定，因此"不打格盖章"的方式不易发生错误。

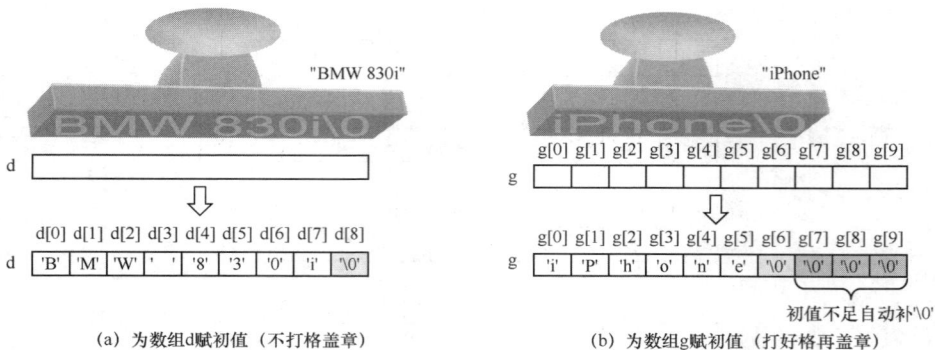

(a) 为数组d赋初值（不打格盖章）   (b) 为数组g赋初值（打好格再盖章）

图 9-2　用"盖章法"为 char 型数组赋初值

【随学随练 9.1】下面是有关 C 语言字符数组的描述，错误的是（　　　　）。

A）　不可以用赋值语句给字符数组名赋字符串

B）　字符数组中的第一个\0'元素就表示字符串的结束

C）　字符数组中的内容不一定是字符串

D）　字符数组只能存放字符串

【答案】D

一个一维的 char 型数组只能保存 1 个字符串。要保存多个字符串，就要使用二维数组。

```
char ss[2][5]={ "VC++", "VB" };
```

定义 2 行 5 列的二维数组，并用 2 个字符串初始化，每个字符串分别对应二维数组的一行。其中第 2 行初值少，后 2 个空间补\0'，如图 9-3 所示。第 2 行的后 3 个空间有连续的 3 个\0'（第 1 个\0'是"VB"印章上的\0'，不是补的\0'），但仍以第 1 个\0'作为字符串的结束，后 2 个\0'不再考虑。这样二维数组就保存了 2 个字符串："VC++"和"VB"。由于二维数组只有 5 列，所以能保存的每个字符串的长度最多不能超过 4 个字符（为\0'留出 1 个位置）。

图 9-3　用二维数组保存多个字符串

9.1.2　以 char *型指针变量保存字符串的首地址

无论如何，没有一种单个的变量可以保存一整条字符串，因为一整条字符串太长了！但可以将字符串的首地址（第 1 个字符的地址）保存到一个指针变量中，即 char *型的指针变量中。注意一个指针变量只能保存一个地址，不能保存整个字符串。

C 语言规定：一个双引号（"　"）引起的字符串常量应看作表达式，**表达式的值是字符串常量的首地址**，即字符串中第 1 个字符的地址。例如"iPhone"这个表达式的值是地址 1000、"BMW 830i"表达式的值是地址 2000、""（空串）表达式的值是地址 3000……

```
char *ps="iPhone";      /* 定义时：定义指针变量时赋初值 */
```

假设"iPhone"这个字符串常量被保存在由地址 1000 开始的一段内存空间中，则字符串常量的首地址为 1000，如图 9-4（a）所示。"iPhone"表达式的值为地址 1000。以上语句相当于 char *ps=1000;，则不难理解变量 ps 的初值是 1000，初值并不是整个字符串。

在定义指针变量 ps（char *ps;）后，还可通过赋值语句为其赋值。

```
ps="iPhone";            /* 使用时：通过赋值语句为指针变量赋值 */
```

仍需将"iPhone"看作表达式，其值为地址 1000。不难理解以上语句仍相当于 ps=1000;，而不是"ps=整个字符串;"，如图 9-4（a）所示。

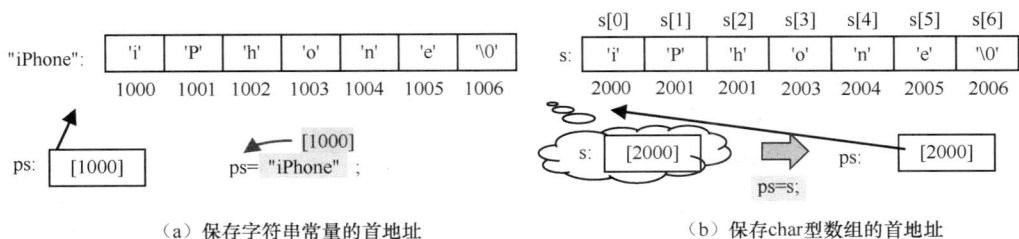

图 9-4　用 char＊型指针变量保存字符串常量的首地址

　　类似 char ＊ps="iPhone"; 和 ps="iPhone"; 的写法很容易让读者将 ps 理解为"字符串变量"，误认为将整个字符串保存到 ps 中。注意，ps 只保存了字符串的首地址，ps 只占 4 字节，是不能保存整个字符串的；ps 是指针变量，不是"字符串变量"。

　　此外，在 Visual Studio 2017 及以上版本中，默认的编译设置使编译系统认为以上两种写法已不正确。这时可通过设置编译系统解决：右击项目，在弹出的快捷菜单中选择"属性"，在"项目属性页"对话框中选择"C/C++"—"语言"，将"符合模式"选项设置为"否"。

　　以上两种写法使用指针变量保存字符串常量的首地址，这时只能通过指针变量获取值，而不能改变值。可执行语句 char c=＊ps; 或 printf("%c", ＊ps); 获得或输出第 1 个字符'i'。但不能执行语句 ＊ps='a'; 试图修改第 1 个字符为'a'，因为字符串是常量。

　　指针变量除可保存字符串常量的首地址外，还可保存用数组保存的字符串的首地址。

```
char s[]="iPhone";      /* 定义数组 s 并用"iPhone"初始化（盖章法） */
char *ps;
ps=s;                   /* 使用时 */
```

　　s 包含 7 个元素（含'\0'）。s 是一维数组名，是"假想的指针变量"，其值为数组 s 的首地址（参见 8.2.2 小节）。语句 ps=s;则相当于指针变量之间的赋值，将 s 中保存的地址复制后存到 ps 中，如图 9-4（b）所示。

　　【小试牛刀 9.1】试判断下列程序段中的各语句是否正确？

```
char c[ ]="BMW Z4";
char *ps="BMW X5";
c="BMW 830i";
ps="BMW 830i";
```

　　【答案】只有第 3 句错误。假设"BMW 830i"的地址是 3000，第 3 句相当于 c=3000;，c 是数组名，是"假想"的指针变量，值不能改变，因而错误。注意它与第 4 句的区别，第 4 句相当于 ps=3000;，ps 是货真价实的指针变量，它的值是能被改变的。再注意它与第 1 句的区别，第 1 句是在定义数组时用字符串常量赋初值的特殊用法。

　　【小试牛刀 9.2】表达式＊"iphone"的含义是什么？"iphone"[2]的含义呢？

　　【答案】＊"iphone"是单个字符'i'，相当于＊[1000]，即地址 1000 处的 1 个字符'i'。"iphone"[2]是单个字符'h'，地址 1000 相当于指针变量的值，将它当作数组名使用，得到数组 2 号元素。也可用语法糖公式将"iphone"[2]换算成＊("iphone"+2)，即＊[1002]，得到地址 1002 处的 1 个字符'h'。两种写法都只能获取值，而不能改变值，因为都是常量。如 c=＊"iphone";正确，而＊"iphone"='a';错误。

　　总结一下，有 5 种表示字符串的首地址的方式：

　　（1）双引号（"　"）引起的字符串常量；

　　（2）char 型一维数组名；

　　（3）char 型二维数组名加一个下标，如 ss[0]、ss[1]（参见 8.3.1 小节）；

（4）char *型指针变量（包括指针数组的元素，如 char *r[4];中的 r[0]、r[1] ……）；

（5）&加 char 型数组首元素，如&a[0]、&ss[0][0]、&ss[1][0]。

这 5 种方式表示的字符串的首地址都是 char *型的一级地址，也就是字符串中第 1 个字符的地址。

9.2 一条路走到 0——字符串的输入和输出

如何将字符串输出到屏幕上呢？除了一个字符一个字符地输出字符串中的每个字符之外，还可直接调用系统库函数，一次性地输出整个字符串，如表 9-1 所示。

表 9-1　用于字符串输入/输出的常用函数（要使用这些函数，应在程序中包含头文件 stdio.h）

函数	功能	注意事项	
printf("%s", 一级地址);	从"一级地址"开始，一个字符一个字符地输出，直到遇到'\0'为止（'\0'不输出）	输出字符串后不会自动换行	
puts(一级地址);		输出字符串后会自动换行（即自动输出一个'\n'）	
scanf("%s", 一级地址);	读入从键盘输入的一个字符串，存入从"一级地址"开始的一段连续内存空间中（最后输入的换行符不存入），并自动在最后加'\0'	不能读入空格或 Tab 符，遇到空格或 Tab 符即结束读入	
gets(一级地址);		可读入包含空格或 Tab 符的整个字符串，遇到换行符才结束读入	

表 9-1 同时给出了从键盘一次性地输入整个字符串的函数。注意，在这些字符串输入/输出函数中要给出的参数都是字符串的首地址（一级地址，也是第 1 个字符的地址；在 9.1.2 小节末已总结了 5 种表示字符串的首地址的方式）。输出字符串时，这个地址表示要输出的字符串"从哪里开始"；输入字符串时，这个地址表示要将输入的字符串"存到哪儿"。

printf（加%s）和 puts 函数的作用是，从给定的地址开始，一个字符一个字符地输出，直到遇到'\0'为止。puts 与 printf（加%s）的功能基本一致，不同之处仅在于 puts 输出字符串后会自动换行；而 printf（加%s）则不会，即 puts(x); ⇔ printf("%s\n", x);。

⚠️ **脚下留心**

在第 3 章学习的 printf 函数的口诀"字串 s 要牢记"表明%s 是 printf 中唯一的特例。因为使用%s 时，后面要给出的是"地址"，而不是普通数据！这与 printf 的其他格式字符串（如%d、%c、%f 等）后面要给出普通数据不同。例如若有 int a=1; ，应写为 printf("%d", a); ，而非 printf("%d", &a);。

而 scanf 这里没有特例。在第 3 章学习的"scanf，键盘输入，后为地址，不能输出。"表明，scanf 后永远要给出"地址"，用%s 时也不例外。

如有字符型变量 char ch; ，一维数组 char a[10]; ，二维数组 char b[5][10]; ，则以下写法均错误：

```
printf("%s", ch); printf("%s", b); puts(ch); puts(b);
scanf("%s", ch); scanf("%s", b); gets(ch); gets(b);
```

因为 ch 是普通变量（零级），b 是二级指针，都不是一级地址。而以下写法均正确：

```
printf("%s", a); printf("%s", b[1]); puts(b[0]);
scanf("%s", a); scanf("%s", b[1]); gets(b[0]);
```

a、b[1]、b[0]都是一级地址。一个二维数组可保存多个字符串（每行保存一个），b[i]是二维数组第 i 行的首地址。使用 b[1]和 b[0]的输出语句分别输出的是二维数组 b 中第 1 行的字符串和第 0 行的字符串，输入语句输入一个字符串分别存到第 1 行和第 0 行中。

而以下写法又均错误：

```
printf("%s", &a); printf("%s", &b[1]); puts(&b[0]);
scanf("%s", &a); scanf("%s", &b[1]); gets(&b[0]);
```

因为&a、&b[1]、&b[0]都是二级地址（前面加&"升一级"）。总之在字符串输入/输出函数中，一定要注意地址的级别，参数一定要是"一级地址"。

另外，注意区别输入/输出单个字符时使用%c 的情况，见下面例子。

```
printf("%c", ch);              /* 不要写为&ch, %c 后不写地址 */
printf("%c", a[1]);            /* 不要写为&a[1], %c 后不写地址 */
printf("%c", b[2][3]);         /* 不要写为&b[2][3], %c 后不写地址 */
scanf("%c", &ch);              /* 不要写为 ch, ch 不是地址 */
scanf("%c", &a[1]);            /* 不要写为 a[1], a[1] 不是地址 */
scanf("%c", &b[2][3]);         /* 不要写为 b[2][3], b[2][3] 不是地址*/
```

【程序例 9.1】输出字符串。

```
#include <stdio.h>
int main()
{   char s[]="iPhone";
    char *ps;
    ps=s;
    printf("%s\n", s);          /* 或 puts(s); */
    printf("%s\n", ps);         /* 或 puts(ps); */
    printf("%s\n", s+1);        /* 或 puts(s+1); */
    printf("%s\n", &s[2]);      /* 或 puts(&s[2]); */
    ps=ps+2;
    printf("%s\n", ps+3);       /* 或 puts(ps+3); */
    printf("%c\n", s[0]);       /* 输出单个字符时不能用 puts */
    printf("%c\n", ps[2]);      /* 输出单个字符时不能用 puts */
    return 0;
}
```

程序的运行结果为：

```
iPhone
iPhone
Phone
hone
e
i
n
```

不可粗暴地将 printf("%s\n", s);理解为"输出数组 s"。s 代表一个地址，务必要将 s 看作"假想的指针变量"并在草稿纸中画出 s 对应的"一朵云"。printf 的%s 表示从所给地址开始逐个输出字符，直到遇到'\0'为止。s 和 ps 都是字符串"iPhone"的首地址，而 s+1、&s[2]、ps+3 都不是"iPhone"的首地址，而是其中间某个字符的地址。那么 printf 以%s 输出时，将从字符串的中间开始输出，也是逐个输出，直到遇到'\0'为止，即输出"iPhone"的后半部分。还要注意，当 printf 以%c 而不是%s 输出时，不再输出字符串，而仅输出单个字符。

🎲 **小游戏　盲盒里的字符。**

上机运行下面的程序，会得到什么样的输出结果呢？

```
main()
{   char a[4]={'a', 'b', 'c', 'd'};
    printf("%s\n", a);
}
```

答案：在笔者的计算机上运行，得到的输出结果如下。

abcd 烫烫烫烫☺

"烫"是什么意思？为什么还有"笑脸"呢？

数组 a 有 4 个元素，但没有'\0'。printf("%s\n", a);是从假想的指针变量 a 中保存的地址（即数组

首地址）开始一个一个地输出字符，但输出'd'后没有遇到'\0'，所以仍会继续输出。而内存中'd'后的内容无法得知，这些内容像盲盒里的物品一样，继续输出就不知道会输出什么，遇到什么、输出什么，这就是输出乱码（随机内容）的原因。在笔者的计算机上遇到的是"烫"和"笑脸"，输出"笑脸"之后也许恰好遇到内存中的'\0'，终止了输出。在不同的计算机上或在同一计算机不同时刻运行程序，可能遇到不同的内容，什么时候遇到'\0'也不一定，所以乱码的长度也无从而知。

这就是字符串中没有'\0'的后果！它失去了结束标志，将会一直"走下去"。我们在实际编程时，一定不要编写这样的程序。

【程序例 9.2】 输入字符串。

```c
#include <stdio.h>
int main()
{   char s[100];
    printf("请输入您所使用的手机名称: ");
    scanf("%s", s);    /* 或写为 &s[0]，但不要写为 &s */
    printf("您使用%s的手机\n", s);
    return 0;
}
```

程序的运行结果为:

请输入您所使用的手机名称: iPhone XS✓
您使用 iPhone 的手机

程序定义了一个包含 100 个元素的数组 s，用于保存用户输入的手机名称字符串。在用户输入 iPhone XS 后，程序却只输出了 iPhone，这是因为 scanf 不能读入含空格的字符串，它只读入了空格之前的部分"iPhone"（字符串并没有占满数组 s 的空间，'e'后面的元素是'\0'）。如果把语句 scanf("%s", s); 改为 gets(s);，则程序运行结果为:

请输入您所使用的手机名称: iPhone XS✓
您使用 iPhone XS 的手机

这说明 gets 函数可读入包含空格的字符串。

【程序例 9.3】 使用递归构造标尺字符串，再通过输出字符串绘制标尺。

```c
#include <stdio.h>
#define LEN 66
#define DIVS 6
void subdivide(char ar[], int low, int high, int level)
{
    /* level 表示刻度分割的层级，通过 level 控制递归次数 */
    /* 在字符串 ar 的第 low~high 部分的中间画一个 "|" */
    int mid = (high + low)/2;
    if (level == 0) return;
    ar[mid] = '|';
    /* 递归调用: 分别在左、右两部分的中间再画一个 "|" */
    subdivide(ar, low, mid, level - 1);
    subdivide(ar, mid, high, level - 1);
}
int main()
{
    char ruler[LEN];
    int i, j;
    for(i=0; i<LEN; i++) ruler[i]=' '; /* 初值都填充为空格 */
    ruler[0] = ruler[LEN-2] = '|';
    ruler[LEN-1]='\0';
    printf ("%s\n", ruler);

    for (i=1; i<=DIVS; i++)
```

```
    {    /* 分别绘制 1~6 层级的 6 种标尺 */
        subdivide(ruler, 0, LEN-2, i);
        printf ("%s\n", ruler);
        for (j=1; j<LEN-2; j++) ruler[j]=' ';  /* 重新清空 */
    }
    return 0;
}
```

程序的运行结果如图 9-5 所示。

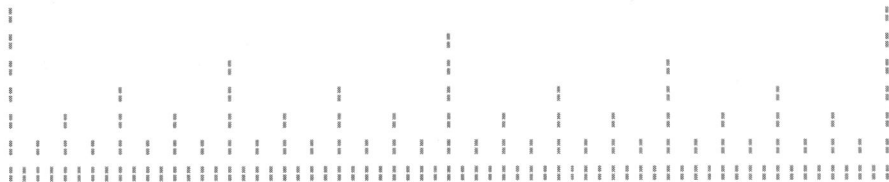

图 9-5 【程序例 9.3】的运行结果

程序首先构造了由 "|" 和空格组成的标尺字符串，然后输出标尺字符串，共输出了 6 种不同刻度层级的标尺。标尺在两个刻度的中间画一个 "|" 来分割刻度。第 1 层仅在整条标尺的中间画一个 "|"；下一层则是在上层 "|" 划分的左、右两部分的中间都再画一个 "|" ……这是通过函数 subdivide 实现的，且使用了递归（参见 7.4.2 小节）。

【随学随练 9.2】有以下程序

```
#include <stdio.h>
main()
{   char a[30], b[30];
    scanf("%s", a);
    gets(b);
    printf("%s\n%s\n", a, b);
}
```

程序运行时若输入：

```
how are you? I am fine✓
```

则输出结果是（   ）。

A）how are you?
   I am fine

B）how
   are you? I am fine

C）how are you? I am fine

D）how are you?

【答案】B

【分析】scanf 只能读入空格前的 "how" 并存入数组 a 中，剩余的 " are you? I am fine" 被存入缓冲区；在执行 gets(b);时从缓冲区中读入全部内容并存入数组 b 中。

【随学随练 9.3】有以下程序

```
#include <stdio.h>
main()
{ char s[10]="verygood", *ps=s;
  ps+=4;
  ps="nice";
  puts(s);
}
```

程序的运行结果是（   ）。

A）verygood   B）verynice   C）nicegood   D）nice

【答案】A

【分析】s 是假想的指针变量，值为数组的首地址，应在草稿纸上画出 s 对应的 "一朵云"。指针变量 ps 也保存了数组的首地址。ps+=4; 使 ps 保存了数组中字符'g'的地址。"nice"表达式的值是一个地址，假设为[2000]，ps="nice"；就是使指针变量 ps 又保存了[2000]（但这并不影响 s 数组中的内容 "verygood"）。最后 puts(s); 还是输出 verygood。

9.3 针术秘笈——字符串处理技术

9.3.1 字符计数和字符转换

字符串是由一个个字符组成的，对字符串进行处理就是对这些字符进行处理。字符串一般保存在 char 型数组中，可逐一访问和处理每个数组元素，直到遇到'\0'元素为止（'\0'元素本身不必参与处理）。显然，处理字符串是有编程套路的。

💡 **窍门秘笈　以数组处理字符串的编程套路（设保存字符串的 char 型数组为 s）。**

```
for (i=0; s[i]!='\0'; i++)        /* 或 for (i=0; s[i]; i++) */
        用 s[i] 处理每个字符;
```

'\0'的值就是 0，由于非 0 值本身表示"真"，s[i]!= '\0'也可直接写为 s[i]，二者是等效的。其中"用 s[i] 处理每个字符;"依题意而定。

【程序例 9.4】统计字符串所包含的字符个数（即字符串的长度）。

```
#include <stdio.h>
int main()
{   char str[20]="iPhone XS";
    int i, count=0;
    for (i=0; str[i]!='\0'; i++)
        count++;
    printf("字符串的长度为: %d", count);
    return 0;
}
```

程序的输出结果为：

```
字符串的长度为: 9
```

根据编程套路可以很容易地写出这个程序。本程序中"用 s[i] 处理每个字符;"仅是计数，并不需具体处理每个字符，因此这里对每个字符的"处理"仅是让 count 加 1。注意不能写为 for(i=0; i<20; i++)，不可粗暴地将条件写为 i<20，因为字符串中的字符不一定有 20 个，20 是预留的最大空间数，实际字符串不一定占满全部空间，必须以'\0'作为结束标志来进行判断。

实际上，这里 count 和 i 的值始终相等，因此也可省略变量 count，最后输出 i 的值。

【小试牛刀 9.3】如要统计字符串所包含的小写字母的个数，你能写出对应的程序吗？

【答案】只需为 count++; 增加小写字母的判断条件，将 count++; 语句改为：

```
if (str[i]>='a' && str[i]<='z') count++;
```

此时，程序的输出结果为 5，表示有 5 个小写字母。注意，此时不能省略变量 count 了，因为 count 和 i 的值并不始终相等。i 负责扫描每个字符，count 负责计数。

我们在 2.1.3 小节学习了单个的字母字符加减 32 可进行字母大小写的转换。如要将一个字符串中的所有字母进行大小写转换，仍只需按照编程套路，将每个字符逐一转换。

【程序例 9.5】将数组 s 所保存的一个字符串中的所有大写字母都转换为小写字母。

【分析】按照以数组处理字符串的编程套路，不难写出：

```
for (i=0; s[i]!='\0'; i++)
        s[i] = s[i] + 32;
```

需要注意的是，字符串中的字符不一定全是大写字母，如"BMW 830i"中就包含空格、数字及小

C 语言程序设计基础 ＼（微课版）　　　　　214

写字母等。如果不分青红皂白，对所有字符统统"+32"，就会引发错误。因此，语句 s[i]=s[i]+32;
应有条件（当 s[i]是大写字母时）地执行。完整程序如下。

```
#include <stdio.h>
int main()
{   char s[80]; int i;
    printf("请输入字符串: "); gets(s); /* 用 gets 读入，字符串可包含空格 */
    for (i=0; s[i]!='\0'; i++)
        if (s[i]>='A' && s[i]<='Z') s[i] = s[i] + 32;
    printf("将大写字母转换为小写字母，新字符串是: %s\n", s);
    return 0;
}
```

程序的运行结果为：

```
请输入字符串: BMW 830i↙
将大写字母转换为小写字母，新字符串是: bmw 830i
```

💡 **窍门秘笈** 判断 3 种主要类型字符的方法。

判断字符 x 是否为大写字母（'A'~'Z'）：x>='A' && x<='Z'。

判断字符 x 是否为小写字母（'a'~'z'）：x>='a' && x<='z'。

判断字符 x 是否为数字字符（'0'~'9'）：x>='0' && x<='9'。

【随学随练 9.4】有以下程序

```
#include <stdio.h>
main()
{   char s[ ]="012xy";
    int i,n=0;
    for(i=0; s[i]!=0; i++)
        if (s[i]>='0' && s[i]<='9') n++;
    printf("%d\n",n);
}
```

程序运行后的输出结果是（   ）。

A）0   B）3   C）7   D）8

【答案】B

【分析】本题中的程序显然是按照编程套路编写的程序，条件 s[i]>='0'&&s[i]<='9'用于判断 s[i]
是否为一个数字字符，因而程序用于统计字符串中的数字字符个数。

除通过数组处理字符串外，还可通过指针处理字符串。一个 char *型的指针变量可指向字符串
中的一个字符，通过"指针变量++;"可使其指向下一个字符，使指针变量依次指向字符串中的每个
字符，指向一个处理一个，直到指向\0'。

💡 **窍门秘笈** 以指针处理字符串的编程套路（设已定义 char *p;）。

```
p=字符串的首地址;       /* 即 p 指向字符串中的第一个字符 */
while (*p! ='\0') /* 或 while(*p)，因非 0 值本身表示真 */
{
    用*p 处理每个字符;
    p++;              /* 使 p 指向字符串中的下一个字符 */
}
```

其中"用*p 处理每个字符;"依题意而定。

统计小写字母个数的程序可通过指针实现。

```
p=str;      /* 将 p 赋值为字符串首地址，即指向第一个字符 */
while (*p)
{   if (*p>='a' && *p<='z') count++;
    p++;
}
```

【程序例 9.6】统计一行字符串中包含的单词个数，规定各单词之间用空格隔开（间隔的空格的个数可能为 1 个或多个）。

```
#include <stdio.h>
int main()
{   char str[80], *p=str;
    int n=0, flag=0;
    printf("请输入字符串：\n"); gets(p);
    while (*p)
    {   if (*p==' ')
            flag=0;             /* 遇到空格，则设置标志 flag=0 */
        else                    /* 遇到非空格，仅在标志 flag 为 0 时才计数*/
        {   if (flag==0) n++;
            flag=1;             /* 遇到非空格，则设置标志 flag=1 */
        }
        p++;
    }
    printf("单词的个数是：%d\n", n);
    return 0;
}
```

程序的运行结果为：

```
请输入字符串：
This is a C  language   program✓
单词的个数是：6
```

按照以指针处理字符串的编程套路，可先写出 while (*p) {…p++;}这个框架，然后考虑如何处理其中的每个字符*p。

单词之间由空格隔开，要统计单词个数就是要看*p 是不是空格（' '）。由于单词之间可能含有多个空格，显然遇到 1 个空格就计数 1 次是不合适的。正确方法是在每个单词的第一个字母处分别计数 1 次，即在上一个字符是空格的一个非空格字符处计数，且第一个字母也要计数。为表示"上一个字符是否为空格"，程序中设置了一个标志变量 flag(flag==0 时，表示上一个字符是空格；flag==1 时，表示上一个字符非空格)。为使第一个字母也计数，将 flag 的初值设为 0 即可。

【随学随练 9.5】请编写一个函数 fun，其原型如下：

void fun(char *ss);

其功能是：将形参 ss 所指字符串中的所有下标为奇数的位置上的小写字母转换为大写字母（若该位置上的字母不是小写字母，则不转换；偶数位置上的字母也不转换）。字符串中第一个字符的下标为 0。例如，若 ss 所指字符串是"abc4EFg"，则转换后的字符串应为"aBc4EFg"。

【分析】本题通过函数处理字符串，函数的形参为 char *ss，可向函数传递一个 char 型的一维数组的首地址。在函数中将 ss 当作数组名，直接对 ss[i]进行操作，就是对这个一维数组进行操作（如读者对此概念尚为陌生，请复习 8.4.2 小节）。若 main 函数中用数组 char str[80];保存了一个字符串，则可调用 fun(str);处理字符串。完整程序如下。

```
void fun(char *ss)
{   int i;
    for (i=0; ss[i]!='\0'; i++)
        if (i%2==1 && ss[i]>='a' && ss[i]<='z') ss[i]-=32;
}
```

【随学随练 9.6】有以下程序

```
#include <stdio.h>
void fun(char *c)
{   while (*c)
    {   if (*c>='a'&&*c<='z')  *c=*c-('a'-'A');
        c++;
    }
}
main()
{   char s[81]; gets(s);  fun(s);  puts(s); }
```

当执行程序时，从键盘上输入 Hello Beijing<回车符>，则程序的输出结果是（　　　）。

A）hello beijing   B）Hello Beijing

C）HELLO BEIJING   D）hELLO Beijing

【答案】C

【分析】调用fun(s);时，c被赋值为字符串s的首地址。函数fun中的语句则采用了以指针处理字符串的编程套路。对每个字符*c的处理是：如果*c为小写字母则执行*c=*c-('a'-'A');，即*c=*c-32;。不难看出fun的功能是将字符串中的所有小写字母转换为大写字母。

【随学随练 9.7】请编写一个函数 ctod，其原型如下：

$$long\ ctod(char\ *s);$$

其功能是：形参 s 所指字符串由数字字符组成，将该字符串转换为对应面值的整数，作为函数值返回。例如，若 s 所指字符串为"32486"，则函数返回整数 32486。

【分析】字符串"32486"与整数 32486 是不同的，前者占 6 字节（含'\0'），是字符串；后者占 4 字节，是整数。显然，整数才能进行数学运算，如 32486+12345 得 44831；而"32486"+"12345"是两个地址相加，如[1000]+[2000]，类似于两个门牌号相加，毫无意义。

按照字符串处理的编程套路转换每个字符为整数，再依次乘 10、相加组合为最终的整数。单个的数字字符转换为面值相同的整数的方法是：数字字符-'0'（或数字字符-48，参见 2.1.3 小节）。

```
long ctod(char *s)
{   long d = 0;
    while (*s)
    {   if ( *s>='0' && *s<='9' ) d = d*10 + (*s-'0');
        s++;
    }
    return d;
}
int main()
{   char str1[10]="32486", str2[10]="12345";
    printf("str1 转换为整数%d; str2 转换为整数%d; 两数之和为%d\n",
        ctod(str1), ctod(str2), ctod(str1)+ctod(str2));
    return 0;
}
```

🚶 高手进阶

也可直接调用 C 语言提供的系统库函数来将字符串转换为对应面值的整数。

- atoi 函数：将字符串转换为对应面值的整数。例如 atoi("12345")将返回整数 12345；atoi("-67890")将返回整数-67890。

- atof 函数：将字符串转换为对应面值的浮点数（double 型）。例如 atof("98.76")将返回 double 型的浮点数 98.76。

要调用这两个函数，应在程序中包含头文件 stdlib.h。

🎲 **小游戏　加密字符串。**

将字符串通过编程进行加密，看看加密后它是否能被别人轻易看懂。

加密的方式是：将每个字符变为它 ASCII 值加 3 后对应的字符。用编程套路不难写出程序。

```
#include <stdio.h>
int main()
{   char s[80]; int i;
    printf("请输入原始字符串: "); gets(s);
    for (i=0; s[i]; i++) s[i]=s[i]+3;
    printf("加密后的字符串为: "); puts(s);
    return 0;
}
```

程序的运行结果为：

```
请输入原始字符串: I love you!✔
加密后的字符串为: L#oryh#|rx$
```

9.3.2　字符串中字符的定位与字符串连接

字符串以'\0'作为结束标志，找到'\0'的位置是很多字符串处理的关键。下面先介绍如何通过指针找到字符串末尾的'\0'，读者务必掌握这一技巧。

💡 **窍门秘笈　让一个 char *型的指针变量 p 指向字符串末尾'\0'的方法。**

先使 p 指向字符串的第一个字符（字符串的首地址），然后执行程序段：
```
while(*p) p++;
```

【**程序例 9.7**】将字符串 t 连接到字符串 s 的末尾，连接后的字符串仍存入 s。

```
#include <stdio.h>
int main()
{   char s[20]="iPhone", t[ ]=" XS"; /* s 数组要有足够大的空间 */
    char *ps=s, *pt=t;       /* 分别指向两个字符串的第一个字符 */
    while (*ps)  ps++;       /* 使 ps 指向 s 末尾的'\0'，即连接位置 */
    while (*pt)              /* 从连接位置开始逐个复制 t 的字符 */
    { *ps=*pt; ps++; pt++; }
    *ps='\0';               /* 结束连接后的字符串 s */
    printf("连接后的字符串是: %s\n", s);
    return 0;
}
```

程序的运行结果为：

```
连接后的字符串是: iPhone XS
```

（1）要连接字符串首先要找到连接位置：即 s 中的'\0'。使用刚刚介绍的技巧：
```
while (*ps)  ps++;
```

（2）从连接位置开始，逐个复制 t 中的字符，t 中的第一个字符' '将覆盖连接位置的'\0'，如图 9-6 所示。ps 指向 s 中要连接的位置，pt 指向 t 中要复制的一个字符。通过 *ps=*pt; 将 pt 所指向的字符复制到 ps 所指的位置。然后 ps、pt 都后移一格，直到 pt

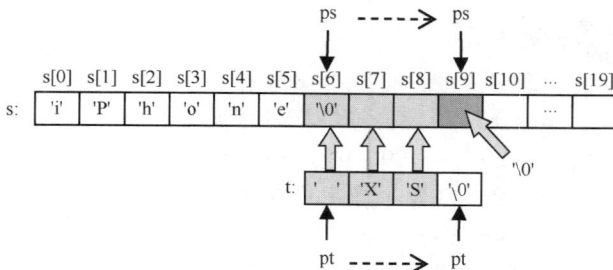

图 9-6　字符串的连接

遇到'\0'为止。

（3）最终并没有把字符串 t 末尾的'\0'复制到 s 中，因此还需为连接后的 s 设定结束标志'\0'。而此时 ps 恰好指向在 s 中应设定'\0'的位置，只需执行语句*ps='\0';。

【小试牛刀 9.4】若将程序改为以下形式，是否还能实现同样的字符串连接？

```
while (*ps)  ps++;       /* 使 ps 指向 s 的'\0'，即连接位置 */
while (*ps=*pt)          /* 从连接位置开始逐个复制 t 的字符 */
{ ps++; pt++; }
```

【答案】可以。*ps=*pt 是赋值表达式，该表达式同时有两个作用：①将*pt 赋值到*ps 中；②判断表达式的值（即*pt 的值）是否非 0，决定是否继续循环。while (*ps=*pt)还可写为 while ((*ps=*pt) !='\0')，作用完全相同。应注意当 pt 指向'\0'时，*pt 为 0，应结束 while 循环；但会先将*pt 赋值到*ps 中再判断*pt 为 0，结束 while 循环。因此 t 中最后的'\0'也会被复制到 s 中，后面可不必再为 s 另外添加'\0'，即最后不必再执行*ps='\0';了。

【小试牛刀 9.5】如果要将 t 中的内容复制到 s 中，覆盖 s 中先前的内容该如何做？

【答案】程序类似，只要不做第（1）步寻找'\0'的操作即可。即删除以上程序中的语句 while (*ps) ps++;，其余语句不变。这样 s 将从第一个字符位置逐个复制 t 中的字符，最终 s 的内容与 t 的内容相同，最终 s 的内容也为" XS"。

前面介绍了让指针变量 p 指向字符串末尾'\0'位置的方法，下面介绍让 p 指向字符串中任意位置的方法。

💡 **窍门秘笈**　让一个 char *型的指针变量 p 指向字符串中任意一个字符的方法。

先使 p 指向字符串的第一个字符（字符串的首地址）。

（1）让 p 指向字符串中最后一个字符，可以执行程序段：

```
while(*p) p++;    /* 先指向 '\0' */
p--;              /* 再回指 1 个字符，就指向了字符串的最后一个字符 */
```

（2）让 p 指向字符串中"符合条件"的任意一个字符，可以执行程序段：

```
while(*p 这个字符不符合条件) p++;
跳出循环后，按需执行 p--;
```

【小试牛刀 9.6】当 p 指向字符串的第一个字符后，执行语句 while (*p++); 实现什么功能呢（循环体为空语句(;)）？

【答案】它使 p 指向字符串'\0'的下一个字符，这样 p 就"越界"了。但我们可以在循环结束后，马上执行一次 p--;，即让 p 指回'\0'。因此让 p 指向字符串末尾的'\0'的另一种方法是：

```
while (*p++); p--;
```

注意循环体为空语句，并不是 p--;。p--;只会在循环结束后执行一次。

要使 p 指向字符串的最后一个字符的程序还可以是（注意循环体是空语句）：

```
while (*p++); p--; p--;
```

【程序例 9.8】判断一个字符串是否是"回文"。"回文"是指正读和倒读都一样的字符串，例如，字符串 LEVEL 是回文，而字符串 123312 不是回文。

【分析】回文中第 1 个和最后 1 个字符相同、第 2 个和倒数第 2 个字符相同、第 3 个和倒数第 3 个字符相同……因此该问题与之前学习过的逆置数组元素属于同类问题（参见【程序例 8.3】）。只不过在本例中，不会"逆置数组元素"，而是仅比较"逆置时应交换"的两个元素是否相同。另需注意，由于字符串长度不定，字符串的"最后一个字符"不一定是下标为 N-1 的元素，而需用上面介绍的方法来定位。

```
#define N 80
int main()
```

```
{   char s[N];
    char *p, *q;            /* 分别指向正读的一个字符、倒读的一个字符 */
    printf("判断字符串是否是回文，请输入一个字符串: \n"); gets(s);

    p=s; q=s;               /* 使 p 指向字符串的第一个字符，准备对 q 进行操作 */
    while(*q) q++;
    q--;                    /* 使 q 指向字符串的最后一个字符 */

    while (p<q)
    {   if (*p != *q) break;
        p++; q--;
    }
    if (p>=q) printf("是回文\n"); else printf("不是回文\n");
    return 0;
}
```

程序的运行结果为：

```
判断字符串是否是回文，请输入一个字符串：
LEVEL↙
是回文
```

与逆置数组元素的【程序例 8.3】类似，指针变量 p、q 一个从前向后移动，一个从后向前移动，直到 p、q 相遇或 p 越过 q（p>=q）为止。循环体比较 p、q 所指的两个字符是否相同，如发现有一处不同，则字符串必定不是回文，后面的也无须再比，立即用 break 跳出 while。

与判断素数类似（参见【程序例 5.12】），用 break 跳出 while 有两种途径：（1） p<q 为假（即 p>=q）；（2）执行了 break 语句（此时 p<q 必为真）。显然（1）表示"坚持到底"，说明字符串是回文；（2）是中途被截，表示字符串不是回文。while 的下一条语句通过 if 进行判断，if 的条件恰好是 while 表达式的**相反条件**，如果这一条件为真，就是（1）；否则是（2）。

【小试牛刀 9.7】试写出反转字符串的程序，例如字符串"abcde"反转后为"edcba"。

```
char *p, *q, t;            /* 正序字符指针、倒序字符指针、临时变量 */
p=s; q=s;                  /* 使 p 指向字符串的第一个字符，准备对 q 进行操作 */
while(*q) q++;
q--;                       /* 使 q 指向字符串的最后一个字符 */
while (p<q)
{   t=*p; *p=*q; *q=t;     /* 对调 *p、*q */
    p++; q--;
}
```

【小试牛刀 9.8】设有 char *p; ，且 p 已指向字符串"****A*BC*DEF*G"的第一个字符：
① 请写出使 p 指向字符串中第一个非*字符（即字符 A）的语句；
② 请写出使 p 指向前导*中最后一个*的语句；
③ 请写出使 p 指向字符串中第一次出现字符 C 的语句。
【答案】① while (*p=='*') p++;;　② while (*p=='*') p++; p--; ;　③ while (*p != 'C') p++;
【随学随练 9.8】有以下程序

```
#include <stdio.h>
void fun( char *a, char *b)
{   while (*a=='*') a++;
    while (*b=*A) { b++; a++; }
}
main()
{   char *s="*****a*b****", t[80];
    fun (s, t);  puts(t);
}
```

程序的运行结果是（   ）。

A）a*b****　　　　　B）ab　　　　　C）*****a*b　　　　　D）a*b

【分析】本例的程序将两个字符串的首地址 s、t 分别传递给形参 a、b。第一个 while 语句的作用是移动 a 指针，使它指向字符串 s 中第一个不是 * 的字符，即字符 a。第二个 while 语句是【小试牛刀 9.4】介绍的字符串复制语句，从 a 现在的位置开始逐个将 a 中的字符复制到 b 中，且 a 最后的'\0'也将一同复制。因此 b 的内容应为"a*b****"。

本题实际是删除字符串 s 的前导*，这一删除问题可转化为复制问题：除了前导*外，将其他内容复制到 b 中就可以了。

9.3.3　字符串的截断

已知：

```
char s[ ]= "iPhone XS";  /* 用盖章法初始化数组 */
char *pstr=s;
```

如何截断 pstr 所指的字符串，只保留前 6 个字符（"iPhone"）呢？很简单！由于'\0'表示字符串的结束，将第 7 个字符（原来的空格）设为'\0'就可以了：

```
*(pstr+6)='\0';
```

第 7 个字符的地址是 pstr+6。原来为空格，现改为'\0'，如图 9-7 所示。之后的内容（'X'、'S'、'\0'）虽仍存在但并无影响，因为字符串在前面的新'\0'处已经结束。

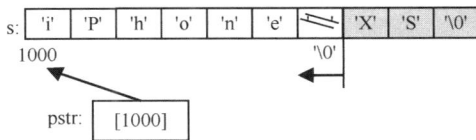

图 9-7　字符串的截断

【程序例 9.9】删除字符串 str 尾部的若干*（字符串首部和中间的*不删除）。

```
#include <stdio.h>
void fun(char *s)
{    while (*s!='\0') s++;          /* 找到字符串结束标志'\0'的位置 */
     s--;                          /* 找到字符串最后一个字符的位置 */
     while (*s == '*') s--;        /* 找到尾部*的前一个字符（'!'）的位置 */
     s++;                          /* 找到尾部的第一个*的位置 */
     *s='\0';                      /* 截断字符串 */
}
int main()
{    char str[20]="**I*Love*You!****";
     fun(str);
     printf("删除末尾*后的字符串为: %s\n", str);
     return 0;
}
```

程序的运行结果为：

删除末尾*后的字符串为：**I*Love*You!

删除字符串尾部的若干*，本质上是"截断"问题：在尾部一串*中的第一个*处设置'\0'截断字符串即可。具体做法是找到这一位置让 s 指向它，再执行*s='\0';即可。在函数 fun 中，参数 s 已指向字符串的起始位置，用 s 先找到字符串最后一个字符的位置，再从此处开始向前移动到第一个非*字符（!）位置，再后移一个位置就找到了要截断的位置。指针变量 s 像这样"来回移动"，是 C 语言程序中用指针处理字符串的常用技巧，称**指针游走**。

【随学随练 9.9】让用户输入名字，然后输出名字的前 3 个字符。

```
#include <stdio.h>
int main()
{    char name[80];
     printf("请输入您的名字: "); gets(name);
     name[3]='\0';                  /* 截断字符串 */
```

```
    printf("您的名字的前 3 个字符为: %s\n", name);
    return 0;
}
```

程序的运行结果为:

请输入您的名字: <u>Peter</u>↙
您的名字的前 3 个字符为: Pet

9.3.4 字符串中字符的删除和复制

字符串保存在数组中, 很多对字符串的处理实际上是对数组的处理。在字符串中删除一部分字符的问题, 就是在 6.1.4 小节介绍过的数组多元素删除问题。

💡 **窍门秘笈** 在字符串中删除字符的编程套路（设用 char 型数组 s 保存字符串）。

```
j=0;
for (i=0; s[i]!='\0'; i++)      /* 或 for (i=0; s[i]; i++) */
    if (要保留字符 s[i]) s[j++]=s[i];
s[j]='\0';
```

字符串的尾部必须有'\0'以表示字符串的结束。在删除字符后, 字符串的长度会变化, '\0'的位置也要跟随变化; 因此一般最后都要执行 s[j]='\0'设置新的结束位置。

上面是删除字符后, 将新字符串存回原数组中的编程套路。如需将删除字符后得到的新字符串存到另一数组中（原数组不变）, 例如存到另一数组 t 中, 只需将 **s[j++]=s[i];** 改为 **t[j++]=s[i];**, 最后执行 **t[j]='\0';**。若将结果存入另一数组, 且所有字符都保留, 实际就是字符串的复制。

【**程序例 9.10**】删除字符串 str 中的所有空格（包括首尾及中间的空格）。

```
#include <stdio.h>
void fun(char *s)
{   int i, j;
    j=0;
    for (i=0; s[i]; i++)
        if (s[i]!=' ') s[j++]=s[i];
    s[j]='\0';
}
int main()
{   char str[20]="  I Love You!    ";
    fun(str);
    printf("%s\n", str);
    return 0;
}
```

程序的运行结果为:

ILoveYou!

本例也是通过函数处理字符串, 在函数 fun 中, 将形参 s 当作数组名来用, 直接对 s[i] 进行操作就可以了（参见 8.4.2 小节）。程序可以完全按照编程套路编写。注意 if 中的条件是 "保留" 的条件, 而不是删的条件, 不要写为 if (s[i]==' ')。

以上删除字符的编程套路是基于数组实现的, 也可用指针实现。

```
char *p=s;                    /* p 相当于 j */
while (*s)                     /* s 相当于 i */
{   if (*s!=' ') *p++=*s;      /* 相当于 s[j++]=s[i]; */
    s++;
}
*p='\0';
```

【**随学随练 9.10**】请编写一个函数 fun, 其原型如下:

```
void fun(char *ss);
```

其功能是：将形参 ss 所指字符串中所有下标为偶数且 ASCII 值为奇数的字符删除。字符串中第一个字符的下标为 0，例如字符串"ABCDEFG12345"删除字符后应为"BDF12345"。

```
void fun(char *ss)
{   int i, j;
    j=0;
    for (i=0; ss[i]; i++)
        if (! (i%2==0 && ss[i]%2==1)) ss[j++]=ss[i];
    ss[j]='\0';
}
```

【随学随练 9.11】请编程将数组 s 保存的字符串中的所有数字字符按顺序提出，组成新字符串并存入数组 t 中。例如，若 s 为"asd123fgh5##43df"，则处理后 t 应为"123543"。

【分析】本题看上去虽比较复杂，但仍属于"删除字符"的问题：将 s 中所有"非数字"字符删除，结果存到数组 t 中，按照编程套路可以很容易地写出程序。

```
int main()
{   char s[20]="asd123fgh5##43df", t[20];
    int i, j;
    j=0;
    for (i=0; s[i]; i++)
        if (s[i]>='0' && s[i]<='9') t[j++]=s[i];
    t[j]='\0';
    printf("%s\n", t);
    return 0;
}
```

【随学随练 9.12】编程将字符串 s 中除前导和尾部的*外的其他*全部删除。例如字符串为"****A*BC*DEF*G*********"，删除后的字符串应为"****ABCDEFG*********"。

【分析】字符要被删除的条件是：s[i]位于中间部分且 s[i]是'*'。"s[i]位于中间部分"的"中间部分"是字符 A～G 的部分，应先用两个指针变量分别指向 A 和 G 这两个位置（使用 9.3.2 小节介绍的定位字符的方法）。如果有指针变量 h、p 已分别指向了字符 A 和字符 G，则字符 A 在数组中的下标就是 h-s，字符 G 在数组中的下标就是 p-s（参见 8.2.1 小节由数组元素的地址求元素下标的方法），那么字符要被删除的条件是：

```
i>=h-s && i<=p-s && s[i]=='*'
```

而在编程套路中，if 中的条件应写为"保留"的条件，即以上条件的相反条件，将以上条件用()括起后再取非（!）即可。程序见下。

```
int main()
{   char s[81]="****A*BC*DEF*G*********";
    char *h, *p; int i, j;

    h=s; p=s;
    while (*h=='*') h++;         /* 使 h 指向第一个不是*的字符，即 A */
    while (*p) p++;   p--;       /* 使 p 指向最后一个字符，即最后的* */
    while (*p=='*') p--;         /* 使 p 指向尾部*的前一个字符，即 G */

    j=0;                         /* 用删除字符的编程套路删除*/
    for (i=0; s[i]; i++)
        if ( !(i>=h-s && i<=p-s && s[i]=='*') ) s[j++]=s[i];
                                 /* 或 i<h-s || i>p-s || s[i]!='*' */
    s[j]='\0';

    printf("%s\n", s);
    return 0;
}
```

【小试牛刀 9.9】在【随学随练 9.8】中介绍了一种删除字符串的前导*的方法（将之转换为复制

问题），现请用字符删除的编程套路完成【随学随练 9.8】中 fun 函数的功能。

```
void fun( char *a, char *b)
{   char *h; int i, j;
    h=a;
    while (*h=='*') h++;          /* 使 h 指向第一个不是*的字符，即 a */
    j=0;                          /* 用删除字符的编程套路删除前导* */
    for (i=0; a[i]; i++)
        if ( !(i<=h-a && a[i]=='*') ) b[j++]=a[i];
    b[j]='\0';
}
```

9.4 字符串小帮手——字符串库函数

C 语言还提供了一些字符串库函数，常见的字符串处理工作可以通过调用库函数完成，而不必用户自己编写程序了。C 语言常用字符串库函数列于表 9-2。

表 9-2　C 语言常用字符串库函数（要使用这些函数，应在程序中包含头文件 string.h）

函数	功能简介	功能详细说明
strlen(地址)	求字符串长度（字符个数）	函数返回值为字符串的长度，即从地址开始到'\0'的字符个数（不计'\0'，但空格、Tab 符、回车符等都会被计数）
strcat(串 1 地址，串 2 地址)	字符串连接 "串 1=串 1+串 2"	把从串 2 地址开始到'\0'的内容连接到串 1 的后面（删去串 1 末尾的'\0'），并在结果末尾添加新'\0'，结果仍存入串 1 的空间中（串 1 的空间应足够大）
strcpy(串 1 地址，串 2 地址)	字符串复制 "串 1=串 2"	把从串 2 地址开始到'\0'的内容复制到从串 1 地址开始的空间中，'\0'也一同复制（串 1 的空间应足够大）
strcmp(串 1 地址，串 2 地址)	字符串比较 "串 1>串 2" "串 1<串 2" "串 1==串 2"	两字符串的大小由函数返回值（int 型）说明。若函数返回值 >0，说明串 1 > 串 2；若函数返回值 <0，说明串 1 < 串 2；若函数返回值 ==0，说明串 1 == 串 2

这些函数的参数均要求是字符串的地址，即 char *型的一级地址，不能是二级地址，更不能是一个 char 型的字符。C 语言中没有字符串变量，要完成字符串的赋值、连接、比较等操作，要么自己编写程序，要么调用库函数；表 9-2 中双引号引起的内容是为了直观说明函数的含义，这些内容均不能直接写在程序中。

不能对字符串直接用=、+进行操作或用>、<等比较大小，如在程序中写"abc"<"def"，比较的是两个地址的大小，而不是两个字符串的大小。比较字符串大小可使用 strcmp 函数。字符串的大小如在英文词典中单词的排列顺序，即两个字符串都从第一个字符开始逐个字符地比较大小，以第一个不同字符的大小（ASCII 值的大小）决定整个字符串的大小。例如：

```
"abcg" 小于 "abde"          "ABCDE" 小于 "a"
"abcd" 大于 "abc"           "abcd" 等于 "abcd"
```

显然，只有每个字符都对应相同且长度也相同的两个字符串才是相等的字符串。

许多字符串操作（包括连接字符串、复制字符串、比较字符串、求字符串长度等）都到'\0'结束；而 sizeof 是例外（参见 2.2.5 小节），它若用于求字符串占用的字节数，是会计算'\0'的，因为'\0'也占 1 字节。例如 strlen("abc")的值为 3，而 sizeof("abc")的值为 4。sizeof 是运算符，不是函数，因此使用 sizeof 时不必包含任何头文件。又如：

```
char *p="ABC123"; char x[]="STRING";
printf("%d, %d\n", sizeof(p), strlen(p));   /* 输出 4, 6 */
```

```
        printf("%d, %d\n", sizeof(x), strlen(x));   /* 输出 7, 6 */
```

注意，sizeof 用于数组名和用于指针变量的效果不同（参见 8.2.2 小节）。

【随学随练 9.13】 若有 char s[10]="1234\0abcd"，则 strlen(s)的值是_____，sizeof(s)的值是_____。

【答案】 4,10

【分析】 字符串以'\0'结束，s 中第一个'\0'已经表示结束，这时后面的内容不再考虑。但 sizeof 是例外，包含'\0'的数组的全部字节数都要计算在内。

【随学随练 9.14】 若有 char c[10]={'V','C','+','+','\0','V','B'}; char d[ ]="2010"; ，则执行 strcat(c, d); 语句后，数组 c 中保存的字符串是_____。

【答案】 "VC++2010"

【分析】 字符串连接也以'\0'作为结束标志，应在 c 中第一个'\0'处连接"2010"。这使原来 c 中的'V'、'B'都被抹掉，strcat 会在新字符串"VC++2010"的末尾自动添加新的'\0'。

【随学随练 9.15】 下列能表示"若字符串 s1 等于字符串 s2，则执行 ST"的是（　　　　）。

A）if (s1==s2) ST;   B）if (strcpy(s1,s2)==1) ST;

C）if (s1-s2==0) ST;   D）if (strcmp(s2,s1)==0) ST;

【答案】 D

【程序例 9.11】 用字符串库函数实现密码验证，若密码正确，输出名字的长度。

```
#include <stdio.h>
#include <string.h>
int main()
{   char pw[80], name[80], str[90];
    printf("请输入密码: ");  gets(pw);     /* 密码字符串可包含空格 */
    if (strcmp(pw, "good")==0)              /* 需用 strcmp 判断 pw=="good" */
    {
        printf("欢迎使用本系统! \n 请输入您的名字: ");
        gets(name);                         /* 名字字符串可包含空格 */
        strcpy(str, "您好, ");              /* 需用 strcpy 实现 str="您好, " */
        strcat(str, name);                  /* 需用 strcat 实现 str=str+name */
        printf("%s\n", str);
        printf("您的名字中有%d 个字符。\n", strlen(name));
    }
    else
        printf("密码不正确，禁止使用本系统。\n");
    return 0;
}
```

程序的运行结果为：

```
请输入密码: good↙
欢迎使用本系统!
请输入您的名字: Sunny↙
您好, Sunny
您的名字中有 5 个字符。
```

密码为 good，首先要求用户输入密码字符串并存入数组 pw 中，如果 pw 中的内容为"good"，则允许用户使用系统；否则提示密码不正确，禁止用户使用系统。在判断 pw 中的内容是否为"good"时，使用了字符串比较函数 strcmp，因为不允许在程序中直接用==比较两个字符串的大小（如写为 pw=="good"是不行的，这样比较的将是两个地址，由于 pw 和"good"不在同一内存空间中，地址永远不会相等，pw=="good"将永远为假）。当 pw 中的内容为"good"时，strcmp 函数返回 0；当 pw 中的字符串大于或者小于"good"时，strcmp 函数的返回值大于或小于 0，都会执行 else 部分。例如，如下是密码不正确时的程序运行结果。

请输入密码：<u>abc</u>✓
密码不正确，禁止使用本系统。

　　密码正确时，进入 if 分支，要求用户输入名字，并拼接欢迎信息字符串存入 str 中。需要先将 str 赋值为"您好，"。数组名不能通过赋值语句赋值（不能写为 str="您好，";），而要用 strcpy 函数完成这个功能。接下来连接名字字符串，也不能通过 + 来连接，而要通过 strcat 函数来连接。最后输出名字中的字符个数，通过 strlen 函数来统计字符串的字符个数。

　　如某些编译系统报"error C4996"错误，只要在程序开头增加一行如下内容即可。

```
#define _CRT_SECURE_NO_WARNINGS
```

【程序例 9.12】猜词游戏。某单词中缺少一个字母，请猜出缺少的字母并补充完整单词。

```
#include <stdio.h>
#include <string.h>
int main()
{    char *pword = "mate";
     char word[50], guess[50];
     int ret;
     strcpy(word, pword); word[0]='?'; /*复制字符串和将第 1 个字母改为？*/
     printf("%s\n", word); /* 显示题目 */
     do
     {
         printf("请猜出完整单词: "); scanf("%s", guess);
         ret = strcmp(guess, pword);
         if (ret>0)
             printf("猜大啦，再猜! \n");
         else if (ret<0)
             printf("猜小啦，再猜! \n");
         else
             printf("恭喜，猜中啦! \n");
     } while (ret!=0);
     return 0;
}
```

程序的运行结果为：

```
?ate
请猜出完整单词: date✓
猜小啦，再猜!
请猜出完整单词: rate✓
猜大啦，再猜!
请猜出完整单词: mate✓
恭喜，猜中啦!
```

【随学随练 9.16】有以下函数：

```
int fun( char *s, char *t )
{ while ( ( *s ) && ( *t ) && (*t++ == *s++) );
  return (*s-*t);
}
```

函数的功能是（　　　　）。

A）　求字符串的长度　　　　　　　　　B）　比较两个字符串的大小
C）　将字符串 s 复制到字符串 t 中　　　D）　连接字符串 s 和字符串 t

【答案】B

【分析】两个指针变量 s 和 t 分别指向两个字符串。while 的循环体是空语句，条件之一是*s、*t 都不为 0，这是字符串的编程套路，在 s 和 t 都没有指向'\0'，即都没有结束的情况下，再判断另一条件 (*t++ == *s++)，即当前 s 所指字符与 t 所指字符相等，然后 t++、s++，使 s、t 后移（字符串的编程套路）。如果以上条件都满足，就执行空语句，什么都不做，但之后会返回 while 的表达式，再

C 语言程序设计基础 ＼（微课版）　　　　　　　　　226

判断表达式，去判断下一个字符……如果某一个字符不相等，就跳出 while，返回当前 s 所指的字符和 t 所指的字符的 ASCII 值之差，若前者 ASCII 值大则返回大于 0 的值，后者大则返回小于 0 的值。如因 s 先指向了'\0'或 t 先指向了'\0'而跳出 while，将计算字符 ASCII 值与'\0'（即 0）的差，也会分别返回小于 0 或大于 0 的值。

C 语言还提供了一些常用字符函数，列于表 9-3。

表 9-3　C 语言常用字符函数（要使用这些函数，应在程序中包含头文件 ctype.h）

函数	说明
isupper(ch)	判断 ch 是否为大写字母字符，是则返回非 0 值，否则返回 0
islower(ch)	判断 ch 是否为小写字母字符，是则返回非 0 值，否则返回 0
isalpha(ch)	判断 ch 是否为大/小写字母字符，是则返回非 0 值，否则返回 0
isdigit(ch)	判断 ch 是否为数字字符，是则返回非 0 值，否则返回 0
isgraph(ch)	判断 ch 是否为空格及控制字符之外的可输出字符，是则返回非 0 值，否则返回 0
isprint(ch)	判断 ch 是否为可输出字符（含空格，不含控制字符），是则返回非 0 值，否则返回 0
ispunct(ch)	判断 ch 是否为标点符号字符，是则返回非 0 值，否则返回 0
isspace(ch)	判断 ch 是否为空白分隔符，即是否为空格、水平制表符（'\t'）、换行符（'\n'）、垂直制表符（'\v'）、换页符（'\f'）或回车符（'\r'），是此 6 种之一则返回非 0 值，否则返回 0
isxdigit(ch)	判断 ch 是否为十六进制数字字符（A～F、a～f、0～9），是则返回非 0 值，否则返回 0
toupper(ch)	将 ch（的副本）转换为大写字母，函数返回转换后的字符
tolower(ch)	将 ch（的副本）转换为小写字母，函数返回转换后的字符

注意这些函数的参数均只能是一个 char 型的字符，而不能是一个地址。

【程序例 9.13】输入一批字符（中间可包含换行符），以'#'结束。统计这批字符中各类字符的个数。

```
#include <stdio.h>
#include <ctype.h>
int main()
{   char ch;
    int count=0, alpha=0, digit=0, space=0, punct=0;
    scanf("%c", &ch);
    while (ch!='#')
    {
        count++;                    /* 共有字符个数计数 */
        if ( isalpha(ch) ) alpha++;
        else if ( isdigit(ch) ) digit++;
        else if ( isspace(ch) ) space++;
        else if ( ispunct(ch) ) punct++;
        scanf("%c", &ch);
    }
    printf("\n 共有字符个数: %d", count);
    printf("\n 字母个数: %d; 数字个数: %d; ", alpha, digit);
    printf("空白分隔符个数: %d; 标点个数: %d\n", space, punct);
    return 0;
}
```

程序的运行结果为：

```
What's this? ✓
You see!@123"#✓
共有字符个数: 26
字母个数: 15; 数字个数: 3; 空白分隔符个数: 3; 标点个数: 5
```

9.5 字符串进楼房——字符串数组与多个字符串的处理

在程序中处理多个数据，往往要用到数组。但 C 语言中没有字符串变量，因此也没有直接的字符串数组。在程序中要存储和处理多个字符串一般需通过以下两种方式。

（1）用 char 型二维数组的方式。一个字符串需要一个 char 型的一维数组保存，多个字符串就需要用二维数组保存，用二维数组的每行保存一个字符串。

```
char ke[4][9]={"ShuXue", "YuWen", "YingYu", "ZhengZhi"};
```

多字符串处理和
字符串系统函数

ke 是 4 行 9 列的二维数组，保存了代表 4 门课程的字符串，每行保存代表一门课程的字符串（可被看作含 4 个元素的"字符串一维数组"）。每行都用"盖章法"（参见 9.1.1 小节）（分别用 4 个字符串）赋初值，如图 9-8 所示。在二维数组中，每个字符串（每行）包含的字符个数可能不同，整个二维数组的宽度至少要为最长的那个字符串的长度加 1（含'\0'）；对于其他长度不足此长度的字符串，本行后面的空间可以不用，但在每个字符串末尾都要有'\0'。

ke	0	1	2	3	4	5	6	7	8
1000 ke[0]:	'S'	'h'	'u'	'X'	'u'	'e'	'\0'		
1009 ke[1]:	'Y'	'u'	'W'	'e'	'n'	'\0'			
1018 ke[2]:	'Y'	'i'	'n'	'g'	'Y'	'u'	'\0'		
1027 ke[3]:	'Z'	'h'	'e'	'n'	'g'	'Z'	'h'	'i'	'\0'

图 9-8　用 char 型的二维数组保存多个字符串

在这种方式中，以"二维数组名[下标]"来表示一个字符串，如 ke[0]表示"ShuXue"、ke[1]表示"YuWen"……它们实际是二维数组各行的"一维数组名"，是假想的指针变量，分别代表各行的"一维数组的首地址"（参见 8.3.1 小节）。注意 ke[0]、ke[1]等都是字符串的首地址，并不是内容本身。

（2）用指针数组的方式。指针数组的每个元素分别保存每个字符串的首地址。

```
char *pke[4]={"ShuXue", "YuWen", "YingYu", "ZhengZhi"};
```

这里每个字符串要当成一个表达式，如"ShuXue"应看作表达式，其值是该字符串的首地址（如 2000），应以地址 2000 为数组元素 pke[0]赋初值。指针数组 pke 和多个字符串的内存空间情况如图 9-9 所示。

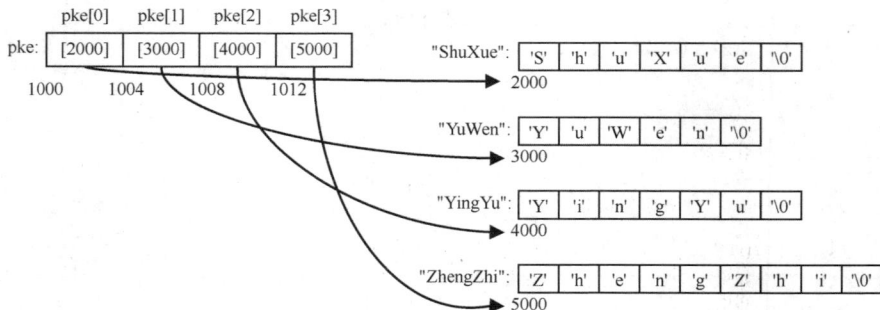

图 9-9　指针数组 pke 和多个字符串的内存空间情况

在这种方式中，以"指针数组名[下标]"来表示一个字符串，如 pke[0]表示"ShuXue"、pke[1]表示"YuWen"……注意 pke[0]、pke[1]等都是字符串的首地址，并不是内容本身。

二维数组和指针数组存储和处理字符串的方式类似，但 ke[i]与 pke[i]有着本质的区别：ke[i]是二维数组中各行的"一维数组"的数组名，是假想的指针变量，值不能改变；pke[i]是一个货真价实的指针变量，是 pke 的一个数组元素，占 4 字节，值可以改变。用指针数组的方式更节省存储空间，但若要修改其中任意字符串，则用二维数组的方式更为方便。

多个字符串的处理，实际还是运用一维数组的处理技术，只要将之看作"字符串一维数组"就可以了。这个"一维数组"的各元素分别是 ke[0]、ke[1]……ke[二维数组最大行下标]或 pke[0]、pke[1]……pke[指针数组最大下标]。

【程序例 9.14】 找出 4 门课程中名称最长的课程。

```c
#include <stdio.h>
#include <string.h>
int main()
{   char ke[4][9]={"ShuXue", "YuWen", "YingYu", "ZhengZhi"};
    int i, m=0;   /* 最长的课程名称位于数组 ke 的第 m 行 */

    printf("四门课程是: \n");
    for (i=0; i<4; i++)
        printf("%s\n", ke[i]);       /* 或 puts(ke[i]); */

    for (i=1; i<4; i++)
        if ( strlen(ke[i]) > strlen(ke[m]) ) m=i;
    printf("最长的课程名称为%s, 长度为%d", ke[m], strlen(ke[m]));
    return 0;
}
```

程序的运行结果为：

```
四门课程是:
ShuXue
YuWen
YingYu
ZhengZhi
最长的课程名称为 ZhengZhi，长度为 8
```

第一个 for 循环相当于依次输出了"一维数组"元素 ke[0] ~ ke[3]，第二个 for 循环相当于求"一维数组"元素最大值的"擂台赛"（参见 6.1.4 小节）。注意要用 strlen 函数获得每门课程名称字符串的长度，程序比较的是字符串的长度而不是字符串本身。

【随学随练 9.17】 四门课程名称已存入二维数组 ke 中，请编程删除长度小于 6 的课程名称。

【分析】 本题本质是数组元素删除的问题，用 6.1.4 小节介绍的数组多元素删除的编程套路即可写出程序：将 ke 看作由 ke[0] ~ ke[3]这 4 个元素组成的一维数组，要保留元素 ke[i]的条件是strlen(ke[i])>=6。注意 ke[j++]=ke[i]; 的功能要用 strcpy 函数完成。

```c
#include <stdio.h>
#include <string.h>
int main()
{   char ke[4][9]={"ShuXue", "YuWen", "YingYu", "ZhengZhi"};
    int i, j;
    j=0;
    for (i=0; i<4; i++)
        if ( strlen(ke[i])>=6 ) strcpy(ke[j++], ke[i]);
    printf("删除后的课程名称为: \n");
    for (i=0; i<j; i++)                 /* 删除后剩余字符串个数为 j */
        printf("%s\n", ke[i]);        /* 或写为 puts(ke[i]); */
    return 0;
}
```

【程序例 9.15】 将 5 个城市的名称按字母顺序排列输出。

```c
#include <string.h>
#include <stdio.h>
#define N 5
void sort(char *s[N], int n);  /* 函数声明 */
int main()
{   char *pcs[N]={"shanghai", "guangzhou", "beijing",
```

```
                        "tianjin", "chongqing"};
        int i;
        sort(pcs, N);        /* 调用sort函数排序，调整pcs中的各元素*/
        printf("排序结果为:\n");
        for (i=0; i<N; i++) printf("%s\n", pcs[i]);
        return 0;
}
void sort(char *s[N], int n)
{    char *t; int i, j;
     for (i=0; i<n-1; i++)
         for (j=i+1; j<n; j++)
             if ( strcmp(s[i],s[j])>0 )
                 {t=s[i]; s[i]=s[j]; s[j]=t;}    /* 交换 s[i]和 s[j] */
}
```

程序的运行结果为：

```
排序结果为:
beijing
chongqing
guangzhou
shanghai
tianjin
```

pcs 是一个指针数组，包含 5 个元素。pcs[0]～pcs[4]分别存放 5 个城市名的字符串首地址。main 函数调用 sort 函数完成排序，sort 的形参 char *s[N]的等效形式是 char **s，形参本质上是个二级指针变量，main 函数并没有向 sort 函数传递整个数组，而仅传递了数组首地址。在 sort 函数中可将 s 当作数组名用，对 s[0]～s[4]的处理，就是对 pcs[0]～pcs[4]的处理（参见 8.4.2 小节）。

sort 函数并没有排序 5 个字符串的内容本身，而只排序 pcs 数组的内容——各字符串地址在数组中的排列，让 pcs[0]～pcs[4]依次保存由小到大的字符串的地址，即最终让 pcs[0]保存最小字符串"beijing"的地址，pcs[1]保存次小字符串"chongqing"的地址……pcs[4]保存最大字符串"tianjin"的地址。【程序例 9.15】的函数空间如图 9-10 所示。

在 sort 函数中使用的排序方法是选择排序法（参见 6.2.2 小节），按照选择排序法的顺

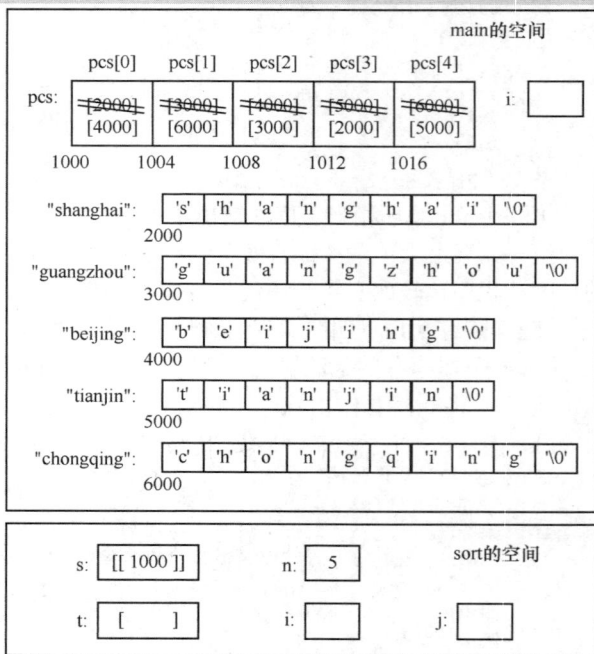

图 9-10　【程序例 9.15】的函数空间

口溜可以很容易写出 sort 函数的程序。注意 s[i]、s[j]所对应两个字符串的大小比较，需通过库函数 strcmp 完成；不得写为 if (s[i]>s[j])，因为 s[i]、s[j]是两个地址，否则比较的将是地址，而不是字符串内容。交换 s[i]、s[j]中所保存的地址，s[i]、s[j]都是一级的，临时变量 t 也是一级的。交换 s[i]、s[j]就是交换 pcs[i]、pcs[j]，它们是同一数组。

9.6　另类运行程序——main 函数的参数

一般的 C 语言程序中 main 函数是没有参数的。实际上 main 函数既可以没有参数，也可以有参

数，如果有参数，其参数必须是：

```
main(int argc,char *argv[])
```

按 8.4.2 小节介绍的数组形参等效于指针变量形参，main 函数的参数本质是：

```
main(int argc, char **argv)
```

即一个是普通的 int 型变量，另一个是二级指针变量（指针的指针）。

这两个参数有什么含义呢？这两个参数的参数值是从命令行上获得、并由操作系统（如 Windows）传递过来的。例如在通过命令行运行可执行文件 ex916.exe 时，命令行可以是：

```
ex916.exe ZhangSan 20 iPhone
```

命令行包含 4 个字符串（可执行文件名 ex916.exe 是第一个字符串，后 3 个字符串称命令行参数），这 4 个字符串将通过 main 函数的参数传递到我们的程序中来，可以认为由操作系统调用了 main 函数并传递了这些参数，main 函数接收到的参数如图 9-11 所示。

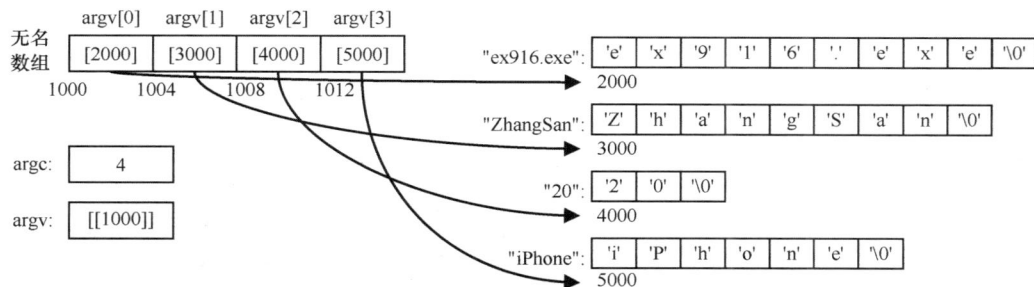

图 9-11 main 函数接收到的参数

argc 的值是 4，表示命令行中共有 4 个字符串。argv 是"二级指针变量"，所保存的地址是一个指针数组的首地址。这个指针数组是一个"无名数组"，其中有 argc 个（即 4 个）元素，用于保存 4 个字符串的首地址。在被调函数中（即 main 函数中）用 argv[0] ~ argv[3] 就可直接处理这个数组（如读者对此概念尚为陌生，请先复习 8.4.2 小节的内容）。

原理略显复杂，我们只要记住结论：当 main 函数有参数时，只要将 argv[0]、argv[1]、argv[2] 等当作字符串来用就可以了（均是字符串的首地址）。共有 argc 个这样的字符串，下标最大到 argc-1，这些字符串是通过命令行运行程序时的命令行内容，其中 argv[0] 是可执行文件名本身。

⚠️ 脚下留心

argv 所指向的数组实际应包含 5 个元素，元素 argv[4] 实际上是存在的，它所保存的地址值为 0；也就是说，数组元素 argv[argc] 总是一个空指针。由于 argv[argc] 不指向任何内容，在实际应用中，当然只能使用 argv[0] ~ argv[argc-1] 的数组元素。

另外，参数 argv、argc 的名字是任意的，但类型必须分别为 int 和 char **。如将 main 函数的函数头写为下面的形式也正确：main (int a, char *b[ ])。

【程序例 9.16】由 main 函数的参数向程序传递信息。

```
#include <stdio.h>
int main(int argc, char *argv[])
{    if (argc<3)
         printf("请指定至少 3 个命令行参数运行程序。\n");
     else
     {   printf("您好! %s\n", argv[1]);
         printf("您的年龄是: %s\n", argv[2]);
         printf("您使用%s 的手机。\n", argv[3]);
```

```
    }
    return 0;
}
```

编译并运行程序，如果 C 语言源程序文件保存在 D:\MYC\ex916\文件夹中，则编译运行后，在此文件夹下会自动生成一个文件夹 Debug，在 Debug 文件夹下可找到可执行文件 ex916.exe，如图 9-12 所示。现在通过命令行的方式运行 ex916.exe。

先启动控制台窗口，右击"开始"按钮，选择"运行"，输入"cmd"，单击"确定"按钮，打开控制台窗口，如图 9-12 所示。在控制台窗口中，先用 d:和 cd 命令切换到 D:盘和 D:\MYC\ex916\Debug 文件夹中，再执行命令行：

```
ex916.exe ZhangSan 20 iPhone
```

则运行结果如图 9-12 所示。运行后显示的姓名、年龄和使用手机的字符串都是在以上命令行中给出的，这就是在程序运行前，通过命令行向程序传递信息的情况。如果命令行是：

```
ex916.exe
```

运行程序，则 argc 的值将为 1，这时 argv[1]及以后的数组元素都不存在，程序执行 if 分支，运行后会给出参数不够的提示信息。

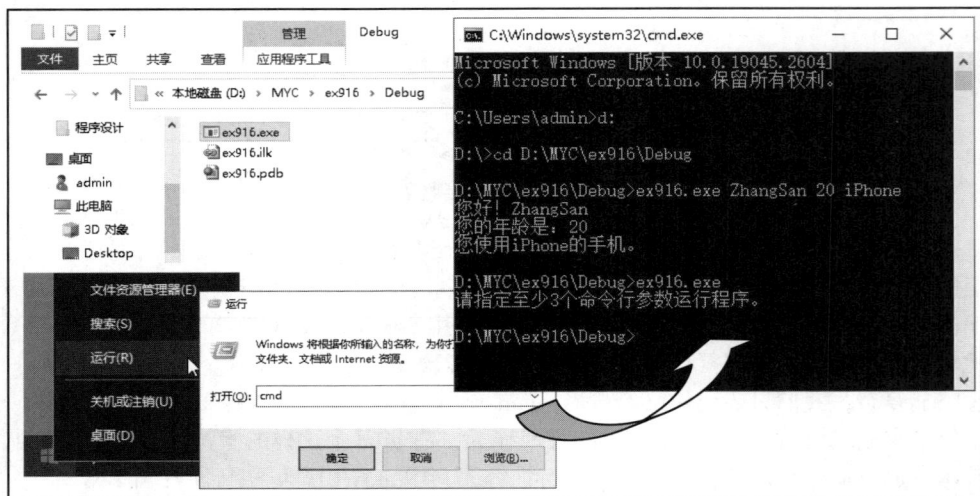

图 9-12　通过命令行参数运行可执行程序

超时空要塞——变量的作用域、存储类别和编译预处理

人们经常针对不同事物，划分不同的区域，比如家中常划分客厅、卧室、厨房、卫生间等区域，不同的区域有不同的活动规则。若有客人来家中做客，客人一般应在客厅活动，而不能随意闯进卧室。有些区域是公共的，比如公共卫生间，公共设施不分你我，每个人都可以使用。这是事物空间上的属性，事物还有时间上的属性。比如，一次性餐具使用后就被丢弃了，而家中的餐具在用餐后洗净会被反复使用。在程序中，变量也有空间和时间两方面的属性，恰当地使用具有不同时空属性的变量，会使程序更加灵活，实现更多功能。

编译预处理，是编译之前的准备工作，它将从另一个角度影响程序的运行，并实现更多的功能，这也将是本章要讨论的内容。

10.1 变量的时空属性——变量的作用域和存储类别

变量的作用域

世间万物，皆有生灭，变量也不例外。例如函数的形参和函数内定义的变量，其空间只有在函数被调用时才被开辟，在函数结束后就被回收，这就是变量从生到灭的过程，称为变量的**生存期**（life time）。变量的生存期就是从其空间被开辟，到该空间被回收所经历的时间。生存期反映了变量的时间作用范围。

变量还有**作用域**（scope），作用域是指变量（实际是变量名）在程序中能够起作用（变量名可见）的范围。不同函数有各自独立的空间，不同函数的变量分属各自的函数空间，在一个函数中无法通过其他函数中的变量名直接使用其他函数中的变量。变量名的有效范围仅在本函数内，在本函数外就不能使用这个变量名。作用域反映了变量的空间作用范围。

10.1.1 空间作用范围——局部变量和全局变量

1. 私人财物——局部变量

截至目前，我们学习的变量都是在函数内定义的，均为**局部变量**（也称**内部变量**）；形参在函数被调用时，也作为函数内的局部变量。

局部变量只在本函数（块）内可见，在其他函数（块）内都不可见，其作用域如图 10-1 所示。之所以称"可见"，而非"可用"，是因为在其他函数中只是不能通过其名字使用该变量，但通过其他方式（如指针）获得它的地址后，是可以使用该变量的，这在有些书中也称为变量的可见性，可见性描述的是变量的作用域。

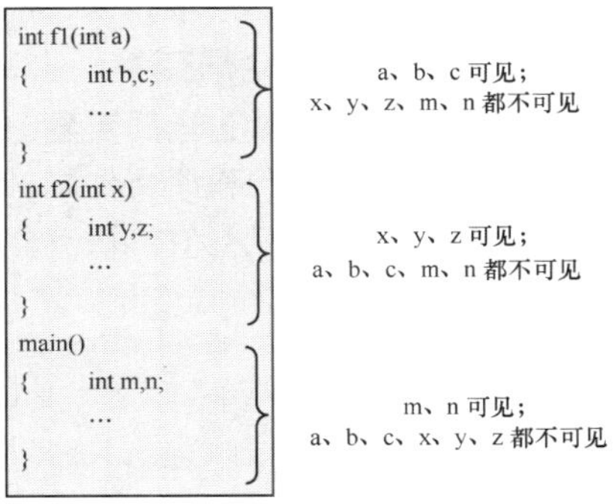

```
int f1(int a)
{       int b,c;
        ...
}

int f2(int x)
{       int y,z;
        ...
}

main()
{       int m,n;
        ...
}
```

a、b、c 可见；
x、y、z、m、n 都不可见

x、y、z 可见；
a、b、c、m、n 都不可见

m、n 可见；
a、b、c、x、y、z 都不可见

图 10-1　局部变量的作用域

不同函数（块）中可使用同名变量，形参（形参也是函数内的变量）和实参也可同名。在函数开始执行时，变量空间才被开辟（未赋初值时值为随机数）；在函数执行结束时，空间即被回收。如 7.2.3 小节介绍的口诀"变量其间，同名不乱。函数结束，全部完蛋。"

还有一种局部变量的作用域"更小"，即在复合语句（一对 { } 括起的语句组）内定义的变量。这种局部变量仅在所在的复合语句范围（从变量的定义/声明处到复合语句的 } 为止）内可见；其生存期也在复合语句范围内，在执行到复合语句的{时其空间才被开辟，一旦复合语句执行结束，其空间就被回收（即使函数执行还未结束）。

【程序例 10.1】在复合语句内使用局部变量。

```
#include <stdio.h>
int main()
{   int i=2,j=3,k;
    k=i+j;
    {
        int k=8;
        k=k+i;
        printf("%d\n",k); /* 输出 10 */
    }
    printf("%d\n",k);      /* 输出 5 */
    return 0;
}
```

外 k 作用域
内 k 作用域、生存期
i,j 作用域、生存期，外 k 生存期
外 k 作用域

程序的运行结果为：

```
10
5
```

在 main 函数中定义了变量 k，在复合语句内也定义了同名变量 k。两个 k 不会混淆，因为复合语句有独立的空间，是嵌入 main 的空间中的小空间（即 { } 的空间），如图 10-2 所示。

如将 main 的空间比作客厅，则 { } 的空间可比作卧室。客厅和卧室都有窗户，两者的窗户不会混淆；若在客厅说"关窗户"则指关客厅的窗户，在卧室说"关窗户"则指关卧室的窗户。程序运行到何处，则用何处的变量。语句 k=k+i;用 { } 内的 k，但要用 { } 外的 i，因为 { } 内没有变量 i；如同卧室没有冰箱，冰箱在客厅，若在卧室说"从冰箱取东西"，需要跑到客厅。{ } 内的 printf 输出 { } 内的 k 值 10，{ } 外的 printf 输出 { } 外的 k 值 5。

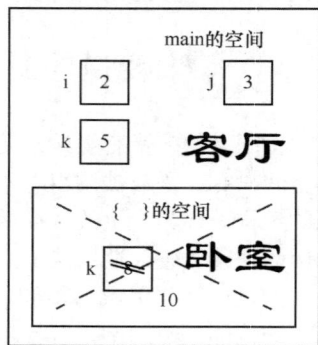

图 10-2 【程序例 10.1】的函数空间

{ } 的空间不是一开始就存在的，当程序执行到复合语句的 { 时，此空间才被开辟；当程序执行到复合语句的 } 时，{ } 的空间连同其中的变量 k 就全部消失了。因此执行到最后一条 printf 语句就只能访问到 { } 外的 k，因为此时 { } 内的 k 已不存在。

2．公共设施——全局变量

在函数外定义的变量为**全局变量**（也称**外部变量**）。顾名思义，这种变量的作用范围是"全局的"，从它定义处开始到本源程序文件尾，所有函数都共享这种变量。全局变量有一个与局部变量不同的特性：如果定义时未赋初值，初值自动赋为 0，而不是赋为随机数。

【程序例 10.2】使用全局变量。

```
#include <stdio.h>
int sum;
void fun1()
{   sum+=20;  }
int a;
void fun2()
```

```
{    a=20;    sum+=a;  }
int main()
{    sum=0;
     fun1();
     a=8;
     fun2();
     printf("sum=%d, a=%d", sum, a);
     return 0;
}
```

程序的运行结果为：

```
sum=40, a=20
```

变量 sum、a 都是在函数外定义的，都是全局变量。sum 可被 fun1、fun2、main 这 3 个函数共享，a 可被 fun2、main 两个函数共享。sum 和 a 在定义时都未赋初值，初值均被赋为 0。【程序例 10.2】的函数空间如图 10-3 所示。

全局变量的作用域是从变量的定义/声明处到本源程序文件的末尾。比如 fun1 函数不能使用全局变量 a，因为 a 在 fun1 之后才定义。如果要在 fun1 中使用全局变量 a，可用关键字 extern 声明全局变量，声明后可扩大其作用范围。声明全局变量的写法是在变量定义的写法基础上前面加上 extern。

```
extern int a;
```

上述语句声明了全局变量 a。可将此语句写在 fun1 函数前、函数外（如 int sum;语句之前或之后），则在 fun1 中即可使用全局变量 a。与函数的声明类似，变量的声明也是"告诉"编译系统有这样一个全局变量存在，但全局变量可能稍后在本源程序文件中定义，或者在其他源程序文件中定义。注意，变量的**声明**（declaration）与变量的**定义**（definition）不同，声明不会开辟变量的存储空间，只说明已有的（在其他地方定义的）变量存在；而定义会开辟变量的存储空间。声明能出现多次，而定义只能出现一次。在有些书中，声明也称为**引用声明**（referencing declaration），定义也称为**定义声明**（defining declaration）。

只有先使用，后定义的全局变量才有必要声明。如果全局变量是先定义，而后才使用的，可不必声明（如变量 sum）；但如果声明了也不会出错。

3．楼房内的卫生间——全局变量的屏蔽

全局变量是共享的公共设施，大家都可以访问或改变它的值。以前人们主要居住在平房，家里往往没有卫生间，要使用胡同口的公共卫生间。随着社会进步，人们住进了楼房，家里有了卫生间，就不必再使用公共卫生间了。这叫作自家的卫生间"屏蔽"了公共卫生间。类似地，全局变量也可被"屏蔽"，即如果函数内局部变量与全局变量同名，则在该局部变量的作用范围内将使用该局部变量，同名的全局变量将被屏蔽，不起作用。

【**程序例 10.3**】全局变量的屏蔽。

```
#include <stdio.h>
int a=3,b=5;                    /*a、b 为全局变量*/
int max(int a,int b)
{    int c;
     if (a>b) c=a; else c=b;    /* 形参(局部变量)a、b 屏蔽全局变量 a、b */
     return(c);
}
int main()
{    int a=8;                   /* 局部变量 a 屏蔽全局变量 a */
     printf("a=%d, ", a);       /* 使用局部变量 a */
     printf("b=%d\n", b);       /* 使用全局变量 b */
     printf("max=%d\n", max(a,b));
     return 0;
}
```

程序的运行结果为：

```
a=8, b=5
max=8
```

两个全局变量 a、b 的初值分别为 3、5（若定义时未赋初值，变量的初值为 0）。

main 函数中有同名的局部变量 a，这使得在 main 函数中全局变量 a 被屏蔽，在 main 函数中的"变量 a"均指 main 函数内的变量 a。然而 main 函数中没有同名的局部变量 b，在 main 函数中，"变量 b"还是要使用公共的全局变量 b。

max 函数的形参名也为 a、b，与全局变量 a、b 同名。由于形参在函数执行时就是函数内的局部变量，这使得在 max 函数中，全局变量 a、b 也被屏蔽：在 max 函数中"变量 a""变量 b"均指形参，而不是全局变量 a、b。【程序例 10.3】的函数空间如图 10-4 所示。

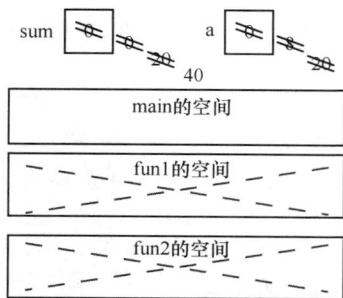

图 10-3 【程序例 10.2】的函数空间

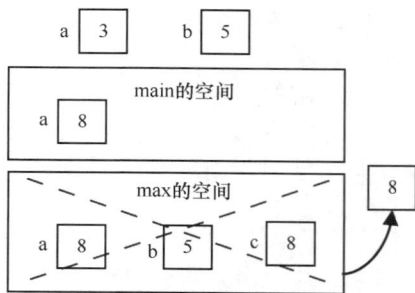

图 10-4 【程序例 10.3】的函数空间

全局变量在多个函数中都能同时起作用，在一个函数中对某变量值进行改变可影响其他函数，所以通过全局变量可在不同函数间传递数据。但全局变量的副作用也是很明显的，函数将依赖于函数外的公共变量，其他函数都可随意篡改变量的值，导致函数的执行结果不可预知。这降低了函数的独立性和可移植性，实际上是违背结构化程序设计原则的。因此除非有必要，编程时应尽量少用或不用全局变量。当需要在不同函数间传递数据时，应通过参数向被调函数传递数据，通过函数的返回值向主调函数传递数据。

现将局部变量和全局变量的生存期和作用域总结于表 10-1。

表 10-1　局部变量和全局变量的生存期和作用域

	生存期	作用域
局部变量	始于函数被调用或复合语句的 {，在函数结束或复合语句的 } 处空间被回收（静态型变量除外，它的空间将被一直保留到整个程序结束）	始于变量定义/声明处，终于函数或复合语句的 }。如本函数内的复合语句中有同名变量，同名变量会屏蔽函数的局部变量的部分作用域
全局变量	始于整个程序开始运行时，终于整个程序运行结束时；全局变量的空间在整个程序运行期间一直存在	始于变量的定义/声明处，终于本源程序文件尾，范围内的所有函数均可共享该变量；函数内或复合语句内如有同名变量，会屏蔽该全局变量的部分作用域

程序中其他标识符（如函数名、标号等）也有类似于变量的作用域和生存期。然而函数的作用域只能是全局的、不能是局部的（因为不能在函数内定义函数；如果函数的作用域是局部的，将不能被其他函数所调用，那样的函数无法运行，也就没有意义了）。

高手进阶

在函数原型中，形参名的作用域更小，只限于在本函数原型声明的一条语句内，在函数原型结束处其作用域即结束，这种作用域称**函数原型作用域**（function prototype scope）。这就是为何在函数原型中重点关注的是形参类型，而不关注形参名。

```
void fun(类型 1 形参名 1, 类型 2 形参名 2,…);
```

4．小组指挥艺术——多文件编程

本书中的 C 语言程序大都规模较小，一般一个程序对应一个源程序文件（扩展名为.c）。但在实际应用中，一个规模较大的 C 语言程序往往会包含很多函数，把这些函数统统放入一个源程序文件中是不现实的。假设某个开发团队的 100 个人一起修改同一个源程序文件，那简直是一场灾难！

把一个大型程序拆分为多个源程序文件是十分必要的。可以将不同的函数按功能分别放入不同的源程序文件中：例如把进行数值处理的函数放入一个源程序文件中，把与用户界面有关的函数放入另一个源文件中（注意，同一函数不允许被拆分后放入多个文件中）。这就可将一个大型程序的编写任务分工给多人完成，每人负责其中的一个或几个源程序文件；各个源程序文件可分别编译、互不影响。当某个函数需要修改时，也可以只改动其所在的那一个文件并重新单独编译那一个文件，其他文件无须改变。当所有源程序文件均编译正确后，就可以组装、链接和运行它们了。但多个源文件之间若要共享全局变量或函数，则还需进行以下工作。

- 在一个文件中定义了全局变量，若希望在其他文件中也能使用该全局变量，应在使用该变量的其他文件中声明该变量，声明的方式是：extern+变量定义形式。
- 在一个文件中定义了函数，若希望在其他文件中也能调用该函数，应在调用函数的其他文件中声明函数，声明的方式参见 7.3 节，在函数声明语句前加 extern 或不加 extern 均可。

【程序例 10.4】 由 2 个源程序文件组成的 C 语言程序。

下面是一个由 2 个源程序文件（file1.c、file2.c）组成的 C 语言程序。程序中包含 2 个函数，其中 main 函数被放入 file1.c 中，fun 函数被放入 file2.c 中。

文件【file1.c】

```
#include <stdio.h>
int a;   /* 全局变量定义 */
extern void fun();/*函数声明*/
int main()
{      a=10; /*使用全局变量*/
       printf("(1)a=%d\n", a);
       fun(); /*调用 file2.c 的函数*/
       printf("(2)a=%d\n", a);
       return 0;
}
```

文件【file2.c】

```
#include <stdio.h>
extern int a;
       /* 全局变量声明，该变量是在 file1.c
       中定义的，本文件将使用该全局变量*/

void fun()
{      a=20; /*使用 file1.c 的全局变量*/
       printf("fun 中 a=%d\n", a);
}
```

程序的运行结果为：

```
(1)a=10
fun 中 a=20
(2)a=20
```

全局变量的声明前必须加 extern，不可省略。但函数的声明前是否加 extern 均可，如在 file1.c 中，以下对 fun 函数的声明写法也是正确的。

```
void fun();
```

⚠️ **脚下留心**

当一个 C 语言程序由多个源文件组成时，多个源文件组成的是一个程序，而不是多个程序。因此只能在一个源文件中有 main 函数，且只能有一个 main 函数。上例在 file1.c 中已有了 main 函数，若在 file2.c 中还有 main 函数，则是错误的。

函数的定义前是否加 extern 均可。在 file2.c 中，在 fun 函数的定义前省略了 extern，也可以加 extern，即在 file2.c 中按如下方式定义 fun 函数也是正确的。

```
extern void fun()
{   a=20;       /*使用file1.c的全局变量*/
    printf("fun中a=%d\n", a);
}
```

加 extern，可以在写法上强调该函数将来可能被其他文件调用。但这只是写法上的强调，如果不加 extern，函数一样可以被其他文件调用。

函数的定义前加或不加 extern 效果相同。但对于全局变量的定义，一定不能加 extern；加 extern 就是声明变量而不是定义变量了，会导致变量未定义的错误。

💡 **窍门秘笈**　extern 的用法和作用如下。

① 全局变量的声明或函数的声明前加 extern，表示扩大作用域；声明并不开辟内存空间；全局变量的定义前不得加 extern，否则将是声明而不是定义。

② 函数的定义前加或不加 extern 效果相同，该函数都可被其他文件调用。

默认情况下，全局变量和函数都是能被其他文件使用的（只要在其他文件中声明即可）。如果不希望在其他文件中使用本文件中定义的全局变量或函数，可在本文件全局变量或函数的定义前加关键字 static，这将限制其只能在本文件中使用，不能在其他文件中使用。例如，按如下方式定义全局变量 c，将限制 c 只能由本文件中的函数使用，c 不能被其他文件使用；即使在其他文件中用 extern 声明 c 也不行。

```
static int c;
```

要限制某一函数不能在其他文件中被调用，也需在函数定义前加 static。例如：

```
static int MyFun(int a, int b)
{   …  }
```

则函数 MyFun 只能在本文件中被调用，不能在其他文件中被调用，即使在其他文件中声明该函数也不行。但函数定义前不加 static 或加 extern，都允许函数被其他文件调用。允许被其他文件调用的函数称**外部函数**；不允许被其他文件调用的函数称**内部函数**。

💡 **窍门秘笈**　static 的用法和作用：

① 全局变量或函数定义前加 static，表示限制其只能在本文件中使用，不能在其他文件中使用；

② 局部变量的定义前加 static，表示它是静态型变量。

10.1.2　时间作用范围——变量的存储类别

变量不仅有不同的数据类型，还有不同的存储类别。存储类别表示变量在计算机中的存储位置，如图 10-5 所示，有 3 种存储位置：（1）内存动态存储区；（2）内存静态存储区；（3）CPU（Central Processing Unit，中央处理器）寄存器。在不同存储位置的变量有不同的生存期，如果说局部变量和全局变量反映了变量在空间上的作用范围，存储类别则反映了变量在时间上的作用范围。

变量的存储类别

表 10-2　局部变量的存储类别

变量类型	存储位置	关键字	实例
自动型变量	内存动态存储区	auto	auto int a; /* 或 int a;、auto a; */
静态型变量	内存静态存储区	static	static int b; /* 或 static b; */
寄存器型变量	CPU 寄存器（不在内存中，变量无地址，不能用&取地址）	register	register int c; /* 或 register c; */

在定义变量时，可在变量定义的类型前增加关键字 auto、static 或 register 来指定变量（仅能用于局部变量，不能用于全局变量）的不同存储类别，如表 10-2 所示。

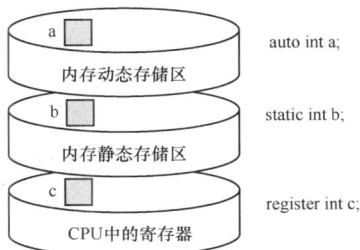

图 10-5　不同存储类别的变量

其中 auto 可省略。我们之前学习的局部变量均未使用过这 3 种关键字，那些变量均与写出 auto 的变量是等效的，都位于内存动态存储区中（全局变量除外）。在写出这 3 种关键字且变量为 int 型时，int 也可省略。表 10-2 中实例定义的 3 个变量 a、b、c 的存储位置如图 10-5 所示。

高手进阶

何谓寄存器？CPU 是计算机的运算核心，寄存器是位于 CPU 中的存储单元；但这些存储单元很少，只能保存少量的数据。如果把内存比作书架，把 CPU 比作学习用的书桌，则寄存器可比作书桌角落上的一块空白，它只用于存放当下学习要用到的几本书，更多的书需要从书架上取。CPU 中的寄存器是为了服务当下计算的常用数据，让它们的存取更加快捷；因为从寄存器存取数据要远远快于从内存存取数据。

由于寄存器数量有限，是弥足珍贵的，我们不能定义过多寄存器型的变量；实际上在程序中用 register 定义变量也只是给编译系统的建议，如果所提建议不合理，编译系统可能并不会采纳，仍将变量定义为自动型。

在实际编程时，没有必要把变量定义为寄存器型，因为编译系统有优化功能，当它识别出某个变量（例如要被频繁使用的变量）适合作为寄存器型变量时，会自动将其定义为寄存器型变量。程序员也很少使用自动型变量。因此以上 3 种关键字中的 auto 和 register 均不常用，一般只关注使用 static 就可以了：当需要使用位于内存静态存储区的局部变量时，应在变量定义前加 static；若在变量定义前不加 static，直接定义局部变量，则局部变量位于内存动态存储区（注意此规律不适用于全局变量）。

高手进阶

在新版 C 语言规则中，auto 已失去了"让变量位于内存动态存储区"的含义，auto 的新含义是自动类型推断，即根据数据的类型来定义变量的类型。例如：

```
auto  d=8.3;      /* d 被自动定义为 double 型 */
auto  n=100;      /* n 被自动定义为 int 型 */
```

在新版 C 语言规则中，register 的含义也失去了，加不加 register 的效果相同，变量都位于内存动态存储区。register 最多只用于显式地指出变量位于内存动态存储区。编译系统会自动识别频繁使用的内存动态存储区的变量，将之存到 CPU 寄存器中。

在新版 C 语言规则中，不能省略 int，以下定义均错误 static b;、register c;。

以上新版 C 语言规则仅供读者了解，本书仍重点介绍传统 C 语言规则。

为什么要关注变量是否是静态型的（是否位于内存静态存储区）呢？因为静态型变量具有不同于自动型变量的很多特性，如表 10-3 所示。

第 10 章

表 10-3　不同存储类别变量的特性

	定义关键字	作用域	生存期	初值
自动型变量	无或 auto	从定义/声明始，至所在函数的}或所在复合语句的}	函数或复合语句运行结束就消失	随机数，重新初始化
静态型变量	static		保留（至整个程序结束）	值为 0，只初始化一次

如果函数中的一个变量在定义时赋了初值，"重新初始化"是指在多次调用该函数时，每次调用都要重新为变量赋初值。"只初始化一次"是指在多次调用该函数时，只有第一次调用才为变量赋初值，以后再调用该函数不会再为变量重新赋初值。

窍门秘笈　不同存储类别变量的特性口诀如下。

自动类型可缺省，离开 } 扫干净。

有赋初值重新赋，未赋初值值不定。

static 静态型，长久保留内存中。

有赋初值只一次，未赋初值值为 0。

"可缺省"是指在定义变量时，可省略 auto。"离开 } 扫干净"是第 7 章函数调用的执行过程口诀中"函数结束，全部完蛋。"的翻版，函数结束就是离开函数最后的 }，这里另增加了复合语句中的自动型变量离开复合语句的 }，其空间也被回收。使用 static 定义的静态型变量在整个程序运行期间其空间一直存在（不会因某个函数执行结束而回收这些空间）；但整个程序运行结束，其空间还是要被回收。

【程序例 10.5】使用 static 变量。

```
#include <stdio.h>
int f(int a)
{    int b=5;
     static int c=3;
     b=b+1;
     c=c+1;
     return(a+b+c);
}
int main()
{    int a=2, i;
     for (i=0;i<3;i++)  printf("%d ", f(a));
     return 0;
}
```

程序的运行结果为：

```
12 13 14
```

main 函数的 for 循环被执行 3 次（i=0,1,2），每次都要调用 f 函数，f 函数共被调用 3 次。3 次调用 f 函数时都要重新开辟 f 函数的空间，函数执行结束后再回收 f 函数的空间。但其中变量 c 的空间被一直保留。【程序例 10.5】的函数空间如图 10-6 所示。

在 f 函数中，变量 b 是自动型的，语句 int b=5;在 3 次 f 函数的调用中都会被执行，每次都会为变量 b 分配新的空间并赋初值 5。

在 3 次 f 函数的调用中，语句 static int c=3;只有在第一次调用时才被执行，为 c 分配空间并赋初值 3。在以后的 2 次调用中该语句不会再执行，直接跳过。因为静态型变量在内存中要一直保留，在第一次调用 f 函数时，其空间已被开辟了，后面再调用 f 函数时就不必再重新开辟了；且赋初值"c=3"也不会再被执行了，目的是维持变量 c 当下的值。

【随学随练 10.1】有以下程序：

```
#include <stdio.h>
```

```
int fun()
{    static int x=1;
     x*=2; return  x;
}
main()
{    int i, s=1;
     for (i=1; i<=2; i++)  s=fun();
     printf("%d\n", s);
}
```
程序运行后的输出结果是（   ）。

A）0　　　　　　　　B）1　　　　　　　　C）4　　　　　　　　D）8

【答案】C

【分析】fun 函数被调用 2 次，s 的值为第二次调用的返回值。静态型变量 x 的空间一直被保留，fun 的返回值实际为上一次调用的 x 值的 2 倍。即第一次调用 fun 返回 2，第二次调用返回 4，若第三次调用将返回 8……static int x=1;只有在第一次调用 fun 时才执行；第 2 次及以后调用 fun 时，这条语句不再执行，x 不能再变回 1。【随学随练 10.1】的函数空间如图 10-7 所示。

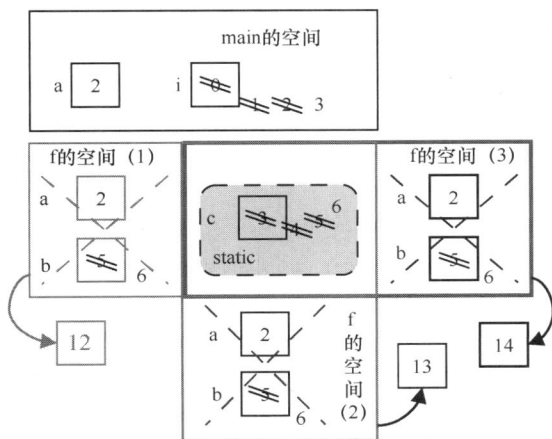

图 10-6　【程序例 10.5】的函数空间　　　　　图 10-7　【随学随练 10.1】的函数空间

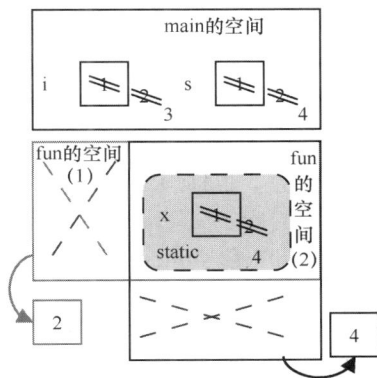

局部变量和全局变量表达了变量的空间作用范围，变量的存储类别则表达了变量的时间作用范围，现总结二者如下。

① 全局变量：只能是静态型的，即只能位于内存静态存储区。

② 函数或 {} 中的局部变量：可以是自动、静态或寄存器型的。

③ 函数的形参：可以是自动或寄存器型的，但不能为静态型的。

全局变量是一直被保留在内存中的，并且若在定义时没有赋初值，其初值也自动赋为 0 而不是随机数。这些特性都与静态型的局部变量的相同，其本质原因在于全局变量都是静态型的变量。注意，反过来说是不行的，静态型的变量不一定都是全局变量。

全局变量永远是静态型的，定义全局变量时是否加 static 关键字都不影响它是静态型的变量。因此对于全局变量来说，static 的含义不再是静态型，而是不允许其他源文件使用该全局变量。即 static 关键字用于全局变量和局部变量时，其含义是不同的。

【小试牛刀 10.1】如有全局变量 a、b，在函数外的定义如下：

```
static int a;
int b;
main()
{    ...
}
```

则"a是静态型的变量，b是自动型的变量" 说法正确吗？

【答案】不正确。a、b 都是静态型的变量，因为它们都在函数外定义，都是全局变量；全局变量都是静态型的。变量 a 定义前的 static 的含义是不允许其他源文件使用该全局变量。

🚶 高手进阶

变量定义还可使用类型修饰符 volatile，volatile 是关键字，它表示即使程序代码没有对变量的值进行修改，变量的值也可能变化。听起来很神秘？其实不然，因为硬件、与本程序交互或共享数据的其他程序也可能修改变量的值。

编译系统可进行编译优化。若编译系统发现，在不同语句中两次使用了某变量的值，则编译系统可能不让程序在内存查找该值两次，而是将该值缓存到寄存器中，后续将从寄存器中取值以提高速度。能进行这种优化的前提是变量的值在两次使用之间不会变化。而如果变量的值会变化（如可能被其他程序改变），这种优化就会导致错误。这时我们可使用 volatile 来定义变量，让编译系统不要做这种优化。例如：

```
volatile int v;
volatile int *ptr;
```

这样当每次要存取该变量的值时，编译系统都会直接从内存中存取。

10.2 有备无患——编译预处理

编译预处理，也称预编译处理，顾名思义，就是在编译之前所做的工作。编译预处理有 3 种：宏定义（#define、#undef）、文件包含（#include）和条件编译（#if、#elif、#else、#ifdef、#ifndef、#endif）。

编译预处理代码不是可执行语句，只能称其为"命令"。一条编译预处理命令单独占一行，以 # 开头，末尾无分号（；）。编译预处理命令本身不参与编译，它只是在编译之前的处理。编译系统一般把编译预处理、编译两个阶段一起完成，因此在上机操作时我们感觉不到编译预处理的存在。

【随学随练 10.2】 以下关于编译预处理的叙述中，错误的是（   ）。

A）预处理命令行必须位于源程序的开始

B）源程序中凡是以#开始的控制行都是编译预处理命令行

C）一行上只能有一条有效的编译预处理命令

D）编译预处理命令是在程序正式编译之前被处理的

【答案】A

【分析】 编译预处理命令行可以位于源程序的任意位置，其他选项的说法都是正确的。

10.2.1 潜伏代号——宏定义

宏定义的命令是#define，其用法是：

```
#define  宏名  替换文本
```

它是一个命令，而不是语句。宏定义的含义是用一个宏名去代替一个替换文本。**宏名**是一个标识符，可以是符合标识符命名规则的任意名称。在编译预处理时，先把源程序中的所有"宏名"都用"替换文本"去代换，称为**宏代换**或**宏展开**，再对代换后的内容进行编译。#define 命令必须写在函数外，其作用域为从命令开始到源程序结束。

1. 无参宏定义

我们学习过的**符号常量**就是一种**宏定义**。

```
#define  PI  3.14
```

是将 PI 定义为文本 3.14 的"代替符号"。源程序中所有 PI 都将首先被替换为文本 3.14（与文本或文字处理软件中的"全部替换"命令相似）再编译。这样编译的内容就不再有 PI 而只有 3.14，编译的是 3.14 而不是 PI。例如源程序中的语句

```
area=PI*r*r;
angle=30*PI/180;
```

宏展开后为

```
area=3.14*r*r;
angle=30*3.14/180;
```

在编译之前，编译系统就先进行宏展开，先将语句变为后者的形式再编译。即将来编译的是宏展开后的内容。

注意，仅有独立的单词才会被替换，而单词的组成部分不会被替换，例如不会将标识符 PINK 替换为 3.14NK。引号中的内容也不会被替换，如 printf("PI");不会被替换为 printf("3.14");。

宏定义的"替换文本"可以是任意文本，不仅限于数字。编译预处理时不进行语法检查，只有在宏展开后进行编译时，才对宏展开后的内容进行语法检查。

```
#define  M  (y*y+3*y)
```

是将之后源程序中的 M 都替换为"(y*y+3*y)"再编译。如源程序中语句

```
s=3*M+4*M;
```

宏展开后为

```
s=3*(y*y+3*y)+4*(y*y+3*y);
```

在编译时再检查后者的语法错误，并运行、计算。要注意括号的用法，又如

```
#define  M  y*y+3*y
```

则源程序中的语句

```
s=3*M+4*M;
```

宏展开后为：

```
s=3*y*y+3*y+4*y*y+3*y;
```

这是将"M"替换为"y*y+3*y"，在替换时不加括号。这可能与我们的本意不符，替换后会先计算 3*y*y 再相加。若希望先相加、后计算加法结果与 3 的乘法，应在#define 的定义中，在替换文本的适当位置加( )，像前例那样。

【小试牛刀 10.2】下面程序的输出结果是？

```
#define N 3+5
main()
{
    printf("%d", 2*N);
}
```

【答案】输出 11。源程序中"N"被替换为"3+5"，printf 语句宏展开后为 printf("%d", 2*3+5); ，之后再编译、运行，自然输出11。注意，宏展开时没有任何计算的过程，千万不要认为"N 就是 8、2*8 输出 16"，这是不正确的。

若有语句 printf("N");，在屏幕上仍输出 N 本身，引号内的 N 不会被替换为 3+5。

💡 **窍门秘笈　宏展开口诀：**

文本替换，不会计算。

宏展开是一种纯文本的替换，没有任何计算的过程。在做宏展开时，把自己想象为一名尚未学过数学的小孩子反而不容易出错。

在宏定义命令的末尾是不加分号（;）的。若加分号（;），对宏定义命令本身来说，编译系统并不报错，只不过在宏展开时，分号会被视为替换文本的一部分，将跟随替换。只要保证替换后的内容无语法错误就可以了。

【程序例 10.6】带分号的宏定义。

```
#include <stdio.h>
#define  PRINT  printf("OK\n");
int main()
{
    PRINT
    return 0;
}
```

程序的运行结果为：

```
OK
```

宏展开后 PRINT 将被替换为 printf("OK\n");，替换后的内容是一个完整的语句（含分号）。注意，在 main 函数中的 PRINT 后不能再加分号，否则替换后的内容将有两个分号。

2．带参宏定义

在宏定义中还允许像函数那样带有参数，但参数也只进行纯文本的替换，不会像函数调用时的参数那样有内存空间，也没有值的传递过程，更没有计算过程。

【程序例 10.7】带参宏定义。

```
#include <stdio.h>
#define  F(x, y)  3*x+y
int main()
{   printf("%d", F(1, 2));
    return 0;
}
```

程序的运行结果为：

```
5
```

本例 printf 语句的宏展开要分两步进行。

（1）将 printf 语句中的 F(…)替换为"3*x+y"。

```
printf("%d", 3*x+y);
```

（2）#define 的定义中指定 F 的参数为 x、y（也称**形参**）；调用时 F 的参数为 1、2（也称**实参**）。按照顺序依次对应，将第（1）步结果中的"x"替换为"1"，"y"替换为"2"。

```
printf("%d", 3*1+2);
```

再编译、运行，最后输出 5。

带参宏定义的宏展开，与函数的实参到形参的值传递有着本质的不同，这里没有"形参激活为变量"，也没有"变量的值"，仍只是纯文本的替换，是用实参的文本替换形参的文本。因此在带参宏定义中，参数无类型，也不会在调用时为参数分配空间。

🏃 高手进阶

宏名和替换文本之间，是以空格（或 Tab 符）进行分隔的。因此在带参宏定义中，宏名和形参表之间不能有空格（或 Tab 符）。如【程序例 10.7】中宏定义写为：

```
#define  F  (x, y)  3*x+y
```

则 F 是宏名（没有参数），"(x, y) 3*x+y"是替换文本，该定义会被编译系统认为是无参宏定义，后面使用时，带有实际参数的 F(1,2)会无法进行宏展开从而出现错误。

【随学随练 10.3】有以下程序：

```
#include <stdio.h>
#define  S(x)  4*(x)*x+1
main()
{   int k=5, j=2;
    printf("%d\n", S(k+j));
}
```

程序运行后的输出结果是（　　　）。

A）197　　　　　　　　B）143　　　　　　　C）33　　　　　　　D）28

【答案】B

【分析】printf 语句先变为 printf("%d\n", 4*(x)*x+1);，再以 "k+j" 替换 "x"，变为 printf("%d\n", 4*(k+j)*k+j+1);（注意只是纯文本的替换，不要随便加( )）。

【小试牛刀 10.3】如将 printf 语句改为 printf("%d\n", S((k+j)));，则输出结果是？

【答案】197。宏展开时，以 "(k+j)" 替换 "x"，变为 printf("%d\n", 4*((k+j))*(k+j)+1);，再编译、执行后输出 197。

【随学随练 10.4】有以下程序：

```
#define f(x)  (x>=0?x:-x)
main()
{   int a=1;
    printf("%d", f(-a) );
}
```

程序运行后的输出结果是_____。

【答案】0

【分析】f(-a)宏展开为(-a>=0?-a: --a)，选择执行--a，这是自减运算，表达式的值为 0。

3．嵌套的宏定义

在宏定义的替换文本中，还可包含已定义的宏名，形成嵌套的宏定义。宏展开时将层层替换。

若有

```
#define  PI  3.14
#define  S  PI*y*y
```

则语句

```
printf("%f", S);
```

宏展开后为

```
printf("%f", 3.14*y*y);
```

高手进阶

若要取消先前的宏定义可使用#undef 命令，例如：

```
#include <stdio.h>
#define  PI  3.14
fun()
{   printf("%f\n", PI); } /* 输出 3.140000 */
#undef  PI
fun2()
{   printf("%f\n", PI); } /* 错误，因 PI 定义已取消，PI 不再有效 */
#define  PI  3.14159
main()
{   fun();
    printf("%f\n", PI);   /* 输出 3.141590 */
}
```

10.2.2　自动复制、粘贴——文件包含

文件包含也是编译预处理的一种，文件包含命令是#include。

文件包含是将另一文件的内容插入当前文件的#include 命令行处，取代#include 命令行；如同将另一文件的内容全选、复制，再到#include 命令行处粘贴。所包含文件的文件名可用一对< >括起，也可用" "括起，两者的区别可参见 3.2.1 小节。

```
#include <stdio.h>
#include "math.h"
```

例如，设头文件 stdio.h 中的内容为"内容 B"，my.c 文件中的内容为"内容 A"。在 my.c 的"内容 A"之前有#include 命令行，则编译预处理后的 my.c 的内容为"内容 B+内容 A"（不再有#include 命令行，它已被"内容 B"替换），如图 10-8 所示。

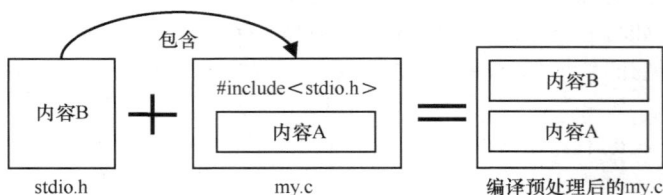

图 10-8　文件包含的原理

所包含的文件可以是另一个 C 语言源程序文件（扩展名为.c），也可以是一个头文件（扩展名为.h），但一般是头文件。文件包含也可以嵌套，如 a.c 中包含 b.h，b.h 中又包含 c.h。

文件包含实质上是将另一文件的内容"拿来"供本文件使用。如果在多个源程序文件中都要声明某些函数或某些全局变量，可事先把这些函数或全局变量的声明写到一个头文件中，在编写每个源程序文件时用一条#include 命令把该头文件包含进来即可，而不必在每个源文件中都重写一遍这些函数或全局变量的声明。这样既节省了编程工作量，又保证了正确性；因为同样的内容写的次数越多，出现错误的机会也就越多。

🏃 高手进阶

编译预处理命令一般只能写在一行中。当宏定义和文件包含命令在一行中写不下，需分行写时，在本行可断句的最后一个字符后紧接一个反斜线（\），即可在下一行继续写。注意，如果在反斜线（\）前或在下一行开头留有空格，则宏替换时也将加入这些空格。例如：

```
#define  LEAP_YEAR  year % 4 == 0\
&& year % 100 != 0 || year % 400 == 0
```

使用反斜线（\）将一条#include 命令写在多行中的例子如下：

```
#include \
    <stdio.h>
```

10.2.3　早知当初，何必如此——条件编译

条件编译也是编译预处理的一种。它与 if 语句有些类似，也是根据条件分支进行判断，但条件编译与 if 语句有着本质的不同。if 语句是一定会被编译的，可执行文件中包含对应的机器指令，条件不成立时只是不执行那些指令而已；而条件编译是在条件不成立时根本不编译那些语句，可执行文件中没有对应的机器指令，当然也不会被执行。

条件编译命令有#if、#elif、#else、#ifdef、#ifndef 和#endif 等。前 3 个命令分别类似于 if、else if、else，它们用于判断某个条件（条件必须是常量表达式）是否为真，决定是否进行编译。#ifdef、#ifndef 也用于判断某个条件是否为真，决定是否进行编译，但专用于"符号是否被#define 定义过"这样的条件。#ifdef、#ifndef 分别表示某个符号被#define 定义过则编译、某个符号未被#define 定义过则编译。#if、#ifdef、#ifndef 都以#endif 作为结束，像三明治一样把要被编译或不被编译的语句夹在中间；而不能用{　}括起子句，这也是条件编译与 if 语句的区别。

【程序例 10.8】条件编译。

```
#include <stdio.h>
```

```
#define DEBUG 1                        /* 定义了 DEBUG, 替换文本为 1 */
int main()
{    int a=1;
#if DEBUG==1
     printf("debugging...\n");          /* DEBUG==1 为真, 此句被编译 */
#endif

#ifdef DEBUG
     printf("a=%d\n", a);               /* DEBUG 被#define 定义过, 此句被编译*/
#else
     printf("a+1=%d\n", a+1);           /* 此句不被编译 */
#endif
     return 0;
}
```

程序的运行结果为:

```
debugging...
a=1
```

注意#if、#ifdef 都要以#endif 作为结束。最后的 printf 语句没有被执行, 因为它没有被编译。

第 **11** 章 我的类型我做主——自定义类型

变量就像收纳盒，收纳盒有各种规格、各种类型。C 语言中变量的类型有哪些呢？int、float、double、char 等有限的几种。即使定义千千万万的变量，它们的类型掰着手指头也能数得过来，是不是少了点？笔者也是这样觉得的。庆幸的是，C 语言允许我们自己"设计"新的类型，新的类型具有与 int、float、double、char 等同的作用，也可用于定义变量。这使得变量的类型更加丰富，能满足程序的更多需要。在本章就让我们做一个"设计师"，亲自设计自己的漂亮的"收纳盒"吧！

11.1 多功能收纳盒——结构体

11.1.1 绘制设计图——定义结构体类型

要生产一种新型产品，首先要绘制设计图，然后才能按照设计图投入生产。在 C 语言中为新数据类型绘制设计图称为**数据类型的定义**。例如以下自定义了一种新数据类型——**结构体**，称为结构体类型的定义（注意不是变量的定义）。

定义结构体类型和使用结构体变量

```
struct student
{
    int num;
    char name[10];
    char sex;
    float score;
};
```

其中 struct 是关键字，其后的 student 是为新数据类型起的名字（是类型名，而非变量名）；然后在一对{ }中使用定义变量的格式组合若干元素，如 num、name、sex、score 等（只是定义变量的格式，但不是变量），这些元素称**结构体的成员**。也就是说，结构体这种新数据类型不能随意定义，而必须基于已有的数据类型（如int、float、double、char 等）进行组合。

⚠️ **脚下留心**

新数据类型的名字须写为 struct student，而不是 student。在 C 语言中，提及结构体的类型名，必须带上 struct 关键字，不能单独说 student。

还要注意在结构体类型的定义中，} 后的分号（;）必不可少。这对{ }与复合语句和 switch 语句中的那些{ }都不同。

11.1.2 制作收纳盒——使用结构体变量

1．结构体变量的定义

除了 int、float、double、char 等 C 语言自带的类型外，现在我们还有了 struct student 类型，如图 11-1 所示。可随意选用类型来定义变量，例如现在用 struct student 类型来定义变量。

```
struct student boy1, boy2;
```

定义了两个变量 boy1、boy2，这与定义整型变量的写法 int a, b; 类似，只是这里变量 boy1、boy2 不是 int 型而是 struct student 类型的（struct 不可省略），称**结构体变量**。

两个结构体变量 boy1、boy2 的空间如图 11-2 所示。它们的空间都比较"大"，由 4 部分组成，即 num、name、sex、score（其中 name 是包含 10 个元素的数组）。这些组成部分就是定义结构体类型时那张"设计图"上规定的各成员。

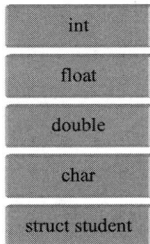

图 11-1　现有
数据类型

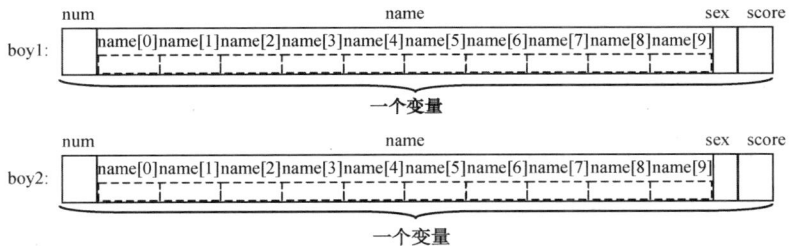

图 11-2　两个结构体变量 boy1、boy2 的空间

结构体变量更像是一个带隔断的多功能收纳盒，其中有不同的区域，每个区域可分别存放不同的物品。如 num 区域可存放一名学生的学号、name 区域可存放一名学生的姓名、sex 区域可存放一名学生的性别、score 区域可存放一名学生的分数，即用一个结构体变量就可存储一名学生的一整套信息。将一整套信息存储到一个变量中，而不是分别存储到若干个不同的变量中，程序会更加清晰，减少出错。boy1、boy2 两个变量能分别存储两名学生的信息，二者互不干扰。

⚠️ **脚下留心**

结构体变量和数组都可以存储多个数据，但结构体变量与数组是不同的。

数组内所有元素的类型都必须相同（类似银行卡包，每页大小都相同），而结构体变量内各成员的类型可以不同（类似多功能收纳盒，每格大小可不同）。

数组用于保存一组数（多个数据）；而结构体变量整体是一个变量。数组名是假想的指针变量，代表数组第一个元素的地址；而结构体变量名就是该变量的名称，结构体变量是一个实实在在的变量，要获得结构体变量的地址，必须用&。

在将物品放到带隔断的多功能收纳盒中时，要明确将其放到哪个区域。在用 boy1、boy2 保存数据时，也要指明使用其中的哪个成员来保存。C 语言用结构体变量名+点号（.）+成员名来表示一个"区域"。例如将学号 101 保存到 boy1 的 num 成员中，语句写为：

```
boy1.num=101;
```

这里的点号（.）称**成员选择运算符**，它相当于"的"。boy1.num 就表示"boy1 的 num 部分"。点号（.）就是小数点，但在这里它不具备小数点的含义，这又是 C 语言中的同一符号多用现象，同一符号在不同场合含义不同。注意下面的写法是不行的。

```
boy1=101;                    /* 错误，因未说明要将 101 放到 boy1 的哪个成员中 */
```

不能直接使用结构体变量名来保存数据，而必须指明数据要放到哪个"区域"中。

```
boy1.sex='M';                /* 'M'表示男（male), 'F'表示女（female) */
boy1.score=85.0;
strcpy(boy1.name,"Zhao");
```

注意，最后一句写为 boy1.name="Zhao";是不行的，因为 name 是数组名，它不能被赋值为字符串（参见 9.1.2 小节），要用 strcpy 函数将字符串保存到数组中。

赋值后变量 boy1 的情况如图 11-3 所示。若继续执行如下语句：

```
boy2.num=boy1.num;
strcpy(boy2.name, boy1.name);
scanf("%f", &boy2.score);
```

则 boy2 的 num 也为 101，boy2 的 name 也为"Zhao"，并可为 boy2 的 score 输入分数。

若执行下面语句则依次输出 boy1 中成员的值。

```
printf("%d\n", boy1.num);         /* 输出 101 */
printf("%f\n", boy1.score);       /* 输出 85.000000 */
printf("%s\n", boy1.name);        /* 输出 Zhao */
printf("%c\n", boy1.name[1]);     /* 输出一个字符 h */
```

总之，用结构体变量保存数据时，需用点号（.）指明使用某一成员（如 boy1.num）；对简单变量可以进行的操作，对结构体变量中同类型的成员都可进行。

2．结构体变量之间的赋值

相同类型的结构体变量之间可以彼此赋值。例如

```
boy2=boy1;
```

则将 boy1 的所有内容（包括 num、name、sex、score）全部复制到 boy2，boy2 各成员的内容将与 boy1 各成员的内容完全相同，如图 11-3 所示。这是结构体变量的特殊用法。结构体变量之间的赋值，就是其中的所有成员全部赋值。

脚下留心

数组名与结构体变量名是不同的，数组名之间不允许赋值（因都是假想的指针变量，值不能改变）；而结构体变量名之间允许赋值，会将全部内容进行复制。

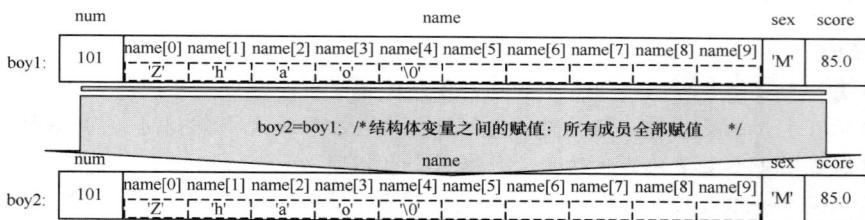

图 11-3   使用结构体变量保存数据和结构体变量之间的赋值

3．结构体类型和结构体变量

struct student 是结构体类型，boy1、boy2 是结构体变量，"结构体类型"和"结构体变量"的关系如同 int a;中的"整型 int"和"整型变量 a"的关系。结构体类型相当于设计图，不会被分配内存空间，是不能保存数据的；结构体变量相当于依据设计图制作出来的产品，会被分配内存空间，能保存数据。下面的写法错误。

```
student.num=102;          /* 错误 */
student.score=90.0;       /* 错误 */
```

因为 student 中是没有可以保存数据的 num、score 的空间的，struct student 是结构体类型，它只

是一张设计图。只有 boy1.num、boy1.score 或 boy2.num、boy2.score 等才能保存数据。好比东西要放到收纳盒里，不能放到设计图上。

特殊地，在用 sizeof 求一个结构体变量占多少字节时，就既可以用一个变量来求，也可以直接用类型来求，如有 int a;，则 sizeof(a) 和 sizeof(int) 都是求整型变量所占字节数（参见 2.2.5 小节）。同样地，sizeof 用于结构体类型时，下面的写法均正确：sizeof(boy1)、sizeof(boy2)、sizeof(struct student)。如同在求收纳盒的体积时，无论是对收纳盒实物进行测量，还是直接用设计图上标记的尺寸进行计算，都能把体积求出来。

但注意，sizeof(student) 写法是不正确的，因为类型名是 struct student 而不是 student。

🏃 高手进阶

结构体变量所占字节数，本应是其所有成员所占字节数的和，如 sizeof(boy1)、sizeof(boy2)、sizeof(struct student) 都应求出 19（num 占 4 字节、name 占 10 字节、sex 占 1 字节、score 占 4 字节），然而事实并非如此。

上述 3 个 sizeof 都会得到 20 而不是 19，这是因为在计算机系统中有一种字节对齐的现象，sex 虽占 1 字节，但在它后面添加了额外的 1 字节，然后才是 score 的空间。这已超出本书讲解范围，读者不必关心一个结构体变量精确占多少字节。

结构体类型属于自定义类型，不像 int、float、double、char 等类型是 C 语言自带的，因此结构体类型不能直接被用来定义变量；我们必须先亲自动手把结构体类型定义好（先把设计图画好），再用这种类型来定义变量。定义时可采用 3 种方式。

前面定义变量 boy1、boy2 的方式是第①种。第②种方式是在定义结构体类型的同时定义结构体变量，将 boy1、boy2 写到定义类型时的右花括号（}）之后、分号（;）之前。第③种方式与第②种方式类似，只是省略了类型名（即 struct 后的 student）。

第②种方式有类型名，在定义语句的分号（;）之后还可用 struct student 再定义这种类型的其他变量，如 struct student boy3;，而第③种方式在定义语句的分号（;）之后就不能再定义这种类型的其他变量了，因为没有类型名。当只会用到该类型的有限个变量、确定不会用到该类型的其他变量时，可用第③种方式定义，将该类型的所有变量一次定义齐全。

① 先定义结构体类型，再定义结构体变量。	② 在定义结构体类型的同时定义结构体变量。	③ 在定义结构体类型的同时定义结构体变量，但省略类型名。

``
struct student
{   int num;
    char name[10];
    char sex;
    float score;
};
struct student boy1,boy2;
``
	``
	struct student
	{ int num;
	    char name[10];
	    char sex;
	    float score;
	}boy1,boy2;
	``
		``
		struct
		{ int num;
		    char name[10];
		    char sex;
		    float score;
		}boy1,boy2;
		``

4．结构体变量的初始化

普通变量可在定义的同时初始化（赋初值），结构体变量也可以，但要将各成员的值按类型定义时成员的顺序依次写出并放到一对{ }内。

```
struct student boy2, boy1={101, "Zhao", 'M', 85.0};
```

则 101、"Zhao"、'M'、85.0 依次被存入 boy1 的 num、name、sex、score 中，且只有 boy1 的各成员被初始化，boy2 中的内容是随机数。

如在{ }内并未给全各个成员的值，则后续成员会自动被赋 0 值。

【小试牛刀 11.1】在以上变量 boy2、boy1 的定义语句后，如何让 boy2 的所有成员具有与 boy1 的所有成员相同的内容呢？（答案：执行语句 boy2=boy1; 即可。）

【随学随练 11.1】设有定义：

```
struct complex { int real, unreal; } data1={1, 8}, data2;
```

则以下赋值语句中错误的是（　　　　）。

A）data2=data1;　　　　　　　　　　B）data2=(2, 6);

C）data2.real=data1.real;　　　　　D）data2.real=data1.unreal;

【答案】B

【分析】本题中在定义结构体类型的同时定义结构体变量（第②种方式）。data1 被赋初值，其 real 成员的值为 1，unreal 成员的值为 8。data2 的两个成员的值均为随机数。A）中所有成员全部赋值，使 data2 的 real 成员的值为 1、unreal 成员的值为 8；B）错误，无此写法；C）使 data2 的 real 成员的值为 1；D）使 data2 的 real 成员的值为 8。

结构体数组和
结构指针变量

11.1.3　制作通讯录——结构体数组

数组元素也可以是结构体类型的（各元素的结构体类型需相同），这种数组称**结构体数组**。如果把一张记录朋友联系方式（包括姓名、住址、电话号码、微信号等）的纸条比作一个结构体变量，则一个结构体数组就是由若干张这样的纸条装订成的一本通讯录，其中每一页记录着一位朋友的信息，如图 11-4 所示。

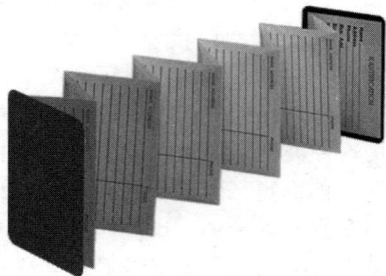

【程序例 11.1】用结构体数组保存学生信息，计算学生的平均分和不及格人数。

图 11-4　结构体数组类似一本通讯录

```c
#include <stdio.h>
#define N 5
struct student
{   int num;
    char name[10];
    char sex;
    float score;
} boy[N]={{101,"Zhao",'M',85.0}, {102,"Zhang",'F', 65.5},
    {103,"Li",'M',42.0}, {104,"He",'F',97.0}, {105,"Wang",'F',58.0}};
int main()
{   int i, c=0;   /* c用于存放不及格人数 */
    float ave, s=0;   /* ave 和 s 分别用于存放平均分和总分 */
    for (i=0; i<N; i++)
    {   s += boy[i].score;   /* 求总分 */
        if (boy[i].score<60) c+=1;/* 统计不及格人数 */
    }
    ave=s/N;   /* 求平均分 */
    printf("平均分=%f    不及格人数=%d\n", ave, c);
    return 0;
}
```

程序的运行结果为：

```
平均分=69.500000    不及格人数=2
```

在定义结构体类型的同时定义了结构体数组 boy[N]，该数组为全局变量。数组的一个元素就是一个结构体类型的变量，含有一套数据。故数组的初值要放在嵌套的两层 {　} 中，一个内层 {　} 表示一个元素。当为数组的全部元素赋初值时，也可不给出数组长度，即省略定义数组时 boy[N] 中的 N，结构体数组的空间如图 11-5 所示。结构体数组的用法与普通数组的用法类似，但在访问其中的元素时，要指明访问的某一成员，如要访问 boy[i] 的 score 成员，应写为 boy[i].score。

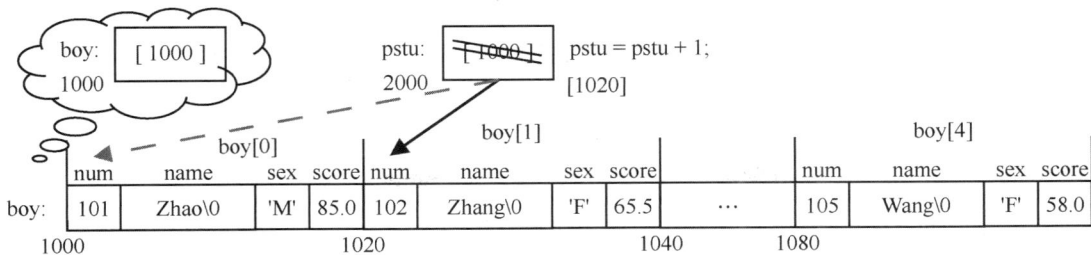

图 11-5　结构体数组 boy 和结构体指针（结构指针变量）pstu

【程序例 11.2】查找某书的库存信息。根据输入的书号，查找书库中是否有该书，若有则显示该书的库存信息，若没有则给出提示。

```c
#include <stdio.h>
#define N 5
struct book
{   int isbn;      /* 书号 */
    char *name;    /* 书名（的地址） */
    float price;   /* 单价 */
    int stock;     /* 库存量 */
};
int main()
{   struct book bks[N]={{978,"C 程序设计",28.0,125},
        {730,"数据结构",29.0,182}, {228,"操作系统",17.5,224},
        {310,"数据库系统",18.5,282}, {102,"网络技术",42.0,334}};
    int n, i;
    printf("请输入要查询的书号："); scanf("%d", &n);

    for (i=0; i<N; i++)
        if (bks[i].isbn==n) break;

    if (i>=N)
        printf("查无此书！\n");
    else
    {   printf("书号\t 书名\t\t 单价\t 库存量\n");
        printf("%d\t%s\t", bks[i].isbn,bks[i].name);
        printf("%-6.1f\t%d\n", bks[i].price,bks[i].stock);
    }
    return 0;
}
```

程序的运行结果为：

```
请输入要查询的书号：978↙
书号            书名            单价            库存量
978            C 程序设计       28.0            125
```

一本书的信息包含书号、书名、单价、库存量等，适合用一个结构体变量保存；书库中多本书的信息就适合用一个结构体数组保存。程序中使用的查询方法是顺序查找法（参见 6.2.1 小节）。输出时\t 表示 Tab 符，它使各字段对齐，输出更美观。

不像【程序例 11.1】保存学生姓名时所用的 char name[10]数组成员，本例的"书名"成员是 char 基类型的指针 char *name，保存"书名"字符串的首地址。这是在结构体变量中保存字符串成员的另一种做法。注意 bks[i].name 中保存的是一个地址，而不是字符串内容本身。

【随学随练 11.2】设有定义：

```c
struct { int n; float x;} s[2], m[2]={ {10, 2.8}, {0, 0.0} };
```

则以下赋值语句中正确的是（　　　）。

| A）s=m; | B）s.n=m.n; | C）s[0]=m[1]; | D）s[2].x=m[2].x; |

【答案】C

【分析】结构体变量之间可彼此赋值，即将全部成员整体赋值；而数组名之间不能彼此赋值（因为数组名是假想的指针变量，值不能改变）。s.n=m.n;未写出数组元素下标，错误。s[2]的下标 2 越界，错误（数组共 2 个元素，下标范围为 0~1）。

11.1.4　训练弓箭手——结构指针变量

保存结构体变量的地址的指针变量称**结构指针变量**。

结构指针变量的基类型为结构体类型，可保存一个同基类型的结构体变量的地址。

```
struct student *pstu;
pstu = &boy1;
```

注意，不能把结构体类型名的地址赋给结构指针变量，下面的语句是错误的。

```
pstu = &student;                           /* 错误，类型名没有内存空间，没有地址 */
```

也不能将成员的地址赋给结构指针变量，因为基类型不同。下面的语句也是错误的。

```
pstu = &boy1.num;                          /* 错误 */
```

它试图将成员 num 的地址赋给结构指针变量 pstu。虽然第一个成员 num 的地址在数值上与变量 boy1 的地址相同，但 num 是 int 型的，与 pstu 的基类型不同，其地址不能赋值到 pstu 中保存。要保存 num 成员的地址，需要定义 int 基类型的指针变量来保存。

```
int *p;  p = &boy1.num;                     /* 正确 */
```

也可通过地址访问成员。然而通过地址访问成员时与通过结构体变量访问成员时使用的运算符不同：前面介绍通过结构体变量访问成员时用点号（.），但通过地址访问成员时应用减号和大于号组成的箭头号（->）。例如：

```
pstu->num = 101;                            /* 不能写为 pstu.num */
pstu->sex = 'M';                            /* 不能写为 pstu.sex */
strcpy(pstu->name, "Zhao");                 /* 不能写为 pstu.name */
scanf("%f", &pstu->score);                  /* 不能写为 pstu.score */
```

可将箭头号（->）想象为一支箭，由指向一个结构体变量的指针"射向"结构体变量中的某个成员。在成员选择运算符中，箭头号（->）是结构指针变量专用的，点号（.）是结构体变量专用的。

```
boy1.num = 101;                             /* 不能写为 boy1->num */
boy1.sex = 'M';                             /* 不能写为 boy1->sex */
strcpy(boy1.name, "Zhao");                  /* 不能写为 boy1->name */
scanf("%f", &boy1.score);                   /* 不能写为 boy1->score */
```

用"*指针变量"可得到所指向的变量，即"*指针变量"与结构体变量是等价的。由于"*指针变量"不再是地址，通过它访问成员时，也应使用点号（.）。

```
(*pstu).num = 101;                          /* 不能写为 (*pstu)->num */
(*pstu).sex = 'M';                          /* 不能写为 (*pstu)->sex */
strcpy((*pstu).name, "Zhao");               /* 不能写为 (*pstu)->name */
scanf("%f", &(*pstu).score);                /* 不能写为 (*pstu)->score */
```

注意，(*pstu)必须加括号，写为*pstu.num 是不行的，因为后者将先进行点号（.）的运算，后进行*的运算。C 语言中有 4 种运算符具有"至高无上"的优先级，它们都与圆括号（）的优先级相当，它们是：圆括号（（））、方括号（[ ]）、点号（.）、箭头号（->）。因此*pstu.num 会先进行点号（.）的运算，只有(*pstu).num 才能先算*获得结构体变量，再算.找到 num 成员。

现将访问结构体变量成员的方法总结如下。

● 通过结构体变量访问成员只有一种方法：结构体变量.成员。

● 通过结构指针变量访问成员有两种方法：结构指针变量->成员或(*结构指针变量).成员。

【随学随练 11.3】设有以下程序段：

```
struct MP3
{    char name[20];
     char color;
     float price;
} std, *ptr;
ptr=&std;
```

若要引用结构体变量 std 中的 color 成员，写法错误的是（　　　　）。

A）std.color　　　　　B）ptr->color　　　　　C）std->color　　　　　D）(*ptr).color

【答案】C

结构指针变量也可指向结构体数组中的元素，这与普通数组的情况相同。数组名 boy 也是"假想"的结构指针变量，保存数组首地址。

```
struct student boy[5], *pstu;
pstu = boy;                  /* pstu 指向 boy[0] */
```

pstu+1 也将移动"一个数组元素"的字节数，如图 11-5 所示。

```
pstu = pstu + 1;             /* pstu 指向 boy[1] */
```

11.1.5　重口味与轻口味——结构体类型数据用于函数

结构体类型数据也可用作函数参数，主要有以下两种方式。

（1）重口味——结构体变量用作函数参数

当用结构体变量作为函数参数时，是将全部成员整体传送，即将实参结构体变量中的**所有成员**全部传递给形参。当结构体类型包含的成员较多时，函数"吃"进来的内容也会很多，空间开销是很大的。但由于实参到形参是单向传递的（参见 7.2.3 小节），如果在函数中改变了形参的值，是不会影响实参的。

（2）轻口味——结构体指针（结构指针变量）用作函数参数

当用"指向结构体变量的指针变量"作为参数时，是将实参结构体变量的**地址**传递给形参，地址大小为 4 字节，无论结构体类型有多复杂、包含的成员有多少，函数只"吃"进来 4 字节，因此这种方式效率比较高。但由于函数得到了地址，如果在函数内通过地址改变了它所指向的数据，则实参的值也就被改变了。

结构体类型数据用于函数和结构体的嵌套

【**程序例 11.3**】结构体变量和结构体指针用作函数参数。

```
#include <stdio.h>
#include <string.h>
struct student
{    int num;
     char name[10];
     char sex;
     float score;
};
void fun1(struct student t)      /* 结构体变量用作参数 */
{
     t.num=102;    strcpy(t.name,"Zhang");
     t.sex='F';    t.score=90;
}
void fun2(struct student *p)     /* 结构体指针用作参数 */
{
     p->num=102;   strcpy(p->name,"Zhang");
     p->sex='F';   p->score=90;
}
int main()
{    struct student x={101,"Zhao",'M',85};
     struct student y={101,"Zhao",'M',85};
     printf("(1)x:%d %s %c %f\n", x.num,x.name,x.sex,x.score);
     fun1(x);
```

```
        printf("(2)x:%d %s %c %f\n", x.num,x.name,x.sex,x.score);

        printf("(1)y:%d %s %c %f\n", y.num,y.name,y.sex,y.score);
        fun2(&y);
        printf("(2)y:%d %s %c %f\n", y.num,y.name,y.sex,y.score);
        return 0;
}
```

程序的运行结果为：

```
(1)x:101 Zhao M 85.000000
(2)x:101 Zhao M 85.000000
(1)y:101 Zhao M 85.000000
(2)y:102 Zhang F 90.000000
```

【程序例 11.3】的函数空间如图 11-6 所示。函数 fun1 的形参 t 是结构体变量，属 "重口味" 情况。调用时会将实参 x 的全部成员都传递给形参 t，空间开销很大。然而在函数 fun1 中对 t 的修改，不会反向传回 x。在函数 fun1 执行结束后，t 的空间就被回收，而 x 没有任何改变。

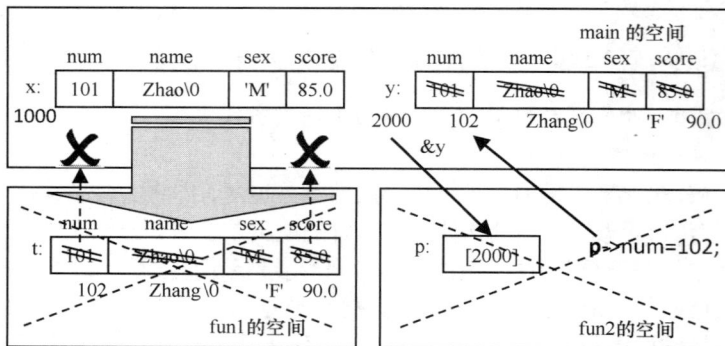

图 11-6 【程序例 11.3】的函数空间

函数 fun2 的形参 p 是结构指针变量，属 "轻口味" 情况。调用时，虽然实参 y 所包含的成员比较丰富，但只会传递 y 的地址 2000（4 字节）。由于传递了地址，在 fun2 中用 "p->成员=..." 就可修改 p 所指向的数据，于是实参 y 的内容被改变。实际上 "p->成员=..." 就是 "(*p).成员=..."，这正是我们在 8.4.1 小节总结过的通过指针传回数据的方式：在被调函数内执行类似 "*p=..." 的语句。

【随学随练 11.4】有以下程序：

```
#include <stdio.h>
struct stu
{ int num; char name[10]; int age;};
void fun(struct stu *p)
{ printf("%s\n", p -> name); }
main()
{ struct stu x[3] = { {011, "Zhang", 20}, {012, "Wang", 19}, {013, "Zhao", 18} };
  fun(x+2);
}
```

程序运行后的输出结果是（   ）。

A）Zhang   B）Zhao   C）Wang   D）19

【答案】B

【分析】数组名 x 是假想的指针变量，值是数组的首地址，即 x[0]的地址。x 加 2 后移动 2 个元素，值是 x[2]的地址，传给形参 p。在 fun 中输出 p 所指数据（x[2]）的 name 成员。注意，这里学号是八进制的 11、12、13，换算为十进制是 9、10、11。请牢记顺口溜 "数前添零进制八"（参见 2.1.1 小节）。因此在实际编程时，切勿在学号、工号等编号前随意加 0。

结构体类型的数据也可以用作函数的返回值。

【程序例 11.4】计算两个复数的和：(1+2i)+(3+4i)。

```
#include <stdio.h>
struct complex
{    int real;
     int unreal;
};
struct complex add(struct complex a, struct complex b)
{    struct complex r;
     r.real = a.real + b.real;
     r.unreal = a.unreal + b.unreal;
     return r;
}
int main()
{    struct complex x={1,2}, y={3,4}, z;
     z = add(x, y);
     printf("z=%d+%di\n", z.real, z.unreal);
     return 0;
}
```

程序的运行结果为：

```
z=4+6i
```

复数由实部和虚部组成，如复数 1+2i 的实部为 1、虚部为 2。因此复数适合用结构体类型的变量保存。程序中定义了结构体类型 struct complex，两个成员 real 和 unreal 分别表示实部和虚部。在 main 函数中定义了 3 个这种类型的变量 x、y、z。x 表示复数 1+2i，y 表示复数 3+4i，z 将保存它们相加的结果。

两个复数相加的结果依然是复数，它的实部是原来的两个复数的实部的和，虚部是原来的两个复数的虚部的和。通过 add 函数计算两个复数的和，形参 a、b 都是结构体变量，不是指针，因此空间开销比较大。x 的全部成员将传递给 a，y 的全部成员将传递给 b，【程序例 11.4】的函数空间如图 11-7 所示。

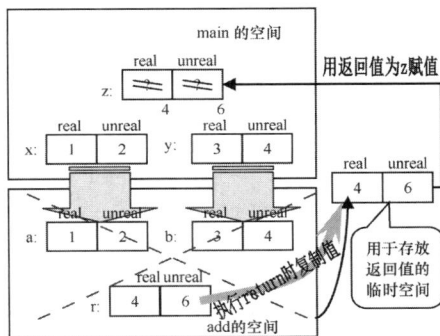

图 11-7 【程序例 11.4】的函数空间

add 函数的返回值也是 struct complex 结构体类型的数据，但并不会返回变量 r 本身的空间。在执行 return 语句时，先开辟临时空间，将要返回的值存入临时空间，再返回临时空间的值。如同餐厅厨师在做好菜后，要取干净的盘子装菜，再将此盘子端给客人（参见 7.2.4 小节）。

在执行语句 z=add(x,y);时，相当于执行了 "z=临时空间的值;"，这是两个同类型结构体变量之间的赋值，会将全部成员整体复制，z 将得到与临时空间的值完全相同的值，于是 z 的 real 和 unreal 成员分别得到了 4 和 6。

【小试牛刀 11.2】若结构体类型中有 char 型数组（字符串）或 char *型指针变量（字符串的首地址），当函数返回值为该结构体类型的数据时，字符串会一并返回吗？

【答案】函数返回值时，将开辟一块同结构体类型的临时空间（取空盘子），然后将返回值（做好的菜）装在（复制在）空盘子中，最后返回的是此盘子。

（1）当结构体中的字符串成员是 char 型数组时，"字符串内容就在菜中"，会将整个字符串（char 型数组）倒在空盘子中，端出去的盘子将包含完整的字符串内容。

（2）当结构体中的字符串成员是 char *型指针变量时，"字符串内容没在菜中"，"在菜中"的只是一个地址。从返回的内容中只能得到一个地址，其中并不包含字符串内容。还要按图索骥，按地址去找内容，才能找到字符串。如果字符串内容原先位于函数的临时变量中（如位于函数内的一个 char

型数组中），此变量在函数结束时已被释放，相当于地址对应的楼已被拆除，就再也找不到字符串了；仅拿着一个地址也是徒劳无功的。而如果字符串内容位于全局变量或静态型的变量中，则这个地址是有效的，可以通过它找到字符串。

【程序例 11.5】将直角坐标转换为极坐标。极坐标是用到原点的距离和角度两个量来表示一个点的坐标系统，数学上从正水平轴开始按逆时针方向度量角度。

```c
#include <stdio.h>
#include <math.h>
#define PI 3.14159
struct rect    /* 直角坐标的类型 */
{   double x;
    double y;
};
struct polar /* 极坐标的类型 */
{   double dist;
    double angle;
};
struct polar rect_to_polar(struct rect rt)              /* 转换函数 */
{
    struct polar ans;
    ans.dist = sqrt(rt.x * rt.x + rt.y * rt.y);         /* 计算距离 */
    ans.angle = atan2(rt.y, rt.x);                      /* 计算角度 */
    return ans;
}
void show_polar(struct polar * po)                      /* 显示极坐标 */
{
    double ang = po->angle * 180/PI;                    /* 转换为角度 */
    printf("   ==> %lg,%lgdegrees", po->dist, ang);
}
int main()
{   struct rect rr;
    struct polar pp;
    printf("请输入直角坐标(x,y):");
    scanf("%lf,%lf", &rr.x, &rr.y);                     /* 输入时必须输入逗号 */
    pp = rect_to_polar(rr);
    show_polar(&pp);
    return 0;
}
```

程序的运行结果为：

```
请输入直角坐标(x,y):30,40✓
    ==> 50,53.1301degrees
```

在 math.h 中提供的 atan 和 atan2 两个函数都可以求反正切值，这里应使用 atan2 函数，因 atan 所求角度只能在 $(-\pi/2, \pi/2)$ 区间内，而 atan2 有两个参数，以坐标(x,y)来求 arctan(y/x)更方便，即使 x 为 0 也能正常计算。

rect_to_polar 和 show_polar 函数的参数使用结构体变量或结构体指针均可，这里分别使用了两种方式。注意，若使用结构体指针，在函数内改变变量的值会影响实参。rect_to_polar 函数也可以定义为有两个参数，第 2 个参数为指针，通过第 2 个参数来"传回"结果。这样函数返回值就可定义为 void 型。即 rect_to_polar()也可按照如下代码定义。

```c
void rect_to_polar(struct rect rt, struct polar * poret)
{
    poret->dist = sqrt(rt.x * rt.x + rt.y * rt.y);  /* 计算距离 */
    poret->angle = atan2(rt.y, rt.x);               /* 计算角度 */
}
```

在 main 函数中调用时应写为：

```
            rect_to_polar(rr, &pp);
```

高手进阶

　　show_polar 函数只获取 po 指向的数据，并不改变其指向的数据，因此更规范的做法是在形参 po 前加 const，这样可避免无意中在函数内改变 po 所指向的数据。

```
    void show_polar(const struct polar * po);
```

　　根据参数返回结果的 rect_to_polar 函数的第 1 个参数若使用指针，也应加 const：

```
    void rect_to_polar(const struct rect *prt, struct polar * poret)
```

　　但第 2 个参数不能加 const，否则将不能通过 poret 改变数据，不能传回结果。

【随学随练 11.5】有以下程序：

```
#include <stdio.h>
#include <string.h>
struct A
{   int a; char b[10]; double c; };
struct A f(struct A t);    /* 函数声明 */
main()
{   struct A a={101, "ZhangDa", 1098.0};
    a=f(a); printf("%d, %s, %6.1f\n", a.a, a.b, a.c);
}
struct A f(struct A t)
{   t.a=102; strcpy(t.b, "ChangRong"); t.c=1202.0; return t;}
```

程序运行后的输出结果是（   ）。

A）　101, ZhangDa, 1098.0　　　　　　B）　102, ZhangDa, 1202.0

C）　101, ChangRong, 1098.0　　　　　D）　102, ChangRong, 1202.0

【答案】D

　　【分析】实参 a 将整体传送，在 f 中改变 t 不会影响 a。在执行 f(a)时，a 的值还没有变化。但因函数的返回值是结构体类型的，在执行"a=返回值;"时，a 的值就会改变。若定义变量 struct A b;，并将语句 a=f(a);改为 b=f(a);，则 a 的值不会变化，变量 b 的值为选项 D。

11.1.6　收纳盒套收纳盒——结构体类型的嵌套

　　结构体类型的某个成员的类型也可以是结构体类型，称**结构体类型的嵌套**。就像在收纳盒的某个区域中又放了一个小收纳盒。例如，结构体类型 struct circle 中的 center 成员的类型为 struct point 结构体类型。

```
struct point
{   double x;
    double y;
};
struct circle
{   struct point center;
    double r;
};
```

现在定义 struct circle 类型的结构体变量 cc，其空间情况如图 11-8 所示。

```
struct circle cc;
```

　　当收纳盒嵌套时，要找到小收纳盒内的物品，应先到收纳盒的对应区域中找到小收纳盒，再到小收纳盒的区域中找到物品。类似地，要访问嵌套结构体变量内部嵌套的成员，要用点号（.）或箭头号（->）连续、逐级地找到成员。例如要访问变量 cc 中的成员 x，应写作 cc.center.x，不能写作 cc.x；要访问 y 应写作 cc.center.y；要访问 r 才可写作 cc.r。

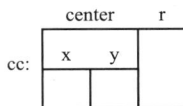

图 11-8　结构体变量 cc 的空间情况

以下程序段将 cc 赋值为一个圆心为(1, 2)、半径为 3 的圆，并输出。

```
cc.center.x = 1;
cc.center.y = 2;
cc.r = 3;
printf("圆心(%f,%f),半径%f", cc.center.x, cc.center.y, cc.r);
```

在通过指针变量访问 center 和 r 时，应使用箭头号（->）；但由于 center 是"变量"不是指针，通过 center 访问 x、y 时，仍应使用点号（.）。

```
struct circle *pc = &cc;
pc->center.x = 1;
pc->center.y = 2;
pc->r = 3;
```

高手进阶

　　成员的类型可以是结构体类型，但不能是它本身所在结构体对应的结构体类型，而只能是其他的结构体类型，但允许本结构体类型的指针作为自己的成员。

　　如在 struct circle 类型中，包含成员 struct circle s; 是不正确的；但包含成员 struct circle *p; 是正确的。

【随学随练 11.6】有以下定义和语句：

```
struct workers
{    int num;  char name[20];  char c;
     struct {int day; int month; int year;}  s;
};
struct workers w, *pw;
pw=&w;
```

能给 w 中 year 成员赋值 2005 的语句是（   ）。

A）*pw.year=2005;　　　　　　B）w.year=2005;　　　　　　C）pw->year=2005;

D）w.s.year=2005;　　　　　　E）pw->s.year=2005;

【答案】DE

【分析】struct workers 内嵌了一个无名的结构体类型，直接用它定义了 s 成员。要访问 year，应先访问 s，再访问 year，逐级进行。注意 pw 是指针，应使用->。

11.2 公路桥洞——共用体

　　公路上行驶的车辆有大有小、有高有低。在为公路修桥洞时，不必为每种高度的车辆单独修一个桥洞，也不必将桥洞高度设计为所有车辆的高度之和，只要使桥洞的高度允许最高的车辆通过就可以了，如图 11-9 所示。也就是说，桥洞是各种高度的车辆所"共用的"，小型车辆通过时只使用桥洞高度的一部分。

　　结构体是 C 语言中的一种自定义数据类型，C 语言中还有另外一种自定义数据类型，就是**共用体**。结构体变量各成员占有独立的空间，互不干涉，理论上，结构体变量占用的总字节数是各成员占用的字节数之和；而共用体变量则类似于公路桥洞，各成员使用共同的空间，共用体变量占用的总字节数为各成员中占用的字节数最多的那个成员所占用的字节数。

　　共用体类型的定义及使用方法与结构体类型的基本相同，只是定义共用体类型时使用关键字 union 而不是 struct。例如，下面定义了共用体类型 un，并同时定义了一个这种共用体类型的变量 u1 和一个可以指向这种共用体类型变量的指针变量 pu1，如图 11-10 所示。

```
union un
{    int i;
```

```
        char c;
        double d;
} ul, *pul=&ul;
```

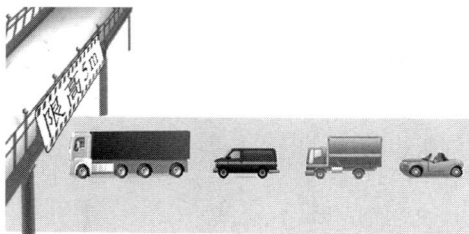

图 11-9 共用体变量类似于公路桥洞

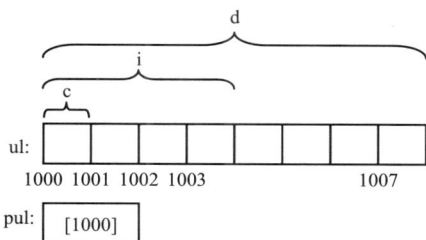

图 11-10 共用体变量 ul 和指针变量 pul 的空间

变量 ul 的 3 个成员 i、c 和 d 占用同一块内存空间：其中 i 占用地址 1000～1003 的 4 字节，c 占用地址 1000 的 1 字节，d 占用地址 1000～1007 的 8 字节。i、c 和 d 的地址相同，都是 1000；共用体变量 ul 的地址也是 1000。整个共用体变量 ul 占用的总字节数与 d 占用的相同，即 1000～1007 的 8 字节。指针变量 pul 仍只占 4 字节。

【小试牛刀 11.3】sizeof(union un)、sizeof(ul)和 sizeof(pul)的值是什么？

【答案】8，8，4。

共用体各成员在某一时刻，只有其中一个成员的值有效，即最近被赋值的成员，而其他成员的值被覆盖。例如执行语句

```
ul.i=2;
```

后，成员 i 有效，它的值是 2。如果再执行语句

```
ul.d=1.2;
```

则成员 d 有效，它的值是 1.2。但此时成员 i 的值就不再为 2，i 已被 1.2 的一部分覆盖。

在定义共用体变量时赋初值，要将初值包含在一对{ }内，但{ }内只能有一个值，且只能为共用体变量的第一个成员赋初值，初值的类型要与第一个成员的类型一致（如不一致，初值将被强制转换为第一个成员的类型）。

```
union un x={2};              /* x.i 成员被赋初值 2 */
union un y={3.6};            /* 3.6 被转换为 int 类型的 3，y.i 成员被赋初值 3 */
```

当数据使用两种或更多种类型（但不会同时使用）时，使用共用体可节省内存空间。例如，一些商品 ID 是整数，而另一些商品 ID 为字符串，就可使用包含整数成员和字符串成员的共用体，二者在实际使用时只有其中之一有效。虽然当前计算机系统内存可多达数吉字节甚至太字节，但一些 C 语言程序是用于嵌入式系统的，如控制烤箱、洗衣机等的程序，嵌入式系统的内存可能非常有限，这时就需要使用共用体节省存储空间。

🏃 高手进阶

使用共用体并不一定都是为了节省存储空间，它还可用于在字节层次上转换数据。下面的程序用于查看某占用 4 字节的整数的各字节的内容。

```
union UNum
{ unsigned char b[4]; int num; };
main()
{ union UNum n;  n.num=274;
  printf("%d %d %d %d",n.b[0],n.b[1],n.b[2],n.b[3]);
}
```

程序输出结果为 18 1 0 0，表示 274 在内存中所占用的 4 字节中的每字节分别所表示的整数。注意 b[0]是内存地址最低的字节，如按字节内存地址由高到低排列依次是 0,0,1,18，也就是分别为

第 11 章

0000 0000, 0000 0000, 0000 0001, 0001 0010。

11.3 "栗子"摆出来——枚举

C 语言还有另外一种自定义数据类型，称**枚举**。枚举类型用关键字 enum 定义。

在枚举类型中，要将变量的所有可能取值（一般为整数）一一列举出来，并以符号代替（类似符号常量）。枚举类型的变量的取值必须为定义时所列举出的取值中的一个（可用符号代替），不能随意取值。

例如以下定义了枚举类型 EDay，并定义了一个这种类型的变量 day1。

```
enum EDay
{
    Sun = 0, /* 各行结尾是逗号，这是列举各种取值，并非语句 */
    Mon = 1,
    Tue = 2,
    Wed = 3,
    Thu = 4,
    Fri = 5,
    Sat = 6  /* 最后一个取值后不再有逗号 */
};
enum EDay day1;
```

则变量 day1 的取值范围为 0 ~ 6（用符号代替是 Sun、Mon、……、Sat 这 7 种值）。

```
day1=Mon;    day1=Wed;
```

使用枚举与使用符号常量类似，都是以符号代替具体的数值（例如用 Sun 代替 0，用 Mon 代替 1）。但使用枚举还能实现符号常量所没有的功能，即限制变量的取值范围。使用枚举可将变量的取值限制为只能取若干种值的一种，而不能随意取其他值。

高手进阶

枚举类型本质上是整型，枚举类型变量本质上是整型变量。枚举类型变量与整型变量的区别是，枚举类型变量不能被任意赋值，它实际只是整型变量的自定义子集。

```
day1=7;  /* 错误，不能赋值为枚举值以外的其他值 */
day1=-1; /* 错误，不能赋值为枚举值以外的其他值 */
```

枚举类型变量只能被赋值为枚举值，且需用符号表示枚举值，不能直接用整数表示（即使该整数在枚举值范围内）。经过强制类型转换才可用枚举值范围内的整数赋值。

```
day1=2;  /* 错误，不能直接赋整数，即使整数在枚举值范围内 */
day1=(enum EDay)2;   /* 正确 */
```

对于以上错误做法，有些编译系统只会发出警告并不报错，但我们不要这样做。

在定义枚举类型时，如未指定值，则系统自动由 0 开始依次为每个枚举符号指定值。不同枚举符号也可以取相同的值。如下定义中，zero 和 null 的值都为 0，one 和 uno 的值都为 1。

```
enum {zero, null=0, one, uno=1};
```

如果仅希望使用常量，而不准备定义使用枚举类型的变量，定义时可省略枚举类型的名称。

```
enum {red, orange, yellow};
```

【**程序例 11.6**】使用枚举类型。

```
#include <stdio.h>
enum color
{ red, yellow, blue, white, black };    /* 自动令 red=0,yellow=1,...,black=4 */
int main()
{   enum color b, c;
```

```
    enum color  *p=&b;                    /* 枚举类型基类型的指针变量 */
    b = blue;                             /* b 中存的是整数 2 */
    c = (enum color)1;                    /* 相当于 c = yellow; */
    printf("%d %d %d\n", b, c, *p);
    if ( c==yellow ) printf("==OK\n");
    if ( b>yellow) printf(">OK\n");
    return  0;
}
```

程序的运行结果为：

```
2 1 2
==OK
>OK
```

11.4 给类型起"绰号"——类型定义符 typedef

绰号，就是另一种称呼。如给熟悉的朋友起了绰号，则叫他的绰号和叫他的本名效果相同。当然给人起绰号是不礼貌的，但是在程序中，给数据类型起绰号会给编程带来方便。

在 C 语言中，可以用 typedef 为某种**数据类型**起**绰号**，即别名。注意是给**数据类型**起别名，而不是给变量起。方法是：在 typedef 后写一个与定义变量相同的形式，"变量"的类型为要被起绰号的类型，"变量名"为绰号，即类型的别名。例如

```
    typedef int INTEGER;
```

是为整型 int 起了别名 INTEGER，注意最后的分号（；）必不可少。现在，通过以下两种方式均可定义整型变量。

```
    int a, b;
    INTEGER c, d;       /* 等效于 int c, d; */
```

用 typedef 为较复杂的类型（如结构体类型）起别名，能为编程带来方便。

```
    typedef struct student        /* student 可省略 */
    {    char name[10];
         int age;
         char sex;
         float score;
    } STU;
```

以上除去 typedef 的其余部分是定义一个结构体类型并同时定义一个这种类型的变量 STU。加上 typedef 后，其含义则是定义一个结构体类型，并同时为此类型起了一个别名 STU。以后就可以用 STU 来直接定义结构体变量了。

```
    STU boy1, boy2;  /* 等效于 struct student boy1, boy2; */
```

注意，不能写为 struct STU boy1, boy2;，因为 STU 已经代表了 struct student，不能再在 STU 前加 struct。而用原类型名（struct student）定义变量时，必须写 struct。

另需注意，不能把 typedef 的别名定义方式理解为：

typedef 原类型名 新类型名；

即不能理解为"用空格隔开原类型名与新类型名"，这是不正确的。而务必理解为：typedef+与定义变量相同的形式，即除去 typedef 后剩余的内容是变量定义的完整形式。例如，在为函数指针类型（8.4.4 小节）定义"别名"时

```
    typedef int (*PM)(int, int);
```

就不能粗暴地以"空格"来分隔"原名"和"别名"了。要理解这种类型别名，先除去 typedef，剩余内容的含义是：定义一个指针变量 PM，用于指向函数，函数有 2 个参数、返回值为 int 型的。加上 typedef 后，其含义就是定义该函数指针类型的别名，别名为 PM。

之后就可方便地用别名 PM 来定义该类型的指针变量。例如

```
PM pmax;      /* 等价于 int (*pmax)(int,int); */
```

显然使用别名定义函数指针更简洁。

【随学随练 11.7】若有定义

```
typedef int *T[10];
T  b;
```

则以下选项中 a 的类型与上述定义中 b 的类型完全相同的是（   ）。

A）int a[10];   B）int *a[10];   C）int (*a)[10];   D）int (*a[10])();

【答案】B

🪜 **高手进阶**

有时也可用宏定义来代替 typedef，例如

```
#define STU struct student
STU
{ int num; char name[10]; char sex; float score; };
STU boy1, boy2;
```

在编译预处理时，编译系统将所有的 STU 文本统统替换为 struct student 再编译。但使用宏定义代替 typedef 不适用于所有场合。例如：

```
#define FLOATP float *
FLOATP pa, pb;      /* 宏展开后为 float *pa, pb;,
                       只有 pa 是指针变量，pb 并非指针变量 */
```

11.5　内存空间的批发和零售——动态存储分配

动态存储分配

在生活中，有时可能会遇到这样的尴尬情况：本来约好 10 位朋友去吃饭，结果只来了 5 位朋友，预定的 10 个菜由于吃不完就浪费了！然而聚会组织者必须以最多人数来订餐，这样带来的问题就是来的人越少，越浪费。如果可以不预先订餐，而待朋友到来之后再根据实到人数点菜，就能解决这个问题。即使在开席之后又有新朋友到来，也可随时加菜。这样按需点菜，就既不会浪费，也不会出现饭菜不够的情况。

在程序中，预先定义的变量或固定大小的数组也会面临类似的尴尬情况。例如，计算平均分的程序需由用户输入各分数，当预先不能确定有多少数据时，就需预先定义一个足够大的数组——也许要定义包含 100 个元素的数组。输入字符串时，由于在输入前不能确定用户要输入的字符串的长度，也需预先定义一个足够大的 char 型数组，如 char str[80];，使用时很可能只用了数组的一部分空间，余下没有使用的空间就浪费了。在另一些场合，如果用户所输入的数据更多，例如要输入 101 个数据，就会出现空间不足的问题。因此在程序中，实现按需实时分配内存空间是很有必要的。

C 语言提供了一些内存管理库函数，常用的列于表 11-1。通过这些库函数可实时申请/释放内存空间，而不必依赖于通过定义变量或数组来获得内存空间。这称为**动态存储分配**。

表 11-1　C 语言常用内存管理库函数（要使用这些函数，应在程序中包含头文件 stdlib.h）

函数	用法	功能
malloc	(类型说明符*)malloc(size)	分配一块长度为 size 字节的连续内存空间（不清零），函数返回该空间的首地址；如分配失败函数返回 0
calloc	(类型说明符*)calloc(n,size)	分配 n 块、每块长度为 size 字节的连续内存空间（共 size×n 字节），并将该空间中的内容全部清零，函数返回该空间的首地址；如分配失败函数返回 0
free	free(ptr) （ptr 为任意基类型的指针）	释放 ptr 所指向的一块内存空间，ptr 是由 malloc 或 calloc 函数所分配的空间的地址（即函数返回值或类型转换后的返回值）

要分配内存空间，可调用 malloc 或 calloc 函数。如调用 malloc(4)会分配 4 字节的空间；调用 calloc(3, 4)会分配 3 块、每块长度为 4 字节的连续空间，共 12 字节。

用 malloc 或 calloc 所分配的内存空间，都可被当作变量的空间来用。但这些"变量"都是没有名字的，只能通过地址来使用。所分配空间的地址将作为 malloc 或 calloc 函数的返回值返回。例如调用 malloc(4)，若系统在地址 1000～1003 处分配了 4 字节的空间，则 malloc(4)的返回值就是 1000。应把这个返回值"妥善"保存到指针变量中。然而若将返回值直接保存到指针变量中却是错误的，例如

```
int *p;
p=malloc(4);              /* 错误 */
```

这是因为指针变量的类型和返回值的类型不同。因为 malloc(4)的返回值 1000 是 void *类型的，不是 int *类型的，是不能直接被保存到 int *类型的指针变量 p 中的。如果把调用 malloc 和 calloc 比作向系统"批发"内存空间，则把这些内存空间的地址保存到指针变量中还有一个"零售"的过程。这个"零售"过程就是指针类型的强制类型转换。正确的写法应是

```
int *p;
p=(int *)malloc(sizeof(int));
```

(int *)表示强制类型转换（参见 2.2.1 小节的口诀"括起类型字，临时强转换"）。注意，要强制转换成 int *型，而不是转换成 int 型，不能写为(int)malloc。

🏃 **高手进阶**

地址[1000]转换为 int *型，还是地址[1000]，类型改变，但数值不变。类型只是告诉计算机如何使用这个地址。int *型是告诉计算机，要从[1000]起，连续取 4 字节的内容，将其当一个 int 型数据对待；该地址加 1 后移动一个单位，会移动 4 字节。

如果写为 q=(double *) malloc(sizeof(double));，地址数值仍不变，还是地址[1000]，但(double *)是告诉计算机，要从[1000]起，连续取 8 字节的内容，将其当一个 double 型数据对待；该地址加 1 后移动一个单位，会移动 8 字节。

可见，地址的类型在计算机中十分重要；如果类型不正确，尽管地址的数值正确，也是无法使用的。因此在分配内存空间时，一定要把所得地址进行类型转换。

这里用 sizeof(int)求出一个 int 型数据所占的空间，而不直接写 4，是因为在不同编译系统中一个 int 型数据所占的空间可能不同，并不是都占 4 字节。

该空间无变量名，通过 p 中所保存的地址来使用它是唯一途径。例如

```
*p=20;                    /* 将 20 保存到此空间中 */
printf("%d", *p);         /* 输出 20 */
```

如果 p 中所保存的地址不慎丢失，就再也找不到这个空间了。下面的做法是错误的。

```
p=(int *)malloc(sizeof(int));
p=(int *)malloc(sizeof(int));
```

执行第 1 句时分配了 4 字节的空间并将地址保存到 p 中。在执行第 2 句时，又重新分配了新的 4 字节的空间并将新地址又保存到 p 中，这使 p 中原先保存的地址丢失，再也找不到原先的空间了。因此，若使用同一指针变量保存新分配的空间的地址，应先释放它之前所指向的空间（通过下面要介绍的 free 函数），之后才能再将该指针变量另作他用。

以下是使用 malloc 和 calloc 函数的更多例子。

```
float *q, *r;
char *pc;
struct student *ps;
q=(float *)malloc(4);              /* 分配 4 字节的空间，可保存 float 型数据 */
pc=(char *)malloc(100);            /* 分配 100 字节的空间，可保存 char 型数组 */
```

```
        r=(float *)calloc(5,4);              /* 分配 5 块、每块长度为 4 字节的连续空间，共 20 字节，
                                                可保存含 5 个元素的 float 型数组 */
        ps=(struct student*)calloc(10, sizeof(struct student));
                                             /* 分配的空间可保存含 10 个元素的 struct student 型数组 */
```

"有借有还，再借不难。"用 malloc 或 calloc 分配的内存空间，是向系统"借"来的，在使用后一定要"还给"系统。这和定义变量不同，通过定义变量分配的空间会被系统自动回收（7.2.3 小节的口诀"函数结束，全部完蛋。"）。而通过 malloc 或 calloc 分配的空间不会被系统自动回收，必须由我们自己调用 free 函数释放。free 函数只有一个参数，它是要回收的空间的首地址。如指针变量 p 中保存有此地址，则 free 函数的调用方式为

```
        free(p);
```

p 可以是任意基类型的指针变量。注意以上语句不是释放 p 这个指针变量的空间，而是释放 p 所指向的空间。如实际释放了 p 所指向的那个 int 型数据的 4 字节的空间，其中保存的 20 消失。而 p 这个指针变量的空间不变，其中所保存的地址（1000）也不受影响，p 中仍保存着地址 1000。但不能再使用此地址去寻找数据了，因为对应地址的"房屋"已经被拆除了！

注意，空间不能被 free 函数重复释放，下面的做法是错误的。

```
        free(p);             /* 第一次调用正确：释放 p 所指向的空间 */
        free(p);             /* 错误：p 所指向的空间已被释放，不能被重复释放 */
```

特殊地，允许在调用 free 函数时，参数为"空指针"（参数为 0）。这时 free 函数不做任何操作；即使重复多次调用 free 函数，也不会出错。因此，在调用 free 函数后就将指针变量赋值为 0，是一个很好的习惯。例如

```
        free(p); p=0;        /* 释放 p 所指向的空间，然后将 p 的地址值清 0 */
```

它既避免了以后误用 p 所指向的空间，又避免了因重复调用 free 释放空间而导致错误。又如

```
        free(ps); ps=0;      /* 释放 ps 指向的一个结构体数组的全部空间 */
        free(r); r=0;        /* 释放 r 指向的 float 型数组的 20 字节的空间 */
        free(pc); pc=0;      /* 释放 pc 指向的 char 型数组的 100 字节的空间 */
        free(q); q=0;        /* 释放 q 指向的 float 型数据的 4 字节的空间 */
```

另外，不要让两个不同的指针变量同时保存同一块内存空间的地址，因为若不小心使用两个指针变量都去释放其所指空间，容易出现重复释放同一空间的错误。

⚠ **脚下留心**

不用 free 释放空间，虽没有语法错误，但会导致内存空间永远被占据。久而久之，系统资源就会逐渐减少，计算机运行速度会越来越慢，直至资源枯竭！因此，"借东西要还"，使用 malloc 或 calloc 申请内存空间后，一定要释放，虽然在语法上没有硬性规定，但这是优秀程序员的良好习惯。

---

free 函数是和 malloc 或 calloc 函数配对使用的，不要用 free 函数释放普通变量的空间，下面的做法是错误的。

```
        int a; int *p1=&a;
        free(p1);            /* 错误：普通变量 a 的空间不需要也不能用 free 释放 */
```

普通变量 a、指针变量 p1 以及上例中指针变量 p 本身的空间，都会在函数结束后被自动释放，因为它们都是通过变量定义获得的空间，而非通过 malloc 或 calloc 获得的空间。

【**程序例 11.7**】计算一批数据的平均值，数据个数由键盘输入确定。

```c
#include <stdio.h>
#include <stdlib.h>
int main()
{   int n, i; double sum=0, *p;
    printf("请输入要计算平均值的数据个数: "); scanf("%d", &n);
    p=(double *)calloc(n, sizeof(double));
    if (p==0) {printf("分配内存失败! \n"); exit(1); }
```

```
    printf("请输入这%d个数据：\n", n);
    for (i=0; i<n; i++) scanf("%lf", &p[i]);

    for (i=0; i<n; i++) sum+=p[i];
    printf("这%d个数据的平均值是：%6.2f\n", n, sum/n);

    free(p); p=0;
    return 0;
}
```

程序的运行结果为：

请输入要计算平均值的数据个数：5✓
请输入这 5 个数据：
85 76 69✓
85 96✓
这 5 个数据的平均值是：82.20

如果用定义数组的方式处理上述问题，则需事先定义一个足够大的数组，如 double x[100];，而实际可能只使用了其中一部分的空间，造成浪费。让用户使用键盘输入数据个数 n，但不能用 n 作为元素个数定义数组（如 double x[n]; 是错误的），因为定义数组时不能用变量表示元素个数（参见 6.1.2 小节）。而用 malloc、calloc 函数分配内存时，参数可以是变量。

```
p=(double *)calloc(n, sizeof(double));
```

上述语句分配了 n 块（n 值是由键盘输入的）内存空间，每块内存空间是一个 double 型数据大小的连续空间，可将此空间当作含 n 个元素的 double 型数组来用。这个数组没有名字，只有首地址 p，可用*(p+i)或 p[i]访问各数组元素（p[i]是*(p+i)的语法糖，参见 8.2.2 小节）。

如果空间分配失败，calloc 函数将返回 0，这时 p 值为 0。if 语句可用于处理此错误。exit 是系统库函数（使用时应在程序中包含头文件 stdlib.h），它的作用是强行退出程序。exit 的参数值将返回给操作系统（如 Windows），一般值为 0 表示正常退出程序，非 0 表示异常退出程序。

【程序例 11.8】使用函数构造由重复的单字符组成的任意长的字符串。

```
#include <stdio.h>
#include <stdlib.h>
char * buildstr(char c, int n)
{   char *p = calloc(n+1, sizeof(char));
    p[n] = '\0';
    while (n-- > 0) p[n] = c;
    return p;
}
int main()
{   char *s;
    s = buildstr('*', 10); printf("%s\n", s);
    free(s); s=0;
    s = buildstr('=', 15); printf("%s\n", s);
    free(s); s=0;
    s = buildstr('-', 20); printf("%s\n", s);
    free(s); s=0;
    return 0;
}
```

程序的运行结果为：

```
**********
===============
--------------------
```

在 C 语言中，函数的返回值不能是一个字符串，但可以是一个字符串的首地址。由于要构造的字符串长度不定，这里使用动态存储分配的方式分配字符串所需内存空间，并使函数返回该内存空间的首地址。使用动态存储分配（而非数组）的方式，也使在 buildstr 函数运行结束后空间不被回收，在 main 函数中还可继续使用该空间，以保证函数返回的地址所指内容有效。但在程序退出前，要记得用 free 释放该空间。

【随学随练 11.8】以下程序运行后的输出结果是_____。

```c
#include <stdio.h>
#include <string.h>
#include <stdlib.h>
main()
{    char *p; int i;
     p=(char *)malloc(sizeof(char)*20);
     strcpy(p,"welcome");
     for(i=6; i>=0; i--) putchar(*(p+i));
     printf("\n"); free(p);
}
```

【答案】emoclew

【分析】malloc分配了20(1×20)字节的空间，将此空间当作char型数组来用。strcpy将"welcome"字符串复制到此数组中，p[7]存'\0'。for循环用于逆序输出其中的每个字符。

高手进阶

malloc 和 calloc 都是在"堆"内存区域中分配空间的，而局部变量的空间是在内存中的另一个区域——"栈"中分配的。"栈"中的空间在函数结束后会被自动回收；而"堆"中的空间不会被自动回收，因此要记得用 free 函数自行释放"堆"中的空间。

"堆"内存比"栈"内存拥有更大的空间，在函数中若定义包含较多元素的"大数组"，例如定义 int a[1000000];，可能会失败（因为"栈"空间比较小）。这时应通过 malloc 或 calloc 在"堆"中申请大数组空间，如 p=(int *)calloc(1000000, sizeof(int));。

11.6 电影院里的座次问题——链表

某班同学组织到电影院观影，但买到的电影票没有连号，这使本班同学在电影院中只能散乱地就座。如何能在观影期间，无一遗漏地找到本班所有同学呢？班长想到这样一个对策：请每位同学都记录自己下一学号的同学的座次号。这样，从学号为 1 号的同学开始顺次去找，即从 1 号同学那里找到 2 号同学的座次号，再从 2 号同学那里找到 3 号同学的座次号……直到找到最后一位同学，最后一位同学所记录的座次号为 0，表示不再有下一位。

这种对策在程序中称为**链表**，如图 11-11 所示。在这种结构中，每个节点（每位同学）由两部分组成：（1）**数据域**，即自己的数据值；（2）**指针域**，即下一个同学的座次号，在程序中是下一个节点的地址。链表的节点如图 11-12 所示。

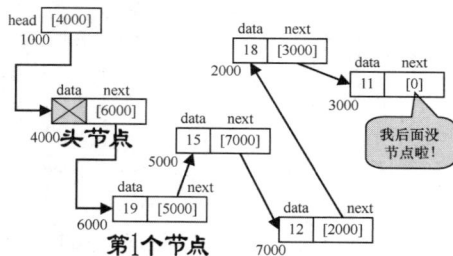

图 11-11　链表示意

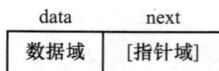

图 11-12　链表的节点

在图 11-11 中，所保存的 5 个数据依次是 19、15、12、18、11，然而它们的地址大小并非按照这个顺序排列（例如 19 的地址 6000 大于 15 的地址 5000，但数据的顺序是 19 排在 15 之前），说明在链表中地址的顺序与数据的顺序可以不相同，且各节点的地址也可以不连续（不必像数组那样各元素地址之间必须相差 4 字节）。

链表的关键是按照每个节点的"指针域"串联起来：在第 1 个节点的指针域内存入第 2 个节点的地址，在第 2 个节点的指针域内又存入第 3 个节点的地址……最后一个节点的指针域为 0，表示它不再有后续节点。

为了在链表中找到第 1 个节点，一般需设一个指针变量 head。head 可直接指向第 1 个节点；也可先由 head 指向**头节点**，再由**头节点**指向第 1 个节点。后者也称**带头节点的链表**。头节点是不使用其数据域而仅使用其指针域的特殊节点，安排头节点是为了方便编程。注意，在带头节点的链表中，head 保存的是头节点的地址；而 head 本身不是头节点。

【**小试牛刀 11.4**】在带头节点的链表中，若指针变量 head 已指向头节点，如何得到第 1 个节点的地址呢？（答案：head->next。head 所指节点，即头节点的指针域保存第 1 个节点的地址。）

我们在第 6 章学习了通过数组可保存一组数，现在学习通过链表也可保存一组数。即要保存一组数有多种方式。采用数组和采用链表保存数据的优缺点比较，如表 11-2 所示。

表 11-2　采用数组和采用链表保存数据的优缺点比较

	数组	链表
空间预分配	须事先确定数组的大小和分配空间	无须事先开辟空间，可用动态存储分配，随时为新节点分配空间，再把新节点加到链表末尾
元素的插入/删除	比较麻烦。由于数组各元素的空间连续，元素的插入/删除需依次移动元素腾出位置或填补空缺	比较方便。链表各节点的存储空间可以不连续，各节点在内存中的位置可任意，节点的插入/删除只要调整 1~2 个节点的指针域即可
访问节点	比较方便。通过数组名和下标可直接存取任意一个元素	比较麻烦。要访问链表中的一个节点，需从第 1 个节点开始，按照各节点的指针域，一个找一个地"顺"下来，直到找到所需节点为止
空间占用	节省存储空间。用数组保存数据，只需保存数据本身	需更多的存储空间。链表除要保存数据本身外，还要保存下一数据的地址

11.6.1　链表的建立和遍历

在程序中建立链表，要自定义一个结构体类型，将各节点定义为这种类型的变量。

```
struct node
{    int data;
     struct node *next;
};
```

数据域 data 是要保存的数据，其类型是 int、double 等均可。指针域 next 是个指针（定义时要有*），它所指向的是一个这种结构体类型的节点，故基类型仍是 struct node。

然后可用此类型来定义链表的节点。为了体现链表不必事先确定节点个数的优势，各节点应尽量用动态存储分配的方式来创建，而不事先定义变量或数组。

```
struct node *p;
p=(struct node *)malloc(sizeof(struct node));
```

以上语句"制作"了链表中的一个节点。要在该节点中保存数据 1，应执行语句

```
p->data = 1;
```

注意，由于 p 是指针，应使用箭头号（->），而不要写为 p.data=1;。修改该节点的指针域使其指向下一节点，如下一节点的地址已事先保存在了指针变量 q 中，应执行语句

```
p->next = q;
```

这样一个个地制作各节点，并分别设置它们的指针域，则链表就建立起来了。

下面程序的 createlist 函数，将用一个数组中的数据建立链表。

【程序例 11.9】链表的建立和遍历。

```c
#include <stdio.h>
#define N 5
typedef struct node
{   int data;
    struct node *next;
} SNODE;                                    /* 为结构体类型起了别名 SNODE */
SNODE *createlist(int a[])                  /* 用数组 a 建立链表，返回头节点地址 */
{   SNODE *h;                               /* h 指向头节点，即保存头节点的地址 */
    SNODE *p, *q;                           /* p 指向现在的节点，q 指向上一节点 */
    int i;

    /* 开辟头节点的空间，稍后再设置头节点的指针域*/
    q=(SNODE *)malloc(sizeof(SNODE));
    h=q;

    /* 建立链表中的节点，现在的"上一节点"为头节点（q 指向的节点） */
    for (i=0; i<N; i++)
    {   p=(SNODE *)malloc(sizeof(SNODE));   /* 开辟一个节点空间 */
        p->data=a[i];                       /* 使用现在的节点保存数据 */
        q->next=p;                          /* 修改上一节点指针域，使其指向现在的节点 */
        q=p;                                /* "现在的节点"将在下次变为"上一节点" */
    }
    q->next=0;                              /* 设置最后一个节点的指针域为 0 */
    return h;                               /* 函数返回头节点的地址 */
}
void outlist(SNODE *h)                      /* 依次输出链表中的数据，h 是头节点的地址 */
{   SNODE *p;
    p=h->next;
    while (p)                               /* 也可写为 while (p!=0) */
    {   printf("%d  ", p->data);
        p=p->next;
    }
}
void destroylist(SNODE *h)                  /* 销毁链表，h 是头节点的地址 */
{   SNODE *p, *q;
    p=h->next;
    while (p)
    {   q = p->next;                        /* 备份 p->next 到 q */
        free(p);                            /* 释放 p 所指节点的空间 */
        p = q;                              /* 使 p 指向下一节点 */
    }
    free(h);                                /* 销毁头节点 */
}
int main()
{   int a[N]={19,15,12,18,11};
    SNODE *head;                            /* head 保存头节点的地址 */
    head = createlist(a);                   /* 建立链表 */
    outlist(head);                          /* 输出链表 */
    destroylist(head);                      /* 销毁链表 */
    return 0;
}
```

程序的运行结果为：

```
19  15  12  18  11
```

建立链表是由 createlist 函数完成的，参数 int a[ ]本质上是一个指针变量 int *a，可用于传递一个数组的首地址。链表各节点的数据将从数组 a 中获得，为每一个数组元素建立一个节点，并将数据域赋值为对应数组元素的值。而当下这个节点的指针域暂不能被赋值，因为下一节点尚未建立，其地址尚未知。但是上一节点的指针域已经可以确定了，它就是当前这个节点的地址。因此，每建立一个节点，都是赋值当前这个节点的数据域和上一节点的指针域。跳出 for 循环后，再赋值上一节点（即最后一个节点）的指针域为 0。建立好的链表如图 11-11 所示。

outlist 函数用于输出链表，即从链表的第 1 个节点开始，依次输出每个节点的数据域。像这样，从链表的第 1 个节点开始，依次访问每个节点，且每个节点只访问一次，称为**链表的遍历**。访问可以是输出节点的数据，也可以是统计节点、检查节点、查找节点等。

outlist 函数的参数 h 是链表头节点的地址（注意不是第 1 个节点的地址）。指针变量 p 依次指向每个节点，p 指向一个、输出一个。开始要让 p 指向第 1 个节点，应执行语句

```
p = h->next;
```

接着输出 p 所指节点的 data、再让 p 指向下一节点：p 当前所指节点的指针域（p->next）中就保存有下一节点的地址，让 p 指向下一节点，只要把 p->next 赋值回 p 中，即执行 p=p->next; 。然后循环这一过程：再输出 p 所指节点的 data、再指向下一节点……循环终止的条件不是 p 指向了最后一个节点，而是"过了"最后一个节点（因为最后一个节点的 data 也要输出）。也就是说，循环终止的条件是：当让 p 再指向下一节点时，p 值为 0。

💡 **窍门秘笈** 带头节点链表遍历的编程套路（设已定义节点基类型的指针变量p、h，且h已指向头节点，即已保存了头节点的地址）：

```
p = h->next;
while (p!=0) /* 或写为 while(p) */
{
    处理一个节点，数据为 p->data;
    p = p->next;
}
```

注意，与以指针处理字符串的编程套路（参见 9.3.1 小节）不同，处理字符串的 while 语句应写为 while(*p)，而链表的遍历则使用 while(p)，是没有*的。处理字符串的终止条件是 p 所指字符为'\0'而不是 p 本身保存的地址为'\0'；而链表的遍历中 p 指向节点，终止条件是 p 本身为 0。

本程序还有 destroylist 函数，它用于销毁链表。销毁也是遍历的过程：依次访问每个节点，然后释放每个节点的空间。这可按照编程套路编程。然而如将套路中的"处理一个节点"写作 free(p);，就无法再执行编程套路中的下一语句 p=p->next; ，因为 p 所指数据的空间刚被释放了，无法再获得 p->next 的值。因此在执行 free(p);之前，先将 p->next 的值备份到 q 中保存，这样执行 free(p);后，通过执行 p=q; 来达到与编程套路中执行 p=p->next;相同的目的。这是编程套路的一点变化。最后还要销毁头节点，执行 free(h); 。

【随学随练 11.9】请编写函数 sumlist，其原型如下：

```
int sumlist(SNODE *h);
```

函数的功能是求【程序例 11.9】建立的链表中各节点数据域之和，并由函数返回，形参 h 指向链表的头节点。在 main 函数中调用 printf("%d", sumlist(head)); 即可输出结果。

【分析】对节点的处理是累加数据域，即 s += p->data;。按照带头节点链表遍历的编程套路可以很容易写出程序。

```
int sumlist(SNODE *h)
{   SNODE *p;
    int s=0;
    p=h->next;
```

```
    while (p)
    {   s += p->data;
        p = p->next;
    }
    return s;
}
```

【随学随练 11.10】请编写函数 maxlist，其原型如下：

$$int\ maxlist(SNODE\ *h);$$

函数的功能是求【程序例 11.9】建立的链表中各节点数据域中的最大值（设链表中各节点数据均为非负值），并由函数返回，形参 h 指向链表的头节点。在 main 函数中调用 printf("%d", maxlist(head)); 则能输出最大值。

【分析】链表求最值的方法与数组的类似（参见 6.1.4 小节），设变量 m 保存最大值，m 的初始值可以是第 1 个节点的值，也可以是节点中都不存在的极小值（如-1）。后续将每个节点逐一与 m 比较，若节点值大则更新 m，仍按照带头节点链表遍历的编程套路编程即可。

```
int maxlist(SNODE *h)
{   SNODE *p;
    int m=-1;
    p=h->next;
    while (p)
    {   if ( p->data > m) m = p->data;
        p = p->next;
    }
    return m;
}
```

【随学随练 11.11】请编写函数 countlist，其原型如下：

```
void countlist(SNODE *h, int *n);
```

函数的功能是求【程序例 11.9】建立的链表中的节点个数，并由形参 n 返回，形参 h 指向链表的头节点。在 main 函数中调用 countlist(head, &ct); printf("%d",ct);则能输出节点个数（设 int ct;已定义）。

【分析】统计个数就是"见一个节点，计数一个"，而对节点本身无须任何处理。注意计数时，不能使用 n++。因为 n 是指针变量，应是 n 所指向的数据加 1。

```
void countlist(SNODE *h, int *n)
{   SNODE *p;
    *n=0;           /* 使 n 指向的数据清 0 */
    p=h->next;
    while (p)
    {   (*n)++;     /* 使 n 指向的数据加 1 */
        p = p->next;
    }
}
```

【随学随练 11.12】请编写函数 sortlist，其原型如下：

```
void sortlist(SNODE *h);
```

函数的功能是将【程序例 11.9】建立的链表中的节点按数据域从小到大排序，形参 h 指向链表的头节点。在 main 函数中调用 sortlist(head); 即可对链表进行排序，再调用 outlist(head);则能在屏幕上输出已排序链表的各节点的数据。

【分析】链表排序也可借用某些数组排序的方法，如选择排序法（参见 6.2.2 小节）。与数组排序的区别是，链表排序的两层循环都要以遍历链表的方式进行，因此链表排序实际是两个遍历的嵌套（外层用指针变量 p，内层用指针变量 q），仍按照带头节点链表遍历的编程套路编程即可。为了方便，外层不必遍历到倒数第 2 个节点，而也遍历到最后一个节点。因为当外层指针 p 指向最后一个节点时，q 从它的下一节点开始，q=p->next; ，q 会为 0，不做内层循环。

```
void sortlist(SNODE *h)
```

```
{    SNODE *p, *q;  int t;
     p=h->next;
     while (p)                        /* 外层循环 */
     {    q=p->next;
          while (q)                   /* 内层循环 */
          {    if (p->data > q->data) /* "外大交换完毕" */
               {t=p->data; p->data=q->data; q->data=t;}
               q=q->next;             /* 内层循环套路 */
          }
          p = p->next;                /* 外层循环套路 */
     }
}
```

11.6.2　链表节点的插入和删除

链表插入节点的过程如图 11-13 所示，只要删除虚线箭头，并建立两个新的实线箭头即可。如果指针变量 q 已指向插入位置的前一节点，s 指向新节点，插入节点只需执行语句

```
s->next = q->next;    /* 建立由 s 节点指向 p 节点的箭头 */
q->next = s;          /* 建立由 q 节点指向 s 节点的箭头，同时删除虚线箭头 */
```

注意语句的执行顺序一定要"先连后断"，如果先执行 q->next=s; ，则 q 所指节点的指针域就被改变，原来指针域的内容丢失，就无法为 s->next 赋值了！

链表删除节点的过程如图 11-14 所示，只需删除两个虚线箭头，并建立一个实线弯箭头。建立实线弯箭头时，第一个虚线箭头就同时消失（因为改变了前一节点的指针域）；删除节点后，第二个虚线箭头也同时消失（因为第二个虚线箭头始于被删节点的指针域）。因此删除节点只需做一步：修改前一节点的指针域，使它直接指向后一节点。设指针变量 q 已指向被删节点的前一节点，p 指向被删节点，则删除节点只需执行语句

```
q->next = p->next;    /* 建立实线弯箭头，同时删除第一个虚线箭头 */
free(p);              /* 释放被删节点的空间，同时删除第二个虚线箭头 */
```

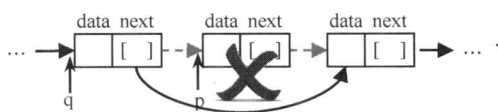

图 11-13　链表插入节点的过程　　　　　　图 11-14　链表删除节点的过程

无论插入或删除链表节点，都需调整前一个节点的指针域（插入节点时还需设置新节点的指针域），而与其他节点无关，更无须移动其他节点，这是比较方便的。

【**程序例 11.10**】在【程序例 11.9】建立的链表中的节点 18 之前，插入新节点 17，输出插入后的链表；再删除链表中的节点 15，输出删除后的链表。

```
/*
  类型、常量定义及 createlist、outlist、destroylist 函数均与【程序例 11.9】的相同，这里不再重复；下
面仅给出两个新函数 insert、delete 及 main 函数
*/

/* insert 函数：在链表（头节点地址为 h）的值为 a 的节点之前插入新节点，
    新节点值为 d；如链表中没有找到节点 a，则在链表的最后添加新节点 d */
void insert(SNODE *h, int a, int d)
{    SNODE *p, *q;/* p 指向插入位置，q 指向插入位置的前一节点 */
     SNODE *s;    /* s 指向新节点 */
```

```
         /* 制作新节点：设置新节点的数据域，稍后设置新节点的指针域*/
         s = (SNODE *)malloc(sizeof(SNODE));
         s->data = d;

         /* 定位插入位置：使 p 指向插入位置，q 指向插入位置的前一节点 */
         q=h; p=h->next;
         while (p)
         {   if (p->data == a) break;
             q=p; p=p->next;            /* q 总指向 p 所指向节点的前一节点 */
         }

         /* 插入新节点 */
         s->next = q->next;            /* 或 s->next = p;，建立第二个斜向箭头 */
         q->next = s;                  /* 建立第一个斜向箭头，同时删除虚线箭头 */
}

/* delete 函数：在链表（头节点地址为h）中删除值为a的一个节点，
    如链表中没有找到节点a，则不删除 */
void delete(SNODE *h, int a)
{   SNODE *p, *q;/* p 指向要删除的节点，q 指向其前一个节点 */

         /* 定位要删除的节点：使 p 指向要删除的节点，q 指向其前一个节点 */
         q=h; p=h->next;   /* q 总指向 p 所指向节点的前一节点 */
         while (p)
         {   if (p->data == a) break;
             q=p; p=p->next;   /* q 总指向 p 所指向节点的前一节点 */
         }

         /* 删除节点 */
         if (p)    /* 只有找到了值为 a 的节点才执行删除 */
         {   q->next = p->next; /* 建立实线弯箭头，同时删除第一个虚线箭头 */
             free(p); /* 释放被删节点的空间，同时删除第二个虚线箭头 */
         }
}
int main()
{   int a[N]={19,15,12,18,11};
    SNODE *head;
    head = createlist(a);       /* 建立链表 */
    printf("原链表为：\n");
    outlist(head);              /* 输出链表 */

    insert(head, 18, 17);       /* 插入节点 */
    printf("\n 插入节点后的链表为：\n");
    outlist(head);              /* 输出链表 */

    delete(head, 15);           /* 删除节点 */
    printf("\n 删除节点后的链表为：\n");
    outlist(head);              /* 输出链表 */

    destroylist(head);          /* 销毁链表 */
    return 0;
}
```

程序的输出结果为：

```
原链表为：
19  15  12  18  11
```

```
插入节点后的链表为:
19 15 12 17 18 11
删除节点后的链表为:
19 12 17 18 11
```

用于插入节点的 insert 函数的参数 a 表示在数据域为 a 的节点之前插入, 用于删除节点的 delete 函数的参数 a 表示要删除数据域为 a 的节点。无论插入或删除, 都先要定位到数据域为 a 的节点, 这种定位操作就是链表的查找操作, 仍采用带头节点链表遍历的编程套路; 只是在套路的基础上, 增加了指针变量 q, 使 q 总指向 a 节点的前一节点。

【随学随练 11.13】试编写一个函数 find, 用于按数据域查找链表中的一个节点, 若找到, 则函数返回该节点在链表中的顺序号 (第 1 个节点顺序号为 1), 若未找到函数返回 0。

【分析】仿照上例插入/删除节点的 "定位" 操作, 即可写出本程序, 且无须设指针变量 q 指向前一节点。本质上这个程序仍可按带头节点链表遍历的编程套路编写。

```
int find(SNODE *h, int a)              /* 查找数据域为 a 的节点 */
{    SNODE *p;   int n=0;
    p=h->next;
    while (p)
    {    n++;                          /* 顺序号递增 */
        if (p->data == a)  return n;   /* 找到后直接返回, 退出函数 */
        p=p->next;
    }
    return 0;                          /* 运行到此说明没有找到 */
}
```

【随学随练 11.14】试编写函数 reverselist, 其原型如下:

```
void reverselist (SNODE *h)
```

函数的功能是将【程序例 11.9】建立的链表进行逆置, 即原链表节点依次为 19,15,12,18,11, 执行函数后, 节点依次为 11,18,12,15,19。形参 h 指向链表的头节点。在 main 函数中调用 reverselist(head); 后再执行 outlist(head); 即可输出逆置后的链表。

【分析】链表逆置的过程: ①将每个节点的指针域修改为指向它的前一节点; ②将原来第 1 个节点的指针域改为 0; ③将头节点的指针域改为指向原最后一个节点, 如图 11-15 所示。其中②可合并到①中, 只要认为第 1 个节点的 "前一节点" 的地址是 0。因此除③外, 链表逆置主体仍是链表遍历, 通过带头节点链表遍历的编程套路依次修改每个节点的指针域即可。

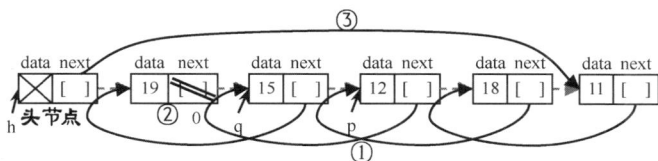

图 11-15　链表逆置的过程

遍历时, 修改每个节点的指针域为它前一节点的地址。由于要使用 "前一节点的地址", 与插入、删除节点的 "定位" 操作类似, 也要用一个指针变量 q 始终保存 "前一节点的地址"。如果遍历的指针变量为 p, 则对每个节点的处理为 p->next=q; 。

这样改变了 p->next 的值, 因此带头节点链表遍历的编程套路中的后一条语句 p=p->next; 就无法正常工作了, 还要在改变每个节点的 p->next 之前, 先把 p->next 的值备份到指针变量 r 中, 之后通过执行 p=r; 来实现与执行 p=p->next; 相同的效果。

```
void reverselist(SNODE *h)
{    SNODE *q, *p, *r;                 /* q 总指向 p 所指节点的前一节点, r 是临时变量 */
    p = h->next;
    q=0;                               /* 设第 1 个节点的 "前一节点" 的地址为 0 */
```

```
     while (p)
     {    r = p->next;                    /* 备份 p->next 的值 */
          p->next = q;                    /* 处理节点 p，改变其指针域为指向前一节点 */
          q = p;                          /* 准备下一节点 */
          p = r;                          /* 通过执行 p=r; 实现与执行 p=p->next;相同的效果 */
     }
     h->next = q;                         /* 修改头节点为指向原来的最后一个节点 */
}
```

【随学随练 11.15】设指针 s、p、q 均已正确定义并具有相同的数据类型，指针 s 已指向不带头节点的单向链表的第 1 个节点，如图 11-16 所示，则程序段

```
q=s;  p=s->next;  q->next=p->next;  free(p);
```

实现的功能是（　　）。

A）删除第 1 个节点　　　　　　B）删除最后 1 个节点

C）删除第 2 个节点　　　　　　D）最后 1 个节点变为第 1 个节点

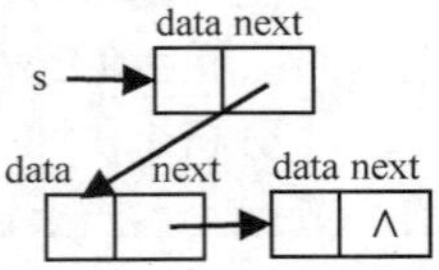

图 11-16 【随学随练 11.15】示意

【答案】C

【分析】q=s;使 q 也指向了第 1 个节点。p=s->next;将第 1 个节点的 next 成员中的内容赋值给 p，即 p 保存了第 2 个节点的地址。q->next = p->next;把第 2 个节点的 next 成员中的内容（即第 3 个节点的地址）赋值给 q->next，即第 1 个节点的 next 成员。这样第 1 个节点的 next 将直接指向第 3 个节点。最后执行 free(p);释放第 2 个节点，即删除第 2 个节点。

11.6.3　链表的高级兄弟——高级链表简介

11.6.1 小节~11.6.2 小节介绍的链表称**单向链表**。在实际应用中，还有循环链表、双向链表等。

循环链表最末端节点的指针域不保存 0，而又指回第 1 个节点，如图 11-17 所示。循环链表类似于某些电视机的菜单，当按遥控器"下箭头"键选到最后一个菜单项后，再按"下箭头"键就又回到了第一个菜单项。循环链表使从任意一个节点出发即可遍历整个链表，而不必从第 1 个节点出发。循环链表在首、尾插入/删除节点时，要注意改变相应节点指针域的指向。循环链表至少要有一个节点。

🏃 高手进阶

　　在循环链表中，一般有头节点或头指针，指向第 1 个节点。因而哪个节点是第 1 个节点是确定的，而第 1 个节点是没有前件的节点。其最后一个节点虽然指向第 1 个节点，但并不说明"第 1 个节点的前件是最后一个节点"，因而循环链表并不构成环路。循环链表的各节点都只有 1 个前件和 1 个后件，循环链表是线性结构。

双向链表的每个节点有 2 个指针域：左指针域指向它的前一节点，右指针域指向它的后一节点，如图 11-18 所示。在双向链表中，可以很方便地获得任意节点的"前一节点"，链表遍历既可顺向进行，也可逆向进行。双向链表节点的插入/删除，要增加左指针的变化，同时维护左、右两个指针链式关系的完整性。

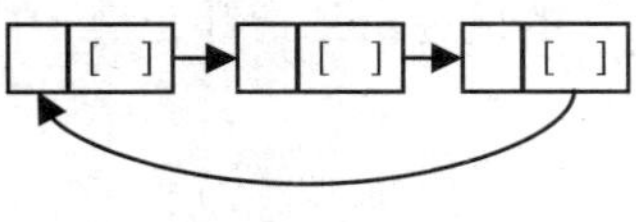

图 11-17　循环链表

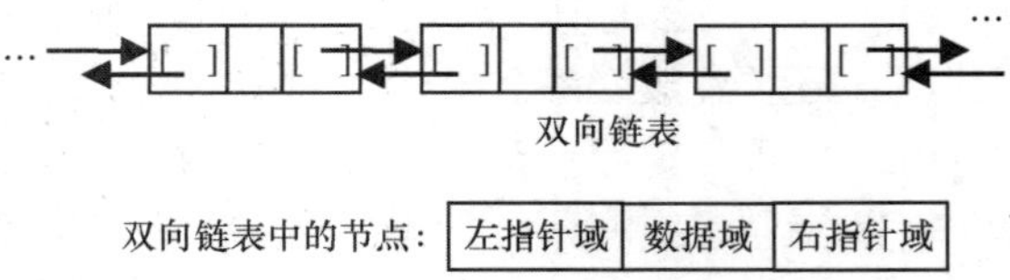

图 11-18　双向链表

至高无上的控制权——文件

计算机是怎样工作的呢？各种软件或应用，甚至 Windows 本身，都是由文件组成的。安装某个软件或应用，就是把它的文件放到计算机中或修改某些配置文件；卸载软件或应用，则是删除或改写对应的文件。这些软件或应用的运行也是靠不断地读、写各种文件来进行的。我们每天都在和各种文件打交道，譬如拍一张照片，就产生了一个图片文件（扩展名为.jpg）；下载一部电影，就得到了一个视频文件（扩展名为.mp4）；听一首流行歌曲，播放的是音乐文件（扩展名为.mp3）；要打印一篇文章，只要把保存好的 Word 文件（扩展名为.docx）复制到 U 盘，将其传输给打印店老板打印就可以了……计算机感染了计算机病毒，也是因为正常文件中被写入了一些特殊内容；杀毒软件的杀毒，就是从文件中去除这些内容……不难发现，文件才是计算机的"根"。

如果我们拥有了操作文件的本领，能够按照自己的意愿去读写文件，不就是至高无上地把计算机掌控在自己手中了吗？因此掌握了操作文件的本领，才能说是彻底地驾驭了计算机。在本章，我们将学习如何通过 C 语言读、写各种文件，以及创建自己的文件。

12.1 一针掌控全文件——文件指针

文件概述

在 C 语言中对文件进行各种操作，均需通过库函数完成（需包含头文件 stdio.h）。

计算机中的任何一个文件，都有它所在的位置。就像我们每个人，都有一个住址，例如，"中国:\北京市\海淀区\××街道\××小区\××楼\××房间\张三同学"，这一长串叫作"路径"，沿着这个路径，可以一层一层地找到该同学。计算机上的每个文件（没有例外，包括桌面上的文件）都有一个路径，例如 C:\folder1\file1.dat 表示 C 盘 folder1 文件夹下的 file1.dat 文件。但其在 C 语言中表示为字符串时应写为"C:\\folder1\\file1.dat"（\为转义字符，要用连续的两个\\表示一个普通的\，参见 2.1.3 小节），又如"D:\\abc\\def\\g.txt"、"E:\\s1.mp3"。

然而若对文件的每次操作都要写一遍这么长的"路径"字符串，会非常不方便。在 C 语言中，会用"代号"来代表一个文件，对文件进行各种操作时，只要使用它的"代号"即可，而不必每次都写出很长的"路径"字符串。

定义代号的方式如下。

```
FILE *fp;    /* 注意, *必不可少 */
```

FILE（必须大写）是系统定义的一个结构体类型的别名，该结构体类型包含用于管理文件的各种信息。上述语句实际是定义了一个指针变量，指针变量名是 fp，基类型是 FILE，称为**文件指针**。文件指针就是将来可代表某一个文件的"代号"。

12.1.1 代号与文件牵手——文件的打开

文件操作流程和文件的打开关闭

把定义的 "代号"（即文件指针）和某个具体的文件关联起来以代表那个文件，称为**文件的打开**。注意，这里的"打开文件"是指将文件指针与某文件建立关联，并不是通常所说的"用鼠标双击文件，打开一个窗口显示文件内容"。

库函数 fopen 用于将文件指针与某个文件建立关联，它的用法为：

文件指针变量名 = fopen(文件名，文件打开方式);

例如，要将定义的文件指针 fp 与文件 "C:\folder1\file1.dat" 建立关联，需执行语句

```
fp = fopen("C:\\folder1\\file1.dat", "r");
```

上述语句表示将 fopen 函数的返回值赋值给变量 fp。fopen 的第一个参数是文件名的全路径字符串，注意其中要用\\表示 1 个普通的斜线；第二个参数"r"表示文件打开方式。

在文件打开方式中要说明文件的读写方式。在 C 语言中，"读文件"与"写文件"是需严格区分的，是读还是写，必须在文件打开方式中说明。说明要读的文件不能写，说明要写的文件不能读。可以既允许读文件又允许写文件，但要在文件打开方式中说明。使用以下 4 种字符来表示文件打开方式。

● r（read）：允许读文件，文件必须存在，否则会出错。
● w（write）：允许覆盖写文件，文件必须被新建（如文件已存在则会被删除后再新建）。
● a（append）：允许追加写文件，文件不存在时才新建，否则只在原文件尾添加数据。
● +：既允许读文件也允许写文件。

在文件打开方式中还要说明文件的格式。文件有两种格式：文本格式和二进制格式。文件必须以正确的格式打开，才能得到正确的内容。如果格式不匹配，将会得到乱码，不能得到正确的内容。例如，图片文件必须用图片查看器以图片的格式打开，如果用音乐播放器以音频格式打开，是不会播放声音的。使用以下 2 种字符来表示不同文件格式。

● b（binary）：以二进制格式打开文件。
● t（text）：以文本格式打开文件，不说明 t 或 b 则默认为 t，即文本格式。

🧗 高手进阶

文本文件也称 ASCII 值文件，在文件中直接保存字符的 ASCII 值，每个字符占 1 字节（汉字占 2 字节）。可用文本编辑器（如记事本）查看文本文件内容。TXT 文件（扩展名为.txt）、C 语言源程序文件（扩展名为.c）、配置文件（扩展名为.ini）等都属文本文件。二进制文件存储数据的二进制编码，与数据在内存中的状态基本一致。如用文本编辑器查看其内容，得到的将是乱码。可执行文件（扩展名为.exe）、压缩文件（扩展名为.rar）、图片文件（扩展名为.jpg）等都属二进制文件。

文件是文本文件还是二进制文件，是由文件内部的存储格式决定的，即由保存文件时的保存方式决定，而与文件扩展名无关。例如扩展名同是.dat 的文件，有的可能是文本文件，有的可能是二进制文件。文件必须具有正确的格式才能被正常使用，例如扩展名为.exe的文件必须是二进制格式的才能被执行。创建一个文本文件，然后把文件的扩展名修改为.exe 也是可行的，文件可以存在，但是它无法被执行，不能正常使用。

使用以上 6 种字符（r、w、a、+和 b、t）的组合来表示文件打开方式，如表 12-1 所示。

表 12-1　文件打开方式（fopen 函数的第二个参数）

文件打开方式	文件格式	读写方式
"r" 或 "rt"	文本格式	只允许读文件不允许写文件；文件必须存在，否则出错
"rb"	二进制格式	
"w" 或 "wt"	文本格式	只允许写文件不允许读文件；若文件已存在，则删除该文件并重建一个空白文件准备写入；若文件不存在，则新建文件
"wb"	二进制格式	
"a" 或 "at"	文本格式	只允许写文件不允许读文件，但新内容只能写到文件尾；文件已存在时不会删除文件；文件不存在时，则新建文件
"ab"	二进制格式	

文件打开方式	文件格式	读写方式
"r+" 或 "rt+"	文本格式	既允许读文件又允许写文件；文件必须存在，否则出错
"rb+"	二进制格式	
"w+" 或 "wt+"	文本格式	既允许读文件又允许写文件；若文件已存在，则删除该文件并重建一个空白文件准备写入；若文件不存在，则新建文件
"wb+"	二进制格式	
"a+" 或 "at+"	文本格式	既允许读文件又允许写文件，但新内容只能写到文件尾；文件已存在时不会删除文件；文件不存在时，则新建文件
"ab+"	二进制格式	

根据表 12-1 可知，上例是将 fp 与文件 "C:\folder1\file1.dat" 关联，并说明要以文本格式、只读（不允许写）地打开文件。又如

```
FILE *fphzk;
fphzk = fopen("hzk16.dat","wb");
```

则定义了文件指针 fphzk，然后将它与文件 "hzk16.dat" 建立关联，并说明以二进制格式只写（不允许读）的方式打开文件，在后续程序中 fphzk 将代表此文件。"hzk16.dat" 未说明文件夹位置，表示文件位于程序运行的当前文件夹中，一般与源程序文件位于同一文件夹。

【随学随练 12.1】设 fp 已定义，执行语句 fp=fopen("file","w");后，以下关于文本文件 file 的操作的叙述中，正确的是（　　　　）。

A）写操作结束后可以从头开始读　　　　B）只能写不能读
C）可以在原有内容后追加写　　　　D）可以随意读和写

【答案】B

🏃 高手进阶

fopen 的两个参数，实际上是两个指针（char *型），即 fopen 的原型为：

```
FILE *fopen( char *filename, char *mode );
```

字符串常量是表达式的特例，值就为字符串的首地址，因此调用 fopen 函数时可直接将实参写为由 " " 引起的字符串常量的形式。当然也可将实参写为 char 型数组名、指向字符串的 char *型指针变量等，只要是字符串的首地址即可。fopen 的返回值是一个 FILE *型的地址，将 fp 与文件建立关联，实际上就是将返回的这个地址保存到变量 fp 中。

打开文件有可能失败，原因可能是磁盘已满、文件损坏、文件夹不存在、访问 U 盘上的文件时 U 盘被拔出等。如文件打开失败，fopen 的返回值是 0 或 NULL（即空指针）；如文件打开成功，fopen 返回非 0 值。应对 fopen 的返回值进行判断，只有文件打开成功才能进行后续的读写操作；若文件打开失败应给出一些提示，不能再读写文件。

```
fp = fopen("C:\\folder1\\file1.dat","r");
if (fp==NULL)      /* 或写为 if (fp==0) */
    printf("文件打开失败! ");
else
    /* 读写文件 */
```

【随学随练 12.2】以下程序用来判断指定文件是否能正常打开，请填空。

```
#include <stdio.h>
main()
{    FILE *fp;
     if ( (fp=fopen("test.txt","r"))==_____ )
         printf("未能打开文件! \n");
     else
```

```
        printf("文件打开成功! \n");
}
```

【答案】0 或 NULL

【分析】fp=fopen(...)是赋值表达式，表达式的值就是 fopen 的返回值，需判断它是否为 0。

【随学随练 12.3】下面说法正确的是（　　　）。

A）文件指针变量的类型是指针类型

B）文件指针变量中保存的是文件在硬盘上的位置信息

C）文件指针变量指向文件名字符串的内存地址

D）文件指针指向文件中当前正在处理的字节的地址

【答案】A

12.1.2　代号与文件分手——文件的关闭

程序中的**关闭文件**不是单击某窗口的"×"按钮，**关闭文件**的含义是解除文件指针与文件的关联。通过文件指针读写文件后，在程序结束前，必须解除文件指针与文件的关联。如不解除关联，除占用系统资源外，也会使缓冲区中的数据无法真正写入磁盘，造成数据丢失。关闭文件要调用 fclose 库函数，它只有一个参数，即要解除与文件关联的文件指针（如 fp）。

```
fclose(fp);
```

解除关联后，文件指针 fp 不再代表原来的那个文件，不能再用于读写该文件。在程序运行过程中，可随时用 fclose 解除文件指针与文件的关联。解除关联后，该文件指针还可被"回收"再用于关联其他文件。但在程序结束前，还要再用 fclose 解除它与第二个文件的关联。

12.2　搬运流水线——文件的读写

12.2.1　文件操作流程

C 语言对文件的操作要通过文件指针进行，一般流程如下。

① 定义文件指针（FILE 基类型的指针变量）：FILE *fp; 。

② 打开文件（将文件指针与文件建立关联）：fp=fopen(文件名，文件打开方式); 。

③ 读写文件：通过调用文件读写库函数读写文件，要向函数传递文件指针参数 fp。

④ 关闭文件（解除文件指针与文件的关联）：fclose(fp); 。

【程序例 12.1】向文件中写入一个字符串。

```
#include <stdio.h>
int main()
{    FILE *fp;
    fp=fopen("filea.txt","w");/* 文本格式，只允许写文件*/
    fprintf(fp, "abc");
    fclose(fp);
    return 0;
}
```

fprintf 函数是后面要介绍的文件读写库函数之一，在本例中用于向文件写入字符串"abc"，第一个参数 fp 说明要向 fp 所代表的文件中写入内容。如以上源程序文件保存在 D:\MYC\ex121\ex121 文件夹中，则程序运行后将在此文件夹中生成一个 filea.txt 文件，文件中的内容如图 12-1 所示。abc 是写入文件中的，程序运行后在屏幕上不会有任何内容输出。

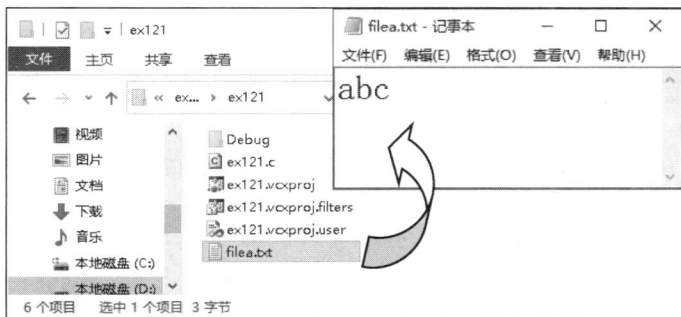

图 12-1 【程序例 12.1】的运行结果

【小试牛刀 12.1】在【程序例 12.1】中，若文件 filea.txt 已存在，且原有内容为 good，则运行程序后，文件 filea.txt 中的内容为？

【答案】abc。fopen 使用的文件打开方式是"w"，文件已存在时会被删除，然后重新新建文件并写入 abc，因此原有内容都消失了。

若将程序第二行改为 fp=fopen("filea.txt","a");，则文件 filea.txt 中的内容为？

【答案】goodabc。"a"对应的读写方式是追加写，文件中原有内容不删除，在 good 后接着写入 abc。

若将程序第二行改为 fp=fopen("filea.txt","w+");，则文件 filea.txt 中的内容为？

【答案】abc。"w+"允许写，还允许读，而写的方式与"w"的相同，仍是覆盖写。

后面将详细介绍文件读写库函数，对应于上述文件操作流程的第③步。

文件位置指针和
文本文件的读写

12.2.2　手指和笔尖——文件位置指针

如图 12-2 所示，眼神儿不太好的老人在读报纸时，喜欢用手指指着报纸上的字来读：指一个字读一个字，并且手指随着向后移动。文件是由一个个字节组成的，程序在读取文件内容时，也有一种类似老人手指的指针，称**文件位置指针**。文件位置指针总指向文件中下一次要读取的字节的位置。当向文件中写入内容时，**文件位置指针**也会指向文件中新数据的字节要写入的位置，这时它更像写字时的笔尖。

当打开文件时，文件位置指针就自动指向文件中的第一字节（以追加写方式"a"打开的文件除外，此时文件位置指针将自动指向文件最后一字节的下一字节）。

图 12-2　读报纸时用的
手指相当于文件位置指针

⚠ **脚下留心**

文件指针和文件位置指针是两个完全不同的概念。文件指针是一个指针变量（如 FILE *fp; 中的 fp），它用于与文件建立关联；只要不用 fclose 解除关联或重新为它赋值，它的值是不变的。而文件位置指针位于文件内部，用于指向文件中即将读写的位置。文件位置指针无须我们定义，而由系统自动设置；且随着文件读写，该指针会自动后移，总是指向下次即将要读写的位置。

12.2.3　文本文件的读写

C 语言中常用文本文件读写库函数列于表 12-2。

表 12-2　C 语言中常用文本文件读写库函数（要使用这些函数，应在程序中包含头文件 stdio.h）

函数	功能	用法（设文件指针为 fp）
fgetc 或 getc	从当前文件位置指针处读取文件中的 1 个字符（1 字节）。成功则函数返回所读取的字符；失败或已读过文件尾时返回 EOF（-1）	字符型变量=fgetc(fp);
fputc 或 putc	在当前文件位置指针处向文件中写入 1 个字符（1 字节）。成功则函数返回写入的字符，失败则返回 EOF（-1）	fputc(字符, fp);
fgets	读取文件中的一个字符串，字符串起始于当前文件位置指针处，结束条件为以下 3 种之一：①读到换行符（包含换行符）；②读到文件结束；③读满 n-1 个字符（n 由参数给出）。在所读字符串末尾自动加'\0'后将字符串存入参数指定的字符数组中。成功则函数返回字符串的首地址，失败或已读过文件尾时返回 NULL（0）	fgets(字符数组首地址, n, fp);
fputs	在当前文件位置指针处向文件中写入一个字符串（不写入'\0'，也不自动换行）。成功则函数返回非负数，失败则返回 EOF（-1）	fputs(字符串首地址, fp);
fscanf	从当前文件位置指针处按格式读取文件中的多个数据，类似于 scanf，但不是从键盘输入，而是从文件中读取。成功则返回已读入且被成功赋值到变量中的数据项数（大于或等于 0），失败则返回 EOF（-1）	fscanf(fp, "格式控制字符串", 变量 1 的地址, 变量 2 的地址, ...);
fprintf	在当前文件位置指针处按格式向文件中写入多个数据，类似于 printf，但不是显示到屏幕上，而是写入文件中。成功返回写入的字节数，失败返回负数	fprintf(fp, "格式控制字符串", 数据 1, 数据 2, ...);

与文件操作相关的库函数名称一般都以 f 开头，且除 fopen 外，都无一例外地有一个参数——文件指针，它们"告诉"函数要读写哪个文件（用"代号"文件指针表示）。

读取文件的函数在读取成功后，都会使文件位置指针自动后移所读取的字节数（字符串不记'\0'，因不读入'\0'）。向文件中写入数据的函数在写入成功后，都会使文件位置指针自动后移所写入的字节数（字符串不记'\0'，因不写入'\0'）。很多函数在失败时返回 EOF，EOF 是系统定义的符号常量，它等效于-1。

fgets 函数从文件读入的字符串最后可能包含换行符，这与从键盘输入字符串的 gets 函数不同，gets 不会读入换行符。fputs 函数向文件写入字符串不会自动写入'\n'，这与向屏幕输出字符串的 puts 函数不同，puts 会自动输出'\n'。

fscanf、fprintf 函数分别与 scanf、printf 函数的功能和用法都很相似，只不过 fscanf 和 fprintf 针对的不是键盘和显示器，而是文件，它们都多了一个"文件指针"参数（第一个参数）。其他参数和用法与 scanf、printf 函数的是相同的。注意，无论如何 fscanf 都不会要求用户从键盘输入，fprintf 也不会在屏幕上显示任何内容。

【程序例 12.2】将自然数 1~5 及它们的自然对数写到文件 myfile.dat 中，每行写入一个自然数+空格+它的自然对数。然后从文件中读出 ln1~ln5 的值，计算它们的和并输出到屏幕上。

```c
#include <stdio.h>
#include <math.h>
int main()
{    FILE *fp;   int i, n;
     double a[5], sum=0;
     fp=fopen("myfile.dat", "w");              /* 以"w"打开文件，写入数据 */
     for (i=0; i<5; i++)
          fprintf(fp, "%d %lf\n", i+1, log(i+1) );    /* 写入一行 */
     fclose(fp);                               /* 关闭文件后，fp 可被回收再用 */

     fp=fopen("myfile.dat", "r");              /* 以"r"重新打开文件，读取数据 */
     for (i=0; i<5; i++)
     {    fscanf(fp,"%d %lf", &n, &a[i]);      /* 读取一行 */
          sum+=a[i];
     }
```

```
        fclose(fp);                                    /* 读取结束，关闭文件 */

        printf("sum=%lf\n", sum);                       /* 输出 sum 到屏幕 */
        return 0;
    }
```

程序运行后，在屏幕上的输出结果为：

```
sum=4.787491
```

系统库函数 log(x)用于求 x 的自然对数（要包含头文件 math.h）。程序运行后文件 myfile.dat 的内容如图 12-3 所示。注意，这些内容是写入文件中的，因此在屏幕上没有任何内容显示。

读取文件时将文件打开方式由"写"（"w"）转为"读"（"r"）；可先关闭文件再重新打开文件，并设置新的文件打开方式。执行 fclose(fp); 后变量 fp 可被回收再用，第二次打开文件时仍用 fp 与该文件建立关联（但文件打开方式不同）。注意 fopen 和 fclose 要配对使用，有一个 fopen 就要有一个 fclose。因此最后还要再执行一次 fclose，以关闭第二次用 fopen 打开的文件。

🏃 高手进阶

本例也可以在第一次打开文件时指定文件打开方式为"w+"，使文件既可读又可写，这样不必中途关闭再重新打开文件。但在写入之后、读取之前，还需移动文件位置指针到文件首（用 rewind(fp);函数，12.3 节介绍）。因为写入之后，文件位置指针位于文件尾，而我们要从文件首开始读。而本例用关闭文件再重新打开文件的方法，无须移动文件位置指针，因为在打开文件时文件位置指针就自动位于文件首。

从文件中读取数据要用 fscanf 函数，它的用法与 scanf 函数的用法非常相似。文件中的内容（见图 12-3）如同有人事先"输入"好的内容，现由 fscanf 函数来读。语句

```
fscanf(fp,"%d %lf", &n, &a[i]);
```

将读取文件中一行的内容。当 i=0 时读取文件的第一行，n 得到 1，a[0]得到 0.000000。读取后，文件位置指针自动后移。当 i=1 时再次运行该语句，将读取文件的第二行，n 得到 2，a 得到 0.693147······每次运行都将自然对数存入数组元素 a[i]并累加到 sum（而 n 的值未用）。最后将 sum 的值输出到屏幕上，而不是写入文件中（要使用 printf 而不是 fprintf）。

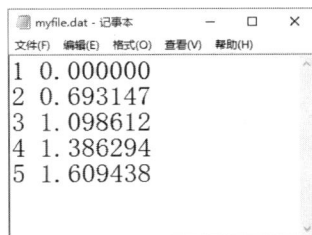

图 12-3 【程序例 12.2】中 myfile.dat 文件的内容

【程序例 12.3】编写函数 fun，实现向某个文件逐个写入 A～Z 的 26 个英文字母字符，再从文件中把它们读取出来显示到屏幕上；文件名可由参数给出。

```
#include <stdio.h>
int fun(char *fname)
{   FILE *fp;  char ch, ss[80];

    if ((fp=fopen(fname, "w"))==0) return 0;    /* 打开失败则返回 0 */
    for (ch='A';ch<='Z';ch++) fputc(ch, fp);    /* 逐个写入字符 */
    fclose (fp);

    if ((fp=fopen(fname, "r"))==0) return 0;    /* 打开失败则返回 0 */
    fgets(ss, 80, fp);         /* 从文件中读取一个字符串，不超过 79 个字符 */
    printf("%s\n", ss);        /* 将 ss 数组中保存的字符串输出到屏幕 */
    fclose(fp);
    return 1;                  /* 成功则返回 1 */
}
int main()
```

```
{    if (fun("D:\\alphabet.txt")) printf("成功! \n");
     else printf("失败! \n");
     return 0;
}
```

程序运行后，在屏幕上的输出结果为：

```
ABCDEFGHIJKLMNOPQRSTUVWXYZ
成功!
```

本例将在 D 盘根目录下生成 alphabet.txt 文件。通过 fun 函数处理文件，形参 fname 指向文件名字符串。操作成功则函数返回 1，操作失败则返回 0。在 fun 中先后两次打开了文件，目的是将文件打开方式由"写"切换为"读"。在两次打开文件时，都在将 fopen 的返回值赋值到 fp 的同时，判断 fopen 的返回值是否为 0，如为 0 表示打开失败，用 return 0;返回 0 并退出函数，不再读写文件。

ch 是字符型变量，若其中保存了'A'，则执行 ch++;后，其中保存的内容就变成了'B'（参见 2.1.3 小节）。通过 for 循环用 fputc 逐一向文件中写入 'A'、'B'……'Z'，每写一个，文件位置指针都自动后移一个字符的位置，最终文件的内容如图 12-4 所示。这些内容都是写入文件中的，不会输出到屏幕上；程序运行到此，在屏幕上还没有显示任何内容。

图 12-4 【程序例 12.3】中 alphabet.txt 文件的内容

重新打开文件后，文件位置指针自动位于文件首，即 A 的位置。用 fgets 读取一个字符串并存入数组 ss，且最多读取 79 个字符（80 个字符空间中为'\0'预留一个空间）。由于文件中没有 79 个字符，因此只读到文件结束为止，ss 中保存的字符串为"ABC…Z"（最后自动添加'\0'）。最后，用 printf 将字符串输出到屏幕（注意，printf 不会将内容写入文件中）。

12.2.4 二进制文件的读写

无论何种类型的文件、文件中保存什么内容，文件都是由一个个字节（每字节包含 8 个二进制位）组成的。计算机中各种类型的文件之所以有不同的用途，是因为相应转换字节的方式不同，如图 12-5 所示。如将字节转换为文字，将得到文字;将字节转换为声音，将得到声音……将同一批的字节按不同的方式转换，是不是会得到不同的内容呢？理论上是的。然而如果用错误的方式转换，所得到的内容可能会出人意料！例如强制将.mp3 文件的字节以文字的方式转换,得到的将是乱码,如图 12-6 所示。反过来说，如果将一个文本文件强制用播放器打开，系统也会报告"无法播放"！

二进制文件的读写和随机文件的读写

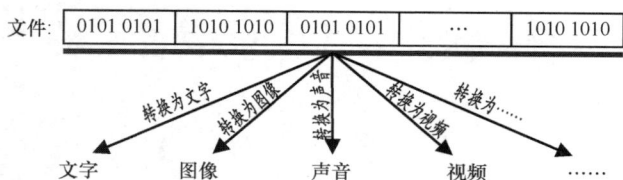

图 12-5 文件是由一个个字节组成的

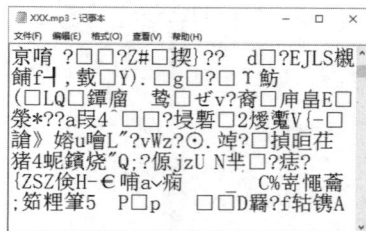

图 12-6 强制将.mp3 文件的字节转换为文字将得到乱码

在 C 语言中以二进制格式读写文件，就是直接读写文件中的字节，因而可读写任何类型的文件，而不仅限于文本文件。且由于可直接改变组成文件的字节，理论上可以对文件内容进行完全控制，从根本上任意改变文件内容。

在 C 语言中要以二进制格式读写文件，在用 fopen 打开文件时要指定文件打开方式使用二进制格式，即第二个参数的字符串中要含 b，如"wb"、"rb"、"wb+"等。文件打开后，可使用库函数读写二进制文件。C 语言常用的二进制文件读写库函数列于表 12-3。

表 12-3   C 语言常用的二进制文件读写库函数（要使用这些函数，应在程序中包含头文件 stdio.h）

函数	功能	用法（设文件指针为 **fp**）
fread	从当前文件位置指针处读取文件中的一批字节并存入从参数 buffer（地址）开始的一段内存空间中，这批字节由 count 个数据块（每一个数据块长为 size 字节）组成，共 size×count 字节。函数返回实际读取的数据块数（如读到文件尾或出错，实际读取的数据块数可能小于 count）	fread(buffer, size, count, fp);
fwrite	在当前文件位置指针处向文件中写入一批字节，这批字节位于内存中从参数 buffer 开始的一段内存空间，由 count 个数据块（每一个数据块长为 size 字节）组成，共 size×count 字节。函数返回实际写入的数据块数（如写入出错，实际写入的数据块数可能小于 count）	fwrite(buffer, size, count, fp);

fread 和 fwrite 在读取和写入文件后，都会使文件位置指针自动后移相应的字节数。

【**程序例 12.4**】用 fread 和 fwrite 函数读写文件。

```c
#include <stdio.h>
int main()
{    FILE *fp;
    int a[3]={1,2,3}, b[6], i;
    fp=fopen("mydata.dat","wb");         /* "wb"：二进制写入方式 */
    fwrite(a,sizeof(int),3,fp);          /* 写入 a 数组的 4×3 字节 */
    fwrite(a,sizeof(int),3,fp);          /* 再次写入 a 数组的 4×3 字节 */
    fclose(fp);                          /* 写入结束，关闭文件 */

    fp=fopen("mydata.dat","rb");         /* 以"rb"重新打开文件，读取数据 */
    fread(b,sizeof(int),6,fp);           /* 读 4×6 字节，存入 b 数组 */
    fclose(fp);                          /* 读取结束，关闭文件 */
    for (i=0;i<6;i++) printf("%d ",b[i]); /* 输出 b 数组到屏幕 */
    return 0;
}
```

程序运行后，在屏幕上的输出结果为：

```
1 2 3 1 2 3
```

a、b 为数组名，是假想的指针变量，保存数组的首地址。在调用 fwrite 和 fread 函数时实参传递 a、b 就是传递了数组的首地址。

两次执行 fwrite 将数组 a 的 3 个元素（12 字节）先后两次写入了文件，共写入了 24 字节，如图 12-7 所示。这 24 字节若按照"每 4 字节一组，转换为整数"的方式转换，得到的分别是 1、2、3、1、2、3。

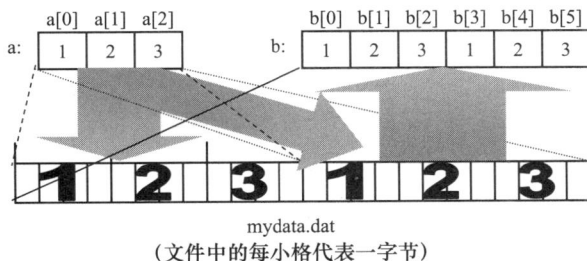

图 12-7   【程序例 12.4】的原理和 mydata.dat 文件内容

在关闭文件又重新打开文件后，文件位置指针自动位于文件首。从此位置用 fread 读取了 6 个数据块（每个数据块长为 4 字节，共 24 字节），将数据块的字节存入地址为 b 的一段内存中，则数组 b 各元素的字节刚好全被这 24 字节替换，自然数组 b 各元素的值也被对应修改了。数组 b 各元素的值刚好就是这 24 字节中每 4 字节一组所转换的整数，例如 b[0]的值就是前 4 字节转换的整数 1。因此数组 b 各元素的值分别为 1、2、3、1、2、3。

🎲 小游戏　　　　　　　　　　　变脸

请上机运行以下程序，将分别用文本格式和二进制格式保存同样的 15678，生成的文件分别为 D 盘根目录下的 test.txt 和 test.dat。这两个文件有什么不同？如把二进制文件 test.dat 中的字节以文本格式转换为文字（用记事本打开），会发生什么呢？

```
#include <stdio.h>
int main()
{   FILE *fpt, *fpb;
    char s[ ]="15678"; int n=15678;
    fpt=fopen("D:\\test.txt","w");
    fputs(s, fpt);
    fclose(fpt);

    fpb=fopen("D:\\test.dat","wb");
    fwrite(&n, sizeof(int),1,fpb);
    fclose(fpb);
    return 0;
}
```

运行程序后，分别用记事本打开生成的这两个文件，文件的内容如图 12-8 所示（单击记事本的"文件"—"打开"时，要在下方"文件类型"框中选择"所有文件"）。

test.txt 中的内容是 15678；而在 test.dat 中丝毫见不到 15678 的踪迹，见到的却是">="，后面还有两个显示为空白的字符，这就是"乱码"。因为记事本总以文本格式打开文件（也就是以"t"的方式）。对于以文本格式保存的 test.txt，记事本的打开方式与其匹配，能得到正确内容。而对于以二进制格式保存的 test.dat，记事本的打开方式与之不匹配，因而得到了乱码。

要在 C 语言程序中读取这两个文件的内容，也一定要使用正确的格式。程序如下。

图 12-8　用记事本查看保存同样的 15678 的两个不同格式的文件

```
/* 读取上述生成的 test.txt 和 test.dat 文件,
   需先运行上述程序生成这两个文件后才能运行本程序 */
#include <stdio.h>
int main()
{   FILE *fpt, *fpb;
    char s[20];  int n;
    fpt=fopen("D:\\test.txt", "r");     /* 以文本格式打开文件 */
    fgets(s, 20, fpt);
    fclose(fpt);
    printf("从文本文件中读入的内容: %s\n", s);

    fpb=fopen("D:\\test.dat", "rb");     /* 以二进制格式打开文件 */
    fread(&n, sizeof(int), 1, fpb);
    fclose(fpb);
```

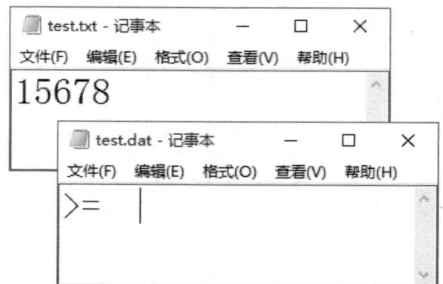

```
    printf("从二进制文件中读入的内容: %d\n", n);
    return 0;
}
```

程序运行后，在屏幕上的输出结果为：

从文本文件中读入的内容：15678
从二进制文件中读入的内容：15678

高手进阶

在使用文本格式保存 15678 的 test.txt 中，15678 被当作 5 个字符'1'、'5'、'6'、'7'、'8'保存，占 5 字节，每字节分别保存对应字符的 ASCII 值，即 49、53、54、55、56。

在使用二进制格式保存 15678 的 test.dat 中，将 15678 整体作为一个整数保存（占 4 字节）。将整数 15678 转换为二进制的 4 字节，依次是：

00000000	00000000	00111101	00111110

但在文件中存作：

00111110	00111101	00000000	00000000

即将顺序"倒过来"，因为文件中的第 1 字节是低位字节，00111110 是低位字节，应先被保存。用记事本打开 test.dat 时，会以文本格式转换这 4 字节：将这 4 字节转换为 4 个字符，这 4 字节对应的十进制数分别是 62、61、0、0，将它们看作 ASCII 值，对应的字符就是'>'、'='、'\0'、'\0'。

从这个例子中也可以发现，test.txt 占 5 字节，test.dat 占 4 字节，这说明保存同样的内容，二进制文件一般比文本文件更节省存储空间。

【程序例 12.5】 编写程序创建一个图片文件（扩展名为.bmp），内容为图 12-9 所示的类似棋盘的图案，图片大小为 32 像素×32 像素。

【分析】 文件都是由一个个字节组成的，位图格式（.bmp）的图片文件也不例外。要创建一个图片文件，只要以二进制格式把文件中应有的字节一个个写入文件即可。

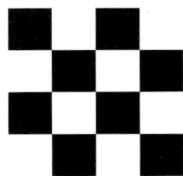

图 12-9　类似棋盘的图案

```c
#include <stdio.h>
int main()
{   FILE *fp;   int i;
    char ht[]="BM"; long head[]={190,0,62};              /* 文件头 */
    long inf[10]={40,32,32,65537,0,128};                 /* 位图信息头 */
    char pal0[4]={0,0,0}, pal1[4]={255,255,255};         /* 颜色 */
    char data0[]={255,0,255,0},data1[]={0,255,0,255};    /* 数据 */

    fp=fopen("mybmp.bmp", "wb");             /* "wb": 文件若已存在则会被删除并重建 */

    /* 写入文件头，共14字节 */
    fwrite(ht, 2, 1, fp);                    /* 位图文件以"BM"开头 */
    fwrite(head, 4, 3, fp);
    /* 写入位图信息头，共40字节 */
    fwrite(inf, 4, 10, fp);
    /* 写入调色板，共8字节 */
    fwrite(pal0, 1, 4, fp);                  /* 二进制位为0的颜色 */
    fwrite(pal1, 1, 4, fp);                  /* 二进制位为1的颜色 */
    /* 写入位图像素数据，共128字节 */
    for (i=0; i<8; i++) fwrite(data0,1,4,fp);
    for (i=0; i<8; i++) fwrite(data1,1,4,fp);
    for (i=0; i<8; i++) fwrite(data0,1,4,fp);
    for (i=0; i<8; i++) fwrite(data1,1,4,fp);
```

```
        fclose(fp);
        printf("位图文件生成成功! \n");
        return 0;
}
```

程序运行后，在屏幕上的输出结果为：

位图文件生成成功!

程序运行后，在源程序文件的文件夹中，会生成图片文件 mybmp.bmp，其内容就是图 12-9 所示的类似棋盘的图案。该文件是一个普通的图片文件，可被各种图像处理软件（如 Windows 画图、Photoshop 等）打开。

这样的一个图片文件中应有的字节在程序中分别被存储在几个数组中，将这些字节用 fwrite 函数以二进制格式依次写入文件，图片文件就创建好了。注意，除 ht 外的其他 char 型数组并不是要保存字符或字符串，而是要保存每个元素占 1 字节的内容，因为只有 char 型才是占 1 字节的数据类型。这里 char 型数组中每个元素实际保存的还是整数（整数范围为 0～255）。

这是一张黑白的图片，有兴趣的读者可修改 pal0 和 pal1 数组的初值，如将之改为

```
char pal0[4]={255,0,0}, pal1[4]={0,255,255};      /* 颜色 */
```

则可得到蓝色、黄色相间的"彩色"棋盘图案。这两个数组中的 3 个初值实际分别表示图案中两种颜色的蓝（B）、绿（G）、红（R）三原色的值（由于字节对齐，每种颜色都要占 4 字节，因此数组都含 4 个元素，但实际只用前 3 个元素）。原来的 pal0（0,0,0）代表黑色、pal1（255,255,255）代表白色；修改后的 pal0（255,0,0）代表蓝色、pal1（0,255,255）代表黄色。读者可试着再修改这两个数组为其他的初值，看看还能得到一些什么颜色的图片？

🏃 **高手进阶**

位图文件简介：位图文件中的字节内容由文件头、位图信息头、调色板和位图像素数据等几部分组成。

数组 ht 和 head 保存文件头数据，文件头必须以字符串 BM 开头，后为本文件的长度（190）、系统保留的空间（0）、像素数据在文件中的字节位置（62，也是像素数据之前所有内容的字节数之和；文件中第一字节位置为 0）：2（"BM"）+12（head 数组）+40（inf 数组）+4（pal0 数组）+4（pal1 数组）=62。

inf 数组保存位图信息头数据，包含信息头长度（40）、位图宽度（32）、位图高度（32）、色平面和颜色深度（均为 1，但是两个短整数 1，合并为 4 字节整数后为 65537）、压缩方式（0）、像素数据共包含的字节数（128）等，共 40 字节。

一般 256 色以下的位图都需有调色板，调色板指定了各种像素数据的实际颜色。本例为 2 色位图，pal0 和 pal1 分别为这两种颜色的颜色值。

32 像素×32 像素的位图由 32×32 个点组成。2 色位图可用 1 个二进制位表示一个点，0 或 1 分别代表以上调色板中的两种颜色。1 字节有 8 个二进制位，可表示 8 个点，一行的 32 个点就用 4 字节表示。各行数据分别保存在 data0 和 data1 数组中。程序用 4 个 for 循环，依次写入这 32 行。注意先写入的不是图片的第一行，而是图片的最后一行；应从图片最后一行开始，由下向上写入每行像素数据到文件中。

12.3 这是手工活儿——文件的随机读写

文件既可像前面介绍的那样按字节排列顺序读写；也可直接控制文件位置指针，从文件中的任意位置开始进行随机读写。C 语言常用的文件位置指针定位库函数列于表 12-4，这些函数既能用于二进制文件，也能用于文本文件。

表 12-4　C 语言常用的文件位置指针定位库函数（要使用这些函数，应在程序中包含头文件 stdio.h）

函数	功能	用法（设文件指针为 fp）
rewind	把文件位置指针移到文件首，无返回值	rewind(fp);
fseek	把文件位置指针从 ori 指定的位置，向文件尾（n>0 时）或文件首（n<0 时）移动 n 字节。ori 有 3 种取值，即 0、1、2，分别表示从文件首、当前位置和文件尾开始移动，3 种取值也可分别写为符号常量 SEEK_SET、SEEK_CUR、SEEK_END。成功则函数返回 0，失败则返回非 0	fseek(fp, n, ori); 一般 n 为 long 型，常量加字母后缀 L(l)
ftell	返回当前文件位置指针的位置（文件中第 1 字节的位置为 0）；失败则返回-1	n = ftell(fp);
feof	判断读文件是否已越过了文件尾，是则函数返回非 0；否则返回 0	if (feof(fp)) ...

下面给出 fseek 函数的几个例子。

```
FILE *fp=fopen("c:\\d1.dat","rb");
fseek(fp, 100L,SEEK_SET); /*把文件位置指针从文件首后移 100 字节
                            （移到第 101 字节处）*/
fseek(fp, 100L,SEEK_CUR); /*把文件位置指针从当前位置后移 100 字节*/
fseek(fp,-100L,SEEK_END); /*把文件位置指针移到文件倒数第 100 字节处*/
fseek(fp,-1L,SEEK_END);   /*把文件位置指针移到文件最后一字节处*/
fseek(fp, 0L,SEEK_END);   /*把文件位置指针移到文件最后一字节的下一字节处*/
fseek(fp, 0L,SEEK_SET);   /*把文件位置指针移到文件首（第 1 字节处）*/
rewind(fp);               /*与上句效果等同*/
```

如果把文件位置指针移到文件中已有内容的位置，再向文件中写入新内容，新内容将覆盖文件中对应位置的原内容。在覆盖时，写入多少字节就覆盖多少字节。

【**程序例 12.6**】文件的随机读写。

```
#include <stdio.h>
int main()
{    FILE *fp;
     int a[4]={1,2,3,4}, b;
     fp=fopen("d1.dat","wb+"); /* 可读可写，二进制格式 */
     fwrite(a, sizeof(int), 4, fp);
     printf("写入数组后，文件位置指针位于: %d\n", ftell(fp));
     fseek(fp, 2L*sizeof(int), SEEK_SET); /* 移到首 8 字节处 */
     printf("移到首 8 字节，文件位置指针位于: %d\n", ftell(fp));
     fwrite(&a[1], sizeof(int), 2, fp);

     fseek(fp,-2L*sizeof(int),SEEK_END); /* 移到尾 8 字节处 */
     printf("移到尾 8 字节，文件位置指针位于: %d\n", ftell(fp));
     fread(&b, sizeof(int), 1, fp);
     printf("为 b 读取数据后，文件位置指针位于: %d\n", ftell(fp));
     fclose(fp);

     printf("b=%d\n",b);
     return 0;
}
```

程序运行后，在屏幕上的输出结果为：

```
写入数组后，文件位置指针位于: 16
移到首 8 字节，文件位置指针位于: 8
移到尾 8 字节，文件位置指针位于: 8
为 b 读取数据后，文件位置指针位于: 12
b=2
```

【**程序例 12.6**】的文件操作过程如图 12-10 所示。

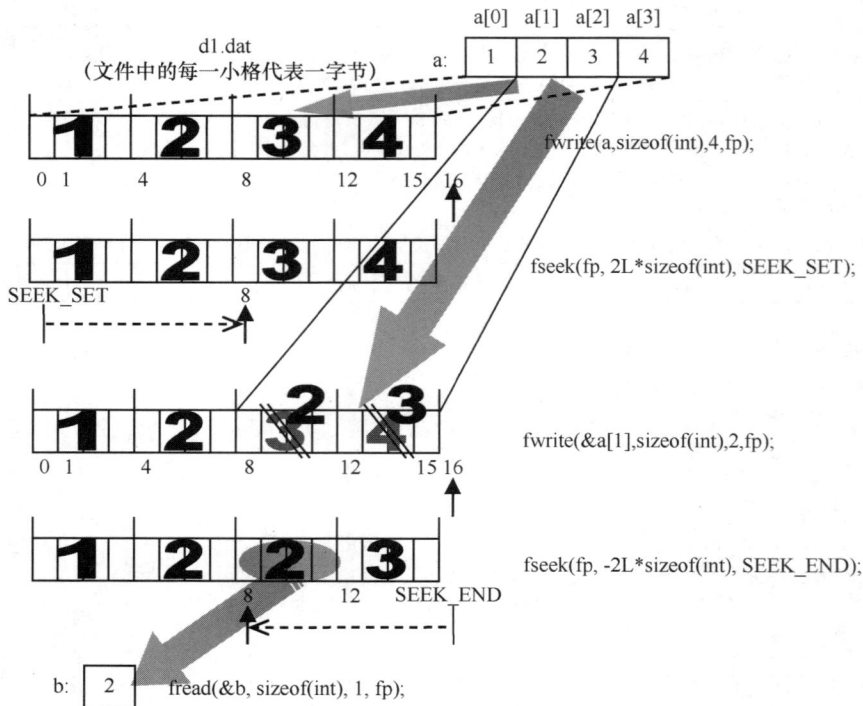

图 12-10 【程序例 12.6】的文件操作过程

先用 fwrite 将数组 a 中的 4 个元素（16 字节）写入文件，文件位置指针位于第 17 字节处。这时用 ftell 获得的文件位置指针的位置是 16，因为文件中第 1 字节的位置是 0（与数组下标类似）。然后移动文件位置指针到文件第 9 字节处，也就是整数 3 的首字节处。在此处用 fwrite 写入从 a[1]的地址（&a[1]）开始的 8 字节，也就是 a[1]、a[2]两个元素对应的那 8 字节，它们将覆盖文件中原来表示整数 3、4 的 8 字节，使得这 8 字节被修改为表示整数 2、3 的字节。

再用 fseek 将文件位置指针移到倒数第 8 字节处，也就是文件中第 3 个整数（现为 2）的首字节处。在此处用 fread 读取 4 字节并存入从变量 b 的地址（&b）开始的 4 字节的内存空间中，就是把 b 的 4 字节改为从文件中读到的这 4 字节，因此 b 的值被改为文件中第 3 个整数的值 2。

【随学随练 12.4】以下函数不能用于向文件写入数据的是（　　　　）。

A）ftell   B）fwrite   C）fputc   D）fprintf

【答案】A

【随学随练 12.5】有以下程序：

```
#include <stdio.h>
main()
{ FILE *fp;
  int i, a[6] = {1,2,3,4,5,6}, k;
  fp = fopen("data.dat", "w+");
  fprintf(fp, "%d\n", a[0]);
  for (i=1; i<6; i++)  {
      rewind(fp);
      fprintf(fp, "%d\n", a[i]);
  }
  rewind(fp);
  fscanf(fp, "%d", &k);
```

```
        fclose(fp);
        printf("%d\n", k);
}
```
程序运行后的输出结果是（   ）。

A）6　　　　　　　　B）21　　　　　　　　C）123456　　　D）654321

【答案】A

【分析】本题中程序以文本格式打开文件。每次循环都用 rewind(fp);将文件位置指针移回文件首，这时再写入数据就会覆盖文件中该位置的内容，刚好覆盖先前写入的那个数组元素（各数组元素均为 1 位数）。跳出循环后，文件中的内容为最后一个元素（a[5]）的值 6（在文件中为文本形式的 6）。最后用 rewind(fp);将文件位置指针移回文件首后，用 fscanf 读取数据 6 并存入 k。

【随学随练 12.6】有以下程序
```
#include <stdio.h>
main()
{   FILE *pf;
    char *s1="China", *s2="Beijing";
    pf=fopen("abc.dat", "wb+");
    fwrite(s2, 7, 1, pf);
    rewind(pf);
    fwrite(s1, 5,1, pf);
    fclose(pf);
}
```
程序执行后，abc.dat 文件的内容是（   ）。

A）China　　　　　　B）Chinang　　　　　C）ChinaBeijing　D）BeijingChina

【答案】B

【分析】指针变量 s1 和 s2 分别保存两个字符串的首地址。程序先将从 s2 开始的 7 字节（即 Beijing）写入文件（每个字符占 1 字节）。rewind 将文件位置指针移回文件首（即指向 B），再从该位置写入从地址 s1 开始的 5 字节（即 China），覆盖文件中原来的 Beiji。文件最终内容为 Chinang。

【随学随练 12.7】以下程序运行后的输出结果是（   ）。
```
#include <stdio.h>
main()
{   FILE *fp; char str[10];
    fp=fopen("myfile.dat", "w");
    fputs("abc", fp);  fclose(fp);
    fp=fopen("myfile.dat", "a+");
    fprintf(fp, "%d", 28);
    rewind(fp);
    fscanf(fp,"%s",str);  puts(str);
    fclose(fp);
}
```
A）abc　　　　　　　B）28c　　　　　　　C）abc28　　　　D）因类型不一致而出错

【答案】C

【分析】程序第一次以"w"打开文件，向文件写入字符串"abc"。第二次以"a+"打开文件，此时不会删除原文件且在打开文件后，文件位置指针就自动位于文件尾。再写入 28，它将被添加到文件尾，文件中的内容为 abc28。rewind(fp); 使文件位置指针移到文件首，再用 fscanf 读取一个字符串，得"abc28"，将其存入数组 str。最后 puts(str); 向屏幕上输出字符串，而不是将其写入文件中。

【随学随练 12.8】通过定义学生结构体数组，存储了一批学生的学号、姓名和 3 门课的成绩。以下程序将结构体数组中的所有学生数据以二进制格式输出到文件 student.dat 中，再将最后一名学生的数据读入变量 n，并将最后一名学生的学号和姓名显示到屏幕上。请填空。
```
#include <stdio.h>
#define N 5
typedef struct student {long sno; char name[10]; float score[3]; } STU;
```

291　　　　　　　　　　　　　　　　　　　　　　　　　第 12 章

```
main()
{   STU s[N]={{10001,"MaChao",91,92,77},{10002,"CaoKai",75,60,88}, {10003,"LiSi",
        85,70,78}, {10004,"FangFang", 90,82,87}, {10005,"ZhangSan", 95,80,88} }, n;
    ____[1]____ *fp;
    fp=fopen("student.dat", "wb");
    ____[2]____ (s, sizeof(STU), N, fp);     /* 二进制输出 */
    fclose(fp);

    fp=fopen("student.dat", ____[3]____);
    fseek(fp, -1L*____[4]____, SEEK_END); /* 定位文件位置指针 */
    fread(____[5]____, sizeof(STU), 1, ____[6]____);  /* 将数据读入变量 n */
    printf("%d, %s\n", n.sno, n.name);
    fclose(fp);
}
```

【答案】[1] FILE；[2] fwrite；[3] "rb"或"rb+"；[4] sizeof(STU)；[5] &n；[6] fp

【程序例 12.7】编写函数 fun，将文本文件 myfile1.txt 的内容复制到文件 myfile2.txt 中。

```
#include <stdio.h>
int fun(char *source, char *target)
{   FILE *fs, *ft;   char ch;
    if ( (fs=fopen(source, "r")) == NULL ) return 0;
    if ( (ft=fopen(target, "w")) == NULL ) return 0;

    ch=fgetc(fs);                    /* 先从 fs 中读取一个字符 */
    while (! feof(fs))               /* 如果 feof(fs)为假，即返回 0，则循环 */
    {   fputc(ch,ft);                /* 向 ft 中写入一个字符 */
        ch=fgetc(fs);                /* 再从 fs 中读取下一个字符 */
    }

    fclose(ft); fclose(fs);
    return 1;                        /* 返回成功 */
}
int main()
{   FILE *myf;
    myf=fopen("myfile1.txt", "w");
    fprintf(myf, "This is test\n12345");
    fclose(myf);
    if ( fun("myfile1.txt", "myfile2.txt") )
        printf("文件复制成功! \n");
    else
        printf("文件复制失败! \n");
    return 0;
}
```

程序运行后，在屏幕上的输出结果为：

文件复制成功!

程序运行后，可在源程序文件所在的文件夹中找到 myfile1.txt、myfile2.txt 这两个文件。这两个文件中的内容相同，都是两行文字：This is test 和 12345。myfile1.txt 中的内容是由 main 函数的 fprintf 直接写入的，myfile2.txt 中的内容是通过 fun 函数从 myfile1.txt 文件中复制而来的。

fun 函数用于复制文本文件，source 表示要复制的文件的文件名，target 表示复制后得到的新文件的文件名。复制成功则函数返回 1，失败则返回 0。main 函数在调用 fun 函数时，直接将函数调用写在了 if 语句()内的表达式中，fun 函数的返回值就是 if 语句表达式的值。

在 fun 中，逐个读取 myfile1.txt 中的字符，并将字符一个个地写入 myfile2.txt 中来完成复制。读取一个字符，就写入一个字符，一直到读取完 myfile1.txt 为止。

"读取完"文件是通过 feof 函数判断的。当读完 myfile1.txt 的最后一个字符 5 后，文件位置指针会自动后移指向文件尾；但此时 feof 并不返回非 0 值（为真）。只有再执行一次 fgetc，试图再读取一个字符后，feof 才会返回非 0 值，如图 12-11 所示。然而这次 fgetc 的执行实际是"失败"的（fgetc 返回-1 或 EOF），因为字符 5 之后再无内容；并且这次读取之后文件位置指针也并未再向后移动。然而有了这次"失败"的读取，可以让 feof 返回真。在 fun 函数中，无论如何，

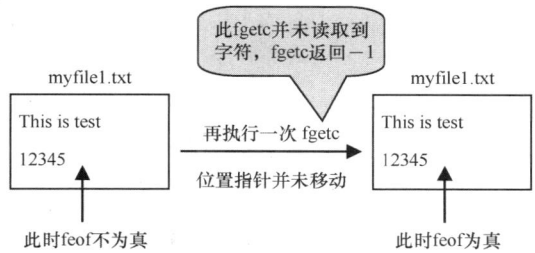

图 12-11　在读取 myfile1.txt 时，feof 为真的情况

最后一次调用 fgetc 必然是"失败"的（fgetc 返回-1），利用这次"失败"的调用使 feof 返回真，以便退出 while 循环。注意 feof 是在越过文件尾的位置再次读取文件时，才返回真。

⚠ 脚下留心

很多 C 语言资料中说 feof 检测"文件位置指针是否指向文件尾"，这是不确切的。要注意，"文件位置指针指向文件尾"，feof 不一定返回"真"；只有在"文件位置指针指向文件尾"的情况下，试图再次读取文件时，feof 才返回"真"。

注意，feof 函数不是判断文件位置指针是否指向了文件中的最后一个字符，也不是判断文件位置指针是否指向了文件尾（最后一个字符之后）；而是判断在文件位置指针指向了文件尾（最后一个字符之后）时，是否仍做过读文件的操作。

当文件位置指针指向文件的最后一个字符之后时，再调用 fgetc，fgetc 就返回-1。可不可以用 fgetc 的返回值是否为-1 来判断是否读取完文件了呢？最好不要这样做。因为 fgetc 返回-1 代表两种情况：读取完文件或读取出错。读取出错时 fgetc 也会返回-1。

因此在 while 循环之前，使用语句 ch=fgetc(fs);就是很有必要的了。如果 myfile1.txt 为空文件，当用 fs=fopen(source,"r"); 打开它后，文件位置指针就指向了文件尾，但此时 feof 并不为真。如果在 while 循环之前，没有语句 ch=fgetc(fs);，feof(fs)为假，循环条件"! feof(fs)"就为真，程序会直接进入 while 循环内部，从而使 myfile2.txt 中多出一字节的内容（内容为 ch 的初值，为随机数）。而如果有语句 ch=fgetc(fs); ，虽然语句中的 fgetc 返回-1，并没有读取到任何字符，但之后 feof(fs)为真，"! feof(fs)"为假，会直接跳过 while 循环，myfile2.txt 也会为空文件。

【程序例 12.8】从键盘输入若干行文本（每行不超过 80 个字符），将它们依次写到文件 mytext.txt 中。要输入的文本的行数不定，直到用户输入的文本为#为止。然后从文件中逐行读取这些文本，把它们显示到屏幕上。

```c
#include <stdio.h>
#include <string.h>
#include <stdlib.h>
int main()
{    FILE *fp;   char str[81];
     if ( (fp=fopen("mytext.txt", "w")) == NULL )
          { printf("写入文件时打开文件失败!!\n"); exit(1); }

     /* 通过键盘输入若干行文本并写到文件中 */
     printf("请连续输入若干行文本，输入的文本为#时结束: \n");
     gets(str);                      /* 从键盘输入字符串，不是读文件 */
     while ( strcmp(str,"#") != 0 )  /* 用 strcmp 比较字符串，相等则返回 0 */
```

```
    {    fputs(str, fp);                      /* 向文件写入字符串 */
         fputs("\n", fp);                     /* 向文件写入换行符（因 fputs 不会自动换行） */
         gets(str);                           /* 从键盘输入下一个字符串（不是从文件中读字符串） */
    }
    fclose(fp);
    printf("文件输出成功! ");

    /* 按行读取文件并将字符串显示到屏幕上*/
    if ( (fp=fopen("mytext.txt", "r")) == NULL )
        { printf("\n 读取文件时打开文件失败!\n"); exit(1); }
    printf("文件中的内容是: \n");
    while ( !feof(fp) )
        if ( fgets(str,81,fp) )              /* 从文件中读取下一个字符串 */
            printf("%s", str);               /* 将字符串输出到屏幕上，不是写到文件中 */
    fclose(fp);
    return 0;
}
```

程序运行后，在屏幕上的运行结果为：

请连续输入若干行文本，输入的文本为#时结束：
China✓
France✓
America✓
Japan✓
Britain✓
#✓
文件输出成功! 文件中的内容是：
China
France
America
Japan
Britain

　　在将字符串输出到屏幕上时，printf("%s", str);中不要加\n，也不要用 puts(str); ，否则屏幕上输出每个字符串后将有两个换行符。这是因为 fgets 从文件中读到的字符串会包含行末的"换行符"，这与使用从键盘输入字符串的 gets 函数的情况不同。

　　在逐行读取文本文件时，同样应注意 feof 的用法。fgets 在读完文件内容时，feof 并不返回真；而只有在再次读取文件（此时由于不再有内容，fgets 会返回 0 表示失败）后 feof 才会返回真。因此，应将 printf 写在"if(fgets 执行成功)"语句下。此外，如果文件内容为空白（当然本例的文件内容不会为空白，这是就通常读取文本文件而言的），刚刚打开文件时，feof 也不为真，因此仍会执行 fgets。但此时由于文件中没有内容，fgets 会返回 0，也不应执行 printf。

第 **13** 章 编程高手武功秘笈——

公共基础知识

程序设计是一门学问，解决同样的问题，不同的人写出来的程序不会完全相同。有人写出的程序执行效率很高，很快就能算出结果；而有人却用了非常复杂的方法，程序执行效率很低。因此，虽然 C 语言相关的知识已经学习完了，但为了编写高效的程序，在程序设计乃至软件开发的方法方面还有一些内容要学习，这里面是有很多门道的。

本章将介绍计算机系统、数据结构与算法等基础知识，这些内容不完全属于 C 语言的组成部分，但是学习任何一种编程语言都要了解的"武功秘笈"。

13.1 水面下的冰山——计算机系统

13.1.1 计算机的发展

世界上第一台电子计算机于 1946 年诞生于美国宾夕法尼亚大学，称电子数字积分计算机（Electronic Numerical Integrator and Computer，ENIAC），如图 13-1 所示。ENIAC 没有存储器，电路连线烦琐。此后计算机迅猛发展，共经历了 4 个发展阶段：①电子管计算机（1946—1958 年）；②晶体管计算机（1958—1964 年）；③集成电路计算机（1964—1971 年）；④大规模集成电路计算机（1971 年至今）。

图 13-1　第一台电子计算机 ENIAC

💡 **窍门秘笈　巧记计算机发展史。**

第一台电子计算机诞生于 1946 年，可将 46 通过谐音记为"石榴"。设想"那年石榴大丰收，石榴籽太多了，数也数不过来，所以发明了计算机"。

为记住计算机的 4 个发展阶段，可将"电子计算机"一词通过谐音记为"电子晶算集↑"，即 4 个阶段依次为"电子"管计算机→"晶"体管计算机→"集"成电路计算机→"↑"大规模集成电路计算机。

后来，冯·诺依曼提出了"存储程序"的计算机结构，即先将编写好的程序和数据存入计算机的存储器中再启动，以让计算机自动、连续地工作。其中程序指令和数据均以二进制形式表示。计算机系统的硬件系统由运算器、控制器、存储器、输入设备和输出设备 5 部分组成，如图 13-2 所示。其中运算器和控制器共同组成了中央处理器（CPU），CPU 是计算机的大脑；CPU 和存储器又共同组成了主机；输入设备和输出设备合称外部设备。现代计算机普遍仍采用这种冯·诺依曼体系结构。

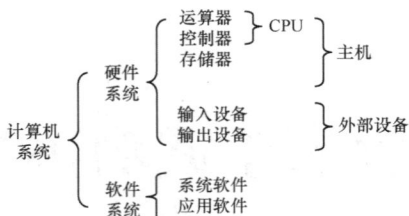

图 13-2　计算机系统的组成

【随学随练 13.1】 1946 年诞生的世界公认的第一台电子计算机是（　　　）。

A）UNIVAC-1　　　　B）EDVAC　　　　C）ENIAC　　　　D）IBM560

【答案】C

【随学随练 13.2】 在冯·诺依曼体系结构的计算机中引进了两个重要概念，一个是二进制，另外一个是（　　　）。

A）内存储器　　　　B）存储程序　　　　C）机器语言　　　　D）ASCII 编码

【答案】B

13.1.2　机箱里的那些事儿——计算机硬件系统

一个完整的计算机系统由硬件（hardware）系统和软件（software）系统组成，如图 13-2 所示。硬件系统包含组成计算机的各种装置和设备，是计算机的物质基础。软件系统包含与计算机运行相关的各种程序、数据和资料，是计算机的灵魂。

1．CPU

运算器和控制器是 CPU 的重要组成部分。算术逻辑部件（Arithmetic Logic Unit，ALU）可以进行算术运算与逻辑运算，也称**运算器**，是计算机中处理数据的工厂。**控制器**（Control Unit，CU）负责统一控制计算机，指挥计算机的各个硬件部件自动协调一致地工作。计算机的工作过程就是按照控制器的控制信号，自动、有序地执行指令。对于每条指令，控制器都要执行 4 个基本操作：获取指令、分析指令、执行指令、存储结果。

主频和**字长**是反映 CPU 性能的主要指标。**主频**即影响 CPU 工作节拍的主时钟的频率，表明 CPU 的工作速度，一般以 GHz（吉赫兹）为单位，目前 CPU 主频一般都能达到 1～5GHz。**字长**是计算机一次能同时处理的二进制数据的位数。字长越长，所能处理的数据的范围越大、精度越高，处理速度越快。目前 CPU 大多支持 32 位或 64 位字长，即可并行进行 32 位或 64 位的二进制算术运算和逻辑运算。

为了能将数据暂时存放，运算器和控制器还需要若干**寄存器**（register），寄存器是 CPU 中的高速存储区，有指令寄存器、地址寄存器、存储寄存器、累加寄存器等，可临时存储指令、数据（或数据的地址）和结果等，以提高 CPU 性能。CPU 中寄存器的数量和每个寄存器的位宽影响 CPU 的性能和速度。寄存器的位宽与 CPU 的字长有关，例如 32 位 CPU 中的寄存器也是 32 位的，64 位 CPU 中的寄存器也是 64 位的。

【随学随练 13.3】 某台微型计算机安装的是 64 位操作系统，"64 位"指的是（　　　）。

A）CPU 的运算速度，即 CPU 每秒能计算 64 位二进制数据

B）CPU 的字长，即 CPU 每次能处理 64 位二进制数据

C）CPU 的主频

D）CPU 的型号

【答案】B

【随学随练 13.4】 CPU 中，除了内部总线和必要的寄存器外，主要的两大部件分别是运算器和（　　　）。

A）控制器　　　　　　B）存储器　　　　　C）Cache　　　　　D）编辑器

【答案】A

【随学随练 13.5】计算机中控制器的功能主要是（　　　）。

A）指挥、协调计算机各相关硬件和软件工作　　B）指挥、协调计算机各相关软件工作

C）指挥、协调计算机各相关硬件工作　　　　　D）控制数据的输入和输出

【答案】C

2．计算机指令和执行方式

计算机指令是计算机可以识别和执行的二进制代码，一条计算机指令（简称指令）通常由**操作码**和**操作数**两部分（某些指令无操作数部分）组成。指令的基本格式如图 13-3 所示。

操作码	源操作数（或地址）	目的操作数（或地址）

图 13-3　指令的基本格式

操作码指明指令要完成操作的类型或性质，如取数、加法、减法、输出等。**操作数**指明指令操作对象，它可以是数据本身，也可以是存放数据的内存单元地址或寄存器的名称。操作数又分**源操作数**和**目的操作数**，分别指明参加运算的来源数据（可含多个）和运算结果要保存到的位置（内存单元地址或寄存器名称）。不同指令所占字节数不同。

数据在内存中的真实地址称**有效地址**（Effective Address，EA）。在指令的操作数中，可以给出数据的有效地址，也可以给出数据的形式地址。后者并非数据在内存中的真实"门牌号"，需按照寻址方式，将形式地址转换为有效地址，才能找到数据。寻址方式有多种，如立即寻址（指令中的地址部分直接给出操作数本身）、直接寻址（指令中的地址部分给出操作数的地址）、隐含寻址（操作数的地址无须给出，而按照预先规定，操作数直接位于固定地址或固定的寄存器中）、间接寻址（地址部分给出的是操作数的地址的地址）、寄存器寻址、寄存器间接寻址、地址寻址等。

某种计算机的所有指令的集合，称该计算机的**指令系统**。不同计算机具有不同的指令系统，但一般都包含以下几种指令：①数据传送指令（将数据在内存与内存、寄存器与寄存器、寄存器与内存之间传送）；②数据处理指令（控制算术、关系、逻辑运算等）；③程序控制指令（控制程序中指令的执行顺序，如条件转移、无条件转移、调用子程序、返回等）；④输入/输出指令（实现与外部设备的数据传输）；⑤其他指令（实现硬件管理、堆栈操作等）。

计算机工作的本质，就是自动、快速地执行程序（即指令的集合）。设置程序计数器（Program Counter，PC，一种寄存器）为下一条要执行的指令在内存中的地址，通过 PC 可决定指令的执行顺序。执行步骤是：根据 PC 到内存中取指令→分析指令→执行指令→修改 PC 指向下一条指令……

计算机执行一条指令所花费的时间称一个**指令周期**。不同的指令执行要花费的时间不同（即指令周期不同）。通常将从内存中读取一个指令所需的最短时间定为一个 CPU 周期，也称机器周期。一般取指令要占用 1 个机器周期，而执行指令要占用 1 个或多个机器周期（不同指令不同）；分析指令不占用机器周期。

【随学随练 13.6】机器周期的同步标准是（　　　）。

A）CPU 访问存储器一次所需要的时间　　　　B）CPU 执行指令所占用的时间

C）CPU 访问寄存器一次所需要的时间　　　　D）CPU 分析指令所需要的时间

【答案】A

3．存储器

存储器（memory）是计算机系统的记忆设备，可存储程序和数据。存储器分内存储器（简称内存，又称主存）和外存储器（简称外存，又称辅存）两大类。

内存存储当前正在执行的程序和所用数据，容量小、读写速度快，CPU 可直接访问和处理其中的数据。内存又分多种类型，各有不同的特点，如图 13-4 所示。在 ROM（Read-Only Memory，只读存储器)中一般存放由计算机制造厂商写入并经固化处理的系统管理程序，如开机自检程序、BIOS（Basic Input/Qutput System，基本输入输出系统）模块等。计算机日常工作所需内存一般位于 RAM（Random Access Memory，随机存储器）中，如主机箱内的内存条属于 DRAM（Dynamic RAM，动态随机存储器），如图 13-5 所示。

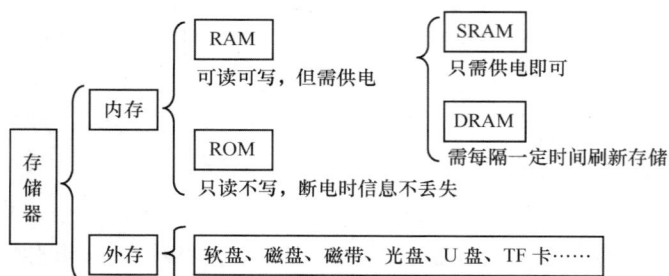

图 13-4　存储器的类型

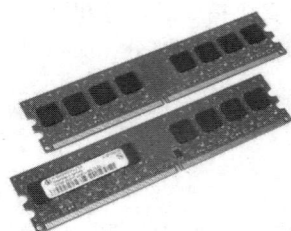

图 13-5　内存条

但内存的存取速度远慢于 CPU 的存取速度，为缩小速度之间的差异，设置高速缓存（Cache）来中转内容。Cache 属于 SRAM（Static RAM，静态随机存储器），其存取速度接近 CPU 的读写速度。但 Cache 造价昂贵，因此 Cache 的存储容量并不是很大，它的容量远小于内存。当 CPU 要从内存中存取数据时，就将该内存区附近的若干单元的内容调入 Cache，然后从 Cache 中存取；当需要再次存取这些信息时，就直接从 Cache 中存取，而不再从内存中存取。

之所以可通过容量较小的 Cache 来缩小 CPU 的读写速度与容量较大的内存的存取速度之间的差异，是因为计算机运行具有**程序局部性原理**：程序对内存 90% 的访问仅局限于 10% 的区域中，而内存另外 90% 的区域，程序对其仅有 10% 的访问。程序局部性又表现为**时间局部性**（如果一个存储项被访问，则该项可能很快被再次访问）和**空间局部性**（如果一个存储项被访问，则该项及其临近的项也可能很快被访问）。

外存用来存储需要长期保存的内容，容量更大、在断电后所存内容不会丢失；但存取速度慢，CPU 不能直接访问和处理其中的数据。当 CPU 需要外存中的数据时，首先应将数据调入内存，再从内存中读取，即"外存→内存→CPU"。

外存的种类很多，这里简要介绍硬盘（hard disk），如图 13-6 所示。

（a）硬盘的外观

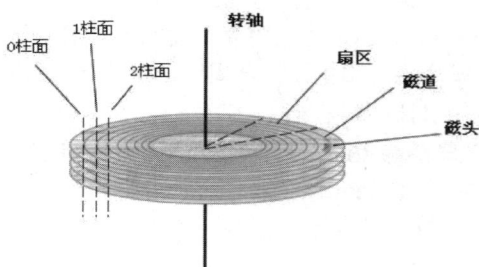

（b）硬盘的内部结构

图 13-6　硬盘的外观和内部结构

一个硬盘由位于一个同心转轴上的多个盘片组成。每个盘片分上下两个盘面，每个盘面有一个读写磁头，磁头数与有效盘面数相等。盘面上有许多同心圆，**称磁道**。最外圈磁道编号为 0，内圈磁道编号依次增大。不同盘片相同编号（半径相同）的磁道所组成的圆柱称**柱面**，柱面数与盘面上的磁道数相等。每一磁道又被等分为若干弧段，每个弧段称**扇区**。扇区是硬盘的读写单位。越接近中心，同心圆越小，扇区面积也越小；但各扇区的容量相同，其容量大小并不取决于面积大小。一个硬盘的容量 = 磁头数（H）× 柱面数（C）× 每磁道扇区数（S）× 每扇区字节数（B）。

【随学随练 13.7】在计算机系统中，一般存储容量最大的是（   ）。

A）内存   B）硬盘   C）软盘   D）光盘

【答案】B

【随学随练 13.8】要使用外存中的信息，应先将其调入（   ）。

A）运算器   B）控制器   C）内存   D）微处理器

【答案】C

4．输入输出设备

输入输出设备（Input/Output devices，I/O 设备），也称**外部设备**。**输入设备**用于向计算机输入信息，包括键盘、鼠标、摄像头、扫描仪、数字化仪、激光笔、手写输入板、游戏摇杆、语音输入装置等。**输出设备**用于将各种信息从计算机内输出，包括显示器、打印机、绘图仪、影像输出设备、语音输出设备等。还有不少设备同时兼具 I/O 功能，如电传打字机、控制台打字机、光盘刻录机、磁盘驱动器等。

I/O 设备常要通过另一种设备（称 I/O 接口）连接到总线。I/O 接口实现设备的选择、数据缓冲（与其他硬件速度匹配）、数据格式转换、电平转换、控制命令传送、设备状态反映等。主机与 I/O 设备的通信方式主要有 4 种，如表 13-1 所示。

表 13-1　主机与 I/O 设备的通信方式

通信方式	说明
程序查询	程序主动查询 I/O 设备是否准备好，如果准备好，CPU 就执行 I/O 操作；否则，CPU 会一直查询并等待设备准备好。这使 CPU 很多时间一直在等待，效率很低
程序中断	当设备准备好或出现异常时，再通知 CPU 来处理
DMA	DMA（Direct Memory Access，直接存储器访问）是 I/O 设备与内存间的直接数据通路。它是在内存中开辟专用缓冲区来接收或传送数据，由 CPU 初始化，之后的传输都由 DMA 控制器完成
通道	通道类似于 DMA，但比 DMA 更先进。通道是专门管理 I/O 设备的处理机，它独立于 CPU，全权负责 I/O 设备与内存交换数据，提高计算机系统并行工作程度。通道有自己的通道指令（如在内存中开辟专用缓冲区的工作，通道会自动完成）

🏃 **高手进阶**

什么是中断？外部设备运行速度较慢，在它工作（例如磁盘读取数据）时，CPU 并不等待其完成。这时 CPU 往往会挂起现在这个等待数据的程序，而转去执行其他程序。当外部设备完成操作（例如数据读取完成）后，再通知 CPU "我完成数据读取了，可以回来为我服务了"，这称中断请求。收到中断请求后，CPU 暂停那段程序的执行，并将有关寄存器保存好（称保存现场），以便之后还能返回那段程序，然后转回来处理这个中断请求——处理外部设备读取的数据。之后 CPU 再将保存的现场恢复，继续执行暂停的那段程序。

【随学随练 13.9】主机与 I/O 设备的通信方式不包括（   ）。

A）程序查询   B）程序中断   C）通道   D）D/A 与 A/D 转换

【答案】D

5．连接楼上的那些家伙——计算机的总线结构

总线（bus）是计算机硬件的各个部件之间传送信息的通道，总线分为**片内总线**（芯片内部的总线）、**系统总线**和**通信总线**等类型。系统总线又分为**数据总线**、**地址总线**和**控制总线**。

数据总线是 CPU 和内存、I/O 接口之间双向传送数据的通道，是双向总线，其位数通常与 CPU 的字长（位数）相对应。地址总线用于传送地址信息，为单向总线，其位数决定了 CPU 可以直接寻址的内存范围。控制总线用于 CPU 向各部件发出控制信号，或各部件向 CPU 传送状态信息，也是双向总线。总线上的数据传输率称总线带宽。

常用的系统总线标准有 ISA（Industry Standard Architecture，工业标准结构）、EISA（Extend Industry Standard Architecture，扩充的工业标准结构）、PCI（Peripheral Componet Interconnect，外部设备互连）和 AGP（Accelerated Graphics Port，加速图形端口）等。常用的通信总线标准有 IDE（Integrated Device Electronics，集成设备电子部件）、SCSI（Small Computer System Interface，小型计算机系统接口）、RS-232、USB（Universal Serial Bus，通用串行总线）等。USB 标准，可实现主机与外部设备的简单、快速连接。新一代 USB 3.1 的最大总线带宽可高达 10Gbit/s。

【随学随练 13.10】 下列关于计算机总线的描述中正确的是（　　　　）。
A） 地址总线是单向的，数据和控制总线是双向的
B） 控制总线是单向的，数据和地址总线是双向的
C） 控制总线和地址总线是单向的，数据总线是双向的
D） 控制总线、地址总线和数据总线都是双向的

【答案】 A

【随学随练 13.11】 一个完整的计算机系统的组成部分的确切提法应该是（　　　　）。
A） 计算机主机、键盘、显示器和软件　　　　B） 计算机硬件和应用软件
C） 计算机硬件和系统软件　　　　D） 计算机硬件和软件

【答案】 D

13.1.3　计算机大管家——操作系统

1．操作系统概述

操作系统是直接与硬件层相邻的软件，是用户和计算机之间的接口，是运行其他软件的基础。操作系统有很多种，如 Windows、UNIX、Linux、安卓、iOS……

操作系统的主要作用如下。①管理硬件和软件的资源，如 CPU、存储器、I/O 设备、文件等。②为用户提供资源共享的条件和环境，并对资源的使用进行合理调度。③为 I/O 操作提供友好的用户界面和操作方式，方便用户工作。④发现、处理或报告计算机工作过程中所发生的各种错误。

操作系统的主要类型，如表 13-2 所示。

表 13-2　操作系统的主要类型

类型	说明
批处理系统	自动成批地处理一个或多个用户的任务（也称作业）。作业在运行过程中，完全由系统控制，用户不能干涉、不能交互，分为联机批处理系统和脱机批处理系统
分时系统	采用时间片轮转的方式，CPU 轮流为很多程序/用户服务。由于交替轮流的时间间隔很短，所有程序都能快速响应，看上去"几乎同时运行"。用户之间也彼此独立，互不干扰，看上去"几乎独占计算机"
多道程序系统	多道程序（multiprogramming）是指将多个程序同时放入内存，在 CPU 中交替轮流运行（在单处理机系统中多个程序不会真正同时运行，只是由于交替时间间隔很短，看上去几乎同时在运行）。多个程序共享软、硬件资源。当一个程序暂停时，CPU 便会执行其他程序，减少等待时间，提高了系统的利用率和吞吐量（单位时间内处理作业或程序的个数称吞吐量）

类型	说明
实时操作系统	实时操作系统（Real Time Operating System，RTOS）在某个外界事件或数据产生时，能接收并足够快速地响应和处理。目前有过程控制系统（如工业生产自动控制系统、航空器发射飞行控制系统等）；信息查询系统（如仓库管理系统、图书资料查询系统等）；事务处理系统（如铁路订票系统、银行管理系统等）
网络操作系统	使加入网络的计算机能方便地传送信息和共享网络资源。其主要功能有：网络通信（无差错数据传输）、资源管理、网络管理（安全控制、性能监视、故障管理等）、网络服务和透明通信（提供对多种通信协议的支持）
分布式操作系统	用于管理分布式计算机的系统。分布式计算机由多台分散的计算机经网络互连而成，各计算机高度自治又相互协同，它们共享资源、并行运行、相互协作，共同完成一个任务。分布式系统健壮性强（一个节点出错不影响其他节点）、可靠性高、使用效率高、方便维护、容易扩充
嵌入式操作系统	运行于嵌入式设备上的操作系统，广泛用于过程控制、数据采集、通信等，有微型化、专业化、实时性的特点。一般要求占用内存小，可根据设备的实际硬件资源对操作系统进行裁剪定制
个人计算机操作系统	个人计算机是常见的计算机。个人计算机操作系统有 CP/M、MS-DOS、Windows、Linux 等
其他操作系统	iOS、安卓（Android）等。Android 是一种基于 Linux 的操作系统，广泛用于智能手机、平板电脑、数字电视、数码相机等

【随学随练 13.12】允许多个联机用户同时使用一台计算机系统进行计算的操作系统属于（　　　）。

A）实时操作系统　　　　B）分时操作系统　　　　C）批处理操作系统　　　D）分布式操作系统

【答案】B

【随学随练 13.13】过程控制系统属于（　　　）。

A）实时操作系统　　　　B）分时系统　　　　　C）批处理系统　　　　　D）多道程序系统

【答案】A

2．进程管理

指令按先后顺序执行的程序称顺序程序，顺序程序具有顺序性、封闭性和可再现性。其运行结果不受外界影响，与运行速度无关。重复运行时，只要输入相同，运行结果就相同。

然而现代操作系统一般都要支持多道程序，即可同时运行多个程序。并发执行的程序在执行时可能被打断，以便 CPU 转去执行另一个程序。一个程序中的变量的值可能被另外的程序改变，输出结果可能与各程序运行的相对速度有关。因此，程序的运行结果不可再现，程序与其执行过程不是一一对应的，使得并发程序失去了封闭性。并发执行的多个程序之间相互制约。例如当一个程序正在占用某共享资源时，另一个程序即使轮到获得 CPU，它也要等待该资源被第一个程序释放后，才能运行。

程序是一组指令的集合，是静态的概念，因此程序本身不足以刻画多道程序并发执行时的动态特性。因此需引入一个动态的概念——进程。**进程**（process）是指程序的一次执行过程，其包含程序，也包含本次运行的相关数据。一个作业一旦被调入内存，系统就会为它建立一个或若干个进程。进程是系统中控制、管理程序的基本多道程序单位。

一个程序可能对应多个进程。例如一个 C 语言编译系统可被很多不同的程序调用，以编译不同的 C 语言程序。而每次调用，都是这个程序不同的执行过程，不同程序调用的是同一段程序，它的代码是相同的，代码不允许被修改。这种可被共享的程序称**纯过程**或**可重入过程**。一个进程也可以包含多个程序，例如主程序执行过程中可再调用其他程序，共同完成这个运行活动。

进程具有生命期，会动态地产生和消亡。在进程的运行过程中，也会由于某种原因暂停，当该原因消失后，又恢复运行，即进程有着"走走停停"的变化规律。一般来说，一个进程的状态至少有 5 种，如表 13-3 所示。

表 13-3　进程的状态

进程的状态	说明
运行状态	进程正占用着 CPU。处于运行状态的进程的数目不能多于 CPU 的数目，在单 CPU 的系统中，处于运行状态的进程只能有 1 个
就绪状态	进程已获得了除 CPU 以外的其他一切资源，只因缺少 CPU 而不能运行。一旦获得 CPU，就立即投入运行。处于就绪状态的进程可有多个，这些进程呈现为就绪队列的形式。每个 CPU 都有自己的就绪队列，而每个进程某一时刻只会在一个就绪队列中
等待状态	也称阻塞状态或封锁状态。进程因等待某一事件（如等待输入的完成、等待某系统资源、等待其他进程发来信息等）而暂停运行。即使把 CPU 分配给进程，该进程也不能运行
创建状态	进程正在创建过程中，尚不能运行
终止状态	进程运行结束

在创建进程时，要创建一个数据块，称**进程控制块**（Process Control Block，PCB）。PCB 描述进程执行情况、所属状态、与其他进程和系统资源的关系等。每个进程都有一个 PCB，**PCB 是一个进程存在的标志**。系统根据 PCB 来感知进程的存在，根据 PCB 中的信息来对进程进行控制与管理。当进程结束时，系统即收回它的 PCB，进程也随之消亡。

系统一般将所有进程的 PCB 组织为线性表和链接表（带链队列）两种形式。可以把进程组织在同一个表中；也可以按照进程的不同状态，分别组织到不同的表中。

按照一定的策略，动态地把 CPU 分配给处于就绪队列中的某一进程，使之能够执行，称**进程调度**。进程调度算法主要有以下 3 种。

①**先来先服务**（First Come First Service，FCFS）**调度算法**。按照进程就绪的先后顺序来调度进程，越早就绪越先得到 CPU，越先执行。

②**时间片轮转**（Round-Robin，RR）**调度算法**。当进程用完时间片（通常为 50ms）时，被迫释放 CPU。系统将 CPU 分配给就绪队列中的下一个进程，并分配给该进程相同的时间片。

③**优先级调度**（Priority Scheduling）**算法**（具有最高优先级的进程先获得 CPU）。该算法又分为抢占方式和非抢占方式。抢占方式是指就绪队列中一旦有进程优先级高于当前正在运行的进程时，系统便立即把 CPU 分配给它。如果进程具有高优先级也不能抢占 CPU，则是非抢占方式。

【随学随练 13.14】进程是（　　　）。

A）　与程序等效的概念　　　　　　　　　　B）　一个系统软件

C）　存放在内存中的程序　　　　　　　　　D）　程序的一次执行过程

【答案】D

【随学随练 13.15】一进程已获得除 CPU 以外的所有所需运行资源，经调度分配 CPU 给它后，该进程将进入（　　　）。

A）　就绪状态　　　　　B）　运行状态　　　　　C）　阻塞状态　　　　　D）　活动状态

【答案】B

【随学随练 13.16】下列叙述中正确的是（　　　）。

A）　进程一旦创建即进入运行状态

B）　处于阻塞状态的进程，当阻塞原因消失后即进入就绪状态

C）　进程在运行状态下，如果时间片用完即终止

D）　进程在就绪状态下，如果时间片用完即终止

【答案】B

3．存储管理

这里的存储管理是指对计算机**内存**进行的管理。在多道程序系统中，存储管理往往要包含以

下功能：①地址变换（把程序中的相对地址转换为实际地址）；②内存分配；③存储共享与保护（既要实现数据共享，又要避免各程序的数据互相干扰或破坏对方）；④存储器扩充（支持将暂时不需要的数据暂存在外存中，待需要时再调入内存，以节省内存空间）。

以下简要介绍几种存储管理。

（1）连续存储管理（界地址存储管理）

内存空间被划分为多个分区，每个分区的大小可以相同（固定分区），也可以不同（可变分区，或称动态分区）。将作业调入内存时，一个作业占一个分区。

当各分区的大小相同时，大于分区空间的作业无法被调入内存，而所需空间较小的作业被调入后只占分区的部分空间，本分区的剩余空间（称内部碎片）被浪费，如图13-7（a）所示。可变分区会建立一个大小与作业所需空间匹配的分区，可避免出现内部碎片，但整个系统的空闲分区离散，会出现**外部碎片**。如图13-7（b）所示，由于"空闲分区2"过小，可能不能再容纳任何其他作业，则这部分空间就被浪费了。

（2）分页式存储管理

先将内存空间划分为多个块，块的大小相同；再将作业的空间划分为页，各页的大小也相同，并与块的大小相同。在把作业调入内存时，将作业中的各页分别放到内存的各块中，一个作业所位于的内存中的各块可以不连续。系统会创建一个**页面映象表**（简称**页表**，page table），其中说明各页分别与块的映射关系，如图13-8所示。页表在内存中的位置和长度被存储在PCB中。

分页的优点体现在**内存空间的管理**上，能**有效解决碎片问题**，**提高内存的利用率**；还能为每个块设置访问权限，增强保护机制。分页的缺点是要用动态重定位技术来进行地址转换，增加了硬件成本，降低了处理机速度。

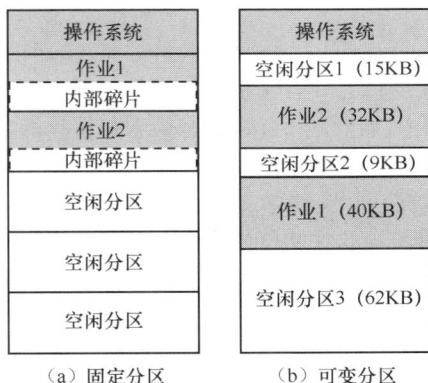

（a）固定分区　　（b）可变分区

图13-7　连续存储管理

作业的页号	对应内存的块号	该页是否在内存中
0	105	Y
1	102	N
2	101	Y
…	…	…

图13-8　页表示意

（3）分段式存储管理

作业的空间被划分为**段**，段依信息的逻辑意义划分，因此各段的长度可以不同。各段在内存中必须连续（段与段之间可不连续）。每一段都有段名，段内空间地址都从0开始。

分段的优点体现在**地址空间的管理**上，能够**反映程序的逻辑结构**。段支持不同程序和数据的共享，方便实现程序的动态链接。但分段的缺点是同样要用动态重定位技术来进行地址转换。

（4）段页式存储管理

段页式结合分页与分段两种方式，同时具备二者的优点，是目前使用较多的一种存储管理方式。先将作业的空间分段，每段内再分为若干大小固定的页，每段内都从0开始为页编号。再将整个内存空间分成多个与页大小相同的物理块，对内存的分配以物理块为单位。

这样，一个作业的逻辑地址包括3部分：**段号**、**段内页号**和**页内位移**。其中段内页号和页内位移合称**段内位移**。为实现地址变换，系统为每个作业建立一张**段表**，并为每个段建立一张**页表**。

（5）虚拟存储管理

以上讨论的存储管理，都要求作业在执行之前将其一次性地全部装入内存，作业的逻辑空间不能比实际的内存空间还大，否则会无法装入。但在作业实际运行过程中，可能某一时刻只使用一部分的数据，这时可以只将当前用到的数据装入内存，其他当前未用到的数据先留在外存，这样可以给用户提供一个比实际内存空间大得多的地址空间。然而这个大容量的地址空间并不是真实的，而是虚拟的，称**虚拟存储器**。虚拟存储器使存储系统既具有相当于外存的容量，又具有接近于内存的存取速度。

类似于分页式存储管理、分段式存储管理、段页式存储管理等方式，在虚拟存储管理中，对应有**请求页式存储管理**、**请求段式存储管理**、**请求段页式存储管理**等。其机制与前者类似。

可以在页表中增加一个状态位，表示该页是否在内存中（如在内存中状态位为 Y，不在内存中为 N），如图 13-8 所示。如果某页不在内存中，系统会将该页先从外存读入，并修改页表中的状态位，之后继续运行。在将该页从外存读入时，如发现内存中已无空闲空间，就需要把已在内存中的一些页置换到外存上。最理想的方案是淘汰**不再使用的页**，但如果没有这样的页，可以优先淘汰那些**驻留内存最久的页**，或者淘汰**最久未使用的页**。

【随学随练 13.17】下列存储管理中属于连续存储管理的是（　　　）。

A）分区存储管理　　　　B）页式存储管理　　　　C）段式存储管理　　　　D）请求分页式存储管理

【答案】A

【随学随练 13.18】下列存储管理中要采用静态重定位技术的是（　　　）。

A）可变分区存储管理　　　　　　　　　　　B）请求分段式存储管理

C）请求分页式存储管理　　　　　　　　　　D）请求段页式存储管理

【答案】A

4．文件管理

文件（file）是一组带有标识（通常为文件名）的、在逻辑上具有完整意义的信息项的序列。有些外部设备，往往也以文件的形式进行管理（在 UNIX 系统中，所有的 I/O 设备都被看作特殊的文件）。

信息在文件中怎样组织呢？文件的逻辑结构有两种：记录式文件和流式文件。记录式文件是一种有结构文件，信息以记录为单位，一个记录一个记录地保存在文件中（各记录可以定长，也可以变长）。流式文件是无结构文件，信息按顺序组成有序字符流存储在文件中。信息在文件中逻辑上连续，但存储时（物理上）不一定连续。文件内的信息存储在存储介质上的一个个物理块中，各物理块的组织可以采用顺序结构、链接结构和索引结构。

各类文件都由**文件系统**来统一管理，借助文件系统，用户可以简单、方便地使用文件。用户可以"按名存取"文件，支持文件的检索、备份、加密，以及通过存取权限控制，为文件提供保护等。后者可以文件或用户（组）为单位控制访问权限：读（r）、写（w）和执行（x）。常用的文件系统有：Linux 常用的 Ext2/3/4、网络文件系统（Network File System，NFS）、IBM OS/2 的高性能文件系统（High Performance File System，HPFS）、MS-DOS 和 Windows 常用的文件分配表（File Allocation Table，FAT）（包含 FAT12、FAT16、FAT32 等）、Windows NT 推出的 NTFS 文件系统等。现代操作系统一般可同时支持多个文件系统。

为了根据文件名存取文件，需要把系统中的文件组织为文件目录的形式。每一个文件在文件目录中登记为一项，即**文件控制块**（File Control Block，FCB）。每当创建一个文件时，系统就会为它创建一个 FCB。FCB 包含文件名、文件存取权限、文件类型、创建/修改/访问时间、文件属性、是否只读、被打开/使用情况等控制管理信息，也包含其记录的组织情况、物理块信息等文件结构信息。当用户要存取某个文件时，系统先找到对应的文件目录，然后通过比较文件名找到对应的 FCB，再通过 FCB 中的信息对文件进行存取。

文件目录可分为单级目录（各用户使用同一个目录）、二级目录（主目录下分用户目录，用户目录中再保存各文件的 FCB）、多级层次目录（树结构目录，包含一个根目录和多级分目录）、无环图结构目录和图状结构目录（方便支持文件或目录的共享）等。

文件系统还负责管理文件存储介质的空间，按需分配存储空间。存储介质的空闲空间管理方式如表 13-4 所示。

表 13-4　存储介质的空闲空间管理方式

管理方式	说明
空闲文件项和空闲区表	将空闲区与文件目录放在一张表中。当需分配存储空间时，找到该表中的空闲项，去掉其空闲标记；当删除文件时，只要将相应项重新标记为空闲。由于空闲区与文件目录混在一起，效率不高；且如果空闲区比所申请的空间要大，多余的空间会被浪费
空闲块链	将所有空闲块链接在一起。当需分配存储空间时，从链头依次摘取一个（些）块，再将链头指针依次指向后面的块。当删除文件时，只需要将被释放的空闲块挂到链头
位示图	用若干字节构成一张表，表中一个二进制位对应一个物理块：为 1 表示对应物理块已被分配；为 0 表示空闲。当需分配空间时，把找到的空闲块标为 1；释放时标为 0
空闲块成组链表	将所有空闲块分组，再通过指针将组与组之间链接起来。在 UNIX 操作系统中采用这种方法

【随学随练 13.19】在操作系统中，将文件名转换为文件存储地址的结构是（　　　　）。
A）文件名　　　　　　B）路径名　　　　　　C）文件目录　　　　　D）PCB 表
【答案】C

5．I/O 设备管理

操作系统要管理各种外部设备，处理各进程对设备的使用请求、分配设备资源（多进程同时申请时要维护申请队列，先来先服务）、释放设备使用后的资源、虚拟设备等工作，要为不同设备提供统一界面、发挥系统并行性，以便用户高效使用。为实现这一目的，一般将软件组织为一种层次结构，屏蔽 I/O 设备的细节。当使用不同设备或设备变化时，只要底层软件对应改变；而高层软件仍可保持统一的接口，无须改变。这称为**设备无关性（设备独立性）**。

I/O 软件由低到高（从硬件层到用户层）有以下层次：中断服务程序（Interrupt Service Routine，ISR）→设备驱动程序（将对设备的请求转换为具体的底层操作）→与设备无关的 I/O 软件（向用户层软件提供统一接口和操作方法）→用户层的 I/O 软件。

用户层的 I/O 软件常用缓冲技术，来改善外部设备的存取速度比 CPU 的存取速度慢太多的问题。程序只要将数据存入缓冲区，就表示完成了操作。实际具体设备的操作会再由设备从缓冲区中读取数据，慢慢进行。而 CPU 在此过程中得以执行其他工作，提高了 CPU 和 I/O 设备的并行程度。例如，用 SPOOLing 系统打印文件时，将待打印的文件放在 SPOOLing 目录下，即表示完成了打印。实际的打印则由守护进程使用打印机进行处理。在多道程序设计中，SPOOLing 是将一台独占设备改造为共享设备的一种行之有效的技术。

【随学随练 13.20】不属于操作系统基本功能的是（　　　　）。
A）进程管理　　　　　B）存储管理　　　　　C）设备管理　　　　　D）数据库管理
【答案】D

13.2　数据组织的门道——数据结构与算法

小到叠一个纸鹤，大到生产一辆汽车，都必须遵照一定的方法，编写程序也不例外。如何选择有效的方法，提高数据处理的效率，就是数据结构与算法要解决的问题。

13.2.1　一招鲜——算法

算法，字面上看，就是计算的方法。然而现代计算机除计算外，还能完成查找、排序、绘图、机械控制等很多工作。因此算法应指计算机解决问题的方法。算法有以下 5 个特征。

①确定性：算法的每一步都应是明确的，都必须有明确定义，不能有模棱两可的解释。

②有穷性：算法必须在有限时间内完成，若需执行千万年，就失去了价值。

③可行性：算法的每一步在现有条件下必须都能做得到，例如除法分母不能为 0。

④输入：算法有零个或多个输入数据。

⑤输出：算法必须有一个或一个以上的输出数据。

算法不等于程序，因为程序不具有特征②，陷入"死循环"的程序也是程序，但不是算法，因为"死循环"不能在有限时间内结束。

算法的组成要素包括两方面。一是对数据对象的运算和操作，包括算术、逻辑、关系运算及数据传输（赋值、输入、输出）等。二是算法的控制结构，即算法中各操作步骤之间的执行顺序，一般由**顺序结构**、**选择结构（分支结构）**、**循环结构** 3 种基本结构组成，它们也是我们在 C 语言中学习过的 3 种程序结构（第 3 章~第 5 章）。

一旦算法确定，就可用程序设计语言（如 C 语言、Java 语言、Python 语言等）编写出对应的程序，再由计算机执行。我们在第 6 章学习了查找、排序等算法，并用 C 语言写出了对应的程序（参见 6.2 节）。按照一个算法可以写出相应的程序，而一个程序的流程也可用算法描述出来。但人们在讨论算法时，更倾向于讨论方法、步骤，而不基于某种计算机语言讨论程序，以免在此过程中受那种语言语法规则的束缚。这时，算法可用自然语言、程序流程图、伪码等形式表示。伪码是介于自然语言和计算机语言之间的一种语言，没有严格的语法规则，便于描述步骤，也便于向计算机语言过渡。

例如，求 3 个数中最大值的算法，可用伪码表示如下。

```
将 a 存入 max
如果 b>max 则将 b 存入 max
如果 c>max 则将 c 存入 max
输出 max 的值
```

如何衡量算法的优劣呢？自然越不复杂的算法越优，为此，人们引入了**算法复杂度**的概念。算法复杂度包括**时间复杂度**和**空间复杂度**，即从时间、空间两个角度来衡量。

时间复杂度是指执行算法所需要的**基本运算次数**，即所需的计算工作量。注意，时间复杂度并不是算法程序具体运行的时间长短。时间复杂度与所用计算机、程序设计语言及程序编制人员无关，也与算法实现细节、对应程序长短、语句多少无关。时间复杂度与问题的规模有关，例如 20 个数据相加就比 10 个数据相加所需的基本运算次数多。时间复杂度还与数据或输入有关，例如在顺序查找中，如输入的被查找值恰好是第 1 个元素，只需比较 1 次；而如果恰好是最后一个元素，则所有数据全都要比较，n 个数据要比较 n 次。

空间复杂度指执行算法**所需存储空间**，包括算法程序所占空间、输入的初始数据所占空间及算法执行过程中所需的额外空间（而与输出无关）等。若额外空间量相对于问题规模是常数（额外空间量固定），则称该算法是原地（in place）工作的。在许多实际问题中，常采用压缩存储技术，以减少算法所占的存储空间。

算法的时间复杂度和空间复杂度一般都用"$O(n$ 的表达式)"的形式表示，n 表示问题的规模。例如 $O(n)$、$O(n^2)$、$O(\log_2 n)$ 等，它们表示的是当问题的规模 n 充分大时，该算法要进行的基本运算次数或所需存储空间的一个数量级。如 $O(n^2)$ 的算法要比 $O(n)$ 的算法更复杂，$O(n)$ 的算法比 $O(\log_2 n)$ 的算法更复杂。

【随学随练 13.21】算法的有穷性是指（　　）。

A）　算法程序的运行时间是有限的　　　　　　B）　算法程序所处理的数据量是有限的

C）　算法程序的长度是有限的　　　　　　　　D）　算法只能被有限的用户使用

【随学随练 13.22】算法的时间复杂度是指（　　）。

A）　算法的执行时间　　　　　　　　　　　　B）　算法所处理的数据量

C）　算法程序中的语句或指令条数　　　　　　D）　算法执行所需要的基本运算次数

【答案】D

13.2.2　听我唠叨唠叨——数据结构

计算机要处理的数据往往很多。如果把数据在计算机中随意存储，那就是"自讨苦吃"。如何存储数据才更规范，便于增删改查，可提高数据处理速度，并占用较少的存储空间呢？数据在计算机中的表示、存储、管理，各数据元素之间的关系，各数据元素的相互运算等，是数据结构要研究的内容。例如数组就是一种数据结构，链表是另外一种数据结构。

数据在计算机中有**逻辑结构**和**存储结构**。**逻辑结构**是各数据元素之间所固有的前后逻辑关系（与存储位置无关）。**存储结构**也称**物理结构**，是数据在计算机中的存储方式，是逻辑结构在计算机中的表示。例如数组的各元素在存储空间中是按逻辑顺序依次存放的，即数组的逻辑结构与物理结构一致。而链表中各数据之间的逻辑关系由各节点的指针域决定，各数据的存储空间不一定连续，链表的逻辑结构与物理结构不一致。

数据结构可表示为"数据"＋"结构"的形式。"数据"即数据元素的集合，用集合 D 表示。"结构"是数据元素间的前后件关系，用集合 R 表示。集合 R 中包含每一种前后件关系。两个元素的前后件关系常用二元组表示，如"(a,b)"表示 a 是 b 的前件、b 是 a 的后件。

例如，一年四季的数据元素的集合是 $D=\{$春，夏，秋，冬$\}$，数据元素间的前后件关系的集合是 $R=\{($春，夏$),($夏，秋$),($秋，冬$)\}$；又如，家庭成员的数据结构可表示为 $D=\{$父亲，儿子，女儿$\}$，$R=\{($父亲，儿子$),($父亲，女儿$)\}$，用图形表示如图 13-9 所示。

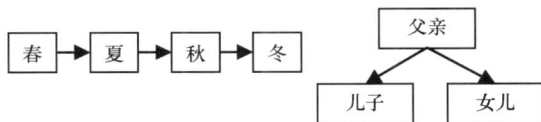

（a）一年四季数据结构　　　（b）家庭成员数据结构

图 13-9　数据结构的图形表示实例

数据结构有多种类型，除数组和链表外，还有堆栈、队列、树、图等，可分为**线性结构**和**非线性结构**两大类，如表 13-5 所示。图 13-9（a）所示为线性结构，图 13-9（b）所示为非线性结构。

表 13-5　线性结构和非线性结构

线性或非线性	数据元素之间的关系	数据元素之间关系的说明*	数据结构类型
线性结构	一对一	除开始和末尾元素外，每个数据元素只有**一个前件**（前驱）、**一个后件**（后继）	数组、链表、堆栈、队列
非线性结构	一对多	除开始和末尾元素外，每个数据元素只有**一个前件**（前驱），但有**多个后件**（后继）	树（二叉树）
	多对多	除开始和末尾元素外，每个数据元素可有多个前件（前驱），也可有多个后件（后继）	图（本书不涉及）

注：* 这里前/后件都指直接前件（前驱）、直接后件（后继），即相邻的前、后一个元素。

二维表的行与行之间是线性关系。矩阵如被看作下一行衔接在上一行的行尾形成的线性序列，则也是线性结构。向量是由各分量组成的线性序列，也是线性结构。但是，若是首尾相接形成回路的结构，就不是线性结构了（而属于图，本书不涉及）。

线性结构的数据结构又称**线性表**。线性表所包含的节点个数称线性表的**长度**；当无节点时，称**空表**。第 6 章和第 11 章介绍过的数组和链表，以及 13.2.3 小节将要介绍的堆栈和队列都属线性表。

【随学随练 13.23】下列数据结构中，属于非线性结构的是（   ）。

A） 循环队列   B） 带链队列   C） 二叉树   D） 带链栈

【答案】C

【随学随练 13.24】设数据元素的集合 $D=\{1,2,3,4,5\}$，则满足下列关系 R 的数据结构中为线性结构的是（   ）。

A） $R=\{$ (1,2), (3,4), (5,1) $\}$ B） $R=\{$ (1,3), (4,1), (3,2), (5,4) $\}$
C） $R=\{$ (1,2), (2,3), (4,5) $\}$ D） $R=\{$ (1,3), (2,4), (3,5) $\}$

【答案】B

【提示】应像图 13-9 那样画图分析。例如 A)选项的图形为"5-1-2-3-4"，其中 2、3 之间有间断，因而不是线性结构。B）选项的图形为"5-4-1-3-2"，是线性结构（如果出现回路，如 2 与 5 之间也有连线，就不是线性结构了）。

在存储结构中，任何一种数据结构（无论是堆栈、队列等线性结构，还是树等非线性结构）一般都既可用数组存储，也可用链表存储。其中用数组存储的称**顺序存储**，用链表存储的称**链式存储**。两种存储方式各有优缺点，我们在 11.6 节介绍的采用数组和采用链表保存数据的优缺点，也是对任何数据结构分别采用**顺序存储**和**链式存储**的优缺点。

⚠ 脚下留心

数组和链表这两种类型的数据结构本身是线性结构，这是毋庸置疑的。但这两种数据结构还可以用于存储其他类型的数据结构，即所要存储的结构不一定是线性结构。例如可以用数组或链表存储树，而树是非线性结构。当数组和链表用于存储其他数据结构时，既可存储（表示）其他类型的线性结构（如堆栈、队列），也可存储非线性结构（如树）。

【随学随练 13.25】线性表的链式存储与顺序存储相比，链式存储的优点有（   ）。

A） 节省存储空间   B） 插入与删除运算效率高
C） 便于查找   D） 排序时减少元素的比较次数

【答案】B

13.2.3   几种常见的数据结构

几种常见的数据结构类型如图 13-10 所示。其中数组和链表已分别在第 6 章和第 11 章介绍了，下面介绍堆栈、队列、树和二叉树等几种数据结构。

1．早出晚归勤快人儿——堆栈

堆栈也称栈，顾名思义，它是类似书堆、草堆、木头堆等堆得高高的一种数据结构。在堆放物品时必须先放置最下面接触地面的物品，然后一层层堆放起来。但在取走物品时，最下面的物品被紧紧压住动弹不得；只有首先取走最顶端的物品，才能逐层向下取走下面的物品。显然被最先取走的物品是当初最后放的，最后取走的物品是当初最先放的，即栈按照**先进后出**（First In Last Out，FILO）或**后进先出**（Last In First Out，

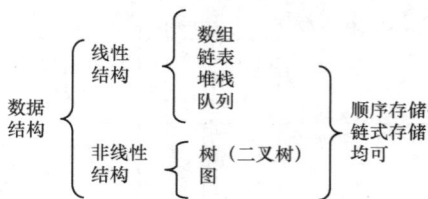

图 13-10   几种常见的数据结构类型

LIFO）的规律组织数据。

在数据结构中称添加新数据为"插入"，"插入"并不是 "中间夹一个"的含义。栈是只能在一端进行插入与删除的线性表。允许插入与删除的一端是**栈顶**（stack top），另一端是**栈底**（stack bottom）。又如干电池手电筒中的电池也可视为栈（最外电池为栈顶，最里电池为栈底）。

在栈中，无论插入、删除还是查看数据，都只能在栈顶进行，不能在栈底进行，更不能在中间的某个元素上进行。这与数组不同，数组可根据下标随意访问其中任何一个元素；而栈不行，它在某一时刻只能访问栈顶这一个元素；当栈顶被取走（删除），使下一元素成为新的栈顶时才能被下次访问。当栈中没有元素时称**空栈**。

【随学随练 13.26】下列关于栈的说法正确的是（　　　）。

A） 栈顶元素能最先被删除　　　　　　B） 栈顶元素最后才能被删除

C） 栈底元素永远不能被删除　　　　　　D） 以上 3 种说法都不对

【答案】A

栈的逻辑结构是线性结构。在存储结构中，栈既可用数组存储（顺序存储），也可用链表存储（链式存储）。用链表存储时，又称**带链的栈**。

可以用数组空间 s(0:M-1)存储栈的各数据元素，栈能容纳的最多元素个数为 M（一般设置为足够大）。M 个空间不一定全部用完，可以再设置一个整数变量 top 表示目前栈顶元素所在数组元素的下标。top 称栈顶指针，如图 13-11 所示，当有新数据入栈（又称进栈、插入、Push）或栈中有数据出栈（又称退栈、删除、Pop）时，top 变量的值分别加或减 1，跟随变化；top=-1 时表示栈空，top=M-1 时表示栈满。

如果栈空间已满，不能再进行入栈操作，如仍入栈将发生"上溢"错误。如果栈空，不能再进行出栈操作，如仍出栈将发生"下溢"错误。

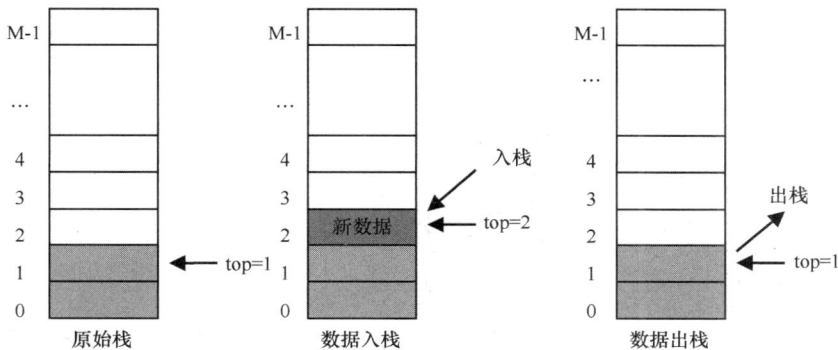

图 13-11　用数组存储栈，以及数据入栈、出栈时栈顶指针 top 的变化

数组各元素的下标，既可以像图 13-11 那样，最下面为 0，最上面为最大；也可以最下面为最大，最上面为 0。当依据后者编号时，入栈、出栈的 top 值分别应减或加 1，top=M 时表示栈空、top=0 时表示栈满。数组下标既可从 0 开始，也可从 1 开始，即数组空间也可以为 s(1:M)。

【随学随练 13.27】设栈的顺序存储空间为 S(1: 50)，初始状态为 top=0。现经过一系列入栈与出栈运算后，top=20，则当前栈中的元素个数为（　　　）。

A） 30　　　　　　B） 29　　　　　　C） 20　　　　　　D） 19

【答案】C

【分析】要区分空间是最下面下标为 1，还是最上面下标为 1。由初始状态为 top=0，判断最下面空间下标为 1。top=20 时，使用了下标为 20～1 的这些空间，因此元素个数为 20。

【随学随练 13.28】设栈的顺序存储空间为 S(1: m)，初始状态为 top=m+1。现经过一系列入栈与出栈运算后，top=20，则当前栈中的元素个数为（   ）。

A）30   B）20   C）m-19   D）m-20

【分析】初始状态为 top=m+1 说明最下面空间的下标是 m（而不是 1）。top=20 时，使用了下标为 20~m 的这些空间，因此元素个数为 m-20+1。

🏃 高手进阶

用 C 语言编程实现栈的编程思路如下。

```
#define M 100        /*定义栈最多所含元素个数 */
int s[M];            /* 定义数组存储栈 */
```

入栈(push)：if (top<M-1) {top++; s[top]=newValue;}   /*入时先判满*/

出栈(pop)：if (top>=0) {printf("%d", s[top]); top--;}   /*出时先判空*/

查看栈顶元素：if (top>=0) printf("%d", s[top]);   /* top 不变*/

清空栈：top=-1; /*数据不必删除，将来随新数据入栈旧数据会被覆盖*/

如果栈用链表存储（带链的栈），将动态分配各元素的存储空间，不易发生上溢错误。程序需设置栈顶指针指向栈顶元素，且栈顶指针随出入栈动态变化。但与用数组存储不同的是，栈底元素是动态分配的，因此还需设置一个栈底指针指向栈底元素。一般情况下，栈底指针不变；但当栈底元素被删除，栈成为空栈后，再添加新元素时就要重新分配新栈底元素的空间，这时栈底指针就会变化了。因此在带链的栈中，栈底指针一般不变，但是也有可能会变化。

栈具有记忆作用，子程序调用、函数调用、递归调用等都是通过栈实现的。例如在第 7 章曾介绍的我们（main 函数）调用餐厅的"点菜"函数，"点菜"函数又调用"打车"函数，以及逐级返回，这一过程就是通过栈记忆的。函数调用是入栈，函数返回是出栈，如图 13-12 所示。栈的"后进先出"规则使函数调用和返回层次不会出错。

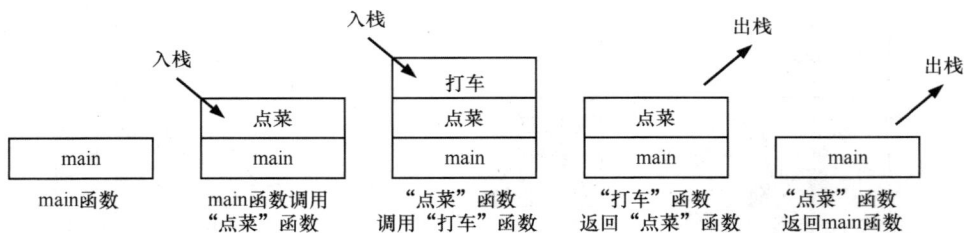

图 13-12　函数的调用和返回层次是通过栈记忆的

2．先来后到——队列

生活中"按序排队""先来后到"的规则体现在计算机的数据结构中是**队列**。队列是**先进先出**（First In First Out，FIFO）或**后进后出**（Last In Last Out，LILO）的线性表。队列也有两端：**队头和队尾**。只允许在队尾这一端插入（也称**入队**）而在队头那一端删除（也称**出队**）。只能访问和删除队头元素，中间元素和队尾元素都不能被随意访问。只有队头元素被删除，后面的数据成为新的队头后，才能被访问。

【随学随练 13.29】下列与队列结构有关联的是（   ）。

A）函数的递归调用   B）数组元素的引用

C）多重循环的执行   D）先到先服务的作业调度

队列的逻辑结构是线性结构。在存储结构中，队列也既可用数组存储（顺序存储），也可用链表存储（链式存储）。用链表存储时，又称**带链的队列**。

下面仅介绍顺序存储。使用数组空间 s(0:M-1)存储队列的各数据元素，队列能容纳的最多元素个数为 M（一般设置为足够大）。再设置两个整数变量 rear 和 front，rear 表示目前队尾元素所在数组元素的下标，front 表示目前队头元素的**前一个元素**的数组元素下标。rear 和 front 分别称**队尾指针**和**队头指针**。初始状态时，队列中没有元素，rear 和 front 都为 -1。如图 13-13 所示，当有新数据入队（插入）或队列中有数据出队（删除）时，rear 和 front 分别跟随变化。

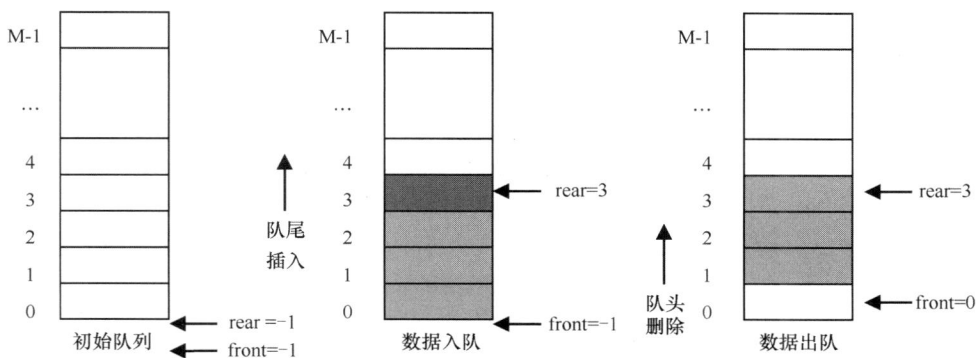

图 13-13　用数组存储队列，及数据入队、出队时队头指针 front 和队尾指针 rear 的变化

然而这种方式有一个问题：不断有新数据在队尾加入，又不断有数据从队头离开。队头元素离开后，已用的数组空间不能被再次利用；而队尾又在不断延伸，不断需要新空间……过不了多久，M 个空间就会被全部用完。能否回收队头已用过的空间，让队列"绿色循环"呢？人们常用**循环队列**（环状队列），当新数据在队尾用完下标为 M-1 的空间后，还允许反过头来再使用下标为 0 的空间（如果原来下标为 0 的空间的数据已经出队的话）。也就是将图 13-13 中的数组空间弯折，使上端和下端重合，形成一个环，如图 13-14 所示。

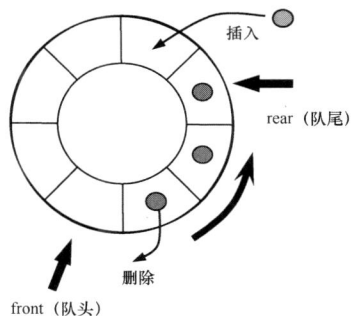

图 13-14　循环队列示意

在循环队列中仍需通过 rear 和 front 两个变量来反映目前队列的状态。但在循环队列"转起来"后，rear 和 front 孰大孰小就不一定了。循环队列目前的元素个数可用 rear-front 求得，如果所得为负数，再加数组总容量（M）即可。

当循环队列满或为空时，都有 rear=front。因此当 rear=front 时，不能确定循环队列是满还是空，一般还要增加一个标志变量判满（标志变量=1 时）或判空（标志变量=0 时）。

🏃 **高手进阶**

为便于反映目前队列的状态，循环队列一般需浪费数组的一个空间，即最多允许保存 M-1 个数据，数据不能占满 M 个空间。大致的编程思路如下。

初始化：front=rear=0;

判空：若 front==rear 表示是空队列

判满：若(rear+1) % M==front 表示队列已满

入队：rear=(rear+1)%M; if (front!=rear) s[rear]=newValue;　/*入时先判满*/

出队：front=(front+1)%M; if(front!=rear) printf("%d",s[front]); /*出时先判空*/

用"（下标+1）"再%M（除以 M 取余数）的方法获得下一空间的下标，使下标在 0~M−1 之内。即 M−1 的下一元素下标为 0。

【随学随练 13.30】 设循环队列的存储空间为 Q(1:m)，初始状态为空。现经过一系列正常的入队与出队操作后，front=m−1，rear=m，此后再向该循环队列中插入一个元素，则队列中的元素个数为（   ）。

A）2　　　　　　　　B）1　　　　　　　　C）m−1　　　　　　　　D）m

【答案】A

【分析】 队列中元素个数为 1（m−(m−1)=1），再插入一个元素，元素个数自然为 2。

3. 倒置的树——树

数据结构中的树类似于把现实生活中的树倒置（树根在上，叶子在下），如图 13-15 所示。我们在磁盘根目录下创建文件夹，在一个文件夹下再创建多个子文件夹，在一个子文件夹下可以再建子文件夹……这就是一种"树"的结构。

树是**非线性结构**，其所有元素之间具有明显的层次特性。树中的节点可分别称**根节点**、**分支节点**（非终端节点）、**叶子节点**（终端节点），如图 13-15（a）所示。要注意根在上、叶子在下。也可把树想象为"家谱"，上面为祖先，下面为子孙。除根节点和叶子节点外，每个节点的前驱（前件）只有一个，称该节点的**父节点**；而后继（后件）有多个，称该节点的**子节点（孩子节点）**，父节点相同的各节点互称**兄弟节点**。根节点是唯一没有前驱（前件）的节点，叶子节点都没有后继（后件）。

一个节点所拥有的子节点个数称该节点的**度（分支度）**，也就是它的孩子数。所有节点中最大的度称**树的度**。树的最大层次称树的**深度**。在图 13-15（a）中，节点 C 的度为 2、A 的度为 3、D 的度为 0、E 的度为 0，树的度为 3；树有 3 层，树的深度为 3。

对于任意的树，除根节点外，每个节点都被挂在一个分支上。因此：**树中的节点数 = 所有节点的度 +1**。

【随学随练 13.31】 设一棵度为 3 的树，其中度为 2、1、0 的节点数分别为 3、1、6。该树中度为 3 的节点数为（   ）。

A）1　　　　　　　　B）2　　　　　　　　C）3　　　　　　　　D）不可能有这样的树

【答案】A

【分析】 树的度为 3，说明最大分支为 3，即只有度为 0、1、2、3 的 4 种节点。设度为 3 的节点有 x 个，则所有节点的度数表示为 $2 \times 3 + 1 \times 1 + 6 \times 0 + 3x$。根据"树中的节点数=所有节点的度+1"列方程得 $3+1+6+x = 2 \times 3 + 1 \times 1 + 6 \times 0 + 3x + 1$，解方程得 $x=1$。

插枝可成林，一棵树除根节点外的其余节点又组成若干棵树，称**子树**。如图 13-15（b）所示，移去树根 A 后成为 3 棵树，多棵树组成**森林**，其中第三棵树是仅有一个根节点 D 的树。

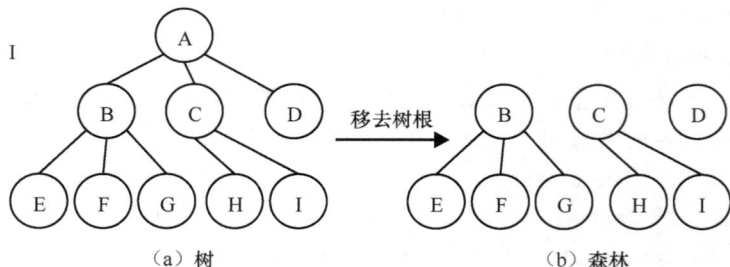

根节点A
叶子节点D、E、F、G、H、I
分支节点A、B、C
B是E、F、G的父节点
E、F、G是B的子节点
E、F、G互为兄弟节点

移去树根

（a）树　　　　　　　　（b）森林

图 13-15　树和森林

根节点和叶子节点的概念也可被延伸到线性结构。称没有前件的节点为根节点，称没有后件的节点为叶子节点（或终端节点）。例如在图 13-9（a）所示的数据结构中可称"春"为根节点，"冬"为叶子节点。线性结构是元素间为一对一关系的结构，如果中间有的关系有间断（出现多个根节点）或构成回路（无根节点），就不是线性结构了。因此也可以说：线性结构是只有一个根节点且元素间为一对一关系的结构。

4．放开两孩了——二叉树

二叉树是树的一种特殊情况，每个节点至多有两个分支（也可有一个分支或没有分支），如图 13-16 所示。在二叉树中只有 3 类节点，其度分别为 0、1、2（其中度为 1 的节点包括向左分支的节点和向右分支的节点）。根节点的左边部分称**左子树**，右边部分称**右子树**，左右子树不能互换。二叉树有以下 3 个基本性质：

（1）在二叉树的第 k 层上，最多有 2^{k-1}（$k \geq 1$）个节点；

（2）深度为 m 的二叉树最多有 $2^m - 1$ 个节点；

（3）**度为 0 的节点（叶子节点）总是比度为 2 的节点多一个。**

在图 13-16 所示的二叉树中，叶子节点有 4 个（F、G、H、I），度为 2 的节点有 3 个（A、C、E），叶子节点比度为 2 的节点多 1 个。

【随学随练 13.32】一棵二叉树中共有 70 个叶子节点与 80 个度为 1 的节点，则该二叉树中的总节点数为（　　）。

A）219　　　　　　　B）221　　　　　　C）229　　　　　　D）231

【答案】A

【分析】 叶子节点为 70 个，故度为 2 的节点为 69（70−1）个。总节点数为 219（69+80+70）。

【随学随练 13.33】设二叉树共有 150 个节点，其中度为 1 的节点有 10 个，则该二叉树中的叶子节点数为（　　）。

A）71　　　　　　　B）70　　　　　　　C）69　　　　　　D）不可能有这样的二叉树

【答案】D

【分析】设叶子节点有 x 个，故度为 2 的节点有 $x-1$ 个。列方程 $x + x - 1 + 10 = 150$，方程无整数解。

每一层上的所有节点数都达到最大的二叉树称**满二叉树**；除最后一层外，每一层上的节点数都达到最大，只允许最后一层上缺少右边的若干节点的二叉树称**完全二叉树**，如图 13-17 所示，即完全二叉树的叶子节点只可能出现在最后 1 层或倒数第 2 层。显然，满二叉树也是完全二叉树，但完全二叉树不一定是满二叉树。在满二叉树中，不存在度为 1 的节点；在完全二叉树中，度为 1 的节点有 0 个或者有 1 个。

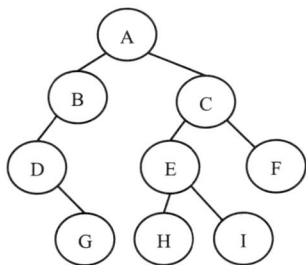

图 13-16　二叉树

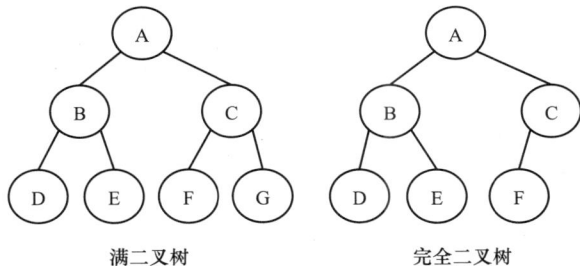

图 13-17　满二叉树与完全二叉树

【随学随练 13.34】一棵完全二叉树共有 360 个节点,则该二叉树中度为 1 的节点个数为（　　）。

A）0　　　　　　　B）1　　　　　　　C）180　　　　　　D）181

【答案】B

【分析】设叶子节点有 x 个,则度为 2 的节点有 $x-1$ 个。完全二叉树度为 1 的节点只有两种情况：0 个或 1 个。分两种情况分别列出 2 个方程：（1）$x + x - 1 + 0 = 360$；（2）$x + x - 1 + 1 = 360$。舍去无整数解的方程，可知该二叉树应属情况（2），即度为 1 的节点有 1 个。

【随学随练 13.35】 深度为 5 的完全二叉树的节点数不可能是（　　）。

A）15　　　　　　B）16　　　　　　C）17　　　　　　D）18

【分析】 5 层的完全二叉树，其前 4 层节点数已达最大，前 4 层节点总数为 15（2^4-1）。但二叉树节点总数还需大于 15 个（否则是 4 层而不是 5 层），例如若有 16 个节点，表示前 4 层已满，第 5 层有 1 个节点。而最多节点数应是 5 层所能容纳的最多节点数 31（2^5-1）。因此节点数范围为 16～31。

二叉树也既可顺序存储，也可链式存储。顺序存储一般用于满二叉树或完全二叉树，按层次顺序将各节点依次存储到一个数组的各元素中（顺序存储对一般的二叉树不适用）。在链式存储中，每个节点有两个指针域，一个指向左子节点，一个指向右子节点。图 13-18 所示是图 13-17 中完全二叉树的链式存储结构。二叉树的链式存储结构也称**二叉树链表（二叉链表）**。注意二叉链表是采用链式存储方式的二叉树，它的本质是树，因此是非线性结构。

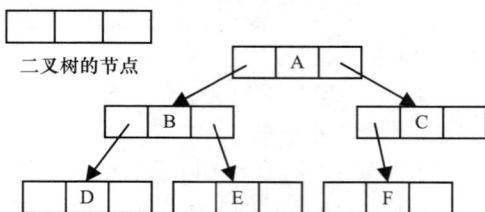
图 13-18　完全二叉树的链式存储结构

【随学随练 13.36】 下列链表中，其逻辑结构属于非线性结构的是（　　）。

A）二叉链表　　　　B）循环链表　　　　C）双向链表　　　　D）带链的栈

对二叉树中的各个节点不重不漏地依次访问一遍，称**二叉树的遍历**。图 13-16 所示的二叉树，可按层次从上到下依次访问，为 ABCDEFGHI，这是一种遍历；也可以从下到上依次访问，为 IHGFEDCBA，这又是一种遍历。显然遍历方式不同，得到的遍历序列就不同。按层次遍历是非常简单的遍历方式，此外二叉树还有许多其他的遍历方式，比较重要的有以下 3 种。

（1）前序遍历：首先访问根节点，然后遍历左子树，最后遍历右子树。

（2）中序遍历：首先遍历左子树，然后访问根节点，最后遍历右子树。

（3）后序遍历：首先遍历左子树，然后遍历右子树，最后访问根节点。

上述遍历名称中的"前""中""后"代表了遍历时"根节点"在前、中、后：前序是先访问根，中序是中间访问根，后序是最后访问根。图 13-19 所示的简单二叉树，其前序遍历序列是 ABC（根、左、右），中序遍历序列是 BAC（左、根、右），后序遍历序列是 BCA（左、右、根）。

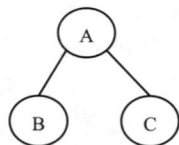
图 13-19　简单二叉树

那么对于图 13-16 所示的二叉树，左、右不是一个节点，该如何遍历呢？在遍历到其左、右子树时，需将左、右子树单独提出，将提出后的部分单独考虑，则又是一棵二叉树（子树）。单独考虑子树，将子树按同样方式遍历。如果子树的左、右还不是一个节点，再将子树的左、右子树单独提出遍历……直到左、右都仅剩一个节点为止，如图 13-20 所示。每层都按照"根、左、右"的顺序写出子树的遍历序列，再代回上一层。最终得整棵二叉树的前序遍历序列为 ABDGCEHIF。

类似地，可得图 13-16 所示的二叉树的中序遍历序列为 DGBAHEICF，后序遍历序列为 GDBHIEFCA。在中序（后序）遍历时，提出子树和代回子树遍历序列到上一层的方式与前序遍历的都相同，只不过任何一个层次的子树都要按照中序（后序）的方式遍历：即左、根、右（左、右、根）的顺序。总之二叉树遍历的关键是按照"子树"的思想，将问题逐一缩小，而每一个小问题又都是同样的遍历问题。

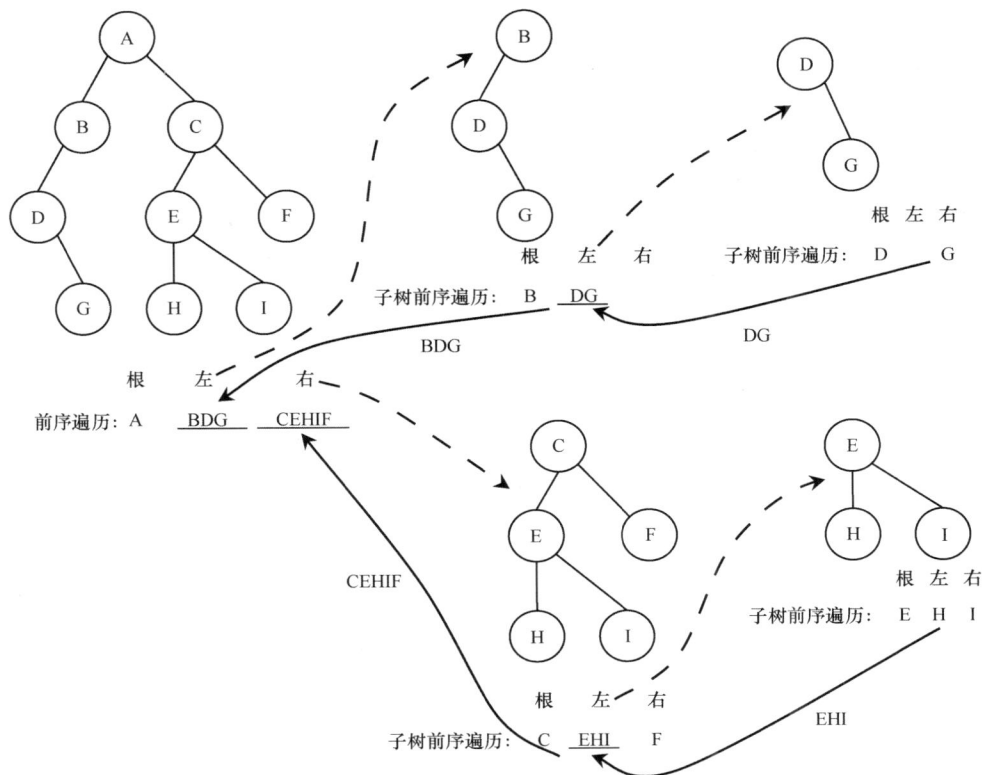

图 13-20　二叉树的前序遍历分析（虚线箭头表示提出子树，实线箭头表示将子树的遍历序列代回上一层）

【随学随练 13.37】已知一棵二叉树前序遍历序列为 ABDGCFK，中序遍历序列为 DGBAFCK，则它的后序遍历序列为_____。

【答案】GDBFKCA

【分析】应先画出此二叉树，再求其后序遍历序列。

前序遍历序列由 A 打头，**根必为 A**。确定 A 的左、右时，需在中序遍历序列中找到 A，在中序遍历序列中位于 A 左边的节点（D、G、B）都是左子树的节点，位于 A 右边的节点（F、C、K）都是右子树的节点。

先确定左子树，方法类似。左子树由 D、G、B 组成。先找左子树的根，在前序遍历序列中找到 BDG，BDG 部分由 B 开头，因此 B 是 D、G、B 的根，**B 应与 A 直接相连**。再确定 B 的左、右节点：在中序遍历序列中找到 DGB，可知 D、G 都是 B 的左子树中的节点，B 无右节点。下一层次 D、G 在前序遍历序列中由 D 开头，故 D 是 D、G 的根；在中序遍历序列中 G 在 D 后，可知 G 是 D 的右节点。

再确定右子树。右子树由 F、C、K 组成。无论是前序遍历序列还是中序遍历序列都只看 F、C、K 的那一部分。前序遍历序列为……CFK，确定 C 是 F、C、K 的根，**C 与 A 直接相连**；从中序遍历序列中看出 F、K 分别在 C 的一左一右，知 F、K 分别是 C 的左、右节点。

画出这棵二叉树，如图 13-21 所示，再求出此二叉树的后序遍历序列。

如果已知后序遍历序列和中序遍历序列，求前序遍历序列，方法类似，只不过在后序遍历序列中找根要找后序遍历序列的最后一个节点，而不是第一个节点。如果已知前序遍历序列和后序遍历序列，求中序遍历序列，是无法画出二叉树的，问题无解。因此这类问题必已知中序遍历序列，分析方法可归纳为：前序遍历序列或后序遍历序列找根，中序遍历序列找左右；一层一层地画出二叉树。

【随学随练13.38】某二叉树的前序遍历序列为ABCDEFG，中序遍历序列为DCBAEFG，则该二叉树的后序遍历序列为（　　　）。

A）EFGDCBA　　　　B）DCBEFGA　　　　C）BCDGFEA　　　　D）DCBGFEA

【答案】D

若二叉树的前序遍历序列和中序遍历序列相同，均为 ABCDE，按照同样方法，从前序遍历序列分析知 A 为根，再从中序遍历序列 ABCDE 中得 BCDE 均为 A 的右分支，A 无左分支；B 又为 BCDE 的根，CDE 都为 B 的右分支，B 无左分支……各层均无左分支。画出二叉树，如图 13-22 所示。

若二叉树的后序遍历序列和中序遍历序列相同，均为 ABCDE，则分析得 E 为根，ABCD 均为 E 的左分支，E 无右分支；D 为 ABCD 的根，ABC 均为 D 的左分支，D 无右分支……各层均无右分支。画出二叉树，如图 13-23 所示。

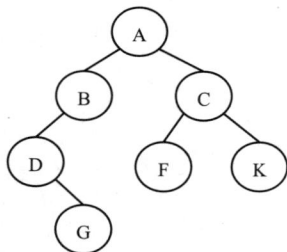

图 13-21　【随学随练 13.37】的二叉树　　　图 13-22　前序遍历序列与中序遍历序列相同的二叉树　　　图 13-23　后序遍历序列与中序遍历序列相同的二叉树

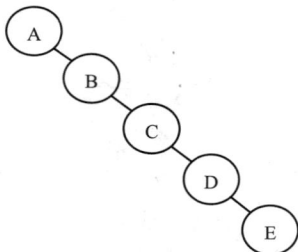

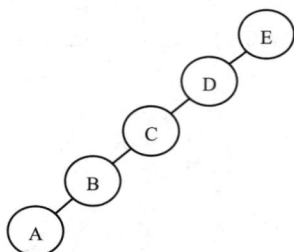

因此，若前序遍历序列与中序遍历序列相同，说明各节点（除最后一层）只有右分支没有左分支；若后序遍历序列与中序遍历序列相同，说明各节点（除最后一层）只有左分支没有右分支。即这两种情况均属各节点（除最后一层）都为单分支节点的情况，那么二叉树有几个节点，就有几层。

【随学随练 13.39】设二叉树中共有 31 个节点，节点值互不相同。如果该二叉树的后序遍历序列与中序遍历序列相同，则该二叉树的深度为（　　　）。

A）16　　　　B）17　　　　C）31　　　　D）5

【答案】C

【分析】二叉树各节点（除最后一层）都为单分支节点，二叉树有几个节点，就有几层。

13.3　编程风格——程序设计方法和软件工程

用盖平房的模式去建摩天大楼必然失败。编写一个程序、制作一个软件，也要遵循一定的规范。在编程之前要做到心中有数，才能有的放矢。否则随着开发的进行，出现的问题会越来越多，甚至导致整个项目的崩溃。那么如何增强程序的可读性、稳定性，减少出错、提高工作效率呢？

13.3.1　程序设计方法和风格

程序设计不是直接上机编写代码，在编写代码之前和之后还有很多工作要做。完整的程序设计应包括：（1）确定数据结构；（2）确定算法；（3）编写代码；（4）上机调试程序，消除错误，使运行结果正确；（5）整理并撰写文档资料。

"清晰第一、效率第二"是当今主导的程序设计风格，即首先应保证程序的清晰易读，其次考虑提高执行速度、节省系统资源等。换句话说，为了保证程序清晰易读，即使牺牲执行速度和浪费资源也在所不惜。

良好的程序设计习惯和风格有很多，例如，符号命名应见名知意；应写必要的注释；一行只写一条语句；利用空格、空行等使程序层次清晰、可读性强；变量定义时变量名按字母顺序排序；尽可能使用库函数；避免大量使用临时变量；避免使用复杂的嵌套语句；尽量减少使用包含"否定"条件的条件语句；尽量避免使用无条件转向语句（goto 语句）；尽量做到模块功能单一化；输入数据越少越好，操作越简单越好；在输入数据时，要给出明确的提示信息，并检验输入的数据是否合法；应适当输出程序运行的状态信息；应设计输出报表格式等。

【随学随练 13.40】下列叙述中，不符合良好程序设计风格要求的是（　　）。

A）程序的效率第一、清晰第二　　　　　B）程序的可读性好

C）程序中有必要的注释　　　　　　　　D）输入数据前要有提示信息

【答案】A

对于一个实际问题，如何设计程序呢？程序设计方法的发展主要经历了两个阶段：结构化程序设计和面向对象程序设计。以下对这两种程序设计方法分别进行简要介绍。

1．组装零件——结构化程序设计

结构化程序设计是指首先考虑全局总体目标，再考虑细节；把总体目标分解为小目标（每个小目标可称为一个模块），再进一步分解为更小、更具体的目标。比如要生产一架飞机，就要先了解飞机是由哪些零件组成的，然后将这些零件分别交给不同的厂商来加工，最后将这些零件组装成一架飞机。**"自顶向下、逐步求精、模块化"**是结构化程序设计的基本原则。

结构化程序设计还要限制 goto 语句的使用，**不得在程序中滥用 goto 语句**（但并非完全避免使用 goto 语句）。结构化程序应仅由顺序结构、选择结构和循环结构 3 种基本结构组成。

【随学随练 13.41】结构化程序设计的基本原则不包括（　　）。

A）多态性　　　　B）自顶向下　　　　C）模块化　　　　D）逐步求精

【答案】A

【随学随练 13.42】结构化程序所要求的基本结构不包括（　　）。

A）顺序结构　　　　B）goto 跳转　　　　C）选择结构　　　　D）循环结构

【答案】B

2．面向事物直接编程——面向对象程序设计

这里的"对象"是"事物"的意思。现实世界中的任何一个事物都可被看作一个对象，一辆汽车、一只狗熊、一部手机、一个学生、一支军队、一篇论文、一台计算机、计算机游戏中的一个人物等都是对象。现实世界就是由一个个对象所组成的，从现实世界固有的事物出发来进行程序设计，就是面向对象程序设计（Object-Oriented Programming，OOP）。这一概念的首次提出以 20 世纪 60 年代末挪威奥斯陆大学与挪威计算机中心研制出 Simula 语言为标志。相对于结构化程序设计，面向对象程序设计更接近于人类的思维习惯，是现代程序设计方法的主流。

面向对象程序设计以"对象"为核心，不再将解决问题的方法分解为一步步的过程，而是分解为一个个的事物。如图 13-24 所示，在程序中将任何一个对象都看作由两部分组成：（1）数据，也称属性，即对象所包含的信息，表示对象的状态；（2）方法，也称操作，即对象所具有的功能、可执行的行为。

对象 { 数据（属性）　方法（操作）

图 13-24　对象的组成

例如，一个人是一个对象，他具有姓名、年龄、身高、肤色、胖瘦等属性；而会跑会跳、会玩会闹、会哭会笑等都是他具有的方法。一部手机是一个对象，品牌、型号、大小、颜色、价格等是它的属性；接打电话、收发短信、拍照、录像、玩游戏等都是它的方法。计算机游戏中的一个角色也是一个对象，等级、生命值、攻击值、防御值、魅力值等都是它的属性；而能在画面中移动、会进攻、被攻击后生命值会减少、生命值为 0 后会"爆炸"等都是方法。

"物以类聚，人以群分"，我们常常将同类事物归为一类。例如，张三、李四、王五同属人类；

你的手机、我的手机、商场柜台上卖的手机同属手机这一类；计算机游戏中不断出现的一个个"小兵"同属小兵这一类。"类（class）"是一个抽象的概念，它不代表某一个具体的事物。但"类"代表了同类事物的共性信息，例如"手机"这个概念虽然是抽象的（这个"概念手机"既不能打电话），也不能接电话，但只要一提及这个概念，我们就能在头脑中想象出一部手机的样子，而绝不会出现长着两条腿、可以走路的"人"的形象。也可以将"类"看作一张设计图，它可用于制造具体的事物。例如"汽车"类是一张设计图，它是不能跑起来的；但按照"汽车"这个类的设计图制造出一辆辆具体的汽车，我们就能坐上去"兜风"了。

在面向对象程序设计中，可将具有相同或类似属性、方法的对象抽象成类（模板）。由"类"这张设计图制造出的一个个具体的事物称为"对象"或"类的实例（instance）"。在不引起混淆的情况下，有人也把"类"叫作对象，即"对象"这个术语既可指具体的事物，也可泛指类；而"实例"必然指具体的事物。

面向对象程序设计有以下特性。

（1）标识唯一性

对象是可区分的，且通过对象的内在本质来区分，而不通过描述来区分。

（2）封装性

用手机发微信消息的时候，我们只要按 "发送"按钮就可以了，而不必关心手机内部电路是如何工作的。内部细节实际上全被隐藏在手机内部，这就是"封装"。在面向对象程序设计中的"对象"也具有"封装性"，即无须用户关心的信息都被隐藏在对象内部，使对象对外界仅提供一个简单的操作（例如仅有一个发送操作）。在程序设计中，封装有利于代码的安全，让用户无法看到他不必看到的信息，从而避免了用户随意修改他不应该修改的代码。封装性使对象的内部细节与外界隔离，使模块具有较强的独立性。

（3）继承

继承，就是"子承父业"。在面向对象程序设计中，类与类之间也可以继承，它是指使用已有类作为基础建立新类，新类能够直接获得已有类的属性和方法，而不必重复实现它们。"青出于蓝胜于蓝"，继承后子类可能具有比父类更多的属性和方法。

例如，"图形"类是"矩形"类的父类，"矩形"类继承自"图形"类。"图形"类有大小、位置等属性，也有移动、旋转等方法；"矩形"类也有这些属性和方法，对于这些属性和方法，"矩形"类只要把它们从"图形"类中拿来直接用就可以了，而不必重新实现。但"矩形"类还有它自己特有的属性，如"顶点坐标""长""宽"，以及特有的方法，如"求周长""求面积"；继承"图形"类后，在"矩形"类中仅编程增加这些特有的内容就可以了，可使编程工作量大大减小，提高效率。

需要注意的是，类与类之间的继承应根据需要来做，并不是任何类都要继承。

（4）多态性

春晚的导演在宣布"开始"后，不同职责的工作人员开始负责不同的工作：歌唱演员开始演唱、舞蹈演员开始跳舞、音响师调控声音效果、灯光师变换灯光、机械师操控起落架……不同职责的工作人员均属不同的类，虽然他们都有同名的方法"开始"，但同样执行"开始"，不同职责的工作人员却有截然不同的行为，这就是多态性。在程序设计中，具有多态性的几个类一般继承自同一父类。例如汽车、火车、飞机3个类都继承自"交通工具"类，它们都有同名的方法"驾驶"。但对这3个类的对象执行"驾驶"，实际的执行效果是不同的。又如"矩形"类和"圆"类都继承自"图形"类，它们都有"绘制"方法，对这两个类的对象执行"绘制"，绘制出的图形也是不同的。注意，并不是任何类都要有多态性。

（5）对象间依靠传递消息进行联系

在面向对象程序设计中，一个对象与另一个对象间的联系是靠传递**消息**实现的。对象之间传递消息，实质是执行了对象中的一个方法（调用了对象中的一个函数）。

【随学随练 13.43】在面向对象程序设计中，实现信息隐藏是依靠（　　　）。

A）对象的继承　　　B）对象的多态　　C）对象的封装　　　D）对象的分类

【答案】C

【随学随练 13.44】下面对对象概念的描述，正确的是（　　　）。

A）对象间的通信靠消息传递　　　　　B）对象是名字和方法的封装体

C）任何对象必须有继承性　　　　　　D）对象的多态性是指一个对象有多个操作

【答案】A

13.3.2　软件工程的基本概念

计算机的软件开发过程往往不如想象的那么顺利，开发效率跟不上需求，开发成本越来越高，开发周期大大超过预期，且常出现中途夭折、项目失败的情况。软件即使被开发出来，质量往往也没有可靠保证，常常不能令人满意。这在我们日常使用软件的过程中也能感受到：很多软件使用起来不是十分得心应手，某些软件有时还会出错，甚至导致计算机死机。这些在软件开发和使用过程中出现的一系列严重问题统称为**软件危机**。

为了应对软件危机，人们在总结大量软件开发经验教训的基础上，提出了保证程序和软件质量的许多良好规范，为软件的定义、开发和维护提供了方法、工具、文档、实践标准和工序等，把软件产品看作一个工程产品来处理，使软件走向工程化，这就是**软件工程**。**方法**、**工具**和**过程**是软件工程包含的 3 个要素。抽象、信息隐蔽、模块化、局部化、确定性、一致性、完备性和可验证性是软件工程倡导的软件开发原则。

1．软件

软件不等于程序。软件是包括程序、数据及相关文档（如使用说明书、开发技术文档）的完整集合。软件按功能可分为三大类，如表 13-6 所示。

表 13-6　软件的分类

软件分类	说明	举例
系统软件	系统软件仅包括 4 种：操作系统、数据库管理系统、编译程序、汇编程序	Windows 7、Windows 10、UNIX、Linux、iOS、安卓等操作系统（数据库管理系统将在 13.4 节被讨论）等
应用软件	日常使用的绝大多数软件	Word、Photoshop、浏览器、播放器、杀毒软件、学生管理系统、人事管理系统等
支撑软件（工具软件）	介于系统软件和应用软件之间，是协助开发软件的软件	软件开发环境，辅助软件设计、编码、测试的软件，以及管理开发进程的软件等

软件具有以下特点：（1）软件是一种逻辑实体，具有抽象性（人们只能看到软件的存储介质，无法看到它本身的形态。只有运用逻辑思维才能把握软件的功能和特性）；（2）软件的生产与硬件的生产不同，它没有明显的制作过程，软件一旦研制成功，就可以大量地、成本极低地、完整地复制；（3）软件在运行、使用期间不存在磨损、老化问题；（4）软件的开发、运行对计算机系统硬件和环境具有依赖性，受计算机系统的限制，这会给软件移植带来很多问题；（5）软件复杂性高，成本高昂，现在软件成本已远远超过了硬件成本；（6）软件开发涉及诸多社会因素。

【随学随练 13.45】构成软件的是（　　　）。

A）源代码　　　　　B）程序和数据　　C）程序和文档　　　　D）程序、数据及相关文档

【答案】D

【随学随练 13.46】下面的描述中，不属于软件特点的是（　　　）。

A）软件是一种逻辑实体，具有抽象性　　　B）软件在运行、使用期间不存在磨损、老化问题

C) 软件复杂性高   D) 软件使用不涉及知识产权

【答案】D

【随学随练 13.47】软件按功能可分为应用软件、系统软件和支撑软件。下面属于应用软件的是（   ）。

A) 编译软件   B) 操作系统   C) 人事管理系统
D) 数据库管理系统   E) 汇编程序

【答案】C

2. 软件生命周期

要做好一件事，必须在事前做好详尽的准备工作，软件开发也不例外。软件工程所倡导的重要思想之一就是不可将软件开发粗暴地等同于编程，在软件开发过程中不能只重视编程。在编程之前，要做好详尽的准备和制定周密的计划，这部分工作要占到很大的比重。

软件开发应遵循**软件生命周期**（software life cycle），即软件从提出、实现、使用、维护到停止使用的全过程，而其中"编程"部分只占很小的比重。完整的软件生命周期可分为三大阶段，其中每个大阶段又包含若干个小阶段，如表 13-7 所示。

表 13-7　软件生命周期

三大阶段	生命周期阶段	说明
定义阶段	（1）可行性研究与计划制订	不是具体解决问题，而是研究问题
	（2）需求分析	确定目标软件的功能
开发阶段	（3）总体设计（概要设计）	概括地说明怎样实现目标软件
	（4）详细设计	详细设计软件的每个模块，确定算法和数据结构
	（5）软件实现	编写源程序、用户操作手册等，编写单元测试计划
	（6）软件测试	检验软件的各个组成部分
运行维护阶段	（7）运行和维护	投入运行，并在运行中不断维护，根据需求扩充和修改

【随学随练 13.48】软件生命周期中的活动不包括（   ）。
A) 软件维护   B) 市场调研   C) 软件测试   D) 需求分析

【答案】B

【随学随练 13.49】软件生命周期可分为定义阶段、开发阶段和运行维护阶段，下面不属于开发阶段任务的是（   ）。

A) 测试   B) 设计   C) 可行性研究   D) 实现

【答案】C

13.3.3　需求分析及其方法

在进行软件开发之前，必须要做的准备工作之一是需求分析，需求就是用户对软件的期望。软件开发者要对用户的需求做到心中有数。需求分析是确定目标软件"做什么"，目标是创建所需的数据模型、功能模型和控制模型。需求分析阶段的工作主要有：（1）需求获取；（2）需求分析；（3）编写软件需求规格说明书；（4）需求评审。

在软件开发的方法中，结构化方法是应用较广泛的一种方法。需求分析的常用工具是数据流图（Data Flow Diagram，DFD）。数据流图表达数据在软件中的流动，反映软件的功能。图 13-25 是一个数据流图的例子和数据流图的基本图符。

数据流图上的每个元素都必须命名。加工与加工之间、存储与加工之间应有数据流，而存储与存储之间没有数据流。一张数据流图中的某个加工可进一步分解成另一张数据流图，成为分层的数据流图。上层图为父图，直接下层图为子图。父图与子图应保持平衡，子图的输入输出数据流，与父图相应加工的输入输出数据流必须一致。

除数据流图外，需求分析的常用工具还有：**数据字典**、**判定树**、**判定表**等。数据字典（Data Dictionary，DD）是对数据流图中所有图符的精确、严格的定义和解释，是一个有组织的列表，使得用户和系统分析员对相关概念能有共同的理解。数据流图和数据字典共同构成了系统的逻辑模型，是软件需求规格说明书的主要组成部分。

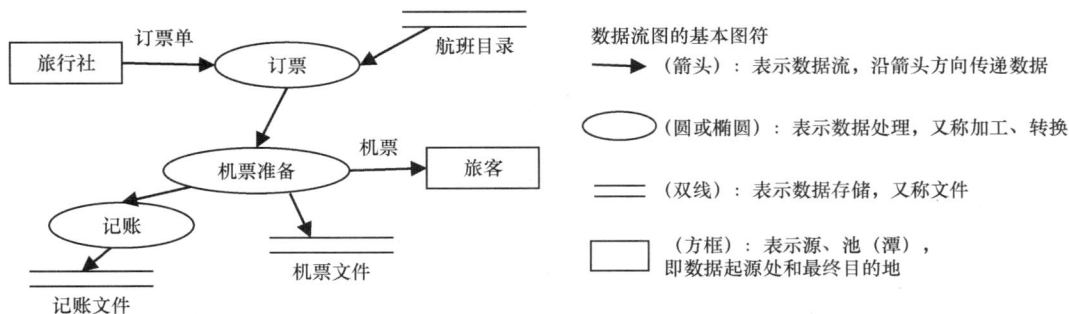

图 13-25　飞机机票预订系统的数据流图和数据流图的基本图符

软件需求规格说明书（Software Requirement Specification，SRS）是需求分析阶段得出的最主要的文档（可以理解为需求分析报告），用自然语言书写而不是用 C 语言等程序设计语言书写。软件需求规格说明书的特点有正确性、无歧义性、完整性、可验证性、一致性、可理解性、可修改性、可追踪性等，其中最重要的是**正确性**。

【随学随练 13.50】下面不属于需求分析阶段工作的是（　　　）。
A）需求获取　　　　B）需求计划　　　　C）需求分析　　　　D）需求评审
【答案】B

【随学随练 13.51】数据流图中的箭头表示的是（　　　）。
A）控制流　　　　B）事件驱动　　　　C）模块调用　　　　D）数据流
【答案】D

【随学随练 13.52】数据字典所定义的对象都包含于（　　　）。
A）程序流程图　　　B）软件结构图　　　C）方框图　　　D）数据流图
【答案】D

【随学随练 13.53】软件需求规格说明书的作用不包括（　　　）。
A）用户与开发人员对软件"做什么"的共同理解　B）软件可行性研究的依据
C）软件设计的依据　　　　　　　　　　　　　　D）软件验收的依据
【答案】B

【分析】公共基础的很多知识点无须死记硬背，理解基本含义则不难作答。本题只要理解需求分析是明确软件做什么。当然软件要据此来设计、据此来验收。而可行性研究是软件生命周期中需求分析的前一阶段的工作，前一阶段尚未进行需求分析，以何作为依据？

13.3.4　软件设计及其方法

进入软件开发阶段，工作并非只有编程，此阶段的首要工作是软件设计。软件设计要围绕前一阶段的需求分析进行，针对用户的需求来设计软件。软件设计就是将软件需求转化为软件表示的过程。软件设计是确定目标系统"怎么做"，它只是抽象地"设计"，并不编写程序代码，包括总体设计（又称概要设计、初步设计）和详细设计两个步骤。

1. 总体设计

总体设计时要将软件按功能划分为模块。划分模块要以提高模块独立性为原则，具体是要**提高内聚性，降低耦合性**。内聚性是指一个模块内各元素间彼此结合的紧密程度。耦合性是指不同模块间相互连接的紧密程度。耦合和内聚是相互关联的，一般内聚性越强，耦合性越弱。

在总体设计中，常用**结构图**（structure diagram，也称**程序结构图**）反映整个系统的模块划分及模块之间的联系。图 13-26 所示是一个程序结构图的例子，其中模块用矩形表示，模块间的调用关系用箭头表示。位于叶子节点的模块为原子模块，是不能再分解的底层模块。

程序结构图的层数称**深度**，整体跨度（拥有最多模块的层的模块数）称**宽度**。图 13-26 所示程序结构图的深度为 4，宽度为 6。

调用某个模块的模块个数（模块上部的连线数）称**扇入**，一个模块直接调用其他模块的模块数（模块下部的连线数）称**扇出**。例如模块 F 的扇入为 2，模块 D 的扇出为 3。

图 13-26　程序结构图的例子

软件设计应做到顶层高扇出，中间扇出较少，底层高扇入，即顶层模块大量调用其他模块；底层模块大多被调用，而很少调用其他模块。每个模块应尽量仅有一个入口、一个出口。

总体设计完成之后，要编写总体设计文档。

【随学随练 13.54】耦合性和内聚性是度量模块独立性的两个标准。下列叙述正确的是（　　　）。

A）　提高耦合性、降低内聚性有利于提高模块的独立性

B）　降低耦合性、提高内聚性有利于提高模块的独立性

C）　耦合性是指一个模块内部各个元素间彼此结合的紧密程度

D）　内聚性是指模块间互相连接的紧密程度

【答案】B

【随学随练 13.55】下面不能作为需求分析工具的是（　　　）。

A）　程序结构图　　　　B）　数据字典　　　　C）　判定表　　　　D）　数据流图

【答案】A

2. 详细设计

详细设计也不是编写代码，而是要得出对软件的精确描述。要为总体设计时程序结构图中的每一个模块确定算法和局部数据结构，要表示出算法和数据结构的细节。程序流程图（Program Flow Chart，PFD）、N-S 图、问题分析图（Problem Analysis Diagram，PAD）都是详细设计的表达工具，3 种图形的例子分别如图 13-27、图 13-28、图 13-29 所示。

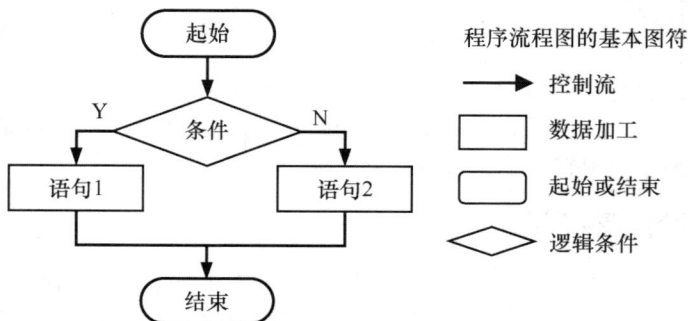

图 13-27　程序流程图的例子和基本图符

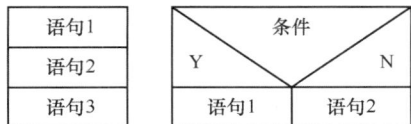

（a）顺序结构 （b）选择结构

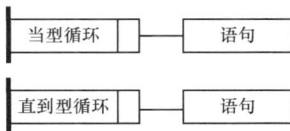

（c）循环结构

图 13-28 N-S 图的例子

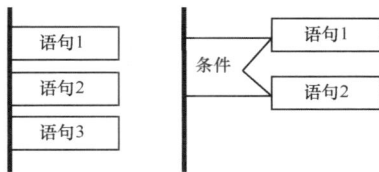

（a）顺序结构 （b）选择结构

（c）循环结构

图 13-29 问题分析图的例子

【随学随练 13.56】在软件设计中不使用的工具是（ ）。

A）程序结构图 B）程序流程图 C）问题分析图 D）数据流图

【答案】D

13.3.5 我是来找碴的——软件测试及其方法

1．软件测试的思想

软件在投入运行之前，还要经过软件测试。证明一个软件是绝对正确的，那是一件不可能的事，微软的 Windows 都要频繁地使用补丁修正漏洞。因此软件测试并不是为了证明软件正确，而是为了尽可能多地**发现**软件中的错误。如果测试了软件，没有发现错误，这也不能证明软件没有错误，只能说明没有找到错误。**软件测试是为了发现错误，没有发现错误就是测试失败。**

为什么不能通过测试证明软件绝对正确呢？因为只有把程序中所有可能的执行路径都检查完毕，才能彻底证明程序正确，这称为**穷举测试**。而实际进行穷举测试是不可能的，即使对于规模较小的程序，其执行路径的排列组合数也是大得惊人的，不可能穷尽每一种组合。

软件测试应遵循的准则是：①所有测试都应追溯到需求；②严格执行测试计划，排除测试的随意性；③充分注意测试中的群集现象，即在已发现错误的地方很有可能还会存在其他错误；④程序员应避免检查自己的程序；⑤穷举测试不可能实现；⑥妥善保存测试计划、测试用例、出错统计和最终分析报告，为软件维护提供方便。

【随学随练 13.57】下面对软件测试的描述，正确的是（ ）。

A）严格执行测试计划，排除测试的随意性 B）软件测试的目的是发现错误和改正错误

C）测试用例是程序和数据 D）诊断和改正程序中的错误

【答案】A

2．软件测试方法

根据是否需要实际运行被测软件，软件测试可分为人工测试（静态测试）和自动测试（动态测试）。自动测试是借助一批测试用例，实际运行软件，检查结果是否正确。测试用例是为测试设计的数据，由测试输入数据和对应的预期输出结果两部分组成，例如，测试学生成绩分析系统时"[输入 60，输出及格]"是一个测试用例，"[输入 90，输出优秀]"也是一个测试用例。

根据是否考虑软件内部逻辑结构，软件测试还可分为**白盒测试**和**黑盒测试**。如何测试手机是否能正常发送短信呢？试着实际发送一条，而不关心内部电路，就是黑盒测试。而如果把手机拿到维修部，请专业人员打开后盖，直接测试内部电路上的元器件，就是白盒测试。在软件测试中也是类似的，黑盒测试就是把软件当作"黑匣子"，不关心程序内部逻辑和内部结构，仅依据程序的外部功能进行测试，包括**等价类划分法**、**边界值分析法**、**错误推测法**等。例如在不知软件如何进行计算的

情况下，测试其对最小值 0 的计算是否正确、对最大值 100 的计算是否正确？这就是边界值分析法。白盒测试是把"黑匣子"打开，软件内部原理（包括数据结构、程序流程、逻辑结构、程序执行路径等）一览无遗，包括**逻辑覆盖测试**、**基本路径测试**等。

【随学随练 13.58】下面属于白盒测试方法的是（　　　）。

A）等价类划分法　　　B）逻辑覆盖测试　　　C）边界值分析法　　　D）错误推测法

【答案】B

3．软件测试的实施

软件测试也应制定详细的测试计划并严格执行。软件测试一般按以下 4 个步骤依次进行：单元测试→集成测试→验收测试（确认测试）→系统测试。

单元测试是对软件的最小单位——模块（程序单元）进行测试，目的是发现模块内部的错误；单元测试依据详细设计说明书和程序进行。集成测试是把测试过的各模块组装起来同时进行测试，目的是发现与组装接口有关的错误；可以把所有模块一次性组装在一起进行整体测试，也可以将模块一个个地添加逐步测试。验收测试是验证软件各项功能是否满足了需求分析中的需求以及软件配置是否正确。系统测试是在软件实际运行环境下对整个软件产品系统进行测试。

软件测试是很重要的，软件测试的工作量往往要占软件开发总工作量的 40%以上。

【随学随练 13.59】单元测试主要涉及的文档是（　　　）。

A）确认测试计划　　　　　　　　　　　B）软件需求规格说明书
C）总体设计说明书　　　　　　　　　　D）详细设计说明书

【答案】D

13.3.6　知错必改——程序的调试

测试是尽可能多地**发现**软件中的错误，而不一定负责改正。调试（debug）是先发现错误，然后**改正**错误，其目的在于**改正**。测试与调试的另一个区别是：测试贯穿整个软件生命周期，而调试主要在开发阶段。

改正错误的原则有：①在出现错误的地方，很可能还有别的错误，经验表明，错误有群集现象；②注意不要只修改了这个错误的征兆或表现，而没有改正错误本身，如果提出的修改不能解释与这个错误有关的全部现象，那就表明只改正了错误的一部分；③注意在改正一个错误的同时，有可能会引入新的错误；④改正错误将迫使人们回到程序开发阶段，应理解改正错误也是程序开发的一种形式；⑤要修改源程序代码，不要修改目标程序。

【随学随练 13.60】软件（程序）调试的任务是（　　　）。

A）诊断和改正程序中的错误　　　　　　B）尽可能多地发现程序中的错误
C）发现并改正程序中的所有错误　　　　D）确定程序中错误的性质

【答案】A

13.4　信息时代哪里来，你知道吗——数据库设计初步

在现如今这个信息技术高度发达的时代，数据库是人们管理数据的基础。现在很少有专业级的软件没有数据库了，即使一个简单的网站，在后台也配有数据库，至少管理着浏览日志、登录账户、访问次数等信息。那么什么是数据库呢？数据库（Database，DB），就是数据的仓库，是计算机中保存和管理数据的地方。数据库有多种类型，目前常见的是**关系数据库**。

13.4.1 关系数据库及相关概念

1．关系

关系数据库由**二维表**组成，一张二维表就是一个简单的关系数据库，如图 13-30 所示。二维表中的每一行，称**记录**或**元组**；每一列称**字段**或**属性**；一张二维表称一个**关系**。二维表的行定义（"表头"部分），称**关系模式**（relational schema）。关系模式一般表示为"关系名(属性1,属性2,…,属性n)"的形式。图 13-30 所示的二维表的关系模式是"学生信息表(学号,姓名,性别,年龄,分数,系名)"。

数据库中的二维表（也就是关系）还有一些严格的规定：①同一列是同质的，即同一类型的数据；②列的先后顺序无关紧要，行的先后顺序

图 13-30　一张二维表就是一个简单的关系数据库

也无关紧要；③任意两个元组不能完全相同（至少有一个属性值不同）；④分量（元组的一个属性值，即一个单元格）必须取原子值，也就是内容不可再分。例如若设一个"个人信息"列，把姓名、性别、年龄统统填到一个单元格里，在数据库中是不允许的。

【随学随练 13.61】在关系模型中，一张二维表称为一个（　　　）。

A）关系　　　　　　B）属性　　　　　　C）元组　　　　　　D）主码（键）

【答案】A

2．码

对于一张二维表，有些列的内容可以唯一标识一行。例如在图 13-30 所示的二维表中，"学号"列可以唯一标识一行，学号确定则唯一的一行就可以确定；如不考虑同名同姓的情况，"姓名"列也可以唯一标识一行。但"性别""系名"等就不行了，如性别为"男"的同学不止一个。这种能唯一标识一行的列（或最小的列组合）称**候选码**（**候选键**、**候选关键字**，candidate key）。

如果候选码有多个，还要从多个候选码中选出一个以用于实际唯一标识一行，例如选出"学号"列用于实际唯一标识一行，则"学号"被称为**主码**（**主键**、**主关键字**，primary key），一般如不特殊说明，主码也简称为**码**（**键**、**关键字**，key）。

上例是单独一列就能唯一标识一行的情况。有时需要多列的组合才能唯一标识一行，即主码可能为多列的组合。例如图 13-31 所示的学生选课表，每行存储一位学生选一门课的信息。一位学生可选多门课，对应多行，这些行有相同的学号；一门课也可同时被多位学生选，使得多行也可具有相同的课程号。因此，单独用"学号""课程号"或"成绩"列都不能唯一标识一行，而需用"(学号,课程号)"两列的组合作为一个候选码，即学号、课程号确定了，成绩也就确定了。该候选码也作为主码。极端情况下，可能表中所有的列都要用上，共同组合作为主码，称**全码**。表必有主码，因为表中不能有完全相同的行。

学号	课程号	成绩
101	C001	85.0
101	C002	92.0
102	C001	93.0
102	C003	88.0
…	…	…

图 13-31　学生选课表

🏃 **高手进阶**

"学号"能唯一标识一行，"学号+性别"也能唯一标识一行，"学号+性别+系名"更能唯一标识一行……这些都称为超码（超键、超关键字、super key），而能作为候选码的必须是最小的列组合，如"学号"单独就可唯一标识一行，无须再组合其他多余的列。在图 13-31 中，用"(学号,课程号)"两列的组合即可作为候选码，无须再组合多余的"成绩"列。

【随学随练 13.62】 在满足实体完整性约束的条件下（　　）。

A）一个关系中可以没有候选关键字　　　　B）一个关系中只能有一个候选关键字

C）一个关系中必须有多个候选关键字　　　D）一个关系中应该有一个或多个候选关键字

【答案】D

3．多表组成的数据库及表间的关系

为保存系的信息，一般应再设一个系信息表，如图 13-32 所示。系信息表的"系名""系主任""电话号码"理论上都可唯一标识一行，都是候选码；为使用方便，选出主码为"系名"。

系名	系主任	教学楼	电话号码
数学	赵学	理科教学楼	82345
物理	钱理	理科教学楼	67890
中文	孙文	文科教学楼	24680
…	…	…	…

图 13-32　系信息表

现在数据库由两张表（两个关系）组成："学生信息表"和"系信息表"。两张表都有"系名"列，这一列是对应的。"系名"在"学生信息表"中不是主码，但在"系信息表"中是主码。这时"系名"被称为　"学生信息表"的**外码**（**外键**、外关键字，foreign key）。即当某个属性（或属性的组合），在某张表中不是主码，但在其他表中是主码时，它就是某张表的外码；注意它不是其他表的外码——它是其他表的主码。

【随学随练 13.63】 在关系 $A(S,SN,D)$ 和 $B(D,CN,NM)$ 中，A 的主键是 S，B 的主键是 D，则 D 是 A 的（　　）。

A）外键　　　　　　　B）候选键　　　　　　　C）主键

【答案】A

4．完整性约束

数据库要求的完整性约束包括以下 3 种。

（1）实体完整性约束：主键中属性值不能为空值（NULL）。

例如在图 13-30 所示的"学生信息表"中，新增一行学号为空值的记录是不允许的。学号为主码，唯一标识一行，每行的学号必须都是确定的，不能为空值。这称为**实体完整性约束**。

（2）参照完整性约束：不允许在外键中引用其他关系中不存在的元组，即在本关系的外键中，要么引用其他关系中存在的元组，要么是空值。

例如，若在图 13-30 所示的"学生信息表"中新增一行记录如下：

学号	姓名	性别	年龄	分数	系名
104	赵六	女	21	89.0	火星

这就会闹笑话了。怎么能有"火星"系呢？这显然是不允许的。也就是说，在填写"系名"这一列时，一定要填写本校存在的系，要"参照"着"系信息表"来填。如果填上"系信息表"中不存在的系，就会闹笑话。这一规则被称为**参照完整性约束**。

（3）用户定义的完整性约束：针对某一具体情况的约束条件，由用户定义。

例如限制性别必须取"男"或"女"，限制年龄为 0 ~ 150，限制分数为 0 ~ 100 等，这些都是用户（也就是我们自己）定义的限制，被称为**用户定义的完整性约束**。

【随学随练 13.64】 有 3 个关系 R、S、T，如图 13-33 所示，其中 3 个关系对应的关键字分别为 A、B 和复合关键字 (A,B)，表 T 的记录项 $(b,q,4)$ 违反了（　　）。

R	
A	A_1
a	1
b	n

S		
B	B_1	B_2
f	g	h
l	x	y
n	p	x

T		
A	B	C
a	f	3
b	q	4

图 13-33　【随学随练 13.64】关系

A）实体完整性约束　　　　B）参照完整性约束　　　　C）用户定义的完整性约束

【答案】B

13.4.2　数据表上的集合运算——关系代数

数学中的集合运算如图 13-34 所示，其中 $A-B$ 表示从 A 中减去 A、B 的公共部分。在数据库中，可把一个关系（一张二维表）看作一个集合，集合中的元素就是元组（表中的行）。则关系之间也可进行类似集合的运算，数据库中关系与关系之间的运算（即表与表之间的运算），称**关系代数**。在关系代数中，进行运算的对象都是关系，运算结果也是关系。关系代数的运算如表 13-8 所示，运算的例子如图 13-35 所示。

关系R		
A	B	C
a	b	c
d	a	f
c	b	d

关系S		
D	E	F
b	g	a
d	a	f

$\pi_{A,C}(R)$	
A	C
a	c
d	f
c	d

$\sigma_{B='b'}(R)$		
A	B	C
a	b	c
c	b	d

$R\cap S$		
A	B	C
d	a	f

$R\cup S$		
A	B	C
a	b	c
d	a	f
c	b	d
b	g	a

$R\times S$					
A	B	C	D	E	F
a	b	c	b	g	a
a	b	c	d	a	f
d	a	f	b	g	a
d	a	f	d	a	f
c	b	d	b	g	a
c	b	d	d	a	f

$R-S$		
A	B	C
a	b	c
c	b	d

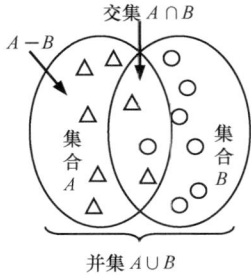

图 13-34　数学中的集合运算

$R\bowtie S$ $R.B=S.D$					
A	B	C	D	E	F
a	b	c	b	g	a
c	b	d	b	g	a

T	
A	B
a	b
c	b

$X=R\div T$
C
d

图 13-35　关系代数运算的例子

表 13-8　关系代数的运算（设有两个关系 R、S）

运算	符号	说明
差（difference）	$R-S$	结果是属于 R 但不属于 S 的那些行组成的表，要求 R 与 S 的列数相同
并（union）	$R\cup S$	结果是属于 R 或者属于 S 的那些行组成的表，并且除去结果中重复的行。R 和 S 应具有相同的列数，各列的数据类型也应一致
交（intersection）	$R\cap S$	结果是既属于 R 又属于 S 的那些行组成的表。$R\cap S=R-(R-S)$。R 和 S 应具有相同的列数，各列的数据类型也应一致
笛卡儿积（Cartesian product）	$R\times S$	结果是 R 中的每一行分别与 S 中的每一行两两组合成的表。结果表的列数为 R、S 的列数之和，行数为 R、S 的行数的乘积，结果表的每一行前、后部分分别来自 R 的一行和 S 的一行
投影（projection）	$\pi_{列名}(R)$	筛选列：对一张表，仅选取其一部分列的内容（但包含全部行）。例如对"学生信息表"只取姓名和分数两列，记为 $\pi_{姓名,分数}$(学生信息表)；对关系 R 只取 A、C 两列，记为 $\pi_{A,C}(R)$

运算	符号	说明
选择（selection）	$\sigma_{条件}(R)$	筛选行：对一张表选择符合条件的行（但包含所有列）。例如对“学生信息表”只取分数大于或等于 90 的行记为 $\sigma_{分数>=90}$(学生信息表)，对关系 R 只取 B 列值为 b 的行记为 $\sigma_{B='b'}(R)$
除法（division）	$R \div S$	笛卡儿积的逆运算。若关系 R 和 S 分别有 r 列和 s 列（$r>s$，且 $s\neq0$），那么 $R \div S$ 的结果有 $r-s$ 个列，并且是满足下列条件的最大的表：其中每行与 S 中的每行组合成的新行都在 R 中
连接（join）	$R \bowtie S$	从 $R \times S$ 结果中选取满足一定条件的行。例如从 $R \times S$ 的结果（6 行）中选取“B 列=D 列”的行（2 行）记为 $\underset{R.B=S.D}{R \bowtie S}$

在求 $R \cup S$ 时，消除了重复行“*d a f* ”，因为表中不允许有完全相同的行存在。

关系之间的除法不易理解，可通过做逆运算（笛卡儿积）来验证除法的结果。如果 $R \div T=X$，可求 $X \times T$，如果 $X \times T$ 的结果为 R，则说明 $R \div T=X$。注意，有时关系的除法也有“余数”，可能 $X \times T$ 的结果为 R 的一部分（最大的一部分），R 中的多余部分为“余数”。如在图 13-35 中，$X \times T$ 为“*cbd*”，为关系 R 的一部分；两行“*abc*”“*daf* ”为余数。

关系的连接就是对关系的结合，即将两张表结合成新的表。在进行连接运算时，可先求笛卡儿积 $R \times S$，再从结果中选取满足一定条件的行。根据连接条件的不同，关系之间的连接分为**等值连接**、**大于连接**、**小于连接**、**自然连接**。如果条件是类似于“B 列=D 列”的“某列=某列”的条件，就是等值连接；如果条件类似于“某列>某列”，就是大于连接；如果条件是类似于“某列<某列”的，就是小于连接。自然连接是不提出明确条件的连接，但“暗含”着一个条件，即“列名相同的值也相同”。显然要进行自然连接的两个关系必须有列名相同的列。在自然连接的结果表中，往往还要合并相同列名的列。连接运算实例如图 13-36 所示，其中自然连接暗含的条件是 $R.B=S.B$ 且 $R.C=S.C$，因为 R、S 中有同名的两列 B、C。

多个条件之间可用∧表示“且”，即两边的条件必须同时成立，例如“$C>4 \wedge D>3$”，表示“C 列的值>4，且 D 列的值>3”，二者需同时满足。用∨表示“或”，即两边的条件有一个成立即可，例如“性别='女'∨年龄<20”表示“性别为女或者年龄在 20 岁以下”。

关系 R

A	B	C
a_1	b_1	5
a_1	b_2	6
a_2	b_3	8
a_2	b_4	12

关系 S

B	E
b_1	3
b_2	7
b_3	10
b_3	2
b_5	2

$R.B=S.B$ 的等值连接　$\underset{R.B=S.B}{R \bowtie S}$

A	$R.B$	C	$S.B$	E
a_1	b_1	5	b_1	3
a_1	b_2	6	b_2	7
a_2	b_3	8	b_3	10
a_2	b_3	8	b_3	2

（a）等值连接

关系 R

A	B	C
1	2	3
4	5	6
7	8	9

关系 S

D	E
3	1
6	2

$B<D$ 的小于连接　$\underset{B<D}{R \bowtie S}$

A	B	C	D	E
1	2	3	3	1
1	2	3	6	2
4	5	6	6	2

（b）小于连接

关系 R

A	B	C
a	b	c
d	b	c
b	b	f
c	a	d

关系 S

B	C	D
b	c	d
b	c	e
a	d	b

自然连接　$R \bowtie S$

A	B	C	D
a	b	c	d
a	b	c	e
d	b	c	d
d	b	c	e
c	a	d	b

（c）自然连接

图 13-36　连接运算实例

【随学随练 13.65】大学生学籍管理系统中有关系模式 $S(S\#,Sn,Sg,Sd,Sa)$，其中属性 $S\#$、Sn、Sg、Sd、Sa 分别是学生学号、姓名、性别、系别和年龄，关键字是 $S\#$。检索全部大于20岁的男生的姓名的表达式为（　　　）。

A） $\pi_{Sn}(\sigma_{Sg='\text{男}'\wedge Sa>20}(S))$　　　B） $\sigma_{Sg='\text{男}'}(S)$　　　C） $\pi_{S\#}(\sigma_{Sg='\text{男}'}(S))$　　　D） $\pi_{Sn}(\sigma_{Sg='\text{男}'\vee Sa>20}(S))$

【答案】 A

【随学随练 13.66】如图 13-37 所示，学生选课成绩表的关系模式是 $SC(S\#, C\#, G)$，其中 $S\#$ 为学号，$C\#$ 为课程号，G 为成绩，则关系 $T=\pi_{S\#,C\#}(SC)/C$ 表示（　　　）。

A） 选修了表 C 中全部课程的学生学号

B） 全部学生的学号

C） 选修了课程 C_1 或 C_2 的学生学号

D） 所选课程成绩及格的学生学号

	SC			C		T
S#	C#	G		C#		S#
S_1	C_1	90		C_1		S_1
S_1	C_2	92		C_2		S_2
S_2	C_1	91				
S_2	C_2	80				
S_3	C_1	55				
S_4	C_2	59				

图 13-37　【随学随练 13.66】题图

【答案】 A

【分析】首先对 SC 表取 $S\#$ 和 $C\#$（学号和课程号）两列，表示所有选课记录（以下称这批记录为"被除数"）。若某学生选修了某门课程，这批记录中就有对应行；若没选修，其中就没有对应行。"被除数"除以表 C 的含义可反过来理解：$T\times C$ 得 C 中所有课程与 T 中学生的排列组合，即 T 中学生都选修了 C 中的所有课，这些记录都要被包含在"被除数"中。所以 T 中的学生必须同时选修 C_1、C_2 两门课程。例如 S_3 就不能在 T 中，因为 S_3 只选修了 C_1 没选修 C_2。如果 S_3 也在 T 中，那么 $T\times C$ 会同时得(S_3, C_1)、(S_3, C_2)两条记录，而实际"被除数"并未包含这两条记录。因此 T 的含义是同时选修了 C_1、C_2 两门课程的学生学号。

13.4.3　数据库系统

1．数据库系统的发展

数据库并不是一开始就存在的，数据管理也是从"原始社会"开始一步步发展的。数据管理的发展经历了 3 个阶段：人工管理阶段→文件系统阶段→数据库系统阶段。

在早期的人工管理阶段，管理数据的方法非常原始，人们只能依靠磁带、卡片、纸带等记录、管理数据。后来计算机诞生了，有了磁盘等存储设备，但数据库技术尚不成熟，计算机的功能还比较少，人们主要借助计算机的文件系统来管理数据，只能进行文件的打开、关闭、读、写等；这是文件系统阶段，管理数据的方法依然比较落后。随着计算机的进一步发展，数据库出现了，在数据库系统阶段人们依靠专门的软件——数据库管理系来管理数据。数据库系统阶段是这 3 个阶段中最发达的，其数据管理最有效、数据共享性最强、数据独立性最高。

数据库系统诞生后，其本身也在不断发展、完善。到目前为止，数据库系统的发展也经历了 3 个阶段：①第一代的网状、层次模型数据库系统（网状模型的结构类似于图的结构，是多对多的；层次模型的结构类似于树的结构，是一对多的）；②第二代的关系数据库系统，是目前广泛使用的；③第三代的面向对象的数据库系统，代表数据库技术的发展方向。

【随学随练 13.67】下面描述中不属于数据库系统特点的是（　　　）。

A） 数据共享　　　B） 数据完整性　　　C） 数据冗余度高　　　D） 数据独立性高

【答案】 C

2．数据库管理系统

使用计算机的任何功能都离不开软件，比如上网聊天要用 QQ 软件，写一篇文章要用 Word 软件，看一部电影要用视频播放器软件……如果要创建、操纵或维护一个数据库，要使用的软件就是**数据库管理系统**（Database Management System，DBMS），它是一个系统软件。目前流行的是关系数据库管理系统，例如 Oracle、SQL Server、Access 等。

数据库管理系统需提供以下的**数据语言**。

①数据定义语言：负责数据的模式定义与数据的物理存取构建。

②数据操纵语言：负责数据的操纵，如查、增、删、改等。

③数据控制语言：负责数据完整性、安全性定义、检查及并发控制、故障恢复等。

我们在搜索内容、网上购物、查询个人信息时，为什么没有觉察到"数据库管理系统"的存在呢？这是因为通常在数据库管理系统之上，还会开发应用程序。应用程序一般有对用户非常友好的界面，提供简便的操作方式，对不同权限的用户开放不同的功能。通常我们对数据库的所有操作实际都是直接与应用程序打交道，由应用程序再与数据库管理系统打交道，最终由数据库管理系统操作数据。数据库、数据库管理系统与应用程序的关系如图 13-38 所示。

【随学随练 13.68】在数据库管理系统提供的数据语言中，负责数据的操纵的是（　　　　）。

A）数据定义语言　　　　B）数据管理语言　　　　C）数据操纵语言　　　　D）数据控制语言

【答案】C

3．数据库系统

数据库系统（Database System，DBS）是由数据库、数据库管理系统、硬件平台、软件平台和数据库管理员等构成的完整系统，其核心是数据库管理系统。数据库系统的特点有数据的高集成性、数据的高共享性与低冗余性、数据的高独立性、数据统一管理与控制等。

数据库系统在其内部有 3 个层次，如图 13-39 所示。最内层直接与磁盘文件存储打交道，反映物理存储形式，称**内模式**（internal schema）或**物理模式**（physical schema）。最外层直接与用户打交道，反映用户的要求，称**外模式**（external schema）、**子模式**（subschema）或**用户模式**（user's schema）。在最外层、最内层之间还有一个层次，称**概念模式**（conceptual schema），它是全局数据的逻辑结构，反映设计者的全局逻辑要求。一个数据库可有多个外模式（因为用户可有多个），但概念模式和内模式都只能有一个。

三级模式间有二级映射：外模式-概念模式映射、概念模式-内模式映射。映射可以给出两种模式间的对应关系，实现模式间的联系与转换。由于只有一个概念模式和一个内模式，所以"概念模式-内模式映射"是唯一的。

这种三级模式的划分是为了保持数据库的**数据独立性**。数据独立性分物理独立性和逻辑独立性两个级别。**物理独立性**是指数据的物理（存储）结构改变，不影响逻辑结构，应用程序无须改变。**逻辑独立性**是指逻辑结构改变（如修改数据模式、增加数据类型、改变数据联系等），应用程序无须改变。即数据的物理级与逻辑级的改变都能独立进行，外模式不受其影响，无须跟随改变，而只要调整映射方式就可以了。

【随学随练 13.69】将数据库的结构划分成多个层次，是为了提高数据库的逻辑独立性和（　　　　）。

A）安全性　　　　B）物理独立性　　　　C）操作独立性　　　　D）管理规范性

【答案】B

【随学随练 13.70】在下列模式中，能够给出数据库物理存储结构与物理存取方法的是（　　　　）。

A）内模式　　　　B）外模式　　　　C）概念模式　　　　D）逻辑模式

【答案】A

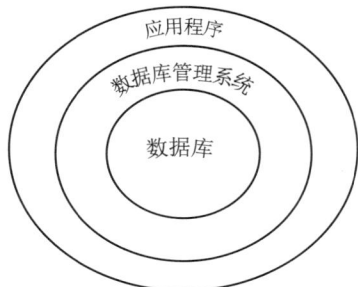

图 13-38 数据库、数据库管理系统
与应用程序的关系

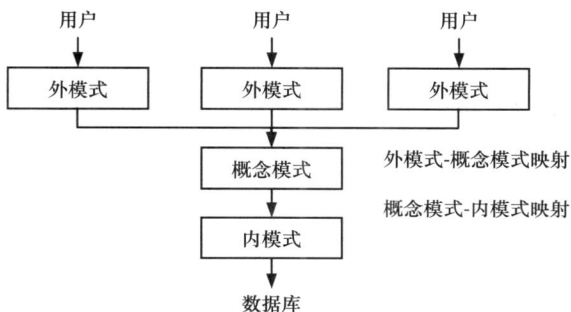

图 13-39 数据库系统的三级模式和二级映射

13.4.4 数据库设计者眼里的世界——数据模型

1．E-R 模型

要将现实世界的各种数据存入数据库交由计算机管理，就要以数据库的眼光来看待世界。在数据库设计者的眼里，可将现实世界看作是由各种事物和它们之间的联系组成的，称**实体-联系模型**，或 **E-R 模型**（Entity Relationship Model）。

现实世界中的各种事物，称**实体**；它既可以是具体的人、事、物，也可以是抽象的概念。例如，一个学生、一门课程、一部手机、学生的一次选课、一笔购物消费等都是实体。实体都具有一些属性，例如学生有学号、姓名、性别、年龄、系别等属性，手机有品牌、价格、颜色、大小等属性，一笔购物消费有购物者账号、商品条形码、消费时间等属性。

同种类型的实体可用实体名及属性名的集合来刻画，称**实体型**。例如"学生(学号,姓名,性别,年龄,系别)"是一个实体型，而"101,张三,男,19,数学系"不是一个实体型，因为它是用属性值而不是属性名刻画的；后者实际是一个元组（表中的一行）。

同类型实体的集合称**实体集**，例如，一个学生是一个实体，全体学生就是一个实体集。

现实世界中的实体不是孤立存在的，实体与实体间还有着多种**联系**。两个实体间的联系有 3 类：一对一（1:1）、一对多（1:n）、多对多（m:n）。

例如，一个班级只有一个班长，而一个班长只在一个班级中，则班级与班长这两个实体之间具有一对一的联系。一个班级有多个学生，而每个学生只在一个班级中，则班级与学生之间有一对多的联系；反过来称学生与班级之间有多对一的联系（多个学生对应一个班级）。一个老师给多个班级上课，而一个班级有多个老师上课，则老师与班级间具有多对多的联系。

【随学随练 13.71】一间宿舍可住多个学生，则实体宿舍和学生之间的联系是（   ）。

A）一对一　　　　　　B）一对多　　　　　　C）多对一　　　　　　D）多对多

【答案】B

【分析】一间宿舍可住多个学生（多），一个学生只住一间宿舍（一），因此二者之间有"一对多"的联系。应分清孰一孰多，宿舍和学生之间有"一对多"的联系，学生和宿舍之间有"多对一"的联系。

【随学随练 13.72】一个兴趣班可以招收多名学生，而一个学生可以参加多个兴趣班。则实体兴趣班和实体学生之间的联系是（   ）。

A）1:1 联系　　　　　B）1:*m* 联系　　　　　C）*m*:1 联系　　　　　D）*m*:*n* 联系

【答案】D

【随学随练 13.73】若实体 *A* 和 *B* 之间具备一对多的联系，实体 *B* 和 *C* 之间具备一对一的联系，则实体 *A* 和 *C* 之间的联系是（   ）。

A）一对多　　　　　B）一对一　　　　　C）多对一　　　　　D）多对多

E-R 模型可用一种直观的图表示，称 E-R 图（Entity Relationship Diagram）。例如在网上商城数据库中，有客户、商品两种实体，两种实体间有"购买"的联系：一个客户可购买多种商品，同种商品可被多个客户购买，因此该联系是多对多的联系，可用 E-R 图表示，如图 13-40 所示。在 E-R 图中，实体用**矩形**表示，矩形框内写实体名；属性用**椭圆**表示，并用无向边将其与相应"实体"或"联系"连接；联系用**菱形**表示，菱形框内写联系名，并用无向边将其与有关实体连接，在无向边旁标注联系的类型（1:1、1:n 或 m:n）。

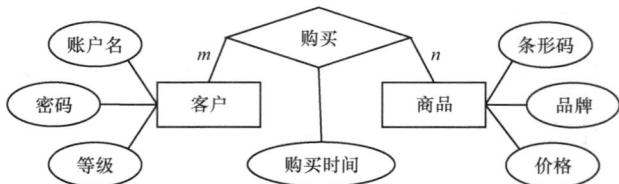

图 13-40　网上商城数据库的 E-R 图

【随学随练 13.74】 在 E-R 图中，用来表示联系的图形是（　　　）。

A）椭圆形　　　　　B）矩形　　　　　C）菱形　　　　　D）三角形

2．其他数据模型

E-R 模型是数据库设计最重要的数据模型之一，此外还有许多其他的数据模型，如层次模型、网状模型、谓词模型、面向对象模型等。它们都以特有的"眼光"来看待现实世界，抽象现实世界中的数据，其目的都是将现实世界的数据转换为合适的形式，以便设计、创建数据库。无论何种数据模型，都应满足以下 3 个要求：①能够比较真实地模拟现实世界；②容易被人们理解；③便于在计算机上实现。数据模型通常由**数据结构**、**数据操作**和**数据约束**（**完整性约束**）3 部分组成。

【随学随练 13.75】 在数据库中，数据模型包括数据结构、数据操作和（　　　）。

A）数据约束　　　　B）数据类型　　　　C）关系运算　　　　D）查询

数据模型按不同应用层次分 3 种类型，如表 13-9 所示。

表 13-9　数据模型分类

数据模型类型	说明	包含模型
概念数据模型	面向客观世界、面向用户的模型。它着重于对客观世界中事物的结构及联系进行描述，与具体的数据库管理系统和计算机平台无关	E-R 模型、扩充的 E-R 模型、面向对象模型及谓词模型等
逻辑数据模型	面向数据库系统的模型，着重于数据库系统一级的实现。概念数据模型只有在转换成逻辑数据模型后才能在数据库中得以表示	共有 4 种：层次模型（类似于树，一对多）、网状模型（类似于图，多对多）、关系模型和面向对象模型
物理数据模型	面向计算机物理表示和存储的模型	

【随学随练 13.76】 在数据库系统中，考虑数据库系统实现的数据模型是（　　　）。

A）概念数据模型　　　B）逻辑数据模型　　　C）物理数据模型

【随学随练 13.77】 逻辑数据模型是面向数据库系统的模型，下面属于逻辑数据模型的是（　　　）。

A）关系模型　　　　B）谓词模型　　　　C）物理模型　　　　D）实体-联系模型

13.4.5　数据库设计

1．数据库设计阶段

数据库设计不是一蹴而就的，而是要依照阶段、一步步保质保量地进行的。**数据库设计是数据库应用的核心**。如图 13-41 所示，数据库设计分 6 个阶段：需求分析、概念设计、逻辑设计、物理设计、数据库实施、运行维护。狭义地讲，也可只包含前 4 个阶段。

概念设计不涉及具体的数据库管理系统，更不涉及具体的数据库文件。把要管理的现实世界中的数据抽象为E-R 模型，并画出 E-R 图，就在概念设计阶段中完成。

然后基于 E-R 图进行逻辑设计。关系数据库是由一张张 "表" 组成的，画出了 E-R 图，但还没有设计数据库的"表"。逻辑设计阶段就要按照 E-R 图来设计数据库的"表"。一般 E-R 图中的每个 "实体" 都要设计为一张表，每个 "联系" 也要单独设计为一张表，即 **E-R 图中的每个实体、联系都要转换为关系**。而 E-R 图中的属性则转化为表中的属性（列）。

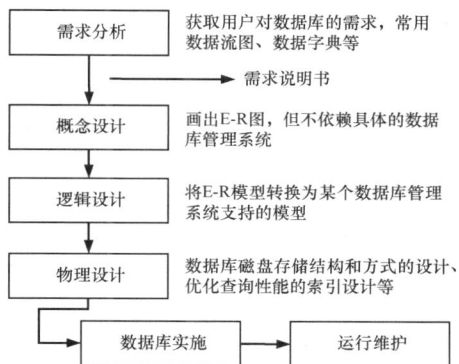

图 13-41　数据库设计的阶段

【随学随练 13.78】将 E-R 图转换为关系模式时，E-R 图中的实体和联系都可以表示为（　　　）。

A）属性　　　　　　B）键　　　　　　　C）关系　　　　　　D）域

【答案】C

【随学随练 13.79】数据库设计中，用 E-R 图来描述信息结构，但不涉及信息在计算机中的表示，它属于数据库设计的（　　　）。

A）需求分析阶段　　B）逻辑设计阶段　　C）概念设计阶段　　D）物理设计阶段

【答案】C

2．数据库设计规范

在关系数据库中设计表（关系）时要满足一定要求，满足不同程度要求的范式称不同的范式。满足最低要求的范式称第一范式（First Normal Form，1NF）；在满足第一范式的基础上，进一步满足更多要求的范式称第二范式（Second Normal Form，2NF）；在满足第二范式的基础上再满足更多要求的范式称第三范式（Third Normal Form，3NF）……数据库设计常用范式如表 13-10 所示。

表 13-10　数据库设计常用范式

范式	定义	说明
第一范式	如果每个列（每个属性）都是不可分解的，称第一范式	第一范式是数据库设计最基本的要求
第二范式	满足第一范式，且当候选键是多列的组合时，每个非主属性都依赖于候选键的多列的组合，而没有仅依赖于候选键中一部分列的情况（称没有部分依赖），称第二范式	如果候选键只由一列组成、而非多列的组合，就没有"部分列"之说，则一定满足第二范式
第三范式	满足第二范式，且每个非主属性都不传递依赖于候选键，称第三范式	第三范式只排除了"非主属性"的传递依赖，但没有排除"主属性"的传递依赖
巴斯-科德范式（BCNF）	满足第三范式，且每个属性（包括非主属性、主属性）都不传递依赖于候选键，称 BCNF	若在"某列（组合）→某列"的决定关系中，左边不是键，则必不满足 BCNF。因必存在传递依赖"键→左边→右边"，无论"右边"是非主属性还是主属性

表 13-10 中一列（或几列的组合）决定其他列，称**函数依赖**，例如"学号"决定"姓名"就是函数依赖，表示为"学号→姓名"。如果某个属性（某一列）属于某个候选键，称**主属性**，否则称非

主属性。例如在图 13-31 所示的学生选课表中，"(学号,课程号)"为候选键，则"学号""课程号"都是主属性；而"成绩"不属于任何候选键，"成绩"是非主属性。

例如，有"选课表(学号、课程号、教师的姓名、成绩)"，其中主键（也是候选键）是"(学号,课程号)"（列组合），但单独的"课程号"就能决定"教师的姓名"（部分依赖），因而该表不满足第二范式，其最多满足第一范式。

又如，有"学生表(学号、姓名、所在系、所在系的系主任)"，其中主键（也是候选键）是"学号"，但"学号"决定"所在系"，"所在系"又决定"所在系的系主任"（传递依赖）。因而该表不满足第三范式（"所在系的系主任"是非主属性）。但由于主键只由一列组成，该表满足第二范式。

再如，有"图书表(书号,书名,作者)"，规定一本书可由多位作者合写，且同一作者不会会编写书名相同的两本书，则候选键为"(书号, 作者)"或"(书名, 作者)"。由于所有属性都是主属性，没有非主属性，因此它满足第三范式。但存在决定关系（函数依赖）"书号→书名"，而"书号"并非键，因此该表不满足 BCNF，即存在传递依赖"(作者, 书名)→书号→书名"，这里"书名"为主属性。

【随学随练 13.80】 某图书集团数据库中有关系模式 R(书店编号, 图书编号, 库存数量, 部门编号, 部门负责人)，要求（1）每个书店的每种图书只在该书店的一个部门销售；（2）每个书店的每个部门只有一个负责人；（3）每个书店的每种图书只有一个库存数量。则关系模式 R 最高是（　　　　）。

　　A）第一范式　　　　　B）第二范式　　　　　C）第三范式　　　　　D）BCNF

【答案】 B

【分析】 R 的码是"(书店编号, 图书编号)"，这两列中的任何一列都不能决定其他列，R 满足第二范式。但存在"(书店编号, 图书编号)→部门编号→部门负责人"传递依赖，R 不满足第三范式。

【随学随练 13.81】 定义学生、教师和课程的关系模式：$S(S\#,Sn,Sd,Sa)$（属性分别为学号、姓名、所在系、年龄）；$C(C\#, Cn, P\#)$（属性分别为课程号、课程名、先修课）；$SC(S\#,C\#,G)$（属性分别为学号、课程号、成绩）。则这些关系最高满足（　　　　）。

　　A）第一范式　　　　　B）第二范式　　　　　C）第三范式　　　　　D）BCNF 范式

【答案】 C

【分析】 一门课可有多门先修课，表 C 的候选键是"(课程号,先修课)"或"(课程名,先修课)"，即表 C 的所有列都是主属性，因此满足第三范式。而在决定关系"课程号→课程名"中，"课程号"不是键，所以 C 不满足 BCNF（有传递依赖(课程名,先修课)→课程号→课程名）。

【随学随练 13.82】 学生选修课程的关系模式为 $SC(S\#,Sn,Sd,Sa,C\#,G)$（属性分别为学号、姓名、所在系、年龄、课程号和成绩）；$C(C\#,Cn,P\#)$（属性分别为课程号、课程名、先修课）。关系模式中包含对主属性部分依赖的是（　　　　）。

　　A）$(S\#,C\#)→G$　　　B）$C\#→Cn$　　　C）$C\#→P\#$　　　D）$S\#→Sd$

【答案】 D

【分析】 SC 的码为$(S\#,C\#)$，但 $S\#$（学号）单独就可决定 Sd（所在系），为部分依赖。

3．不遵循数据库设计规范引发的问题

为什么要讨论数据库设计的范式，要让表的设计遵循这些规范呢？来看一个设计不规范的学生选课表，如图 13-42 所示。这样设计的表存在如下问题。

学号	姓名	性别	年龄	系名	系主任	课程号	课程名	成绩
101	张三	男	19	数学	赵学	C001	课程 1	92.0
101	张三	男	19	数学	赵学	C002	课程 2	86.0
102	李四	女	18	数学	赵学	C001	课程 1	85.5
102	李四	女	18	数学	赵学	C002	课程 2	95.0
103	王五	男	20	中文	孙文	C001	课程 1	90.0
...	...	...	...	...	...	...	...	...

图 13-42　设计不规范的学生选课表

① 数据冗余：表中每个学生的信息（如姓名、性别、年龄）会多次出现，选几门课就出现几次。每门课的信息（如课程名）也重复多次，有多少学生选就重复多少次。

② 插入异常：如果有学生尚未选课，则该学生的信息无法录入表中。类似地，如果有课程还没有被学生选，该课程也不能录入表中。

③ 删除异常：如果一门课只有一个学生选，则删除该学生也会同时删除该课程。类似地，如果某学生只选了一门课，删除该课程也会把该学生的信息一并删除。

④ 修改异常：如果修改学生信息（如修改年龄），则该学生的所有记录都要逐一修改。一旦有任意记录漏改，就会造成数据不一致。

出现这些问题的原因是该表的设计不符合规范，主键为"(学号,课程号)"，但单独用"学号"就能实现"学号→姓名""学号→性别""学号→年龄""学号→系名""学号→系主任"，以及单独用"课程号"就能实现"课程号→课程名"，因此该表连第二范式的要求都没有满足。要实现规范化，需将该表分解为多个表。

如果将学生信息表设置为"学生信息(学号,姓名,性别,年龄,系名,系主任)"，则可解决部分问题，但仍存在问题，比如系主任在该表中仍会多次出现。造成这一问题的原因是"系主任"对"学号"有传递依赖，即"学号→系名→系主任"。而"系主任"是非主属性，因此该表不满足第三范式。这样设置只能满足第二范式。

继续分解，把有传递依赖的属性放到另外一张表中，就能消除传递依赖。最终该表应分解为 4 张表，以满足第三范式，如图 13-43 所示。

因此规范化的目的是使关系结构更合理，消除存储异常，使数据冗余更小，便于插入、删除和更新操作等。

学生信息

学号	姓名	性别	年龄	系名
101	张三	男	19	数学
102	李四	女	18	数学
103	王五	男	20	中文
...	...	...	...	...

选课信息

学号	课程号	成绩
101	C001	92.0
101	C002	86.0
102	C001	85.5
102	C002	95.0
103	C001	90.0
...	...	...

课程信息

课程号	课程名
101	课程 1
102	课程 2
...	...

系信息

系名	系主任
数学	赵学
中文	孙文

图 13-43 规范化后的学生选课表

【随学随练 13.83】定义学生选修课程的关系模式如下：SC ($S\#$, Sn, $C\#$, Cn, G, Cr)（属性分别为学号、姓名、课程号、课程名、成绩、学分）。该关系可进一步规范化为（   ）。

A） $S(S\#,Sn)$, $C(C\#,Cn)$, $SC(S\#,C\#,Cr,G)$
B） $C(C\#,Cn,Cr)$, $SC(S\#,Sn,C\#,G)$
C） $S(S\#, Sn, C\#,Cn,Cr)$, $SC(S\#,C\#,G)$
D） $S(S\#,Sn)$, $C(C\#,Cn,Cr)$, $SC(S\#,C\#,G)$

【答案】D

附录A 常用字符 ASCII 值对照表

表 A.1 所示为常用字符 ASCII 值对照表。

表 A.1 常用字符 ASCII 值对照表

八进制数	十六进制数	十进制数	字符	八进制数	十六进制数	十进制数	字符	八进制数	十六进制数	十进制数	字符	八进制数	十六进制数	十进制数	字符
0	0	0	NULL	40	20	32	空格	100	40	64	@	140	60	96	`
1	1	1	SOH	41	21	33	!	101	41	65	A	141	61	97	a
2	2	2	STX	42	22	34	"	102	42	66	B	142	62	98	b
3	3	3	ETX	43	23	35	#	103	43	67	C	143	63	99	c
4	4	4	EOT	44	24	36	$	104	44	68	D	144	64	100	d
5	5	5	ENQ	45	25	37	%	105	45	69	E	145	65	101	e
6	6	6	ACK	46	26	38	&	106	46	70	F	146	66	102	f
7	7	7	BEL	47	27	39	'	107	47	71	G	147	67	103	g
10	8	8	BS	50	28	40	(	110	48	72	H	150	68	104	h
11	9	9	HT	51	29	41	)	111	49	73	I	151	69	105	i
12	0a	10	LF	52	2a	42	*	112	4a	74	J	152	6a	106	j
13	0b	11	VT	53	2b	43	+	113	4b	75	K	153	6b	107	k
14	0c	12	FF	54	2c	44	,	114	4c	76	L	154	6c	108	l
15	0d	13	CR	55	2d	45	-	115	4d	77	M	155	6d	109	m
16	0e	14	SO	56	2e	46	.	116	4e	78	N	156	6e	110	n
17	0f	15	SI	57	2f	47	/	117	4f	79	O	157	6f	111	o
20	10	16	DLE	60	30	48	0	120	50	80	P	160	70	112	p
21	11	17	DC1	61	31	49	1	121	51	81	Q	161	71	113	q
22	12	18	DC2	62	32	50	2	122	52	82	R	162	72	114	r
23	13	19	DC3	63	33	51	3	123	53	83	S	163	73	115	s
24	14	20	DC4	64	34	52	4	124	54	84	T	164	74	116	t
25	15	21	NAK	65	35	53	5	125	55	85	U	165	75	117	u
26	16	22	SYN	66	36	54	6	126	56	86	V	166	76	118	v
27	17	23	ETB	67	37	55	7	127	57	87	W	167	77	119	w
30	18	24	CAN	70	38	56	8	130	58	88	X	170	78	120	x
31	19	25	EM	71	39	57	9	131	59	89	Y	171	79	121	y
32	1a	26	SUB	72	3a	58	:	132	5a	90	Z	172	7a	122	z
33	1b	27	ESC	73	3b	59	;	133	5b	91	[	173	7b	123	{
34	1c	28	FS	74	3c	60	<	134	5c	92	\	174	7c	124	|
35	1d	29	GS	75	3d	61	=	135	5d	93	]	175	7d	125	}
36	1e	30	RS	76	3e	62	>	136	5e	94	^	176	7e	126	~
37	1f	31	US	77	3f	63	?	137	5f	95	_	177	7f	127	DEL

注：128～255 为扩展字符的 ASCII 值，可作为非英语国家本国语言字符的代码。

C 语言运算符的优先级和结合性

表 B.1 所示为 C 语言运算符的优先级和结合性。

表 B.1　C 语言运算符的优先级和结合性

优先级	运算符	名称或含义	使用形式	结合方向	说明
1 （最高）	[]	数组下标	数组名[常量表达式]	从左到右	
	()	圆括号	(表达式)或(函数形参表)		
	.	成员选择（对象）	对象.成员名		
	->	成员选择（指针）	对象指针->成员名		
2	-	负号	-表达式	从右到左	单目运算符
	(类型说明符)	强制类型转换	(类型说明符)表达式		
	++	自增	++变量或变量++		单目运算符
	--	自减	--变量或变量--		单目运算符
	*	间接访问	*指针变量		单目运算符
	&	取地址	&变量名		单目运算符
	!	逻辑非	!表达式		单目运算符
	~	按位取反	~表达式		单目运算符
	sizeof	求所占字节数	sizeof(数据式类型说明符)		
3	/	除	表达式 / 表达式	从左到右	双目运算符
	*	乘	表达式 * 表达式		双目运算符
	%	取余数（模）	整型表达式 % 整型表达式		双目运算符
4	+	加	表达式 + 表达式	从左到右	双目运算符
	-	减	表达式 - 表达式		双目运算符
5	<<	按位左移	变量 << 表达式	从左到右	双目运算符
	>>	按位右移	变量 >> 表达式		双目运算符
6	>	大于	表达式 > 表达式	从左到右	双目运算符
	>=	大于或等于	表达式 >= 表达式		双目运算符
	<	小于	表达式 < 表达式		双目运算符
	<=	小于或等于	表达式 <= 表达式		双目运算符
7	==	等于	表达式 == 表达式	从左到右	双目运算符
	!=	不等于	表达式 != 表达式		双目运算符
8	&	按位与	表达式 & 表达式	从左到右	双目运算符
9	^	按位异或	表达式 ^ 表达式	从左到右	双目运算符
10	|	按位或	表达式 | 表达式	从左到右	双目运算符
11	&&	逻辑与	表达式 && 表达式	从左到右	双目运算符
12	||	逻辑或	表达式 || 表达式	从左到右	双目运算符
13	?:	条件运算符	表达式1? 表达式 2: 表达式 3	从右到左	三目运算符
14	=	赋值	变量 = 表达式	从右到左	
	/=	除后赋值	变量 /= 表达式		
	*=	乘后赋值	变量 *= 表达式		
	%=	取余数（模）后赋值	变量 %= 表达式		
	+=	加后赋值	变量 += 表达式		
	-=	减后赋值	变量 -= 表达式		
	<<=	左移后赋值	变量 <<= 表达式		
	>>=	右移后赋值	变量 >>= 表达式		
	&=	按位与后赋值	变量&=表达式		
	^=	按位异或后赋值	变量 ^= 表达式		
	|=	按位或后赋值	变量 |= 表达式		
15	,	逗号	表达式, 表达式, ...	从左到右	从左向右顺序运算

附录C C 语言常用库函数

1．字符函数

表 C.1 所示为 C 语言中的字符函数。

表 C.1　字符函数（调用以下函数时，需在程序中包含头文件 ctype.h）

函数名	函数原型	功能	函数返回值
isalnum	int isalnum(int ch);	判断 ch 是否为字母或数字	是，返回非 0 值；否，返回 0
isalpha	int isalpha (int ch);	判断 ch 是否为字母	
iscntrl	int iscntrl (int ch);	判断 ch 是否为控制字符	
isdigit	int isdigit (int ch);	判断 ch 是否为数字字符	
isgraph	int isgraph (int ch);	判断 ch 是否为可输出字符（不含空格及控制字符）	
islower	int islower (int ch);	判断 ch 是否为小写字母字符	
isprint	int isprint (int ch);	判断 ch 是否为可输出字符（含空格，不含控制字符）	
ispunct	int ispunct (int ch);	判断 ch 是否为标点符号字符	
isspace	int isspace (int ch);	判断 ch 是否为空格、水平制表符（'\t'）、换行符（'\n'）、垂直制表符（'\v'）、换页符（'\f'）或回车符（'\r'）	
isupper	int isupper (int ch);	判断 ch 是否为大写字母字符	
isxdigit	int isxdigit (int ch);	判断 ch 是否为十六进制数字字符	
tolower	int tolower (int ch);	把 ch 中的字母字符转换为小写字母字符	返回相应的小写字母字符
toupper	int toupper (int ch);	把 ch 中的字母字符转换为大写字母字符	返回相应的大写字母字符

2．字符串函数

表 C.2 所示为 C 语言中的字符串函数。

表 C.2　字符串函数（调用以下函数时，需在程序中包含头文件 string.h）

函数名	函数原型	功能	函数返回值
strcat	char * strcat(char *s1, const char *s2);	将字符串 s2 连接到 s1 后	s1 所指地址
strchr	char * strchr(const char *s, int c);	找出字符 c 在字符串 s 中第一次出现的位置	返回找到的字符的地址，找不到时返回 NULL
strcmp	char * strcmp(const char *s1, const char * s2);	比较字符串 s1 与 s2 的大小	字符串 s1<s2 时，返回负数；字符串 s1==s2 时，返回 0；字符串 s1>s2 时，返回正数
strcpy	char * strcpy(char *s1, const char *s2);	将字符串 s2 复制到 s1 中	s1 所指地址
strlen	unsigned strlen(const char * s);	返回字符串 s 的长度	返回字符串中的字符个数（第 1 个'\0'之前的字符个数，不计'\0'）
strstr	char * strstr(const char *s1, const char *s2);	在字符串 s1 中找出字符串 s2 第一次出现的位置（不包括 s2 的'\0'）	返回找到的字符串的地址，找不到时返回 NULL

3．数学函数

表 C.3 所示为 C 语言中的数学函数。

表 C.3　数学函数（调用以下函数时，需在程序中包含头文件 math.h）

函数名	函数原型	功能
abs	int abs(int x);	求整数 x 的绝对值
acos	double acos(double x);	求 $\arccos(x)$ 的值，x 应为 -1 ~ 1
asin	double asin(double x);	求 $\arcsin(x)$ 的值，x 应为 -1 ~ 1
atan	double atan(double x);	求 $\arctan(x)$ 的值，返回值范围为 $-\pi/2 \sim \pi/2$（弧度）
atan2	double atan2(double x, double y);	求 $\arctan(x/y)$ 的值，返回值范围为 $-\pi \sim \pi$（弧度），以 x 和 y 的正负确定返回值象限。y 为 0 时正常计算，x 同时也为 0 时返回 0
cos	double cos(double x);	求 $\cos(x)$ 的值，x 为弧度
cosh	double cosh(double x);	计算 x 的双曲余弦值
exp	double exp(double x)	求 e^x 的值
fabs	double fabs(double x);	求实数 x 的绝对值
floor	double floor(double x);	求不大于 x 的最大整数
fmod	double fmod(double x, double y);	求 x/y 后的双精度余数
log	double log(double x);	求 $\log_e x$ 的值，即 $\ln(x)$ 的值
log10	double log10(double x);	求 $\log_{10} x$ 的值
modf	double modf(double val, double *ip);	把双精度数 val 分解成整数和小数部分，整数部分存放在 ip 所指的变量中，函数返回小数部分
pow	double pow(double x, double y);	计算 x 的 y 次方，即 x^y 的值
sin	double sin(double x);	计算 $\sin(x)$ 的值，x 的单位为弧度
sinh	double sinh(double x);	计算 x 的双曲正弦值
sqrt	double sqrt(double x);	计算 x 的算术平方根
tan	double tan(double x);	计算 $\tan(x)$ 的值
tanh	double tanh(double x);	计算 x 的双曲正切值

4．内存管理库函数、转换函数和随机函数

表 C.4 所示为 C 语言中的内存管理库函数、转换函数和随机函数。

表 C.4　内存管理库函数、转换函数和随机函数
（调用以下函数时，需在程序中包含头文件 stdlib.h）

函数名	函数原型	功能	函数返回值
calloc	void * calloc(unsigned n, unsigned size);	分配 n 个内存空间，每个内存空间大小是 size 字节	所分配内存空间的首地址；若失败返回 0
free	void free(void *p);	释放 p 所指的内存空间	无
malloc	void *malloc(unsigned size);	分配 size 字节的内存空间	所分配内存空间的首地址；若失败返回 0
realloc	void * realloc(void *p, unsigned size);	把 p 所指内存空间的大小改为 size 字节	重新分配的内存空间的地址；若失败返回 0
exit	void exit(int status);	立即强行结束本程序。参数 status 为 0 时表示正常结束，非 0 表示异常结束	无
atoi	int atoi(const char *string);	将字符串转换为整数返回	如不能转换返回 0
atol	long atol(const char *string);	将字符串转换为长整数返回	如不能转换返回 0L
atof	double atof(const char *string);	将字符串转换为浮点数返回	如不能转换返回 0.0

函数名	函数原型	功能	函数返回值
rand	int rand( );	产生一个伪随机的非负整数（≥0）	返回所产生的伪随机数
srand	void srand(unsigned seed);	设置产生伪随机数序列的发生器的种子	无

5．输入输出函数

表 C.5 所示为 C 语言中的输入输出函数。

表 C.5 输入输出函数（调用以下函数时，需在程序中包含头文件 stdio.h）

函数名	函数原型	功能	函数返回值
clearer	void clearer(FILE *fp);	消除与文件指针 fp 有关的所有出错信息	无
fclose	int fclose(FILE *fp);	关闭 fp 所指向的文件，释放内存缓冲区	出错返回非 0，否则返回 0
feof	int feof(FILE *fp);	检查 fp 所指文件的文件位置指针是否已越过文件尾	是则返回非 0，否则返回 0
fgetc	int fgetc(FILE *fp);	从 fp 所指文件中读取一个字符	成功则返回该字符，出错则返回 EOF
fgets	char *fgets(char *buf, int n, FILE *fp);	从 fp 所指文件中读取一个长度为(n − 1)的字符串，将其存入 buf 所指的内存区	返回 buf 所指内存地址，若遇文件结束或出错返回 NULL
fopen	FILE *fopen(const char *filename, const char *mode);	以mode指定的方式打开名为filename的文件	成功则返回文件指针，失败则返回 NULL
fprintf	int fprintf(FILE *fp, const char *format, args…);	把 args…的值以 format 指定的格式写入 fp 所指文件中	成功则返回实际输出的字符数（等于字节数），出错则返回负值
fputc	int fputc(int ch, FILE *fp);	把字符 ch 写入 fp 所指文件中	成功则返回该字符，失败则返回 EOF
fputs	int fputs(const char *str, FILE *fp);	把 str 所指字符串写入 fp 所指文件中	成功则返回非负值，失败则返回 EOF
fread	int fread(char *pt, unsigned size, unsigned n, FILE*fp);	从 fp 所指文件中读取长度为 size 的 n 个数据项，将其存入 pt 所指的内存区中	返回读取的数据项个数（如遇文件结束或读取失败，返回值可能小于 n）
fscanf	int fscanf(FILE *fp, const char *format, args…);	在 fp 所指文件中按 format 指定的格式读入数据并存入 args…所指内存单元中	已读入并存入内存单元的数据个数（不包含已读入但未存入内存单元的数据个数），若遇数据流结束或出错返回-1
fseek	int fseek(FILE *fp, long offset, int base);	将 fp 所指文件的文件位置指针移动到以 base 为基准、以 offset 为偏移量的位置	成功则返回 0，失败则返回非 0
ftell	long ftell(FILE *fp);	返回 fp 所指文件的文件位置指针的当前位置	成功则返回文件位置指针的当前位置，失败则返回-1
fwrite	unsigned fwrite(const char *pt, unsigned size, unsigned n, FILE *fp);	把 pt 所指的 size×n 字节的内存内容写入 fp 所指文件中	返回写入的数据项个数（如出错，返回值可能小于 n）
getc	int getc(FILE *fp);	从 fp 所指文件中读入一个字符	返回所读字符，如遇文件结束或失败，返回 EOF
getchar	int getchar( );	从标准输入设备读取并返回下一个字符	返回所读字符，失败则返回-1
getw	int getw(FILE *fp);	从 fp 所指文件中读取一个整数	返回所读的整数，失败则返回-1
printf	int printf(const char *format, args…);	把args…的值以format指定的格式输出到标准输出设备	输出的字符个数，出错则返回负值

函数名	函数原型	功能	函数返回值
putc	int putc(int ch, FILE *fp);	把字符 ch 写入 fp 所指文件中	成功则返回该字符,失败则返回 EOF
putchar	int putchar(char ch);	把字符 ch 输出到标准输出设备	返回输出的字符,失败则返回 EOF
puts	int puts(const char *str);	把 str 所指字符串输出到标准输出设备,其后再自动输出一个换行符'\n'	成功则返回非负值,失败则返回 EOF
putw	int putw(int w, FILE *fp);	把一个整数 w 写入 fp 所指文件中	成功则返回该整数;失败则返回 EOF (-1),当要写入的 w 值也为-1 时用 ferror 检验是否产生了错误
rename	int rename(const char *oldname, const char *newname);	把文件名为 oldname 的文件或文件夹改名为 newname	成功则返回 0,失败则返回非 0
rewind	void rewind(FILE *fp);	将 fp 所指文件的文件位置指针置于文件首,并清除文件结束标志和错误标志	无
scanf	int scanf(const char *format, args…);	从标准输入设备按 format 指定的格式读入数据并存入 args…所指内存单元中	已读入并存入内存单元的数据个数(不包含已读入但未存入内存单元的数据个数),若遇数据流结束或出错返回-1

6．时间函数

表 C.6 所示为 C 语言中的时间函数。

表 C.6　时间函数（调用以下函数时，需在程序中包含头文件 time.h）

函数名	函数原型	功能
time	time_t time(time_t *timer);	获取从 1970 年 1 月 1 日 0:00 至现在的秒数;参数可不用,实参传递 NULL 即可;返回值是一个 64 位整数,但一般也可赋值给一个 int 型变量
clock	clock_t clock(void);	获得从程序开始运行时,系统经过的处理器时间。该值除以常量 CLOCKS_PER_SEC 得经过的秒数。一般可将返回值赋值给一个 int 型变量

索引

C 语言概念

索引

索引

程序设计方法

参考文献

[1] 张宁. C 语言其实很简单[M]. 北京:清华大学出版社,2015.

[2] 史蒂芬·普拉达. C++ Primer Plus 中文版[M].张海龙,袁国忠,译.6 版.北京:人民邮电出版社,2012.

[3] 陈菁,王忠,范青刚,等.程序设计教程（C 语言微课版）[M].北京:清华大学出版社,2022.

[4] 谭浩强. C 程序设计[M]. 2 版.北京：清华大学出版社,1999.

[5] 谭浩强. C++程序设计[M]. 北京:清华大学出版社,2004.

[6] 前桥和弥. 征服 C 指针[M]. 吴雅明,译. 北京:人民邮电出版社,2013.

[7] 蔡明志. 指针的艺术[M]. 北京:中国水利水电出版社,2009.

[8] 黄国瑜,叶乃菁. 数据结构（C 语言版）[M]. 北京:清华大学出版社,2001.

[9] 袁方,王亮. C++程序设计[M]. 北京:清华大学出版社,2013.

[10] 沈美明,温冬婵. IBM-PC 汇编语言程序设计[M]. 北京:清华大学出版社,1991.

[11] 管皓,高永丽. 别样诠释——一个 Visual C++老鸟 10 年学习与开发心得[M]. 北京:北京航空航天大学出版社,2012.

[12] 刘丽,朱俊东,张航. C 语言程序设计基础与应用[M]. 北京:清华大学出版社,2012.

[13] 刘冰,张林,蒋贵全. C++程序设计教程——基于 Visual Studio 2008[M]. 北京:机械工业出版社,2009.

[14] 潘嘉杰. 易学 C++[M]. 北京:人民邮电出版社,2008.

[15] PERRY G. 写给大家看的 C 语言书[M].谢晓钢,刘艳娟,译. 2 版. 北京:人民邮电出版社,2010.

[16] 布赖恩·奥弗兰. 好学的 C++[M]. 杨晓云,王建桥,杨涛,译.2 版. 北京:人民邮电出版社,2012.

[17] 左飞,李召恒. 轻松学通 C 语言[M]. 北京:中国铁道出版社,2013.

[18] 陈锐,田建新. 跟我学 C 语言[M]. 北京:清华大学出版社,2013.

[19] 教育部考试中心. 全国计算机等级考试二级教程——C 语言程序设计[M]. 北京：高等教育出版社,2022.

[20] 教育部考试中心. 全国计算机等级考试二级教程——公共基础知识[M]. 北京：高等教育出版社,2022.

[21] 罗云彬. 琢石成器:Windows 环境下 32 位汇编语言程序设计[M]. 3 版. 北京:电子工业出版社,2009.

[22] 张宁. 老兵新传：VisualBasic核心编程及通用模块开发[M]. 北京:清华大学出版社,2012.